# 航天器姿态敏捷稳健控制方法与应用

袁 利 王淑一 雷拥军 著

科 学 出 版 社
北 京

## 内 容 简 介

本书以多年预先研究和工程型号研制成果为基础，重点论述了敏捷航天器姿态机动控制和稳健性设计的方法与技术。以航天器快速姿态机动、快速稳定及稳健运行为目标，给出姿态机动所需的轨迹规划方法、控制力矩陀螺操纵律设计、姿态机动控制方法与应用实例，并针对敏捷航天器的特点，给出稳健控制所需的故障诊断及处置体系、系统安全性设计方法与应用等内容。

本书理论与实践紧密结合，既可为航天工程领域科研人员提供参考，也可作为高等院校相关专业研究生的教材。


**图书在版编目（CIP）数据**

航天器姿态敏捷稳健控制方法与应用/ 袁利，王淑一，雷拥军著. —北京：科学出版社，2021.10
ISBN 978-7-03-069838-4

Ⅰ.①航… Ⅱ.①袁… ②王… ③雷… Ⅲ.①航天器—姿态飞行控制—研究 Ⅳ.①V448.2

中国版本图书馆 CIP 数据核字（2021）第 190313 号

责任编辑：徐杨峰 / 责任校对：谭宏宇
责任印制：黄晓鸣 / 封面设计：殷 靓

科 学 出 版 社 出版
北京东黄城根北街 16 号
邮政编码：100717
http：//www.sciencep.com
南京展望文化发展有限公司排版
苏州市越洋印刷有限公司印刷
科学出版社发行 各地新华书店经销
*
2021 年 10 月第 一 版 开本：787×1092 1/16
2021 年 10 月第一次印刷 印张：18 3/4
字数：394 000

**定价：160.00 元**

（如有印装质量问题，我社负责调换）

# 序　言　一

高分辨率对地观测系统工程是《国家中长期科学和技术发展规划纲要(2006—2020年)》所部署的16个重大专项之一,航天器作为重要的天基基础设施,是形成全天候、全天时、全球覆盖对地观测能力的关键,而敏捷航天器以其强大的快速姿态机动能力,开启了天基对地遥感观测的新纪元。

控制系统作为航天器的关键分系统,其组成复杂、单机种类多,在轨发生故障比例高、影响大,特别是敏捷航天器,由于其动能大、故障扩散速度快,一旦失控危害就更大。面对高分辨率对地观测的新特性、新任务、新需求,建立一套与之相适应的“敏捷稳健”控制技术体系将是解决问题的根本手段,也是航天器控制领域发展的新方向。

本书的内容是对工程实际研究成果的系统性总结,并体现了航天器安全稳定运行新理念。十余年来,本书的作者及其团队一直工作在航天器控制系统预先研究和工程研制一线。作者根据相关卫星特点,对敏捷机动控制过程中的轨迹规划技术、控制力矩陀螺操纵律设计等相关控制方法进行了系统性阐述,并通过数学仿真、物理试验及在轨应用情况,对技术的应用效果进行了说明,其成果具有重要的参考价值;在稳健控制方面,突出了星上及时、自主、可靠的异常诊断及处理能力,尤其考虑了极端条件下的安全底线和欠配置运行能力设计,其理念可供工程技术人员参考。

期望这本专著的出版,能够对航天器控制技术的发展与应用发挥积极作用,促进我国航天器能力迈向更高的水平。

中国科学院院士
吴宏鑫

2021年8月

# 序　言　二

从“高分一号”卫星发射到“高分辨率多模综合成像”卫星正式投入业务运行，近十年间，敏捷航天器经历了从无到有、从试验到应用、从“可机动”到“强机动”的发展历程。今天，中国完全依靠自己的技术与力量建设出敏捷航天器，其控制性能达到世界先进水平，这是中国航天发展史上迈出的重要一步。

敏捷航天器对控制系统的性能要求可以概括为“高敏捷机动、高精度高稳定、高可靠安全”，而“敏捷稳健”是这类航天器姿态控制追求的极致目标，是对敏捷航天器高品质性能指标、长期稳定运行的多维度要求，需要从控制理论和方法层面解决“规划精、动作敏、控制稳、可靠安全”的难题。“敏捷”控制为航天器赋予灵活姿态机动能力，使其能快速完成更多任务，是支撑对地遥感空间基础设施的重要技术途径；“稳健”控制为航天器赋予稳定运行能力，使其在全寿命周期可靠工作，是确保敏捷能力充分发挥的重要前提和保障。

本书作者及其研究团队为航天器控制系统研制的一线科研人员，在航天器控制领域取得了显著的理论与应用成果，所提出的方法和技术可有效解决工程实际问题。本书研究成果一方面包含了航天器敏捷机动控制和稳健控制的相关理论，牵引航天器控制技术发展；另一方面解决了敏捷航天器设计的工程实际难题。因此，本书是一本将技术理论与工程应用紧密结合的专业论著。

我衷心祝贺，这本思路新颖、内容翔实、体系完整、理论与实践相结合的书籍得以出版。该书将敏捷航天器的控制技术发展为敏捷与稳健并存的新技术，这将有力推动航天器控制理论与技术的发展。

中国科学院院士

杨孟飞

2021 年 8 月

# 前　言

敏捷稳健控制是为敏捷航天器构建的高性能、高可信控制方法。

敏捷航天器是指具备绕任意欧拉轴大范围快速姿态机动并快速稳定的一类航天器，其机动能力较传统航天器要高出一个数量级以上。这类航天器大多应用于遥感领域，通过敏捷机动控制实现多点目标成像、立体成像、条带拼接成像和主动推扫成像等遥感任务，以此大幅度提升航天器工作效能。航天器敏捷机动控制技术也可用于空间攻防、天文观测领域，实现对目标的快速捕获和精稳跟踪。

为保证敏捷机动过程中获得高成像质量和高成像效能，敏捷航天器在实现大范围快速姿态机动的同时，还要具备很高的姿态指向精度和稳定度，也要具备强鲁棒的稳定运行能力。快速机动、高稳定度、稳定运行是敏捷稳健控制的基本内涵；通过精细的路径规划和精确的控制方法实现技术指标量级上的提升，通过健壮性设计实现高可靠诊断、高安全运行，并要具备敏感器和执行机构多重故障后一定的欠配置运行能力，是敏捷稳健控制的极致追求。

作者总结多年来在敏捷航天器控制技术研发、型号研制和在轨维护方面的研究成果和工程经验，提出航天器姿态敏捷稳健控制方法。全书共计6章：第1章绪论，概述了敏捷稳健控制技术的发展及应用；第2章给出了姿态机动路径规划的相关方法；第3章针对敏捷航天器关键执行机构——控制力矩陀螺，给出了控制力矩陀螺构型设计及操纵律设计方法；第4章从控制律设计角度，给出敏捷航天器姿态机动的控制方法与应用；第5章针对敏捷航天器的运行特点和任务需求，给出多层次、快速自主的故障定位方法；第6章基于第5章的故障定位结果，给出稳健系统的安全性策略及欠配置控制方法。第2、3章为敏捷航天器高性能姿态机动控制提供基础，第4章为敏捷机动控制提供方法与应用实现，第5、6章为敏捷航天器的稳健运行提供理论基础与应用策略。

本书是作者及其团队十多年相关研究成果的总结和提炼，重点论述了敏捷航天器姿态机动控制和稳健性设计的方法和技术，注重方法的适用性和型号应用效果，是一本理论与实践紧密结合的学术专著，既可为航天工程领域科研人员提供参考，也可作为高等院校相关专业研究生的教材。

本书成稿过程得到吴宏鑫院士、杨孟飞院士的指导，承蒙北京控制工程研究所刘一武研究员审阅，并提出了许多宝贵意见，科学出版社做了大量编校工作，参加相关撰写和材料整理工作的还有以下同志：刘潇翔参加了第 1 章，谈树萍、刘其睿、郭子熙参加了第 2 章，张科备、关新、田科丰参加了第 3 章，陆栋宁、张国琪、张晓文参加了第 4 章，刘文静、刘成瑞、李文博参加了第 5 章，武云丽、刘洁参加了第 6 章，在此一并感谢。

由于敏捷稳健控制技术和应用还在不断发展中，限于作者水平，书中难免有不妥和错误之处，恳请广大同行、读者批评指正。

作　者

2021 年 3 月

# 目　　录

# 第1章 绪论

## 1.1 敏捷航天器的研制发展

顾名思义,能够在较短时间内实现姿态大角度快速机动的航天器称为敏捷航天器(agile spacecraft)[1]。敏捷航天器能够根据任务要求快速改变姿态指向,实现对目标的快速、灵活探测,从而在单轨道周期内完成多点目标成像、立体成像、条带拼接成像和主动推扫成像等遥感任务。从另外一个角度来看,基于航天器的敏捷控制能力,可显著扩展航天器作为在轨操控平台的服务能力和效率,为空间攻防中的快速攻击和快速闪避提供保证。

敏捷航天器的相关技术研究在世界各国高分辨率对地观测商业卫星的应用发展中备受关注[2]。美国最早的伊科诺斯(Ikonos)及其之后的快鸟(QuickBird)、地球之眼 1 号(GeoEye-1)、世界观测 1 号(WorldView-1)和世界观测 2 号(WorldView-2)等对地观测卫星均在一定程度上实现了姿态快速机动功能;法国的昴宿星(Pleiades)及印度的制图 2 号卫星(Cartosat-2)也同样具备作为敏捷航天器的姿态快速机动能力[3]。

最具代表性的敏捷航天器包括美国的 WorldView 系列、GeoEye 系列、法国的 Pleiades 系列等。由于具有敏捷姿态机动能力,这些卫星不仅能够沿轨道前进方向进行前视和后视成像,一次过境即可对星下点轨迹附近的区域目标进行多方位扫描,经过数据处理能够得到无明显时间差的立体图像;而且通过敏捷姿态机动,能够以一定角度进行左右侧视或侧摆成像,从而获得所需的非星下点目标的影像数据,极大地提高了卫星的观测范围和工作效率。

WorldView 系列是美国 DigitalGlobe 公司研制的新一代商业对地观测卫星系统[4],是全球第一批使用了控制力矩陀螺(control moment gyroscope, CMG)的商业卫星。WorldView-1(图 1-1)[5]发射于 2007 年,运行于高度 496 km、倾角 98°、周期 93.4 min 的太阳同步轨道上,平均重访周期为 1.7 天,星载大容量全色成像系统每天能够拍摄多达 50 万平方公里、0.5 m 分辨率的图像。卫星以重 2.5 t、高 3.6 m、宽 2.5 m、太阳电池帆板展开后总跨度 7.1 m 的质量和结构特性,能够实现偏离天底方向±45°范围机动,机动的角加速度可达 2.29 (°)/$s^2$,机动角速度可达 4.45 (°)/s,侧摆机动 300 km(约 35°)仅需 9 s 时间,在其发射后的很长一段时间内被认为是全球分辨率最高、响应速度最快的商业遥感卫星,具备高精度的地理定位能力和极为迅速的任务响应能力,能够快速瞄准要拍摄的目标,并有效地进行同轨立体成像。WorldView－2(图1－2)于2009年10月6日发射入轨,运行于770 km高度的太阳同步轨道,能够提供0.5 m全色图像和1.8 m分辨率的多光谱图像,能够更快速和更准确地从一个目标转向另一个目标,同时也能进行多个点目标的拍摄。

图1－1　WorldView－1

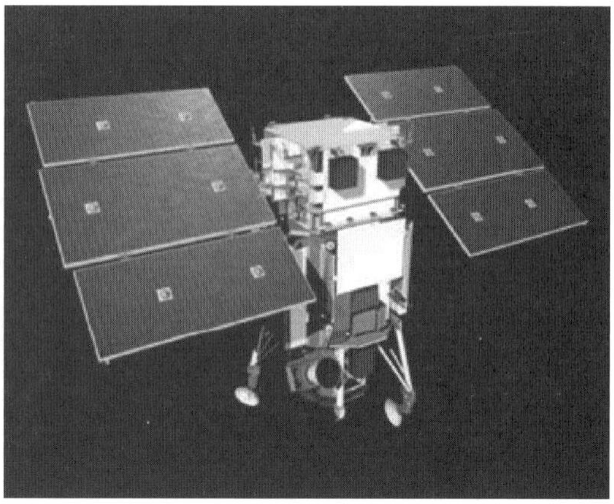

图1－2　WorldView－2

WorldView－3(图1－3)[6]于2014年8月成功发射,作为美国DigitalGlobe公司的第四代商业光学卫星,是第一颗具有多载荷、超高光谱、高分辨率的商业卫星,是全球首颗0.3 m分辨率的遥感卫星,能够在更短的时间内获取影像数据,平均回访周期不到1天,同时每天的采集数据量也非常惊人,采集范围高达68万平方公里。WorldView－4(图1－4)[7]于2016年11月发射,与WorldView－3卫星组成星座,WorldView－4相比于WorldView－3,能够更快速地从一个目标移动到另一个目标,并且能够存储更大量的数据。

图1－3　WorldView－3

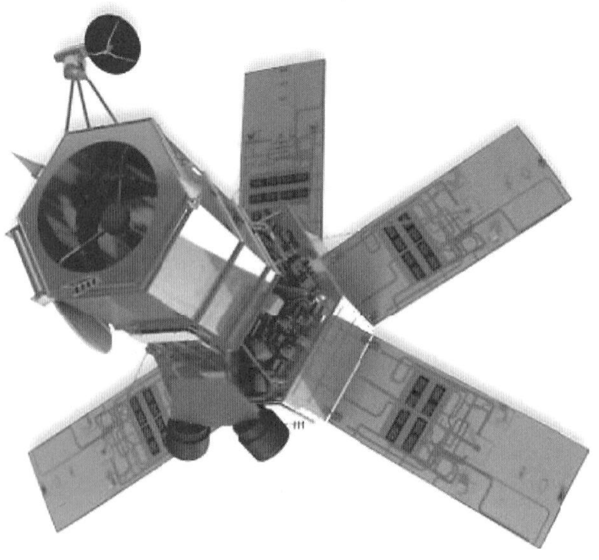

图1－4　WorldView－4

Pleiades 卫星(图 1-5)是法国继 SPOT 系列之后的新一代商业遥感卫星,重量 1 t,轨道高度 694 km,轨道周期 98.64 min。与 SPOT 系列卫星不同的是,Pleiades 卫星通过卫星绕三轴同时机动,实现对多个目标更为灵活的观测,除了具有侧视成像能力以外,还可以在很短的时间内调整观测角度,对点目标成像,也可以沿飞行轨迹前视和后视成像,生成近似同时的立体像对。

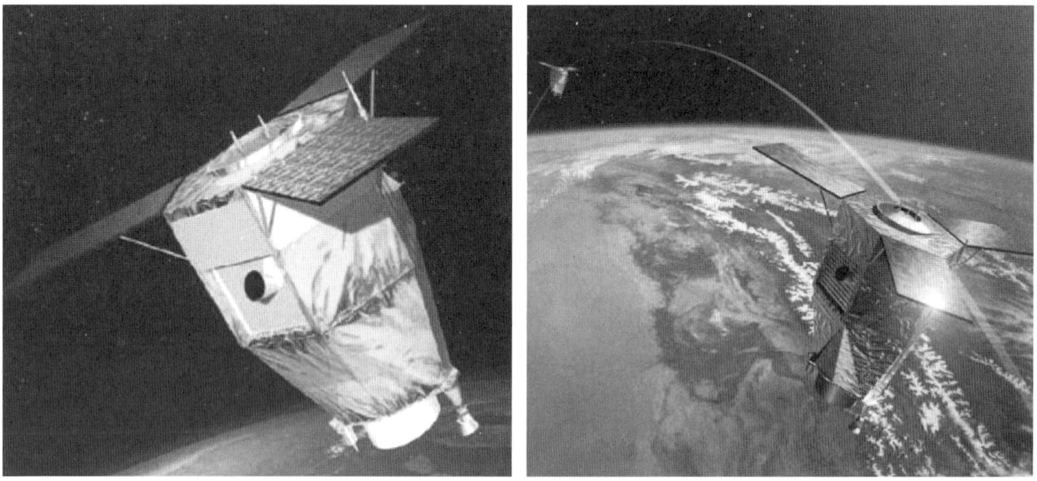

图 1-5 Pleiades 卫星

对敏捷航天器的控制研究在中国同样备受关注。2006 年 2 月 9 日,中国颁发了《国家中长期科学和技术发展规划纲要(2006—2020 年)》,高分辨率对地观测系统同载人航天与探月工程、北斗导航系统等一并作为 16 个重大专项之一。从 2010 年 5 月正式获准实施,2012 年进入全面建设阶段,目标是在 2020 年左右建成"三高"——高时间分辨率、高空间分辨率、高光谱分辨率的对地观测系统,具有时空协调、全天候、全天时、观测范围全球覆盖的稳定运行系统。该项目的发布和实施无疑对推动敏捷航天器的研究及应用提供了良好的契机。

2008~2010 年,针对高精度、高稳定敏捷遥感卫星发展需求,北京控制工程研究所开展了敏捷小卫星平台控制系统总体设计技术、基于小型控制力矩陀螺的敏捷姿态控制技术研究,完成小型控制力矩陀螺和微小型一体化姿态轨道确定系统工程样机研制,并通过数字和物理仿真试验进行了验证,为实现中国对地观测技术的跨越式发展奠定了基础。

2012 年 12 月,中国高分辨率对地观测重大专项管理办公室举办了"第一届高分辨率对地观测学术研讨会——卫星遥感与应用",主要探讨了天基对地观测及应用领域的新理论、新思路、新方法和新技术,旨在为天基系统攻关建设提供有益的参考和思索,从而以更雄厚的技术支撑来保障高分辨率对地观测重大专项的顺利实施和可持续性发展。北京时间 2013 年 4 月 26 日,中国自主研发的高分一号高分辨率对地观测卫星在酒泉卫星发射中心成功发射[8];6 月 6 日,高分一号首批影像发布了四类图片,全色分辨率可达 2 m,标志着中国对敏捷航天器的研究步入了应用阶段。

中国早期的敏捷航天器如下。

(1)遥感十四号卫星。该卫星是集高分辨率可见光、红外和高光谱相机为一体的综合成像遥感卫星,于2012年发射,是中国首颗使用控制力矩陀螺进行侧摆姿态机动控制的遥感卫星。其运行于高度470 km、倾角97.17°、周期93.4 min的太阳同步轨道上,平时对全球重点目标重访周期为3~5天,通过轨道机动可实现对特定地区重点目标重访周期为1天。能够实现偏离星下点±40°范围的机动,侧摆机动300 km(约32°)所需时间为90 s。星载大容量全色成像系统能够拍摄优于0.8 m分辨率的影像,是中国首颗亚米级分辨率的遥感卫星,在其发射后一段时间内被认为是中国分辨率最高的遥感卫星[9]。

(2)高分二号卫星。该卫星具有沿滚动轴快速侧摆的敏捷姿态机动能力,发射于2014年,是中国民用高分领域首颗亚米级高清成像的光学遥感卫星。其运行于高度631 km、倾角97.9°、周期97.3 min的太阳同步轨道上。侧摆机动35°所需时间为160 s,并实现了大范围快速侧摆下高定位精度控制。其主要使命是对地球表面进行1 m全色和4 m多光谱的遥感成像观测,提供国土资源调查与监测应用的高质量影像数据。

随着国产控制力矩陀螺研制水平的提升,通过4~6个CMG组合,具备基于控制力矩陀螺群(CMGs)的三轴快速姿态机动能力的航天器应运而生。基于CMGs实现航天器的三轴机动,能够更灵活地服务于航天器的敏捷机动任务,可支持多种成像模式,包括同轨多点目标成像、同轨多条带拼幅成像、同轨多角度成像、同轨立体成像和沿迹/非沿迹主动推扫成像等等。

基于CMGs的这类敏捷航天器主要代表如下。

高景一号卫星系统由0.5 m分辨率光学小卫星组成[10]。高景一号01、02星于2016年12月发射,03、04星于2018年1月发射。高景一号卫星采用CMGs控制,可实现最大角加速度0.8 (°)/s$^2$,最大角速度3.0 (°)/s,具有机动30°所需时间小于20 s的敏捷机动能力,相对中国传统敏捷航天器的机动指标有了量级上的提升。该卫星不仅可以获取多点、多条带拼接等影像数据,还可以进行立体成像,载荷成像全色分辨率优于0.5 m,单景最大可拍摄60 km×70 km的影像,4星组网后实现全球任意地点一天重访,标志着中国完全自主的遥感卫星商业化运营服务迈出了第一步。

高分辨率多模综合成像卫星,是具备亚米级分辨率的民用光学遥感卫星[11],是《国家民用空间基础设施中长期发展规划(2015—2025年)》中分辨率最高的光学遥感卫星,于2020年7月发射。其具备敏捷机动能力,具有多种敏捷成像模式,包括同轨多点目标成像、同轨多条带拼幅成像、同轨多角度成像、同轨立体成像、非沿迹主动推扫成像等,单轨成像条带数不少于20个,同一目标多角度成像最大次数可达10次,可实现多种成像模式切换。其在轨应用进一步提升了中国遥感卫星技术水平,满足相关行业用户对高精度遥感影像数据的需求。

## 1.2　航天器敏捷控制技术的现状与发展

随着航天技术的进步和航天器应用领域的拓展，天线、相机等有效载荷的固有特性和工作任务越来越复杂，对航天器平台的姿态轨道控制系统提出越来越高的任务功能需求、技术指标要求及连续运行能力要求。航天器姿态轨道控制系统可以说是整个航天器系统中最为复杂的一个分系统，承担各类高低轨卫星平台的姿态控制任务和轨道控制任务，根据航天器飞行控制流程及有效载荷工作需要，实现航天器平台的姿态机动和轨道机动，并能按要求维持既定工作轨道、稳定于标称姿态。

现阶段，高分辨率对地观测数据已经成为国民经济建设和国家安全的战略性、基础性资源，获取高分辨率对地观测数据是航天强国实力的重要表征之一。航天器作为空间信息平台，所提供的观测数据能否满足各类用户对探测范围、信息量和数据时效性的要求，取决于空间信息网络密度、数据感知能力及姿态机动水平。提高航天器平台的姿态敏捷机动能力，能够有效扩大单个轨道周期的遥感探测范围，成为解决幅宽、探测范围、过顶次数和分辨率之间相互制约矛盾的重要途径，并以其较低的成本、较高的收益，成为遥感航天器控制领域的重要技术发展方向。

相比于传统航天器，敏捷航天器的快速机动能力能够使对地观测的图像采集范围和效率大幅提升，通常敏捷航天器姿态机动的角速度在 1 (°)/s 以上，以此来实现灵活多变的对地成像任务。因此，敏捷航天器的首要功能要求是具备大角度姿态快速机动的能力，以实现对目标区域的快速扫描、沿星下点轨迹的左右侧摆等。此外，为了实现对运动目标或静止目标的高精度跟踪能力，敏捷航天器还需要具备在机动过程中及机动结束后实现高稳定姿态控制的能力。也就是说，敏捷航天器必须同时突破姿态大角度快速机动和姿态高稳定度控制两项相互掣肘又必须协同实现的关键技术。

### 1.2.1　敏捷机动姿态路径规划研究

由于敏捷航天器需要具备大范围快速姿态机动的能力，而执行机构力矩输出能力有限，需要将相关条件作为约束，进行姿态机动过程的优化设计。路径规划就是规划出较优姿态机动路径，以求在规定的时间内机动至设定的目标姿态，同时为满足高精度姿态指向和姿态稳定度提供基础。路径规划是决定敏捷航天器效能发挥的关键因素。

为了实现敏捷航天器的姿态快速机动控制，首先从机动能力和扰动抑制的角度对姿态机动路径进行规划。姿态路径规划根据路径形式可以分为最短路径规划、S 型路径规划、多项式路径规划等。

(1) 最短路径规划：又称为梯形路径规划或 Bang-Coast-Bang 规划，是将卫星机动过程的角速度变化过程分解为三个阶段：一是恒加速；二是匀速；三是恒减速到目标角速度[1]。根据加减速阶段角加速度取值的不同，最短路径又可以分为等腰梯形路径和非等腰梯形路径。在文献[12]中 Glenn Creamer 对美国的小型月球探测器 Clementine 进行了描述，Clementine 在执行对月成像任务中，采用了最短路径规划解决执行机构输出力矩和最大角速度受限的问题，可使探测器快速机动到目标姿态的同时又不会引起挠性附件的强烈振动，但其缺点是机动过程中的姿态控制精度不高。William 等[13]基于最短路径规划，将执行机构输出力矩的切换时间加入姿态机动控制器的设计中，实现了 TO－ZV（时间最优-零振动）机动，但其需要精确的航天器数学模型，且控制器设计复杂。针对执行机构最大力矩输出和陀螺仪量程受限的工程实际情况，雷拥军等[14]选用最短路径规划的分析结果表明，合适的梯形路径参数能在满足约束前提下实现姿态大角度机动。

（2）S 型路径规划：周瑞等[15]针对最短路径存在角加速度突变的问题，设计了 S 型姿态机动路径，在执行机构、敏感器和挠性附件等多个约束下，采用多目标优化算法求取机动路径参数，实现了多约束下的快速机动，但其路径形式复杂且对执行机构的力矩能力要求高。郑立君等[16]设计了抛物线型姿态机动路径，设计加速段的角加速度为开口向下的抛物线，抛物线型的机动路径使得角加速度的变化较为平缓，挠性振动得到了一定程度的抑制。然而，以上姿态机动路径设计的起始角速度和结束角速度都为零。

（3）多项式路径规划：Zhang 等在文献［17］中提到了多项式路径规划，给出了在初始角速度、结束角速度、角加速度的约束下，路径规划参数的具体计算步骤和最小机动时间求取方法，研究结果表明采用多项式路径规划可以有效减少姿态快速机动过程中挠性附件产生的振动影响。

实现航天器姿态机动主要有欧拉旋转机动、时间最优机动和离线姿态规划等几种方法。欧拉旋转机动虽然不是时间最优，但却能实现最短路径机动，且由于其工程实现简单，因此一般情况下多数航天器都会采用这种方法来进行姿态机动控制。

由欧拉旋转定理可知，矢量空间中绕固定点做旋转运动的刚体，从初始位置到目标位置的任何角位移，都可以通过绕过该点的某一固定轴旋转一定的角度来实现，该旋转轴称作欧拉轴。然而即使对于最简单的惯性对称刚体，例如球体或立方体，欧拉旋转也不是时间最优的，要实现时间最优，需要在三个姿态分量上均实现 Bang-Coast-Bang 控制。但通常情况下，多数航天器还是会采用欧拉旋转来实现最短路径规划。Wie 等[18,19]设计了基于四元数反馈的控制器来实现姿态的欧拉旋转，提出只要选择合适的控制器增益，就能够实现绕欧拉轴的大角度点对点（rest-to-rest）机动。其他欧拉旋转的近似时间最优机动控制技术，由于考虑了动量轮力矩饱和及角动量饱和约束，控制策略可以看作是参考角速率跟踪的开环一次开关 Bang-Coast-Bang 控制。王淑一等[20]提出了一种按照欧拉旋转方式、沿最小路径机动的路径规划方法，考虑了系统受陀螺的测量范围和执行机构最大角动量包络限制的问题，将沿特征主轴的机动过程规划为加速、匀速、减速三段，以得到沿特征主轴机动的参考角速度和参考四元数路径。需要注意的是，在姿态快速机动过程中，角速度或角加速度的不连续性或突变容易引发航天器挠性附件的振动，导致影响机动过程的姿态稳定度，因此在姿态路径规划中应该避免这种规划控制目标的不连续性。

伪光谱算法作为一种解决最优控制的直接方法，其基本原理是通过选取合适的离散点，将系统离散化，并求得离散的最优值，在此基础上使用多项式插值逼近实际的最优值及系统内的各个变量。根据所选取离散点的不同,伪光谱算法可分为 Legendre 伪光谱算法和 Gauss 伪光谱算法。对此学术界也有一定的研究成果,但就目前指标需求、算法实用性及星上使用情况来看,多数还是采用欧拉旋转机动。

### 1.2.2 敏捷机动控制研究

1. 敏捷机动执行机构选择

在执行机构的选择上,为实现敏捷航天器的快速机动,需要执行机构具备足够大的控制力矩,并且能适应较大的角动量变化范围。控制力矩陀螺作为一种有效的角动量交换装置,可以在同等重量下,提供比动量轮高几个数量级的控制力矩,因而成为敏捷航天器执行机构首选。控制力矩陀螺根据支撑旋转机构的框架数量的不同,分为单框架控制力矩陀螺(single gimbal control moment gyroscope, SGCMG)和双框架控制力矩陀螺(double gimbal control moment gyroscope, DGCMG)两类。由于双框架控制力矩陀螺的复杂性,应用极少,大多以单框架控制力矩陀螺为主,其中单框架控制力矩陀螺又包括转子恒速的 CSCMG 和转子变速的 VSCMG。本书所涉及的控制力矩陀螺如无特殊说明均指单框架控制力矩陀螺,简称为 CMG。由于控制力矩陀螺内部存在的构型奇异问题,给操纵律的设计带来困难,对奇异产生机制及奇异回避方法的研究成为重点关注的方向。天宫一号目标飞行器采用单框架控制力矩陀螺作为姿态控制系统的主要执行机构,其角动量为 200 N·m·s,最大输出力矩可达 20 N·m,按照五棱锥的构型共配置了 6 个 CMG,标志着中国 CMG 相关技术已经达到工程应用水平。

鉴于控制力矩陀螺和动量轮各自的特点,可以将二者组合为联合执行机构,取长补短:利用 CMG 提供的大力矩来产生较大的角加速度,利用动量轮来消除跟踪过程的姿态偏差和初始扰动引起的姿态偏差,从而共同完成航天器高精高稳高敏捷的姿态机动任务。同时,许多学术研究利用动量轮来辅助避免 CMG 系统的奇异性[21,22],即利用奇异值分解等方法将指令控制力矩进行合理化分解,分别分配给 CMG 和动量轮,利用动量轮输出沿奇异方向的指令力矩来辅助 CMG 脱离奇异状态。通过对 CMG 和动量轮各自的操纵律进行独立设计,既能够避免系统奇异,又能够消除力矩偏差,可实现航天器姿态精确跟踪控制。

2. 姿态机动控制方法研究

大角度姿态机动控制是敏捷航天器姿态控制的关键技术,姿态控制器设计要为执行机构提供合理的指令控制力矩。由于姿态机动路径规划算法将目标姿态分解为每一时刻的目标姿态,因而姿态机动控制可直接归结为姿态跟踪控制。

对于大角度姿态快速机动控制而言,要综合考虑航天器的挠性动力学、运动学和外界环境干扰力矩等,同时姿态动力学和姿态运动学方程本身的非线性耦合程度比较强,因此控制器设计实际上是一个较为复杂的非线性控制问题。但是机动过程的姿态路径规划在每个控制周期根据执行机构能力规划控制目标,不会有较大姿态偏差作为反馈。

PID 控制是一种经典的控制方式,工程实用性强,目前广泛应用于大多数航天器的姿态机动控制中。理论上只要增益系数设计合适,PID 控制器能在约束下满足大多数姿态大角度机动任务的要求。许多学者针对传统 PID 控制器做了深入研究。Wie 和 Barba 在文献[19]中通过在 PD 控制器中加入四元数反馈来实现航天器的快速机动控制，随后 Wie 和 Lu 又在文献[18]中针对执行机构和敏感器的能力和性能限制问题，在前文基础上设计了递阶饱和 PID 控制器，消除了积分项在姿态误差较大时带来的不利影响，提高了稳态跟踪精度，有效地实现了约束下的机动控制。张聪等[23]针对敏捷卫星上飞轮动态响应慢的问题，设计单神经元 PID 控制器，该方法超调小且姿态机动过程的控制力矩连续、精度高，但未考虑大角度机动情况下角速度饱和对系统的影响。Zhang 等[17]针对带有大型挠性附件的航天器，在 PD 控制器前加入输入整形方法与机动路径规划算法的联合控制，在提高响应速度的同时，满足力矩输出要求，具有工程实用价值。

滑模变结构控制(sliding mode control)算法相对于 PID 控制算法而言，主要特点在于其控制结构在滑动模态下能随航天器模型参数的变化而变化，具有较好的鲁棒性和强适应性，因此成为航天器姿态机动控制方向上的研究热点，目前相关研究主要集中于两方面：滑模面、趋近律设计和消除系统抖振。Su 等[24]在滑模控制器的前后均设计了一种滤波器，前滤波器融合控制偏差和趋近律参数以实现饱和函数边界值的适应性调整，后滤波器用于降低耦合在控制器中的外界噪声干扰，该方法很好地降低了系统抖振。Da 在文献[25]中提出将滑模控制器分解为神经网络和线性反馈两部分，利用模糊神经网络来设计切换面，实现了控制的连续性并很好地降低了抖振。盛严等在文献[26]中提出一种指数趋近律改进方法，当系统离滑模面较远时能快速运动至滑模面，当系统趋近滑模面时能以较小的速度滑动，从而实现较好的动态性能。姜野在文献[27]中针对带有输入饱和特性的挠性航天器姿态机动控制问题，将线性滑模面与时变滑模面相结合，设计了输出反馈变结构控制器，在完成姿态机动的同时，有效地抑制了挠性附件的振动。

从目前工程实际应用来看，大部分在轨航天器还是采用经典控制理论进行姿态机动控制的设计，其中以 PID 最具代表性和实用性，因为它不需要精确的数学模型即能实现航天器大角度快速机动，同时能保证姿态的控制精度和稳定性[28]，且其控制参数物理意义明确，易于整定。美国带有挠性附件的 Landsat - D 陆地卫星，就是采用 PID 算法进行姿态控制，迄今，已成功完成多项对地观测任务。考虑到多种环境力矩的干扰和航天器模型参数的变化，滑模变结构控制器具有很好鲁棒性，也能保证控制精度和姿态稳定性。

## 1.3 航天器稳健控制技术的发展

### 1.3.1 航天器敏捷稳健技术背景

高精高稳高敏捷是敏捷航天器必须满足的外在显性性能指标要求。与此同时，一般敏捷航天器的载荷造价高昂，作为高价值航天器，在轨长期、连续、稳定、安全运行对用户而言同样重要，这也是航天领域对航天产品的内在质量要求。由于复杂的空间环境影响及航天产品地面试验的局限性，使得航天器在轨运行过程中往往会出现意想不到的异常现象，一旦控制系统运行出错，不仅会因为指标超限导致难以维持载荷正常工作的保障条件，并会导致航天器大概率丢失姿态基准而威胁到整星能源安全，甚至出现极端条件危及整星结构安全，对在轨任务产生致命影响。近年来发生的在轨问题不断敲响警钟：控制系统在轨稳定运行的健壮性与性能指标同等重要，保证航天器全生命周期的稳健性成为航天器指标体系的关键项目。

近年来，航天器故障诊断与重构已获得充分重视并投入大量的科研精力，取得较为丰富的研究成果。航天器故障诊断在方法层面通常分为基于数学模型的方法、基于信号处理的方法和基于知识的方法三大类，但较为先进的诊断算法都有较高的数据处理要求，在地面测控系统应用中取得一定成果；然而，航天器稳健控制强调的是星上及时、自主、可靠的异常检测及处理结果，更注重流程清晰、逻辑完备、手段直接的设计方法，注重对故障源的及时定位，注重极端条件下的可靠安全处理措施，旨在通过星上的健壮性和重构性设计实现航天器"一重故障保性能（单点除外），二重故障保稳定运行"。

敏捷航天器相对于一般航天器，在轨稳定、健康、安全运行涉及的内容更为复杂。首先，敏捷航天器姿态机动能力强，因此可以灵活地在多种工作模式下执行用户任务，这意味着必须在不同的工作模式下确保正确的指令和任务可靠执行，确保机动任务在系统能力范围内安全执行。同时，敏捷航天器要求姿态调整精度高，要求机动过程不能引发星体较大的振动，确保机动指标满足，而且机动过程中需保证必要的敏感器测量信息，避免出现长时间姿态基准丢失。此外，机动能力是敏捷航天器有效载荷在轨发挥作用的基础，必须确保执行机构出现单一故障、甚至多个故障后系统成为欠配置状态时，系统仍具有一定的机动能力，并确保在敏感器或者执行机构发生单一故障甚至多重故障时的系统安全，不引发非期望事件。因此，敏捷航天器的稳健性设计要从敏捷机动任务需求出发，基于敏捷航天器控制系统的复杂部件配置，考虑敏捷航天器对任务执行的实时性要求，提出敏捷航天器的稳健设计方法，确保在发生单机输出异常或故障的条件下，系统能够快速、准确地定位故障，仍能维持稳定运行并可靠执行任务。

敏捷航天器的稳健控制技术融合了以往常规、单一的故障诊断及故障处理技术，将控制系统单机级和系统级的故障诊断能力、故障修复能力及安全模式的处理能力进行知识综合和交叉设计，面向敏捷航天器任务需求和对象特性发展成为一种新的技术集成形态，全面确保敏捷航天器的敏捷任务执行能力和在轨稳定运行能力。

### 1.3.2　航天器稳健控制技术发展历程

航天器稳健控制技术是随着航天飞行任务扩展、控制精度提高及工作寿命延长等要求而发展起来的[29]。

20 世纪 50 年代开始的第一代航天器基本没有考虑故障诊断问题，只是通过简单仪表对信号进行监测，并基于硬件冗余实现故障修复，如美国的第一艘载人宇宙飞船水星号及苏联的第一艘载人宇宙飞船东方号。

20 世纪 70 年代的第二代航天器稳健控制技术得到了很大发展。美国的 Landsat、法国的 SPOT、日本的 JERS－1、欧洲的 EURECA 等都具备不同程度的故障诊断、隔离及重构能力。特别是20世纪80年代以后,许多故障诊断专家系统陆续问世,出现了各种原型以及实用型故障诊断专家系统,如英国BAE系统公司开发的PES航天器故障诊断专家系统。

20世纪90年代,第三代航天器控制系统关键部件有多重冗余,具有自主诊断和重构的能力,满足航天器对控制系统的安全性、可靠性要求,做到"一重故障工作,两重故障安全",例如美国的阿波罗载人飞船和俄罗斯的联盟TM飞船。

航天器飞行任务扩展、工作寿命延长等要求的提高,对航天器稳健控制技术提出了较高要求。目前,航天器已从原来单一的由各分系统(如控制系统、电源系统、推进系统等)配置的故障诊断与故障处理系统,向集系统状态监测、故障预测和故障修复为一体的航天器集成健康管理系统发展。

中国航天器稳健控制技术的研究起步较晚,20世纪70年代~80年代初成功飞行的航天器控制系统都是无故障修复功能的单点故障诊断系统,如第一代返回式卫星、自旋卫星等。随着中国航天事业的飞速发展,稳健控制技术对于航天飞行任务的重要性和迫切性日益突出。20世纪80年代末第二代返回式卫星首次采用中国研制的第一台星载计算机,并率先应用了双机备份技术,之后资源一号卫星配置了具有智能接口的部件和模块级备份计算机,成为中国第一颗具有一定自主故障诊断与故障修复能力的卫星。进入20世纪90年代,中国研制的遥感卫星、气象卫星、通信卫星及各类小卫星的控制系统都不同程度地具有故障诊断与故障修复功能。迄今,门限值检验法、推断检验法、一致性检验法等故障诊断方法,以及备份部件切换、系统切换、敏感器和执行机构重构等故障修复方法都在已发射或在研型号中得到应用,可诊断到部件级和系统级,但不能实现元器件级的故障定位。

### 1.3.3 航天器稳健控制技术研究现状

航天器稳健控制需要航天器具备及时、自主、可靠地实现故障诊断及处理的能力。其中故障诊断主要是在故障发生后,及时报警并确定故障类型、故障发生部位、故障幅值及故障发生时间等,为后续的故障修复提供准确的故障信息。而故障修复主要通过系统重构来实现,根据部件冗余程度分为不同的重构方式。当部件存在冗余时,系统通过部件重构来实现;当部件不存在冗余时,则通过安全设计或欠配置设计来实现。其中部件重构较为简单,通过采用功能相同和相近的部件替换故障部件即可。关于稳健控制技术,多数学者从故障诊断和故障修复中的欠配置控制开展了研究,下面分别从这两个方面进行分析。

1. 故障诊断

故障诊断技术通常被分为三大类,分别为基于解析模型的故障诊断技术、基于信号处理的故障诊断技术和基于人工智能的故障诊断技术。

1) 基于解析模型的故障诊断技术

基于解析模型的技术是最早发展起来的,需要建立被诊断对象较为精确的数学模型,在系统标称模型和噪声统计特性等已知的情况下,具有较高的准确性和实时性[30-32]。

文献[33]利用特征结构分配方法设计故障检测观测器来诊断三轴稳定低轨卫星的速率陀螺故障。文献[34]设计了两个龙伯格观测器，并通过频域方法对观测器进行优化设计，使两个观测器输出的差值对系统参数变化不敏感，但对传感器故障具有较好的敏感性，并结合卫星部件给出仿真实例。文献[35]对鲁棒故障检测方法进行研究，通过构造观测器用于估计未知输入，再用估计结果修正检测滤波器，用于减小系统建模误差对故障诊断效果的影响，并以风云一号卫星的姿控系统为应用背景，对方法进行仿真验证。文献[36]研究了基于降阶观测器的执行机构故障诊断方法，并且针对随机系统，分析了基于 Kalman 滤波器的故障诊断方法。文献[37]针对未知输入观测器存在的局限性，提出基于奇异值分解的故障诊断方法，用于分析执行器和传感器故障同时发生的情况。文献[38]将卫星控制系统建模为非线性系统，研究基于多模型的故障诊断方法，实现卫星控制系统中反作用轮的故障诊断。

2）基于信号处理的故障诊断技术

基于信号处理的故障诊断技术源于系统输出在幅值、相位、频率及相关性与故障源之间存在的联系，这些联系可以用一定的数学形式表达。

小波变换由于其具有计算量小、灵敏度高、克服噪声能力强等优点，成为基于信号处理的热点故障诊断方法，已在航天器故障诊断方面取得了一些研究成果。文献[39]根据小波分析具有的多分辨率分析特点，利用离散小波变换对卫星姿控系统进行故障诊断。文献[40]分别采用离散小波变换、正交小波变换和二进小波变换对载人飞船 GNC 系统的红外、陀螺及姿控发动机的几种故障模式进行了故障诊断研究，并取得了预期效果。

3）基于人工智能的故障诊断技术

基于人工智能的故障诊断技术不需要精确的数学模型，同时又克服了基于信号处理方法的缺点，引入了诊断对象的较多信息，可以充分利用专家诊断知识。

文献[41]在利用神经网络诊断航天飞机主发动机及传感器故障方面做了许多工作，他们采用的 BP 网络由两个层次的网络组成，高层网络用于判断故障的存在并完成对故障的分类，低层网络用于识别故障。美国 NASA 喷气推进实验室的 Hundman 等[42]针对航天器遥测的多变量时间序列数据，采用深度长短期记忆递归神经网络实现了对异常情况的监测。在实际应用方面，美国、欧洲和日本已先后基于人工智能技术开展航天领域的故障诊断研究，并已形成专业软件。NASA 基于模型推理开发了 Livingstone 系统，使航天器的健康管理初步具备了智能性；同时，针对国际空间站在轨数据，基于智能技术开展了异常识别与预测工作。欧洲空间业务中心（European Space Operations Centre, ESOC）开发了 DrMUST 软件，具备模式识别与多源数据相关性分析能力，可以系统地对飞行数据进行异常检测。日本的 JAXA 采用机器学习和数据挖掘技术，提取飞行数据的数据模式，通过数据模式变化实现异常监测。

2. 欠配置控制

随着航天器在轨寿命的提高及对在轨稳健运行研究的深入，欠驱动航天器控制器设计成为欠配置控制研究的一个重要方向，开展的研究工作主要包括：欠驱动航天器的可控性与可镇定性分析、使用喷气推力器和角动量交换装置的欠驱动航天器姿态控制等。欠驱动航天器的可控性与可镇定性分析方面，针对带有单轴、双轴和三轴独立喷气控制力矩的情况，文献[43]给出了航天器的完整姿态动力学方程全局可控的充分必要条件；文献[44]对欠驱动系统的可镇定性进行了深入的研究，研究结果表明，由于不满足 Brockett 必要条件，只有两个控制输入的刚体航天器的动力学方程不能由连续状态回馈渐近镇定。在使用喷气推力器的欠驱动航天器姿态控制方面，Brockett 研究得出航天器的角速度方程可由线性反馈控制律实现全局渐近镇定；针对有两维控制力矩的对称刚体航天器，文献[45]~[47]提出通过线性反馈可实现角速度的全局稳定；文献[48]和[49]基于$(w, z)$参数描述的姿态运动学方程，分别设计了全局渐近稳定控制律和全局指数稳定控制律实现对欠驱动轴的自旋稳定，并用李雅普诺夫稳定性理论证明了控制律的稳定性；文献[50]也基于此姿态描述参数研究了欠驱动系统的自旋稳定性问题，设计了一种全局渐近稳定控制律，并指出其控制律可以避免奇异。在使用角动量交换装置的欠驱动航天器姿态控制方面，对于系统总角动量不为零的情况，文献[51]利用$(w, z)$参数描述航天器的姿态，采用反馈控制律使仅带两个反作用轮的航天器实现了全局、渐近自旋稳定；文献[52]研究了带有两个飞轮的欠驱动航天器的姿态镇定问题；文献[53]研究了两个 SGCMG 与磁力矩器的混合控制方法及应用。

### 1.3.4 航天器稳健控制技术应用

迄今，航天器上得到成功应用的故障诊断技术主要包括基于信号监测的门限值检验、冗余配置相同部件的表决检验或一致性检验、功能相关部件的推断检验、基于定量模型的故障诊断和基于定性模型知识的故障诊断。

(1) 基于信号监测的门限值检验。门限值检验是根据系统的运行环境与特点，对系统的某些关键参数(如电压、电流、温度等)设置门限值，它表示了正常情况下某些参数的有效范围，当其超出门限值后认为发生故障。

基于信号监测的门限值检验是一种比较直观的检测方法，在航天器和地面监测中都有应用。SPOT－1 卫星上的故障诊断技术可归于门限值检验方法。

(2) 冗余配置相同部件的表决检验或一致性检验。硬件冗余是由两个甚至多个部件来实现同一个功能，如采用多路传感器、执行器和软件来测量或控制一个变量。一致性检验主要利用多个同类敏感器测量同一个信号，比较多个测量输出之间的一致性。该方法可以消除门限值检验方法的故障定位难的问题，但需要一个能够反映各信号之间函数关系的数学模型，而且这种基于硬件冗余的诊断方法需要增加额外设备和相应的维护费用，对于航天器来说，这种代价往往无法接受。

(3) 功能相关部件的推断检验。上面提到的一致性检验主要是针对由同类部件构成的冗余关系情况，对于由异类部件构成的冗余关系，可利用不同类型部件输出之间的解析关系来检测故障，并确定故障在冗余部件中可能的位置。

(4) 基于定量模型的故障诊断。基于定量模型的故障诊断方法通过建立部件或系统的数学模型，利用模型输出与实际输出之间的解析冗余关系产生残差，基于一定评价标准对残差进行分析和评估后实现故障诊断。根据产生残差的不同方法可以分为奇偶向量方法、参数估计方法和状态估计方法等。这三类故障诊断方法各有优缺点，任何单一的故障诊断方法都难以适用所有情况，因此有必要将不同方法进行有效集成，取长补短，建立一种集成故障检测、隔离与重构的软件系统，由航天器自主运行进行诊断，如法国的 SPOT 卫星、SMART-1 月球探测卫星。

(5) 基于定性模型知识的故障诊断。基于定量模型的故障诊断方法对模型建模的精确度要求较高，当应用于复杂系统时会存在建模困难和计算量增大的问题，为此 NASA 采用了定性建模和模型推理相结合的方法进行故障诊断。该方法把系统的每个部件视为一个时序状态机，而不是具体的数学方程，将整个系统视为一个时序状态机的集合。用每个部件的状态集合来表示系统当前的表现，并且这种表示关系是一一对应的，通过检测系统当前的表现和当前部件状态集合的一致性来诊断故障。

目前，美国基于定性模型的故障诊断系统是 NASA 的埃姆斯研究中心(Ames Research Center, ARC)建立的 Livingstone，作为 Remote Agent 中的健康管理系统，Livingstone 使航天器拥有了自主故障诊断和重构的能力。

故障修复技术与系统配置、任务需求、运行轨道、所处工作模式等因素都有关，实际航天器上采用的故障修复方法比较具体，针对性较强。虽然对航天器故障修复方法的研究比较多，但考虑到可靠性和安全性要求，真正已应用到航天器上的故障修复技术还比较简单，大多是部件备份切换，或针对某些未确诊部件故障导致的系统级故障表征，进行系统重组。具体修复处理方法如下。

(1) 正常备份切换。正常备份切换主要包括备份部件切换、备份组件或系统切换。早期的故障修复方案较多地考虑用相同或功能类似的部件做冗余，对部件(组件或系统)采取一主一备(或两备)的形式，当工作着的主份故障时，切换备份部件(组件或系统)。如三个轴上各装主备份两个陀螺，其中三个主份陀螺构成一组主陀螺，三个备份陀螺构成一组备份陀螺。当工作着的三个主份陀螺发生故障时，无论是哪一个陀螺出现故障，都切换到备份的一组陀螺上。这种切换方式没有充分利用测量信息之间的冗余信息，造成资源浪费。近年来，卫星姿控系统上将六个陀螺按照十二面体或圆锥体全部斜装，提高了陀螺系统的故障备份能力，当某个陀螺出现故障时，切换一个备份陀螺即可完成角速度测量功能。

(2) 敏感器重构。敏感器配置时考虑故障备份性能，当某一个敏感器发生故障时，利用其他敏感器输出重构故障敏感器的测量信息，并重新调用相应的姿态确定算法。这种方法可以充分利用敏感器之间的冗余关系，提高故障备份能力，但其故障备份能力与配置方式和系统状态有关。

(3) 执行机构重构。执行机构配置时考虑故障备份性能，当某一个执行机构发生故障时，利用其他执行机构重构故障执行机构的控制功能，并重新调用相应的力矩分配算法等。以飞轮控制的航天器为例，大多数航天器采用四个飞轮的金字塔构型设计，在一个飞轮出现故障后，重新分配控制力矩，由三个飞轮实现航天器三轴姿态控制。

（4）系统降级处理。故障后若没有相同功能的备份部件切换或不同功能的系统重组能力，则系统进行降级处理，在满足安全性的前提下，降低系统性能指标。如 SPOT－1 卫星中，精确指向模式所使用的三个陀螺中，若有一个陀螺故障，将进入陀螺罗盘控制的过渡模式。随着中国在轨航天器故障数量的增加，欠测量姿态确定和欠驱动控制技术已进入在轨应用阶段[54-56]，在航天器故障处置和寿命延长方面发挥了至关重要的作用。

（5）安全模式。对航天器这类高可靠性要求的对象来说，在短期内无法定位故障或缺乏有效处理措施时，一般优先转入安全模式。安全模式在保证能源供应和通信畅通的前提下，进一步由地面根据遥测数据进行故障定位并制定处理措施。安全模式设计是保证航天器在非预期故障发生时的“救命”手段。众所周知的日本“瞳”卫星，英文名 ASTRO－H，是日本 JAXA 和美国 NASA、欧洲 ESA、加拿大 CSA 等多个国际单位联合研制的下一代 X－射线天文学观测卫星。2016 年 2 月 28 日，JAXA 针对“瞳”卫星在轨可扩展光学基座展开后的质心变化，将外协单位提供的错误数据上注星上；3 月 26 日，由于星敏感器问题引发姿态角速度超差、触发卫星喷气卸载时，错误数据导致卫星喷气控制异常，最终价值 2.86 亿美元的卫星解体成 11 个物体。

从“瞳”卫星事故原因分析来看，最为可惜的原因在于卫星滚动角速度逐渐增加的过程中，没有及时停止推力器工作，导致太阳帆板、可扩展光学基座在离心力作用下最终断裂并从卫星本体上脱离。因此，从系统安全角度出发，安全模式设计过程中的底线思维尤为重要。图 1－6 为“瞳”卫星推力器安全模式示意图。

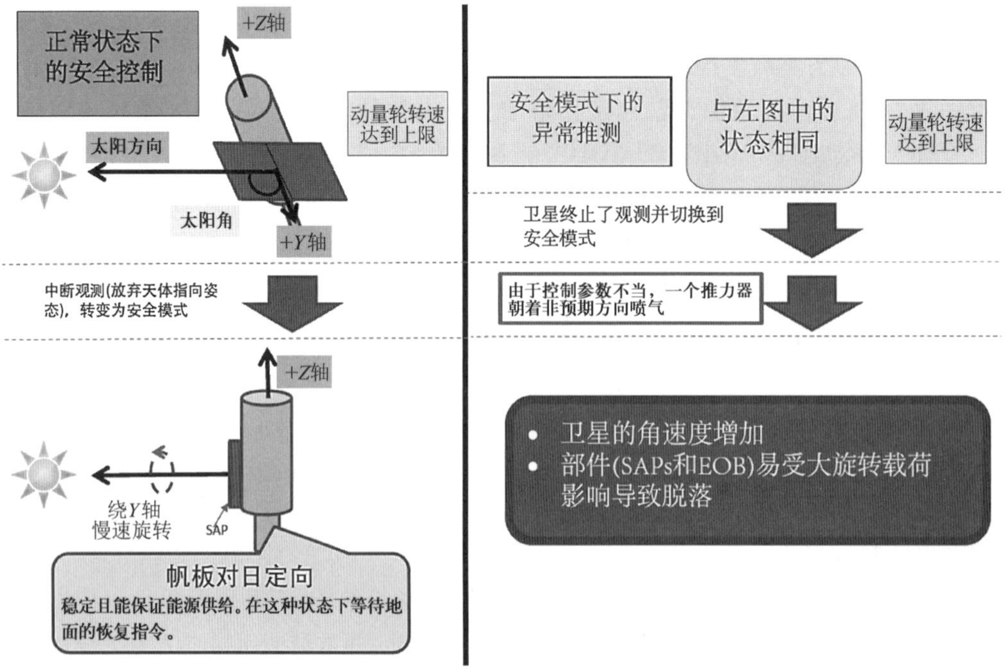


图 1－6 “瞳”卫星推力器安全模式示意图

纵观各类航天器在稳健运行方面的技术发展和应用,敏捷航天器面临的工况更为复杂,对部件和系统的诊断准确性、处理及时性、系统安全性需求更为迫切,敏捷航天器稳健控制技术的研究具有重要意义。

## 参考文献

[1] WIE B, BAILEY D, HEIBERG C. Rapid multitarget acquisition and pointing control of agile spacecraft [J]. Journal of Guidance, Control, and Dynamics, 2002, 25(1): 96 - 104.

[2] 张新伟,戴君,刘付强.敏捷遥感卫星工作模式研究[J].航天器工程,2011,20(4): 32 - 38.

[3] 韩昌元.近代高分辨率地球成像商业卫星[J].中国光学与应用光学,2010,3(10): 201 - 208.

[4] 周润松.美国甚高分辨率商业光学成像卫星的发展情况和数据服务模式[J].卫星应用,2016,7: 45 - 47.

[5] DOLLOFF J, SETTERGREN R. An assessment of WorldView - 1 positional accuracy based on fifty contiguous stere pairs of imagery[J]. Photogrammetric Engineering & Remote Sensing, 2010, 76(8): 935 - 943.

[6] KRUSE F A, PERRY S. Mineral mapping using simulated short-wave-infrared bands planned for DigitalGlobe WorldView - 3 Data[C]. Monterey: Optical Remote Sensing of the Environment, Optical Society of America, 2012.

[7] WORLD G. DigitalGlobe renames GeoEye - 2 to WorldView - 4[EB/OL]. https://www.geospatialworldnet/news-posts/digitalglobe-renemes-geoeye-2-to-worldview-4-expedites-lauch [2021 - 8 - 24].

[8] 蒙诗栎,庞勇,张钟军,等.高分一号光学遥感数据自适应云区识别[J].红外与毫米波学报,2019,38(1): 103 - 114.

[9] 遥感卫星 14 号[EB/OL]. http://www.xilu.com/zhuanti_177975.html[2021 - 8 - 24].

[10] 卢刚,高磊,王彦敏.高景一号影像多方法融合效果评价分析[J].遥感信息,2018,33(6): 124 - 131.

[11] http://www.kosmos-image. com /index. php? m = wap&a = show&catid = 73&typeid = 4&id = 2495 [EB/OL].

[12] CREAMER G, DELAHUNT P, GATES S. Attitude deter mination and control of clementine during lunar mapping[J]. Journal of Guidance, Control, and Dynamics, 1996, 19(3): 505 - 511.

[13] WILLIAM S, ERIKE B, HIDETO O. Control of flexible satellites using analytic on-off thruster commands [C]. Austin: AIAA Guidance, Navigation, and Control Conference and Exhibit, 2003.

[14] 雷拥军,谈树萍,刘一武.一种航天器姿态快速机动及稳定控制方法[J].中国空间科学技术,2010,5: 48 - 53+58.

[15] 周端,申晓宁,郭毓,等.基于多目标优化的挠性航天器姿态机动路径规划[J].南京理工大学学报,2012,5: 846 - 853.

[16] 郑立君,郭毓,赖爱芳,等.挠性航天器大角度姿态机动路径规划[J].华中科技大学学报(自然科学版),2011,S2: 232 - 234+242.

[17] ZHANG Y, ZHANG J R. Combined control of fast attitude maneuver and stabilization for large complex spacecraft[J]. Acta Mechanica Sinia, 2013, 29(6): 875 - 882.

[18] WIE B, LU J. Feedback control logic for spacecraft eigenaxis rotation sunder slew rate and control constraint[J]. Journal of Guidance, Control, and Dynamics, 1995, 18(6): 1372 - 1379.

[19] WIE B, BARBA P M. Quaternion feedback for spacecraft large angle maneuvers [J]. Journal of Guidance, Control, and Dynamics, 1985, 8(3): 360 - 365.

[20] 王淑一,魏春岭,刘其睿.敏捷航天器快速姿态机动方法研究[J].空间控制技术与应用,2011,37

(4): 36－40.
[21] 邢林峰,孙承启,汤亮.高姿态稳定度敏捷航天器的 VSCMGs 操纵律研究[J].空间控制技术与应用,2008,34(6): 24－28.
[22] 贾英宏,徐世杰.采用变速控制力矩陀螺的一种姿态/能量一体化控制研究[J].宇航学报,2003,24(1): 32－37.
[23] 张聪,刘刚,李光军.基于单神经元 PID 算法的微小飞轮高精度控制[J].宇航学报,2013,34(1): 54－60.
[24] SU W C, DRAKUNOV S V, OZGUNER U. Sliding mode with chattering reduction in sampled data systems[C]. San Antonio: Proceedings of the 32nd IEEE Conference on Decision and Control, 1993.
[25] DA F P. Decentralized sliding mode adaptive controller design based on fuzzy neural networks for interconnected uncertain nonlinear systems[J]. IEEE Transactions on Neural Networks, 2000, 11(6): 1471－1480.
[26] 盛严,王超,陈建斌.结构变结构控制的指数趋近律改进方法[J].西安交通大学学报,2003,37(1): 108－110.
[27] 姜野.挠性卫星姿态机动的时变滑模变结构主动振动控制研究[D].哈尔滨: 哈尔滨工业大学,2007.
[28] 安文吉.某型三轴稳定卫星姿态确定及控制系统研究[D].哈尔滨: 哈尔滨工业大学,2007.
[29] 杨保华.航天器制导、导航与控制[M].北京: 中国科学技术出版社,2011.
[30] PATTON R J, FRANK P M, CLARK R. Fault diagnosis in dynamic systems, theory and applications [M]. Englewood Cliffs: Prentics-Hall, 1989.
[31] CHEN J, PATTON R J. Robust model-based fault diagnosis for dynamic systems[M]. Boston: Kluwer Academic Publishers, 1999.
[32] DING X. Model-based fault diagnosis techniques design schemes, algorithms and tools[M]. London: Springer, 2008.
[33] VENKATERSWARAN N, SIVA M S. Analytical redundancy based fault detection of gyroscopes in spacecraft applications[J]. Acta Astronautica, 2002, 50(9): 535－545.
[34] 朱平,黄文虎,姜兴渭,等.用参数敏感法优化设计传感器的故障观测器[J].哈尔滨工业大学学报,2001,33(2): 165－168.
[35] 宝音贺西.基于模型的故障诊断技术研究及其在卫星中的应用[D].哈尔滨: 哈尔滨工业大学,1999.
[36] 王巍.基于模型残差分析的航天器故障诊断技术研究[D].哈尔滨: 哈尔滨工业大学,1999.
[37] 宋立辉.基于模型的卫星姿控系统鲁棒故障诊断技术[D].哈尔滨: 哈尔滨工业大学,2003.
[38] TUDOROIU N, KHORASANI K. Fault detection and diagnosis for satellite's attitude control system (ACS) using an interactive multiple model (IMM) approach[C]. Toronto: Proceedings of the 2005 IEEE Conference on Control Applications, 2005.
[39] 吴丽娜,张迎春.离散小波变换在卫星姿控系统故障诊断中的应用[J].仪器仪表学报,2006,27(6): 407－409.
[40] 郝慧,王南华.小波分析在载人飞船 GNC 系统故障诊断中的应用[C].广州: 第 24 届中国控制会议,2005.
[41] MENDONCA L F, SOUSA J M C, COSTA S J M G. An architecture for fault detection and isolation based on fuzzy methods[J]. Expert Systems with Application, 2009, 36: 1092－1104.
[42] HUNDMAN K, CONSTANTINOU V, LAPORTE C, et al. Detecting spacecraft anomalies using LSTMs and nonparametric dynamic thresholding[C]. London: the 24th ACM SIGKDD International Conference, 2018.

[43] CROUCH P E. Spacecraft attitude control and stabilization: Applications of geometric control theory to rigid body models[J]. IEEE Transactions on Automatic Control, 1984, 29(4): 321-331.
[44] BYRNES C I, ISIDORI A. On the attitude stabilization of a rigid spacecraft[J]. Automatica, 1991, 27(1): 87-95
[45] ANDRIANO V. Global feedback stabilization of the angular velocity of a symmetric rigid body[J]. Systems and Control Letters, 1993, 20: 361-364.
[46] OUTBIB R, SALLET G. Stabilizability of the angular velocity of a rigid body revisited[J]. Systems and Control Letters, 1992, 18(2): 93-98.
[47] OUTBIB R. On global feedback stabilization of the angular velocity of a rigid body[C]. Lake Buena Vista: Proceedings of the 33rd Conference on Decision and Control, 1994.
[48] TSIOTRAS P, LONGUSKI J M. Spin-axis stabilization of symmetric spacecraft with two control torques[J]. System and Control Letters, 1994, 23: 395-402.
[49] TSIOTRAS P, CORLESS M, LONGUSKI M. A novel approach for the attitude control of an axisymmetric spacecraft subject to two control torques[J]. Automatica, 1995, 31(8): 1099-1112.
[50] FAUSKE K M. Attitude stabilization of an underactuated rigid spacecraft[D]. Trondheim: Norwegian University of Technology and Science, 2003: 27-30.
[51] SUNGPIL K, YOUDAN K. Spin-axis stabilization of a rigid spacecraft using two reaction wheels[J]. Journal of Guidance, Control and Dynamics, 2001, 24(5): 1046-1049.
[52] KRISHNAN H, MCCLAMROCH N H, REYHANOGLU M. Attitude stabilization of a rigid spacecraft using two momentum wheel actuators[J]. Journal of Guidance, Control, and Dynamics, 1995, 18(2): 256-263.
[53] 雷拥军,袁利,刘其睿,等.2-SGCMGs 与磁力矩器的对地姿态混合控制方法[J].中国空间科学技术,2021,41(1): 75-83.
[54] 王新民,张俊玲,袁军,等.欠驱动三轴稳定卫星的消旋和进动控制技术[J].空间控制技术与应用,2014,40(3): 14-18.
[55] 雷拥军,李明群.姿态异常下的星体自旋角速度确定方法[J].空间控制技术与应用,2018,44(1): 15-20.
[56] 雷拥军,魏春岭,何英姿,等.仅地心矢量测量的卫星转对地定向姿态控制方法[J].空间控制技术与应用,2018,44(6): 5-11.

# 第2章　姿态路径规划方法

## 2.1　概述

相对传统的条带成像遥感航天器，为了实现突发事件地区即时观测、热点目标区域快速拼幅、国境边境曲线目标一次过境覆盖成像、重点目标多角度成像与立体测绘等复杂的观测任务，航天器需要具备被动推扫成像（含多点目标、多角度立体）和主动推扫成像（含区域拼幅、曲线目标）等能力（图2-1）。为了实现载荷成像，航天器姿态需要从一种已知姿态控制到另一种要求姿态，即姿态机动[1,2]。姿态机动包括姿态重定向或跟踪某一特定姿态轨迹。不同成像模式对航天器姿态机动提出了不同的需求，例如，遥感卫星被动推扫成像要求卫星具有姿态重定向能力；而主动推扫成像等复杂观测任务还对姿态机动提出了多边界约束、动目标跟踪并修正偏流角等需求[1-5]。

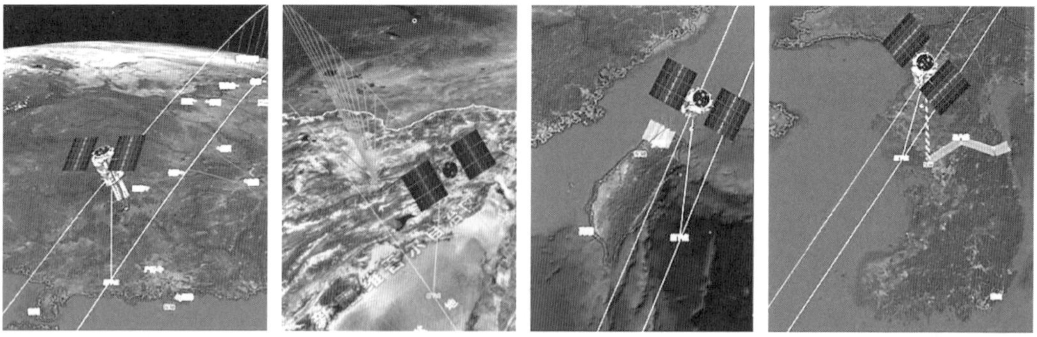

(a) 多点目标连续成像　(b) 多角度立体成像　(c) 区域拼幅成像　(d) 曲线目标成像

图2-1　复杂观测任务成像模式需求

为了克服姿态机动过程中的挠性干扰、执行机构力矩饱和及机动到位后姿态超差过大影响载荷性能等问题，一般根据航天器初始姿态与目标姿态对过程姿态进行路径规划，以使航天器由初始姿态平稳地过渡到目标姿态[2]。

本章面向姿态重定向、多边界约束及动目标跟踪等敏捷需求，从方法原理、仿真实例等角度对相应的姿态机动路径规划方法进行了阐述。

## 2.2　坐标系介绍

在动目标跟踪问题分析过程中，用到了以下坐标系[2]。

1）地心赤道惯性坐标系 I 系

原点 $O_\mathrm{I}$ 在地心，$O_\mathrm{I}Z_\mathrm{I}$ 轴沿地球自转轴指向北极，$O_\mathrm{I}X_\mathrm{I}$ 轴在赤道面内指向春分点，$O_\mathrm{I}X_\mathrm{I}Y_\mathrm{I}Z_\mathrm{I}$ 构成右手直角坐标系。

2）轨道坐标系 O 系

原点 $O_0$ 在航天器在轨时质心的位置，$O_0Z_0$ 轴指向地心，$O_0X_0$ 轴在轨道平面内垂直于 $O_0Z_0$ 轴指向前（与速度方向夹角小于 90°），$O_0X_0Y_0Z_0$ 构成右手直角坐标系（前-右-下）。此坐标系随航天器运动而活动，具有轨道角速度 $\boldsymbol{\omega}_0$。

3）航天器本体坐标系 B 系

原点 $O_\mathrm{B}$在航天器质心，$O_\mathrm{B}Z_\mathrm{B}$轴沿着相机光轴，$X_\mathrm{B}Y_\mathrm{B}$平面与像平面平行，$O_\mathrm{B}X_\mathrm{B}$轴沿着像移补偿系统移动的方向。航天器入轨后姿控系统使得此坐标系和轨道坐标系 O 系重合，即 $O_\mathrm{B}X_\mathrm{B}$轴朝前，$O_\mathrm{B}Z_\mathrm{B}$轴指地。如果相机的 CCD 安装在航天器本体 $XY$ 平面内，则可以认为相机本体坐标系与航天器本体坐标系一致。用 $\boldsymbol{C}_{\mathrm{BO}}$ 描述本体系与轨道系的姿态转换矩阵。

4）航天器机动参考坐标系 R 系

R 系用于描述航天器的参考理论指向，当航天器不存在定姿误差和控制误差时，R 系与 B 系完全重合。所以，R 系描述的是目标姿态矩阵，为航天器期望达到的状态。用 $\boldsymbol{C}_{\mathrm{RO}}$ 描述参考系与轨道系的姿态转换矩阵。

5）对日定向坐标系

本节介绍一种特定的对日定向坐标系，该坐标系定义为本体 $Z$ 轴指向太阳矢量反方向，$X$ 轴指向地心矢量与太阳矢量的叉乘方向，$Y$ 轴满足右手法则，所确定的方向余弦阵及惯性角速度分别为

$$\begin{bmatrix} -S_{Oy}/\sqrt{S_{Oy}^2+S_{Ox}^2} & S_{Ox}/\sqrt{S_{Oy}^2+S_{Ox}^2} & 0 \\ S_{Ox}S_{Oz}/\sqrt{S_{Oy}^2+S_{Ox}^2} & S_{Oy}S_{Oz}/\sqrt{S_{Oy}^2+S_{Ox}^2} & -\sqrt{S_{Oy}^2+S_{Ox}^2} \\ -S_{Ox} & -S_{Oy} & -S_{Oz} \end{bmatrix} \tag{2-1}$$

$$\boldsymbol{\omega}_{si}=\begin{bmatrix} 0 & 0 & \dfrac{\omega_0 S_{Oy}}{1-S_{Oz}^2} \end{bmatrix} \tag{2-2}$$

式中，$[S_{Ox},\ S_{Oy},\ S_{Oz}]$ 为太阳矢量在轨道系的表示；$\omega_0$ 为轨道角速度。

## 2.3　姿态重定向的路径规划

### 2.3.1　路径规划方法

当航天器的机动角度大、稳定时间短、稳定度指标高时，机动过程激起的帆板挠性振动

成为制约机动性能的主要因素[6]。最短机动路径在不考虑系统挠性附件影响下可以实现姿态机动时间最优，一般可用于刚性较好的敏捷航天器。对于大部分复杂航天器，由于通常带有大型挠性附件，为了减小机动对挠性附件的激励，通常需要结合挠性附件动力学特性，有针对性地规划姿态机动路径。本节针对不同需求，从时间最优、力矩平稳、不激发挠性、执行机构特点等层面综合考虑，分别给出了正弦机动路径、加速度导数正弦机动路径、基于频谱分析的正弦机动路径、混合正弦机动路径多种规划方法，有效避免大角度机动对挠性附件激励，并通过实例仿真对上述姿态机动路径规划方法进行分析和对比。由欧拉定理可知，刚体绕固定点的任意位移可由绕通过此点的某一轴转过一定角度得到。因此，姿态重定向过程可转化为对转角的一维变量规划。本节涉及机动路径为 Rest-to-Rest 型，即从零姿态角速度到零姿态角速度的规划过程。下述各方法均为此类型，不再说明。

1. 最短机动路径

当不考虑航天器挠性附件时，根据 Bang-Bang 原理[7]，满足航天器快速控制的函数是唯一的，且是 Bang-Bang 型的。称航天器时间最优机动路径为最短机动路径，也称为 Bang-Coast-Bang，此时姿态角加速度受执行机构能力约束，实现零与最大角加速度之间的切换，而相应的姿态角速度先匀加速，再匀速，最后匀减速[4]。最短机动路径可实现敏捷机动到位时间最优，但由于最短机动路径输入为阶跃信号，对挠性附件激励较大，导致机动到位后迟迟难以稳定，目前工程上基本不再使用。但之后的路径规划方法基本还是秉承了加速-匀速-减速的设计思路。

最短机动路径的角加速度及角速度示意图见图 2-2。其中 $a_{max}$ 为最大机动角加速度，受执行机构输出力矩限制；$\omega_{max}$ 为最大角速度，受执行机构角动量容量限制，同时考虑陀螺量程和星敏感器动态约束。记加速时间和减速时间均为 $T/2$。加速段和减速段之间的匀速滑行的时间为 $\Delta T$。

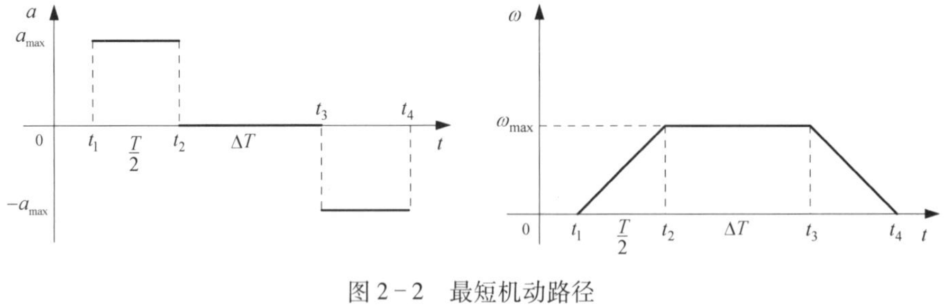


图 2-2　最短机动路径

根据最短机动路径设计，加速段、匀速段及减速段的机动角加速度分别如下，对应的角速度及姿态角可通过一次及二次积分求得。

记 $t_1$ 为机动开始时刻，加速段为 $[t_1, t_2]$，$t_2 = t_1 + \dfrac{T}{2}$，$a = a_{max}$。在该时间段，角速度及姿态角分别满足：

$$\omega = a_{max}(t - t_1) \tag{2-3}$$

$$\theta = \frac{1}{2} a_{\max} (t - t_1)^2 \tag{2-4}$$

在匀速段 $[t_2, t_3]$，$t_3 = t_2 + \Delta T$，$a = 0$。在该时间段，角速度及姿态角分别满足：

$$\omega = \frac{1}{2} a_{\max} T \tag{2-5}$$

$$\theta = \frac{1}{8} a_{\max} T^2 + \frac{1}{2} a_{\max} T(t - t_2) \tag{2-6}$$

在减速段 $[t_3, t_4]$，$t_4 = t_3 + \dfrac{T}{2}$，角加速度 $a = -a_{\max}$。在该时间段，角速度及姿态角分别满足：

$$\omega = \frac{1}{2} a_{\max} T - a_{\max}(t - t_3) \tag{2-7}$$

$$\theta = \frac{1}{8} a_{\max} T^2 + \frac{1}{2} a_{\max} T \Delta T + \frac{1}{2} a_{\max} T(t - t_3) - \frac{1}{2} a_{\max} (t - t_3)^2 \tag{2-8}$$

上述各阶段的加速度计算仅考虑正向角度运动的情况，如实际机动角度为负则加速度需要取负。

机动时间及匀速滑行时间的选取需要满足姿态角速度最大值及姿态机动角度的限定。由于加速段结束后的姿态角速度 $|\omega(t_2)| = \left|\dfrac{a_{\max} \cdot T}{2}\right| \leqslant \omega_{\max}$，可知 $T \leqslant \left|\dfrac{2\omega_{\max}}{a_{\max}}\right|$。根据机动角度 $\theta_d$ 确定滑行时间 $\Delta T$：

$$\Delta T = \begin{cases} \dfrac{2}{a_{\max} T}\left(|\theta_d| - \dfrac{|a_{\max}| T^2}{4}\right), & T < 2\sqrt{\left|\dfrac{\theta_d}{a_{\max}}\right|} \\ 0, & T \geqslant 2\sqrt{\left|\dfrac{\theta_d}{a_{\max}}\right|} \end{cases} \tag{2-9}$$

滑行时间 $\Delta T = 0$ 时，表明当机动角度较小时，存在无匀速段的可能，对应角速度为三角波。

当给定姿态重定向目标角 $\theta_d$ 后，由式(2-9)确定滑行时间后，根据最大机动时间并预留稳定时间后，可设计加速及减速时间 $T$。对于 Bang-Coast-Bang 机动路径，可预留最大机动时间的一半作为机动到位后的稳定时间。由 $T$ 及 $\Delta T$ 可反算关键时间点 $t_2$、$t_3$、$t_4$，代入式(2-3)~式(2-8)，进而可求得各阶段期望的姿态角速度 $\omega_r$ 及姿态角 $\theta_r$。

2. 正弦机动路径

考虑到力矩冲击是引发挠性附件振动的激励源，对最短机动路径进行改进设计。正弦曲线导数有界，且对应于整周期的值为零。在合理分配机动时间和稳定时间的基础上，采用正弦机动路径规划方法，根据执行机构的力矩和角动量容量，设计如图 2－3 所示的角加速度曲线，其中加速及减速部分分别为半个周期的正弦曲线。角加速度采用正弦函数形式，即

$$a = a_{\max}\sin\left(\frac{2\pi}{T}t\right) \tag{2-10}$$

其中，$a$ 为角加速度；$a_{\max}$ 为最大机动角加速度；$T$ 为规划加速度周期。加速时间和减速时间均为 $T/2$。考虑大角度机动且最大角速度受限的情况，假设最大受限角速度为 $\omega_{\max}$，加速段和减速段之间的匀速滑行的时间为 $\Delta T$。

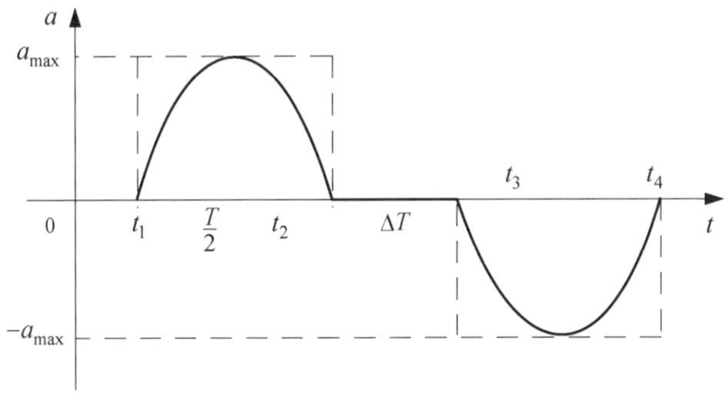


图 2－3 正弦机动路径

正弦机动路径保证了航天器机动时加速及减速过程中角加速度的连续性和角速度的光滑性，从而避免了对挠性附件的激励，减小了挠性附件对航天器稳定度的影响。与传统的最短机动路径相比，极大削弱了大角度机动下挠性附件对航天器稳定度的影响，从而保障了快速机动后的快速稳定时间。正弦机动路径适用于小力矩下的姿态机动，如执行机构为飞轮等情况。正弦机动路径以降低机动过程角加速度为代价，换取对挠性附件的缓慢激励。

根据机动路径的设计，分别给出加速段、匀速段及减速段的姿态机动角加速度，对应的角速度及姿态角可分别进行一次及二次积分得到。

加速段 $[t_1, t_2]$，$t_1$ 为机动开始时间，$t_2 = t_1 + T/2$；角加速度为

$$a = a_{\max}\cdot\sin\left[\frac{2\pi}{T}(t - t_1)\right] \tag{2-11}$$

将角加速度 $a$ 在时间段 $[t_1, t_2]$ 上对时间积分，经计算可得

$$\omega = \frac{a_{\max}\cdot T}{2\pi}\left\{1 - \cos\left[\frac{2\pi}{T}(t - t_1)\right]\right\} \tag{2-12}$$

同样对角速度 $\omega$ 在时间段 $[t_1, t_2]$ 上对时间积分，可得

$$\theta = \frac{a_{\max}\cdot T}{2\pi}\left\{(t - t_1) - \frac{T}{2\pi}\sin\left[\frac{2\pi}{T}(t - t_1)\right]\right\} \tag{2-13}$$

在时间 $t_1$ 和 $t_2$ 点分别有

$$\omega(t_1) = 0 \tag{2-14}$$

$$\omega(t_2) = \frac{a_{\max} \cdot T}{\pi} \tag{2-15}$$

$$\theta(t_1) = 0 \tag{2-16}$$

$$\theta(t_2) = \frac{a_{\max} \cdot T^2}{4\pi} \tag{2-17}$$

匀速段 $[t_2, t_3]$，$t_3 = t_2 + \Delta T$，$a = 0$。在时间段 $[t_2, t_3]$ 上对角加速度分别进行一次积分和二次积分,可得姿态角速度和姿态角分别为

$$\omega = \frac{a_{\max} \cdot T}{\pi} \tag{2-18}$$

$$\theta = \frac{a_{\max} \cdot T^2}{4\pi} + \frac{a_{\max} \cdot T}{\pi}(t - t_2) \tag{2-19}$$

对应,

$$\omega(t_3) = \frac{a_{\max} \cdot T}{\pi},\ \theta(t_3) = \frac{a_{\max} \cdot T^2}{4\pi} + \frac{a_{\max} \cdot T}{\pi}\Delta T \tag{2-20}$$

减速段 $[t_3, t_4]$，$t_4 = t_3 + T/2$；角加速度为

$$a = a_{\max} \cdot \sin\left[\frac{2\pi}{T}(t - t_1 - \Delta T)\right] \tag{2-21}$$

经在时间段 $[t_3, t_4]$ 上对角加速度 $a$ 分别进行一次积分和二次积分,可得姿态角速度和姿态角分别为

$$\omega = \frac{a_{\max} \cdot T}{2\pi}\left\{1 - \cos\left[\frac{2\pi}{T}(t - t_1 - \Delta T)\right]\right\} \tag{2-22}$$

$$\begin{aligned}\theta = &\frac{a_{\max} \cdot T^2}{4\pi} + \frac{a_{\max} \cdot T}{\pi}\Delta T + \frac{a_{\max} \cdot T}{2\pi}(t - t_2 - \Delta T) \\ &- \frac{a_{\max} \cdot T^2}{4\pi^2}\sin\left[\frac{2\pi}{T}(t - t_1 - \Delta T)\right]\end{aligned} \tag{2-23}$$

对应,

$$\omega(t_4) = 0,\ \theta(t_4) = \frac{a_{\max} \cdot T^2}{2\pi} + \frac{a_{\max} \cdot T}{\pi}\Delta T \tag{2-24}$$

同样,上述各阶段的加速度计算仅考虑正向角度运动的情况,如实际机动角度为负则加速度需要取负。

机动时间及匀速滑行时间的选取需要满足姿态角速度最大值及姿态机动角度的限

定。根据加速段结束后的姿态角速度：

$$|\omega(t_2)| = \left|\frac{a_{\max}\cdot T}{\pi}\right| \leqslant \omega_{\max} \tag{2-25}$$

可知 $T \leqslant \left|\dfrac{\pi\omega_{\max}}{a_{\max}}\right|$。

根据该不等式确定三角函数周期为

$$T = \left|\frac{\pi\omega_{\max}}{a_{\max}}\right| \tag{2-26}$$

根据需要机动的角度 $\theta_d$ 确定滑行时间 $\Delta T$：

$$\Delta T = \begin{cases} \dfrac{\pi}{a_{\max}T}\left(|\theta_d| - \dfrac{|a_{\max}|T^2}{2\pi}\right), & T < \sqrt{2\pi\left|\dfrac{\theta_d}{a_{\max}}\right|} \\ 0, & T \geqslant \sqrt{2\pi\left|\dfrac{\theta_d}{a_{\max}}\right|} \end{cases} \tag{2-27}$$

滑行时间 $\Delta T = 0$ 时，表明当机动角度较小时，存在无匀速段的可能，对应角加速度为一个周期内完整的正弦曲线。

当给定姿态重定向目标角 $\theta_d$ 后，由式(2-27)确定滑行时间后，根据最大机动时间并预留稳定时间后，可设计加速及减速时间 $T$。对于正弦机动路径，可预留较少的时间作为机动到位后的稳定时间。由 $T$ 及 $\Delta T$ 可反算得关键时间点 $t_2$、$t_3$、$t_4$，代入式(2-11)~式(2-24)，进而可求得各阶段期望的姿态角加速度 $a_r$、姿态角速度 $\omega_r$ 及姿态角 $\theta_r$。

3. 基于频谱分析的正弦机动路径

正弦机动路径主要从时域角度设计三角函数周期，正弦机动路径的幅值谱比较复杂，但主要的频谱成分均分布在低频区域。本方法中航天器角加速度的主要频谱成分分布在小于帆板的第一阶模态频率区间内；根据约束，明确给出最大角加速度应满足的与帆板模态频率相关的条件，进而对机动角加速度进行优化。本方法不同于以往的机动路径方法，从物理本质优化机动路径，实现了机动过程尽量避免帆板挠性振动的目的。本方法是在挠性附件基频确定的情况下对正弦机动路径的进一步优化。

根据标准正弦机动路径方法，获取最大角速度 $\omega_{\max}$、机动加速时间 $T/2$ 及滑行时间 $\Delta T$ 之后，构造标准正弦机动路径，其角加速度曲线 $a(t)$ 的表达式可以写为

$$a(t) = \begin{cases} a_{\max}\sin\left(\dfrac{2\pi}{T}t\right), & 0 < t \leqslant \dfrac{T}{2} \\ 0, & \dfrac{T}{2} < t \leqslant \dfrac{T}{2} + \Delta T \\ -a_{\max}\sin\left(\dfrac{2\pi}{T}t\right), & \dfrac{T}{2} + \Delta T < t \leqslant T + \Delta T \end{cases} \quad \text{当 } \Delta T > 0 \text{ 时} \tag{2-28}$$

$$a(t)=\begin{cases} a_{\max}\sin\left(\dfrac{2\pi}{T}t\right), & 0<t\leqslant\dfrac{T}{2} \\ -a_{\max}\sin\left(\dfrac{2\pi}{T}t\right), & \dfrac{T}{2}<t\leqslant T \end{cases}\quad \text{当 } \Delta T=0 \text{ 时} \tag{2-29}$$

对所获得的正弦机动路径进行分析，计算其频谱函数，为

$$F(\omega)=\frac{8a_{\max}\pi}{T}\frac{\cos\dfrac{\omega T}{4}\sin\left(\omega\dfrac{T+\Delta T}{4}\right)}{\left(\omega-\dfrac{2\pi}{T}\right)\left(\omega+\dfrac{2\pi}{T}\right)}e^{-j\omega\left(\frac{1}{2}T+\frac{1}{2}\Delta T\right)} \tag{2-30}$$

其振幅频谱满足：

$$|F(\omega)|=\frac{8a_{\max}\pi}{T}\left|\frac{\cos\dfrac{\omega T}{4}\sin\left(\omega\dfrac{T+\Delta T}{4}\right)}{\left(\omega-\dfrac{2\pi}{T}\right)\left(\omega+\dfrac{2\pi}{T}\right)}\right| \tag{2-31}$$

经放缩，可以获得振幅频谱的上界，即 $|F(\omega)|\leqslant\dfrac{2a_{\max}T}{\pi}$。

假设航天器挠性附件基频为 $\omega_1$，则该频率处的幅值为

$$|F(\omega_1)|=\frac{8a_{\max}\pi}{T}\left|\frac{\cos\dfrac{\omega_1 T}{4}\sin\left(\omega_1\dfrac{T+\Delta T}{4}\right)}{\left(\omega_1-\dfrac{2\pi}{T}\right)\left(\omega_1+\dfrac{2\pi}{T}\right)}\right| \tag{2-32}$$

对 $|F(\omega_1)|$ 与振幅频谱上界 $\dfrac{2a_{\max}T}{\pi}$ 的比值提出约束，要求：

$$F(\omega_1)\leqslant\alpha\frac{2a_{\max}T}{\pi}$$

为了避免设计的机动路径对挠性附件的激励，通常选取 $0<\alpha<1$。根据该约束，解算挠性附件基频 $\omega_1$ 与机动加速时长 $\dfrac{T}{2}$ 的关系，得到对加速段时长的约束，即 $\dfrac{T}{2}\geqslant\dfrac{\sqrt{\alpha+1}\,\pi}{\omega_1}$。

根据加速时间的约束 $\dfrac{T}{2}\geqslant\dfrac{\sqrt{\alpha+1}\,\pi}{\omega_1}$，得到对最大角加速度的约束，即

$$\frac{\pi\omega_{\max}}{a_{\max}}\geqslant\frac{2\sqrt{\alpha+1}\,\pi}{\omega_1},\ \Delta T>0 \tag{2-33}$$

$$\sqrt{\frac{\pi\theta_{\mathrm{d}}}{a_{\max}}} \geqslant \frac{\sqrt{2(\alpha+1)}\,\pi}{\omega_1},\ \Delta T = 0 \tag{2-34}$$

优化最大角加速度为

$$\tilde{a}_{\max} = \min\left(a_{\max},\ \frac{\omega_{\max}\omega_1}{2\sqrt{\alpha+1}}\right),\ \Delta T > 0 \tag{2-35}$$

或

$$\tilde{a}_{\max} = \min\left(a_{\max},\frac{\theta_{\mathrm{d}}\omega_1^2}{2(\alpha+1)\pi}\right),\ \Delta T = 0 \tag{2-36}$$

结合加速时间,选取优化后的加速时间 $\tilde{\tau}$:

$$\tilde{\tau} = \max\left\{\left|\frac{\pi\omega_{\max}}{2a_{\max}}\right|,\ \frac{\sqrt{\alpha+1}\,\pi}{\omega_1}\right\},\ \Delta T > 0 \tag{2-37}$$

$$\tilde{\tau} = \max\left\{\sqrt{\pi\left|\frac{\theta_{\mathrm{d}}}{2a_{\max}}\right|},\ \frac{\sqrt{\alpha+1}\,\pi}{\omega_1}\right\},\ \Delta T = 0 \tag{2-38}$$

基于优化的最大角加速度 $\tilde{a}_{\max}$ 及加速时间 $\tilde{\tau}$, 对机动滑行时间 $\Delta T$ 进行优化,即当 $\Delta T > 0$ 时,优化:

$$\Delta\tilde{T} = \frac{\pi}{2\tilde{a}_{\max}\tilde{\tau}}\left(|\theta_{\mathrm{d}}| - \frac{2|\tilde{a}_{\max}|\tilde{\tau}^2}{\pi}\right)$$

当 $\Delta T = 0$, 优化:

$$\Delta\tilde{T} = 0$$

从而最终实现航天器基于频谱分析的机动路径优化,优化机动路径为

$$\tilde{a}(t) = \begin{cases} \tilde{a}_{\max}\sin\left(\dfrac{\pi}{\tilde{\tau}}t\right), & 0 < t \leqslant \tilde{\tau} \\ 0, & \tilde{\tau} < t \leqslant \tilde{\tau} + \Delta\tilde{T} \\ -\tilde{a}_{\max}\sin\left(\dfrac{\pi}{\tilde{\tau}}t\right), & \tilde{\tau} + \tilde{\tau}_1 < t \leqslant 2\tilde{\tau} + \Delta\tilde{T} \end{cases} \quad \text{当 } \Delta\tilde{T} > 0 \text{ 时} \tag{2-39}$$

$$\tilde{f}(t) = \begin{cases} \tilde{a}_{\max}\sin\left(\dfrac{\pi}{\tilde{\tau}}t\right), & 0 < t \leqslant \tilde{\tau} \\ -\tilde{a}_{\max}\sin\left(\dfrac{\pi}{\tilde{\tau}}t\right), & \tilde{\tau} < t \leqslant 2\tilde{\tau} \end{cases} \quad \text{当 } \Delta\tilde{T} = 0 \text{ 时} \tag{2-40}$$

以航天器单轴机动 70°并于 80 s 内稳定到位的机动过程为例,假设航天器该轴主惯量为

3 000 kg·m$^2$，航天器帆板基频 $\omega_1 = 0.2$ Hz，执行机构为控制力矩陀螺，能提供的最大力矩为 20 N·m，角动量容量为 75 N·m·s，敏感器为陀螺，最大量测角速率为2.5 (°)/s。则根据正弦机动路径获取航天器的最大机动角加速度约束为 0.386 9 (°)/s$^2$，最大角速度约束为 2.5 (°)/s。考虑到工程实现中需要为陀螺测量和执行机构留有一定的余量，因此设计路径时选取最大机动角加速度为 $a_{\max} = 0.383\,1$ (°)/s$^2$，最大角速度 $\omega_{\max} = 2.438\,9$ (°)/s，以正弦机动路径设计，三角函数周期 $T = \left|\dfrac{\pi\omega_{\max}}{a_{\max}}\right| = 20$ s，加速时间 $\dfrac{1}{2}T = 10$ s，滑行时间 $\Delta T = 18.7$ s。

计算帆板基频 0.2 Hz 处的幅值为 $F(\omega_1) = 0.020\,7$ Hz。选取 $\alpha = 0.1$，解算基频 $\omega_1$ 与机动加速时长的关系，得 $\dfrac{T}{2} \geqslant \dfrac{\sqrt{\alpha + 1}\pi}{\omega_1} = 16.474\,7$ s；显然根据标准正弦机动路径得到的加速时间 10 s 不满足此约束，选取新的加速时间 $\tilde{\tau} = 16.474\,7$ s，并对最大角加速度进行优化，优化最大角加速度为 $\tilde{a}_{\max} = 0.232\,5$ (°)/s$^2$。根据优化后的最大角加速度 $\tilde{a}_{\max}$ 及加速时间 $\tilde{\tau}$，重新设计正弦机动路径，匀速时间 $\tilde{\tau}_1 = 49.175\,3$ s，完成航天器基于频谱分析的机动路径优化。

4. 加速度导数正弦机动路径

正弦机动路径对挠性模态激发小，不过考虑到挠性模态与航天器姿态角速度的耦合关系，由于正弦机动路径只考虑了角加速度，即力矩输出的连续，角加速度的导数在规划起始时刻和结束时刻都会跳变，对挠性模态仍存在一定的激发作用。

采用挠性体的振型矢量、振型矩阵和模态坐标，并将挠性航天器动力学方程规范化，忽略挠性附件转动动力学情况下，形成由欧拉参数坐标和挠性模态坐标混合表示的动力学方程为[4]

$$\begin{cases}\boldsymbol{J}_s\dot{\boldsymbol{\omega}} + \boldsymbol{\omega}^{\times}\boldsymbol{J}_s\omega + \boldsymbol{F}_s\ddot{\boldsymbol{\eta}} = \boldsymbol{T}_e \\ \ddot{\boldsymbol{\eta}} + 2\zeta\boldsymbol{\Omega}\dot{\boldsymbol{\eta}} + \boldsymbol{\Omega}^2\boldsymbol{\eta} + \boldsymbol{F}_s^{\mathrm{T}}\dot{\boldsymbol{\omega}} = 0\end{cases} \tag{2-41}$$

式中，$\boldsymbol{\omega} = [\omega_x, \omega_y, \omega_z]^{\mathrm{T}}$ 为姿态相对参考坐标系的转速在本体系下的表示，$\boldsymbol{\omega}^{\times}$ 为 $\boldsymbol{\omega}$ 的斜对称阵，满足：

$$\boldsymbol{\omega}^{\times} = \begin{bmatrix} 0 & -\omega_z & \omega_y \\ \omega_z & 0 & -\omega_x \\ -\omega_y & \omega_x & 0 \end{bmatrix}$$

$\boldsymbol{\Omega}$ 为挠性附件的模态频率对角阵；$\boldsymbol{\eta}$ 为挠性附件的模态坐标阵，$\dot{\boldsymbol{\eta}}$ 为 $\boldsymbol{\eta}$ 关于时间的一阶导数，$\ddot{\boldsymbol{\eta}}$ 为 $\boldsymbol{\eta}$ 关于时间的二阶导数；$\zeta$ 为挠性附件的模态阻尼系数，一般取 0.005；$\boldsymbol{F}_s$ 为挠性附件振动对本体转动的柔性耦合系数矩阵；$\boldsymbol{T}_e$ 为作用在航天器上的力矩。

根据动力学方程(2-41)，挠性附件模态主要受本体角加速度 $\dot{\boldsymbol{\omega}}$ 的激励，为了减小挠性附件振动，设计尽量光滑的角加速度路径，要求机动开始时角加速度初值为零，设计如

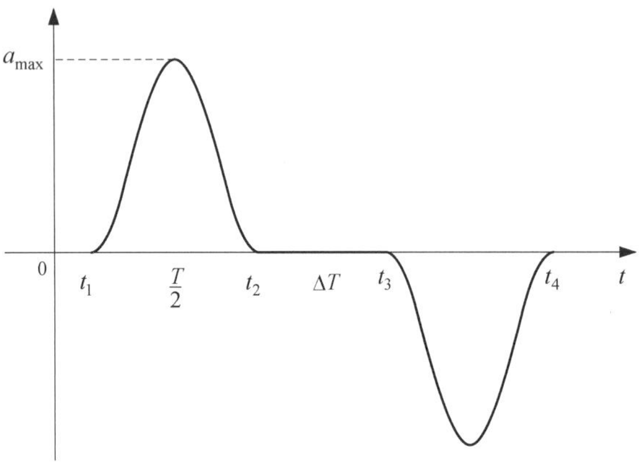

图 2－4 加速度导数正弦机动路径

图 2－4 所示的加速度导数正弦机动路径方法。由于加速和减速过程中角加速度的导数为标准正弦曲线，从而保证了整个机动过程中的力矩输出不仅连续，且一阶导数连续，因此整个机动过程力矩输出平稳变化，姿态机动过程中对挠性模态的激发作用小，航天器姿态重定向后能够迅速稳定。本方法适用于对机动到位后稳定性能要求较高的复杂航天器，特别适合于带有大力矩执行机构（如控制力矩陀螺）的航天器。一方面，通过牺牲部分机动快速性，获得机动高稳定性能；另一方面，该方法减小了大力矩执行机构对挠性附件振动的激励。

假设最大机动角加速度为 $a_{max}$，最大机动角速度为 $\omega_{max}$，机动角度为 $\theta_d$。机动加速段的角加速度导数为一个完整周期的正弦曲线，角加速度则为该正弦曲线的积分。

加速段 $[t_1, t_2]$：$t_1$ 为机动开始时间，$t_2 = t_1 + T/2$；角加速度为

$$a = 0.5a_{max}\left\{1 - \cos\left[\frac{4\pi}{T}(t - t_1)\right]\right\} \tag{2-42}$$

式中，$t$ 为机动时间。从 $a$ 的表达式可知角加速度的导数连续。姿态角速度满足：

$$\omega = 0.5a_{max}\left\{(t - t_1) - \frac{T}{4\pi}\sin\left[\frac{4\pi}{T}(t - t_1)\right]\right\} \tag{2-43}$$

姿态角满足：

$$\theta = 0.5a_{max}\left\{0.5(t - t_1)^2 - \frac{T^2}{16\pi^2} + \frac{T^2}{16\pi^2}\cos\left[\frac{4\pi}{T}(t - t_1)\right]\right\} \tag{2-44}$$

匀速段 $[t_2, t_3]$：$t_3 = t_2 + \Delta T$；$a = 0$。匀速段姿态角速度及姿态角与加速度类似，可以通过对角加速度积分获得，不再赘述。

减速段 $[t_3, t_4]$：$t_4 = t_3 + T/2$；角加速度为

$$a = -0.5a_{max}\left\{1 - \cos\left[\frac{4\pi}{T}(t - t_2 - \Delta T)\right]\right\} \tag{2-45}$$

机动的减速段与加速段的角加速度具有反对称性，所以减速段同样有角加速度导数连续的特点。

根据机动角度、最大角加速度及最大角速度之间的关系确定三角函数周期及滑行时间如下：

$$当\ \theta_d > \left|\frac{2\omega_{max}^2}{a_{max}}\right| 时，T = \left|\frac{4\omega_{max}}{a_{max}}\right|，\Delta T = \left|\frac{\theta_d}{\omega_{max}}\right| - \left|\frac{2\omega_{max}}{a_{max}}\right| \tag{2-46}$$

$$当\ \theta_d \leqslant \left|\frac{2\omega_{max}^2}{a_{max}}\right| 时，T = 2\sqrt{\frac{2|\theta_d|}{|a_{max}|}}，\Delta T = 0 \tag{2-47}$$

根据确定的周期 $T$ 及滑行时间 $\Delta T$，代入式(2－42)～式(2－45)可求得各阶段期望的姿态角加速度 $a_r$、姿态角速度 $\omega_r$ 及姿态角 $\theta_r$。

5. 混合正弦机动路径

对于基频较高同时要求机动到位时间较快的情况，完全采用正弦机动路径在振动较小方面取得的效果与牺牲机动到位时间相比，对快速机动性能的贡献已经不明显了。最短机动路径对力矩需求较大，当敏捷航天器选用执行机构为小力矩大动量的情况（如动量轮）已不适用。因此，提出加快加减速过程的混合路径机动路径规划方法[8]，即根据执行机构的力矩和角动量容量，设计如图 2－5 所示的角加速度曲线。与传统的最短机动路径及标准正弦机动路径相比，保留了正弦机动路径对挠性附件激励较小的优势，同时又综合了最短机动路径时间最优的特点，在减缓机动到位后挠性附件振动的同时，尽量优化机动时间，协调了机动快速性和挠性附件激励平缓性之间的矛盾，特别适合大角度、快速、挠性附件基频较高航天器机动路径设计。

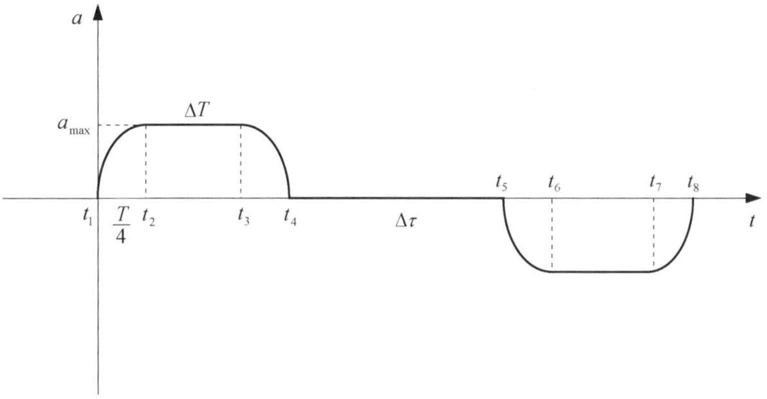


图 2－5　混合正弦机动路径

该机动路径分为加速率递增段、匀加速段、加速率递减段、匀速滑行段、减速率递增段、匀减速段、减速率递减段七段，其中加速段和减速段分别为半个周期的正弦函数混合阶跃函数曲线。加速率递增段：

$$a = a_{max}\sin\left(\frac{2\pi}{T}t\right)$$

匀加速段：

$$a = a_{max}$$

其中，$a$ 为角加速度；$a_{\max}$ 为最大机动角加速度；$T$ 为规划加速度周期；匀加速时间为 $\Delta T$。加速时间和减速时间均为 $T/2+\Delta T$。加速段和减速段之间的匀速滑行的时间为 $\Delta\tau$。各段对应的角速度及姿态角可分别进行一次积分及二次积分获得。具体如下。

（1）加速率递增段 $[t_1, t_2]$：$t_1$ 为机动开始时间，$t_2=t_1+T/4$；角加速度为

$$a=a_{\max}\sin\left[\frac{2\pi}{T}(t-t_1)\right] \tag{2-48}$$

将角加速度 $a$ 在时间段 $[t_1, t]$ 上对时间积分，经计算可得

$$\omega=\frac{a_{\max}T}{2\pi}\left\{1-\cos\left[\frac{2\pi}{T}(t-t_1)\right]\right\} \tag{2-49}$$

同样对角速度 $\omega$ 在时间段 $[t_1, t]$ 上对时间积分，可得

$$\theta=\frac{a_{\max}T}{2\pi}\left\{(t-t_1)-\frac{T}{2\pi}\sin\left[\frac{2\pi}{T}(t-t_1)\right]\right\} \tag{2-50}$$

在时间 $t_1$ 和 $t_2$ 点分别有

$$a(t_1)=0,\ a(t_2)=a_{\max} \tag{2-51}$$

$$\omega(t_1)=0,\ \omega(t_2)=\frac{a_{\max}T}{2\pi} \tag{2-52}$$

$$\theta(t_1)=0,\ \theta(t_2)=\frac{a_{\max}T^2(\pi-2)}{8\pi^2} \tag{2-53}$$

（2）匀加速段 $[t_2, t_3]$：$t_3=t_2+\Delta T$，角加速度为

$$a=a_{\max} \tag{2-54}$$

经在时间段 $[t_2, t]$ 上对角加速度 $a$ 分别进行一次积分和二次积分，可得姿态角速度和姿态角分别为

$$\omega=\frac{a_{\max}T}{2\pi}+a_{\max}(t-t_2) \tag{2-55}$$

$$\theta=\frac{a_{\max}T^2(\pi-2)}{8\pi^2}+\frac{a_{\max}T(t-t_2)}{2\pi}+\frac{a_{\max}(t-t_2)^2}{2} \tag{2-56}$$

在时间 $t_3$ 点，有

$$\omega(t_3)=\frac{a_{\max}T}{2\pi}+a_{\max}\Delta T \tag{2-57}$$

$$\theta(t_3)=\frac{a_{\max}T^2(\pi-2)}{8\pi^2}+\frac{a_{\max}T\Delta T}{2\pi}+\frac{a_{\max}\Delta T^2}{2} \tag{2-58}$$

(3) 加速率递减段 $[t_3,\ t_4]$: $t_4=t_3+T/4$, 角加速度为

$$a=a_{\max}\sin\left[\frac{2\pi}{T}\left(t-t_3+\frac{T}{4}\right)\right] \tag{2-59}$$

将角加速度 $a$ 在时间段 $[t_3,\ t]$ 上对时间积分,经计算可得

$$\omega=a_{\max}\Delta T+\frac{a_{\max}T}{2\pi}\left\{1-\cos\left[\frac{2\pi}{T}\left(t-t_3+\frac{T}{4}\right)\right]\right\} \tag{2-60}$$

对角速度 $\omega$ 在时间段 $[t_3,\ t]$ 上对时间积分,有

$$\begin{aligned}\theta=&\frac{a_{\max}\Delta T^2}{2}+a_{\max}\Delta T(t-t_3)+\frac{a_{\max}T}{2\pi}\left(t-t_3+\frac{T}{4}+\Delta T\right)\\&-\frac{a_{\max}T^2}{4\pi^2}\sin\left[\frac{2\pi}{T}\left(t-t_3+\frac{T}{4}\right)\right]\end{aligned} \tag{2-61}$$

在时间 $t_4$ 点,有

$$a(t_4)=0 \tag{2-62}$$

$$\omega(t_4)=\frac{a_{\max}T}{\pi}+a_{\max}\Delta T \tag{2-63}$$

$$\theta(t_4)=\frac{a_{\max}\Delta T^2}{2}+\frac{a_{\max}\Delta TT}{4}+\frac{a_{\max}T\Delta T}{2\pi}+\frac{a_{\max}T^2}{4\pi} \tag{2-64}$$

(4) 匀速滑行段 $[t_4,\ t_5]$: $t_5=t_4+\Delta\tau$, 角加速度为

$$a=0 \tag{2-65}$$

经计算得

$$\omega=\frac{a_{\max}T}{\pi}+a_{\max}\Delta T \tag{2-66}$$

$$\begin{aligned}\theta=&\frac{a_{\max}\Delta T^2}{2}+a_{\max}\Delta TT\left(\frac{1}{4}+\frac{1}{2\pi}\right)+\frac{a_{\max}T^2}{4\pi}\\&+\left(\frac{a_{\max}T}{\pi}+a_{\max}\Delta T\right)(t-t_4)\end{aligned} \tag{2-67}$$

在时间 $t_5$ 点,有

$$\omega(t_5)=\frac{a_{\max}T}{\pi}+a_{\max}\Delta T \tag{2-68}$$

$$\theta(t_5)=\frac{a_{\max}\Delta T^2}{2}+\frac{a_{\max}T\Delta T}{4}+\frac{a_{\max}T^2}{4\pi}+\left(\frac{a_{\max}T}{\pi}+a_{\max}\Delta T\right)\Delta\tau+\frac{a_{\max}\Delta TT}{2\pi} \tag{2-69}$$

（5）减速率递增段 $[t_5,\ t_6]$：$t_6=t_5+T/4$，角加速度为

$$a=a_{\max}\sin\left[\frac{2\pi}{T}(t-t_1-\Delta\tau-\Delta T)\right] \tag{2-70}$$

将角加速度 $a$ 在时间段 $[t_5,\ t]$ 上对时间积分，经计算可得

$$\omega=a_{\max}\Delta T+\frac{a_{\max}T}{2\pi}\left\{1-\cos\left[\frac{2\pi}{T}(t-t_1-\Delta\tau-\Delta T)\right]\right\} \tag{2-71}$$

将角速度 $\omega$ 在时间段 $[t_5,\ t]$ 上积分，得

$$\begin{aligned}\theta=&\frac{a_{\max}\Delta T^2}{2}+a_{\max}T\Delta T\left(\frac{1}{4}+\frac{1}{2\pi}\right)+\frac{a_{\max}T^2}{4\pi}+\frac{a_{\max}T}{\pi}\Delta\tau\\&+a_{\max}\Delta T(t-t_5+\Delta\tau)+\frac{a_{\max}T}{2\pi}(t-t_5)\\&-\frac{a_{\max}T^2}{4\pi^2}\sin\left[\frac{2\pi}{T}(t-t_1-\Delta\tau-\Delta T)\right]\end{aligned} \tag{2-72}$$

在时间点 $t_6$ 上，有

$$a(t_6)=-a_{\max} \tag{2-73}$$

$$\omega(t_6)=\frac{a_{\max}T}{2\pi}+a_{\max}\Delta T \tag{2-74}$$

$$\begin{aligned}\theta(t_6)=&\frac{a_{\max}\Delta T^2}{2}+\frac{a_{\max}\Delta TT}{2}+\frac{a_{\max}\Delta TT}{2\pi}+\left(\frac{a_{\max}T}{\pi}+a_{\max}\Delta T\right)\Delta\tau\\&+\frac{3a_{\max}T^2}{8\pi}+\frac{a_{\max}T^2}{4\pi^2}\end{aligned} \tag{2-75}$$

（6）匀减速段 $[t_6,\ t_7]$：$t_7=t_6+\Delta T$，角加速度为

$$a=-a_{\max} \tag{2-76}$$

将角加速度 $a$ 在时间段 $[t_6,\ t]$ 上对时间积分可得

$$\omega=\frac{a_{\max}T}{2\pi}+a_{\max}\Delta T-a_{\max}(t-t_6) \tag{2-77}$$

将角速度 $\omega$ 在时间段 $[t_6,\ t]$ 上积分，经计算可得

$$\theta=\frac{a_{\max}\Delta T^2}{2}+\frac{a_{\max}\Delta TT(\pi+1)}{2\pi}+\left(\frac{a_{\max}T}{\pi}+a_{\max}\Delta T\right)\Delta\tau+\frac{a_{\max}T^2(3\pi+2)}{8\pi^2}$$
$$+\left(\frac{a_{\max}T}{2\pi}+a_{\max}\Delta T\right)(t-t_6)-\frac{a_{\max}(t-t_6)^2}{2} \tag{2-78}$$

在时间点 $t_7$ 上，计算可得

$$\omega(t_7)=\frac{a_{\max}T}{2\pi} \tag{2-79}$$

$$\theta(t_7)=\frac{a_{\max}\Delta TT}{2}+\left(\frac{a_{\max}T}{\pi}+a_{\max}\Delta T\right)\Delta\tau+\frac{3a_{\max}T^2}{8\pi}$$
$$+\frac{a_{\max}T\Delta T}{\pi}+a_{\max}\Delta T^2+\frac{a_{\max}T^2}{4\pi^2} \tag{2-80}$$

(7) 减速率递减段 $[t_7,\ t_8]$：$t_8=t_7+T/4$，角加速度为

$$a=a_{\max}\sin\left[\frac{2\pi}{T}(t-t_1-\Delta\tau-2\Delta T)\right] \tag{2-81}$$

将角加速度 $a$ 在时间段 $[t_7,\ t]$ 上对时间积分，经计算可得

$$\omega=\frac{a_{\max}T}{2\pi}\left\{1-\cos\left[\frac{2\pi}{T}(t-t_1-\Delta\tau-2\Delta T)\right]\right\} \tag{2-82}$$

将角速度 $\omega$ 在时间段 $[t_7,\ t]$ 上积分，经计算可得

$$\theta=\frac{a_{\max}\Delta TT(\pi+2)}{2\pi}+a_{\max}\Delta T\Delta\tau+\frac{3a_{\max}T^2}{8\pi}+a_{\max}\Delta T^2$$
$$+\frac{a_{\max}T}{2\pi}(t-t_7+2\Delta\tau)-\frac{a_{\max}T^2}{4\pi^2}\sin\left[\frac{2\pi}{T}(t-t_1-\Delta\tau-2\Delta T)\right] \tag{2-83}$$

其中，

$$\omega(t_8)=0 \tag{2-84}$$

$$\theta(t_8)=\frac{a_{\max}\Delta TT}{2}+\left(\frac{a_{\max}T}{\pi}+a_{\max}\Delta T\right)\Delta\tau+\frac{a_{\max}T^2}{2\pi}+\frac{a_{\max}T\Delta T}{\pi}+a_{\max}\Delta T^2 \tag{2-85}$$

根据最大角速度 $\omega_{max}$、最长机动时间 $t_{max}$ 及姿态机动角度的限定选择三角函数周期 $T$、匀加速时间 $\Delta T$ 及滑行时间 $\Delta\tau$。由于加速段结束后的姿态角速度 $\omega(t_4)=\dfrac{a_{max}T}{\pi}+a_{max}\Delta T\leqslant\omega_{max}$，可知 $\dfrac{T}{\pi}+\Delta T\leqslant\dfrac{\omega_{max}}{a_{max}}$。根据该不等式确定三角函数周期 $T$ 和匀加速时间 $\Delta T$ 之间的函数关系，即 $\dfrac{T}{\pi}+\Delta T=\dfrac{\omega_{max}}{a_{max}}$。由此式可得

$$
\omega_{max}=\frac{a_{max}T}{\pi}+a_{max}\Delta T
$$
$$
\Delta T=\frac{\omega_{max}}{a_{max}}-\frac{T}{\pi} \tag{2-86}
$$

若 $T+2\Delta T\geqslant T_{min}$，可进一步根据需要机动的角度 $\theta_d$ 及式(2-86)，确定滑行时间 $\Delta\tau$：

$$
\Delta\tau=\frac{\theta_d-a_{max}\left(\dfrac{T^2}{2\pi}+\Delta T^2+\dfrac{\pi+2}{2\pi}T\Delta T\right)}{\omega_{max}} \tag{2-87}
$$

式中，$T_{min}$ 为根据机动时间设定的最小周期；$\theta_d$ 为机动角度。

如果计算得到的滑行时间 $\Delta\tau<0$，显然不可取，则令 $\Delta\tau=0$，根据式(2-87)可得

$$
\Delta T=-\frac{2+\pi}{4\pi}T+\sqrt{\frac{\theta_d}{a_{max}}-\frac{T^2}{2\pi}+\left(\frac{2+\pi}{4\pi}\right)^2T^2} \tag{2-88}
$$

若

$$
T+2\Delta T<T_{min} \tag{2-89}
$$

表明最大机动角加速度 $a_{max}$ 应较执行机构能力和敏感器量程限制下的角加速度更小，因此更新 $a_{max}$，令

$$
T=T_{min},\ \Delta T=0,\ \Delta\tau=0 \tag{2-90}
$$

计算得

$$
a_{max}=\frac{2\pi\theta_d}{T^2} \tag{2-91}
$$

当给定姿态重定向目标角 $\theta_d$ 后，由式(2-86)~式(2-91)确定三角函数周期 $T$、匀加速时间 $\Delta T$、滑行时间 $\Delta\tau$、最大角加速度 $a_{max}$ 后，反算得关键时间点 $t_i(i=2,\cdots,8)$ 代入式(2-48)~式(2-85)，可确定各阶段期望的角加速度 $a_r$、姿态角速度 $\omega_r$ 及姿态角 $\theta_r$。

上述各阶段的加速度仅考虑正向角度运动的情况，如实际机动角度为负则加速度需要取负。

### 2.3.2　适用于姿态重定向的基准重置方法

敏捷航天器快速机动除了要解决路径规划问题以外，由于其机动时的角速度较大，这使得快速机动过程中的姿态确定与稳定控制时非常不同。首先，星敏感器在大角速度时难以提供高精度的姿态测量数据，甚至出现无法提供姿态测量的情况。其次，陀螺在大角速度时测量误差与稳定控制时估计的漂移存在差异。这种差异一方面源于陀螺在安装时的微小偏差，另一方面源于陀螺在不同角速度情况下的输出稳定性和标度因数存在偏差。因此，航天器在快速机动过程中一般不使用或无法使用星敏感器进行姿态确定，而仅使用陀螺输出积分进行角速度估计和姿态预估。但这样当航天器机动到位时，受陀螺输出偏差的影响，预估姿态将与真实姿态存在一定的偏差。由于该定姿误差的存在，航天器在机动结束转入稳定控制时，需要较长的时间消除定姿误差，影响机动到位后的稳定时间，甚至无法完成快速稳定的目标。为解决这一类问题，需要针对航天器姿态机动快速稳定提出新的解决方法。

本节提供了一种利用星敏感器信息进行姿态重置的方法，将星敏感器在小角速度时姿态测量精度较高的优势和大角速度时陀螺动态响应较快的优势结合起来，在原有快速机动过程使用陀螺积分的基础上，在机动到位后转入稳定控制之前，即航天器处于小角速度状态的情况下，采用星敏感器精确姿态测量数据对陀螺积分姿态进行重置，实现了快速消除陀螺积分偏差的目的，大大缩短了姿态快速机动后的稳定时间，实现快速稳定。

将陀螺输出记为 $\boldsymbol{\Delta g}=[\Delta g_1,\ \Delta g_2,\ \cdots,\ \Delta g_N]^{\mathrm{T}}$，控制周期 $\Delta t$，星本体相对于惯性系的四元数为 $\boldsymbol{q}=[q_1,\ q_2,\ q_3,\ q_4]^{\mathrm{T}}$，陀螺漂移修正值 $\boldsymbol{b}=[b_x,\ b_y,\ b_z]^{\mathrm{T}}$，通过角速度估计和姿态预估，得到星本体惯性角速度 $\boldsymbol{\omega}=[\omega_x,\ \omega_y,\ \omega_z]^{\mathrm{T}}$ 和更新的四元数预估值 $\boldsymbol{q}'$，其中 $N$ 为定姿使用的陀螺个数，$\Delta g_i(i=1,\ 2,\ \cdots,\ N)$ 为各个陀螺输出的角度增量值（$N\geqslant 3$），下标 $x$、$y$、$z$ 分别表示在星本体 $x$ 轴、$y$ 轴、$z$ 轴的分量。

根据航天器动力学方程，星体惯性角速度 $\boldsymbol{\omega}=\boldsymbol{R}'\boldsymbol{\Delta g}/\Delta t-\boldsymbol{b}$，其中 $\boldsymbol{R}'$ 是与陀螺安装有关的从陀螺输出量到角速度值的转换矩阵，其计算公式为

$$\boldsymbol{R}=\begin{bmatrix}\boldsymbol{O}_{g1}\\ \boldsymbol{O}_{g2}\\ \vdots\\ \boldsymbol{O}_{gN}\end{bmatrix},\ \boldsymbol{R}^{\#}=(\boldsymbol{R}^{\mathrm{T}}\boldsymbol{R})^{-1}\boldsymbol{R}^{\mathrm{T}} \tag{2-92}$$

式中，$\boldsymbol{O}_{g1}=[O_{gix},\ O_{giy},\ O_{giz}]$（$i=1,\ 2,\ \cdots,\ N$）为各个陀螺测量轴方向矢量在星本体坐标系的分量表示。

在航天器姿态机动过程中，当其姿态估计值为由陀螺测量更新的四元数预估值 $\boldsymbol{q}'$：

$$\boldsymbol{q}' = \boldsymbol{q} + \frac{1}{2}\boldsymbol{E}_q(\boldsymbol{q})\boldsymbol{\omega}\Delta t \tag{2-93}$$

式中，$\boldsymbol{E}_q(\boldsymbol{q})$ 是转换函数，定义为

$$\boldsymbol{E}_q(\boldsymbol{q}) = \begin{bmatrix} q_4 & -q_3 & q_2 \\ q_3 & q_4 & -q_1 \\ -q_2 & q_1 & q_4 \\ -q_1 & -q_2 & -q_3 \end{bmatrix} \tag{2-94}$$

当航天器机动到位后，根据星敏感器输出 $\boldsymbol{q}_s = [q_{s1}, q_{s2}, q_{s3}, q_{s4}]^{\mathrm{T}}$ 进行定姿姿态重置计算，将多个/单个星敏感器输出值，按照修订好的安装阵转换成星体四元数 $\boldsymbol{q}_m$，并判断出 $\boldsymbol{q}_m$ 为合理值后，将 $\boldsymbol{q}_m$ 赋值给预估值，得到重置后的姿态四元数 $\boldsymbol{q}''' = Q(\boldsymbol{C}_{sb}^{\mathrm{T}}\boldsymbol{C}(\boldsymbol{q}_s))$，其中 $\boldsymbol{C}_{sb}$ 是从星本体坐标系到星敏坐标系的转换矩阵，$\boldsymbol{C}(\boldsymbol{q}_s)$ 是从四元数到方向余弦阵的转换函数[2]：

$$\boldsymbol{C}(\boldsymbol{q}_s) = \begin{bmatrix} q_{4s}^2 + q_{1s}^2 - q_{2s}^2 - q_{3s}^2 & 2(q_{1s}q_{2s} + q_{4s}q_{3s}) & 2(q_{1s}q_{3s} - q_{4s}q_{2s}) \\ 2(q_{1s}q_{2s} - q_{4s}q_{3s}) & q_{4s}^2 - q_{1s}^2 + q_{2s}^2 - q_{3s}^2 & 2(q_{2s}q_{3s} + q_{4s}q_{1s}) \\ 2(q_{1s}q_{3s} + q_{4s}q_{2s}) & 2(q_{2s}q_{3s} - q_{4s}q_{1s}) & q_{4s}^2 - q_{1s}^2 - q_{2s}^2 + q_{3s}^2 \end{bmatrix} \tag{2-95}$$

$Q(\boldsymbol{a})$ 是从方向余弦阵到四元数的转换函数，定义如下：

$$Q(\boldsymbol{a}) = \begin{bmatrix} (a_{23} - a_{32})/(4 \cdot q_4) \\ (a_{31} - a_{13})/(4 \cdot q_4) \\ (a_{12} - a_{21})/(4 \cdot q_4) \\ (\sqrt{a_{11} + a_{22} + a_{33} + 1})/2 \end{bmatrix} \tag{2-96}$$

式中，矩阵 $\boldsymbol{a} = \begin{bmatrix} a_{11} & a_{12} & a_{13} \\ a_{21} & a_{22} & a_{23} \\ a_{31} & a_{32} & a_{33} \end{bmatrix}$。

当航天器机动到位后，若星敏感器姿态已重置，则根据星敏感器输出四元数 $\boldsymbol{q}_s = [q_{s1}, q_{s2}, q_{s3}, q_{s4}]^{\mathrm{T}}$ 和四元数预估值 $\boldsymbol{q}'$，使用 Kalman 等滤波算法对姿态预估值和陀螺漂移 $\boldsymbol{b}$ 进行姿态滤波修正计算，得到滤波修正后的姿态四元数 $\boldsymbol{q}''$、$\boldsymbol{b}'$，并将当前姿态估计值更新为滤波修正后的姿态四元数 $\boldsymbol{q}''$。

以实现航天器由对地定向零姿态向滚动 45°姿态机动为例，分析利用星敏感器信息重置姿态的效果。图 2-6 所示是定姿误差(实线)曲线，其中星时 200~228 s 航天器处于机动阶段。陀螺噪声为 0.01 (°)/s(3$\sigma$)，常漂 0.01 (°)/s(3$\sigma$)。仅使用陀螺预估的情况下，机动过程中定姿误差逐渐增大，机动到位时滚动轴误差已接近 0.5°。228 s 机动结束

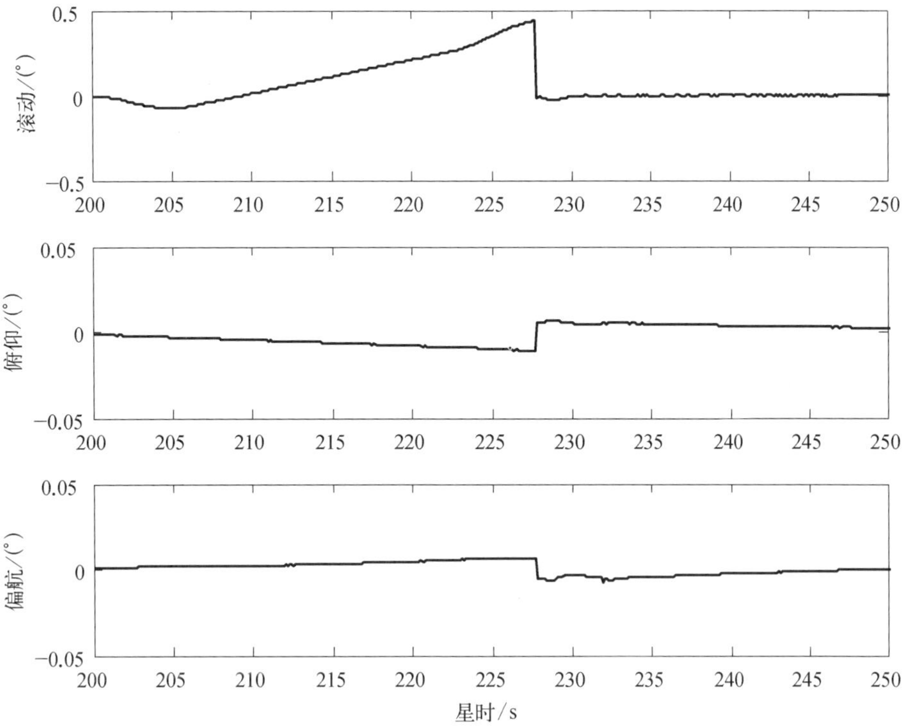


图 2－6　定姿误差曲线

时,按所给方法,仅采用单星敏感器实现姿态重置,重置后三轴定姿误差与星敏感器测量精度相当,减小至低于 0.02°(图 2－6)。在该基础上进行控制可以避免由于定姿误差较大导致的稳定调整时间较长的问题,实现了快速稳定。需要说明的是,采用多星敏感器重置时,重置精度与星敏感器的光轴精度相当。

### 2.3.3　仿真实例

本小节所给机动路径规划方法适用于不同动力学特点的敏捷航天器。对于追求高稳定性能且对高敏捷性要求可适度降低的航天器,加速度导数正弦机动路径更为适合。对于附件基频相对较高且追求时间效能的敏捷航天器,混合正弦机动路径优势明显。下面给出不同方法的仿真分析结果。

1. 加速度导数正弦机动路径与正弦机动路径适应性及最短机动路径比对

以航天器滚动轴机动 25°过程为例,设航天器滚动轴转动惯量为 3 000 kg · $m^2$,挠性帆板基频为 0.8 Hz;设飞行器执行机构所能提供的最大力矩为 55 N · m,最大角动量包络为 210 N · m · s。根据最大输出力矩和角动量包络确定出航天器机动的最大角加速度为 $a_{max}$ = 1.0 (°) /$s^2$, 最大机动角速度为 $\omega_{max}$ = 4.0 (°) /s。机动开始时间 $t_1$ = 2 s, 根据式(2－36) ~ 式(2－41)计算关键时间点及各阶段期望的姿态角加速度 $a_r$、姿态角速度 $\omega_r$ 及姿态角 $\theta_r$, 得到加速度导数正弦机动路径曲线,如图 2－7 所示。

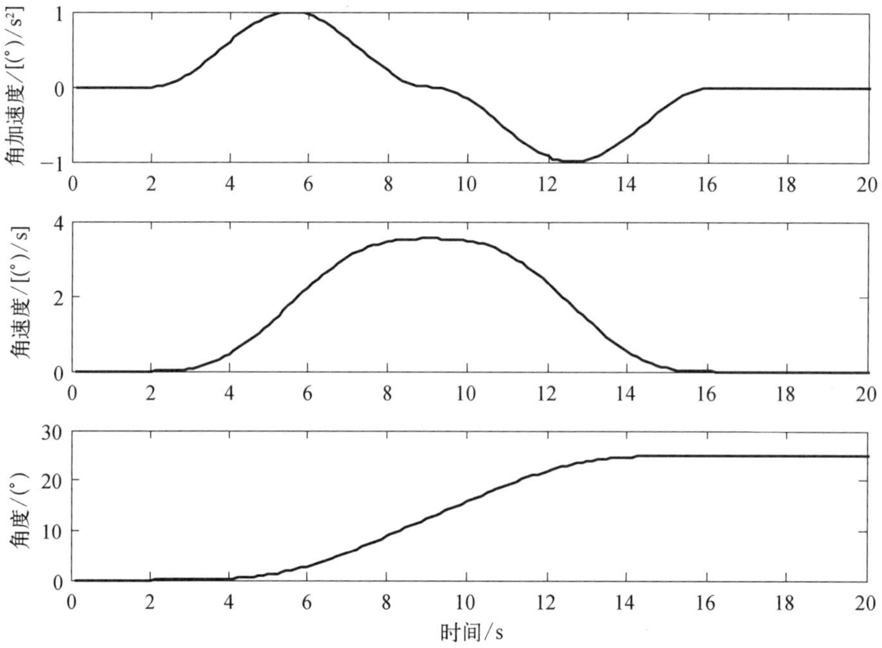


图 2－7　加速度导数正弦机动路径曲线

跟踪设计的机动路径，并采用传统的 PID 控制方法设计反馈控制器，控制周期为 0.125 s。图 2－8 和图 2－9 分别为采用本机动路径时对应的航天器姿态角误差和姿态角速度误差曲线。图 2－10 为采用正弦机动路径时对应的航天器姿态角速度误差曲线。图 2－11 为采用最短机动路径时对应的航天器姿态角速度误差曲线。从仿真结果可知，采用加速度导数正弦机动路径实现 0.001 (°)/s($3\sigma$)稳定度的时间为 28.375 s。采用正弦机动路径实现 0.001 (°)/s($3\sigma$)稳定度的时间为 31.250 s，基于最短机动路径航天器姿态稳定度在 50 s 内仍大于 0.001 (°)/s，表明姿态尚未稳定。

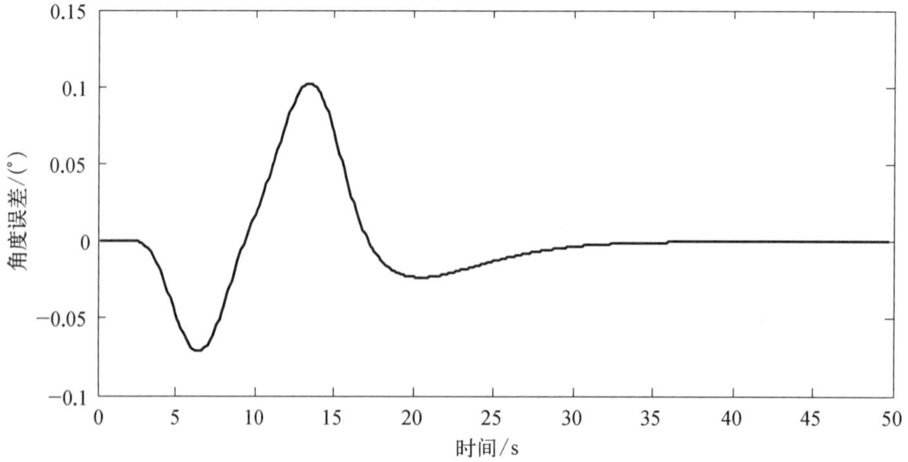


图 2－8　采用加速度导数正弦机动路径时的姿态角误差曲线

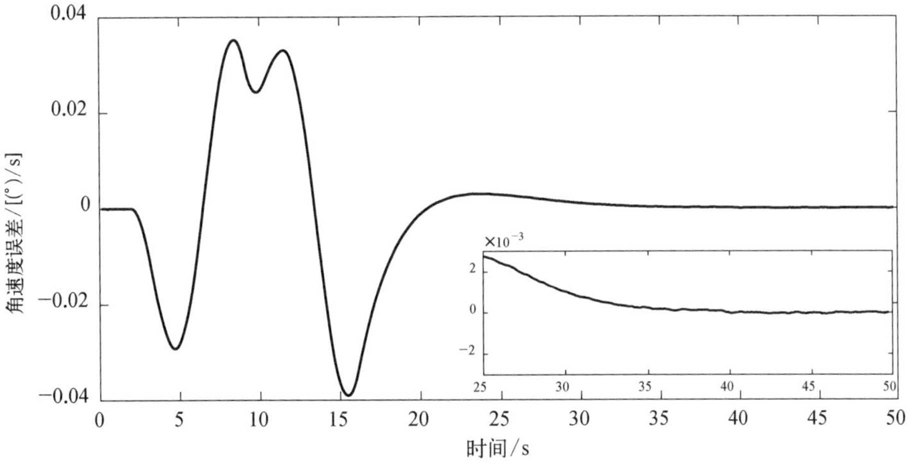


图 2-9　采用加速度导数正弦机动路径时的姿态角速度误差曲线

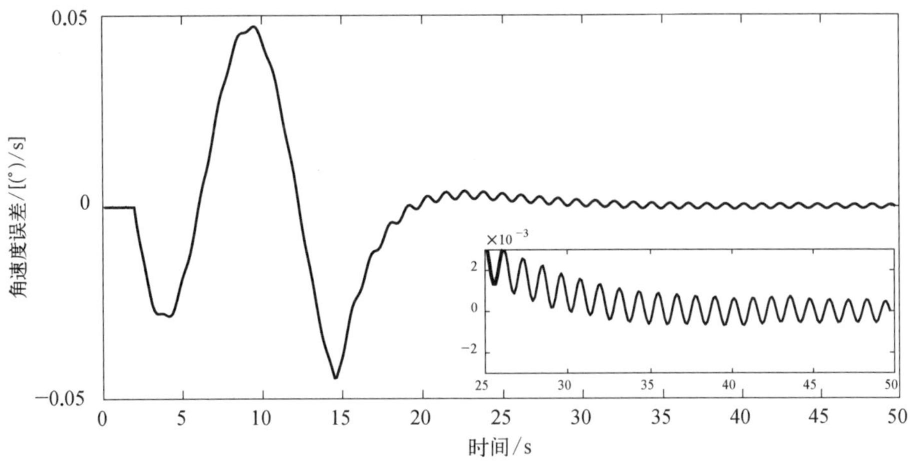


图 2-10　正弦机动路径下的姿态角速度误差曲线

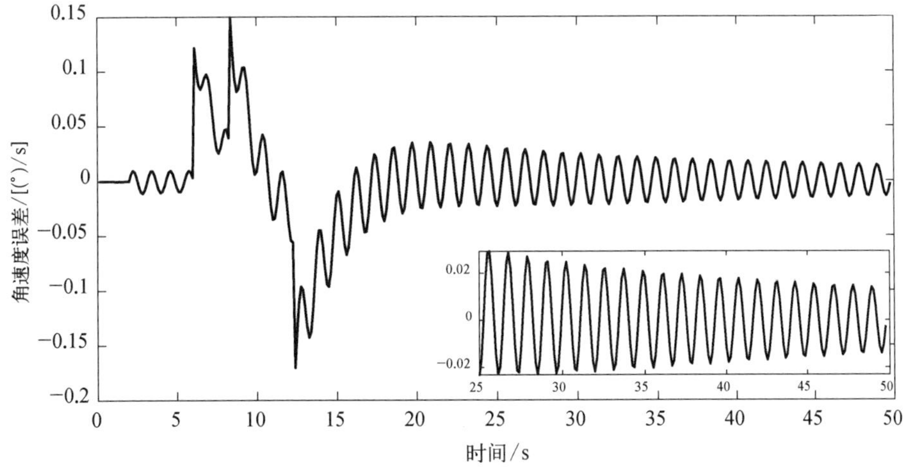


图 2-11　最短机动路径下的姿态角速度误差曲线

图 2 - 12 所示为采用本方法时的挠性帆板模态坐标位移曲线，图 2 - 13 所示为采用正弦机动路径时的挠性帆板模态坐标位移曲线，图 2 - 14 所示为采用最短机动路径时的挠性帆板模态坐标位移曲线。通过比较图 2 - 12～图 2 - 14 可知，采用本方法设计姿态机动路径时，机动到位后挠性模态的振动位移很小，采用最短机动路径时模态振动剧烈，采用正弦机动路径时的模态振动幅度位于两者之间。可见，本方法能够有效改善姿态机动对挠性模态的激励作用，从机动至稳定所用的时间最短，从而提高了航天器的机动性能。

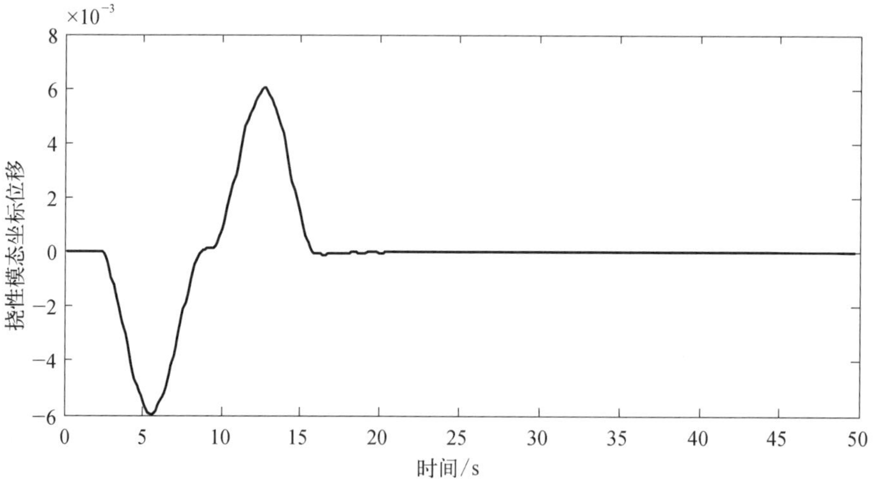


图 2 - 12　加速度导数正弦机动下的挠性帆板的模态坐标位移曲线

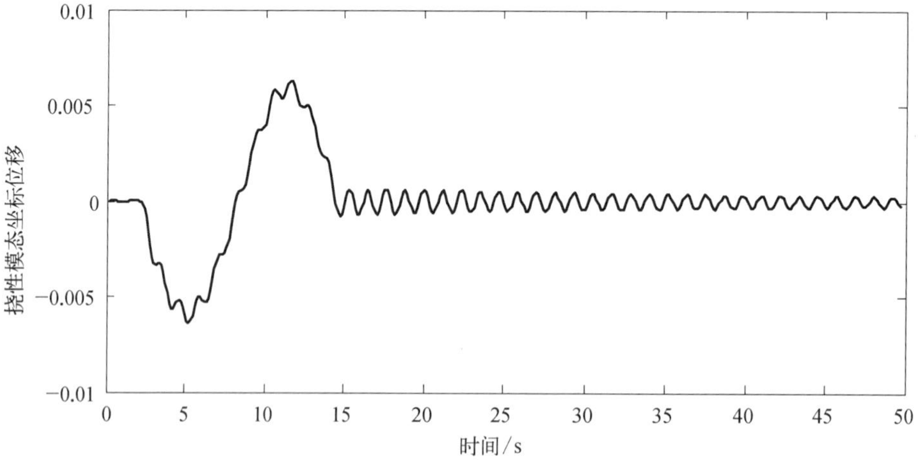


图 2 - 13　基于正弦机动路径下的挠性帆板的模态坐标位移曲线

2. 混合正弦机动路径与正弦机动路径及最短机动路径适应性比对

以航天器单轴机动 70° 稳定到机动需求为例，假设航天器该轴主惯量为 3 000 kg · $m^2$，带有两个挠性帆板，分别对帆板基频为 0.2 Hz 和 0.5 Hz 两种挠性特性进行设计比对，控制周期为 0.1 s，同样采用 PID 控制方法设计反馈控制器。帆板基频为 0.2 Hz

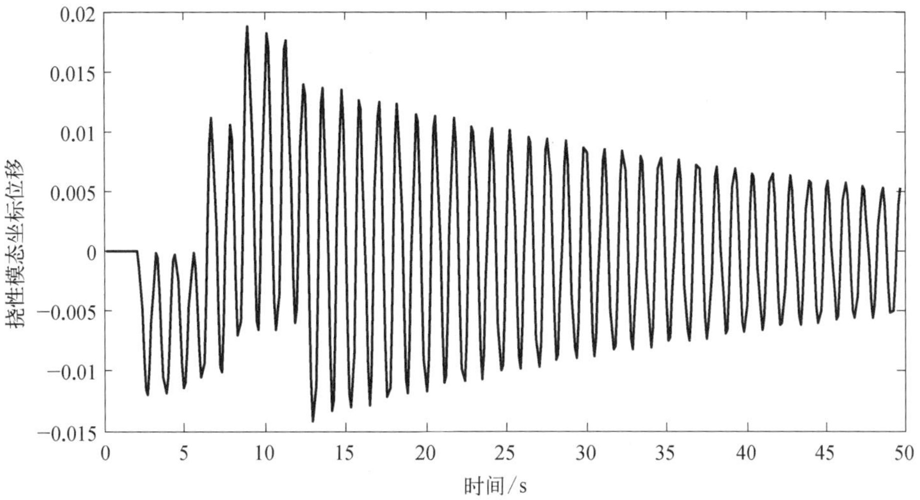


图 2－14　最短机动路径下的挠性帆板的模态坐标位移曲线

情况下，由于帆板基频较低，正弦机动路径更为合适。对于帆板基频为 0.5 Hz 情况，混合正弦机动路径更为合适。下面通过仿真分别进行对比分析。

1）挠性帆板基频 0.2 Hz

通过计算，选取正弦三角函数周期 $T = 20$ s，最大角加速度 $a_0 = 0.383\ 1(°)/s^2$，最大角速度 2.44 (°)/s，如图 2－15 所示。最短机动路径下，机动过程中由于帆板振动剧烈，姿

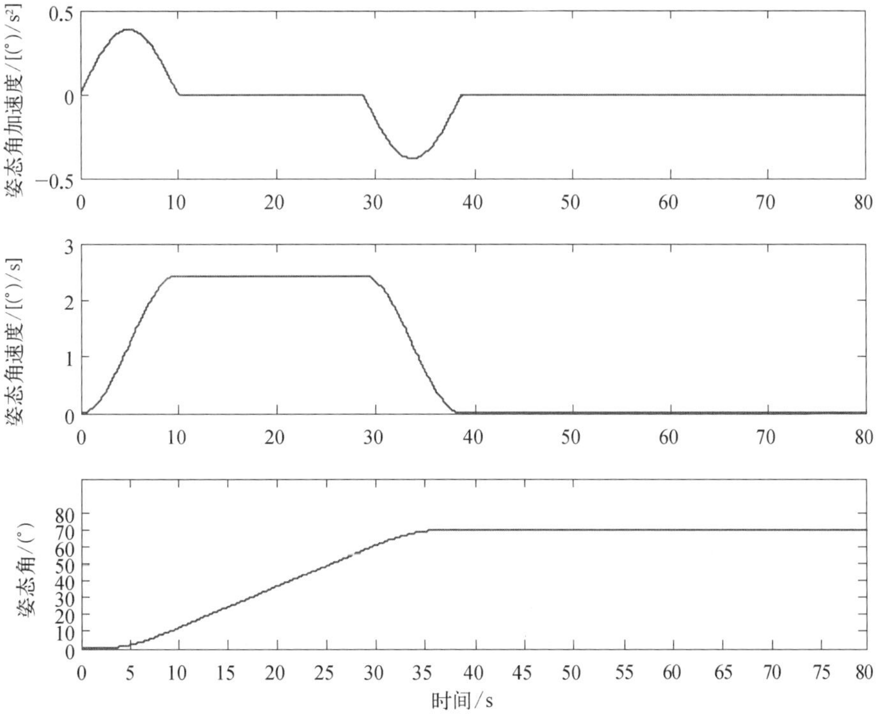


图 2－15　机动 70°正弦路径规划曲线

态角速度的最大跟踪误差为 0.13 (°) /s(图 2-16);正弦机动路径下,帆板振动未被明显激励,机动过程中姿态角速度的最大跟踪误差为 0.03 (°) /s,较最短机动路径大幅减小(图 2-17)。从仿真结果可知,基于最短机动路径下,挠性帆板的模态坐标位移最大为 0.12 左右(图 2-18)。基于正弦机动路径下挠性帆板的模态坐标位移最大为 0.07 左右(图 2-19)。可见,基频较低时,与最短机动路径相比,正弦机动路径在减小机动过程中挠性帆板的振动方面有较大改进,从而提高了航天器的机动及稳定性能。

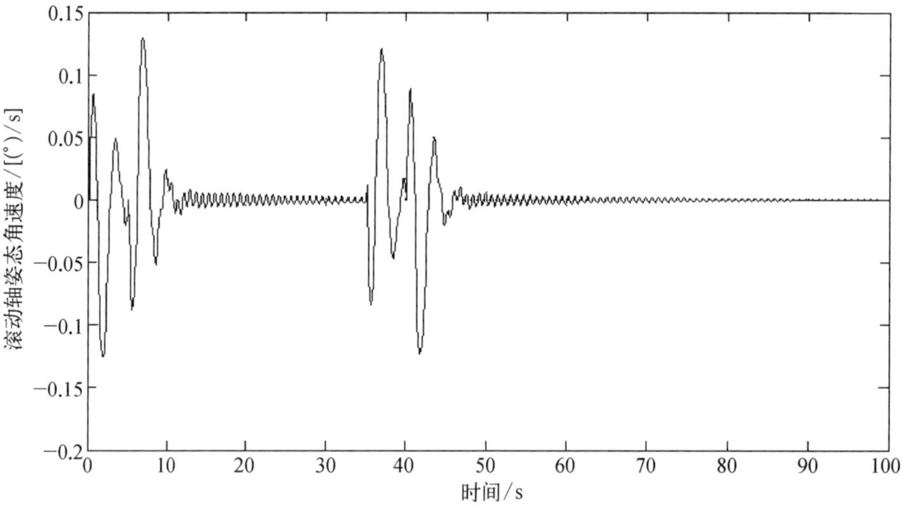


图 2-16　最短机动路径下姿态角速度跟踪误差

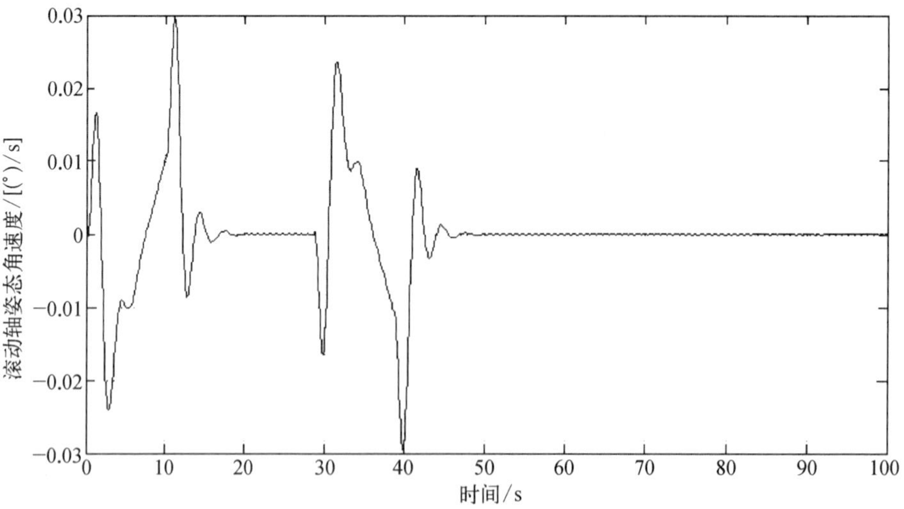


图 2-17　正弦机动路径下姿态角速度跟踪误差

2) 挠性帆板基频 0.5 Hz

仍选用上述参数,仅将帆板基频设为 0.5 Hz。通过计算,选取正弦三角函数周期 $T$ = 20 s, 最大角加速度 $a_{\max}$ = 0.3 (°) /s$^2$, 最大角速度 $\omega_{\max}$ = 2.4 (°) /s。 正弦机动路径下机

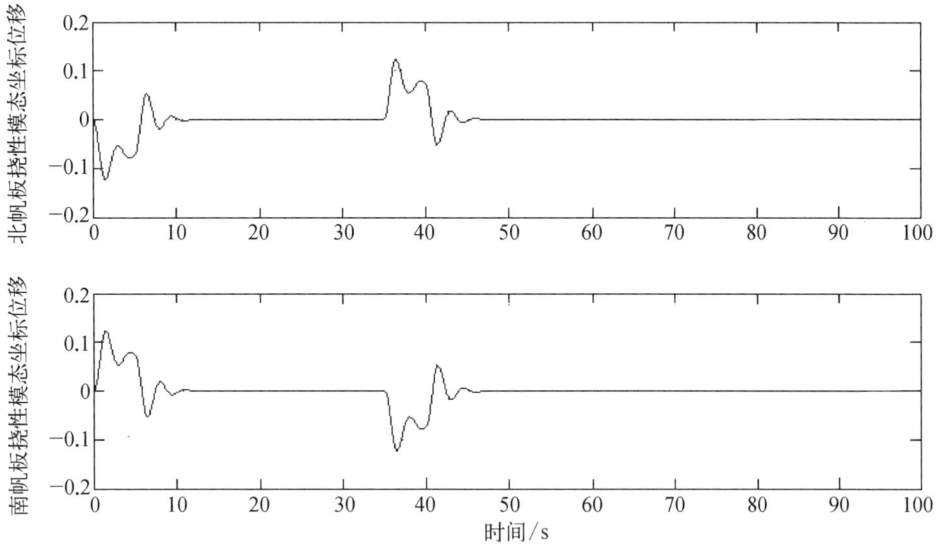


图 2 - 18　最短机动路径下挠性帆板的模态坐标位移

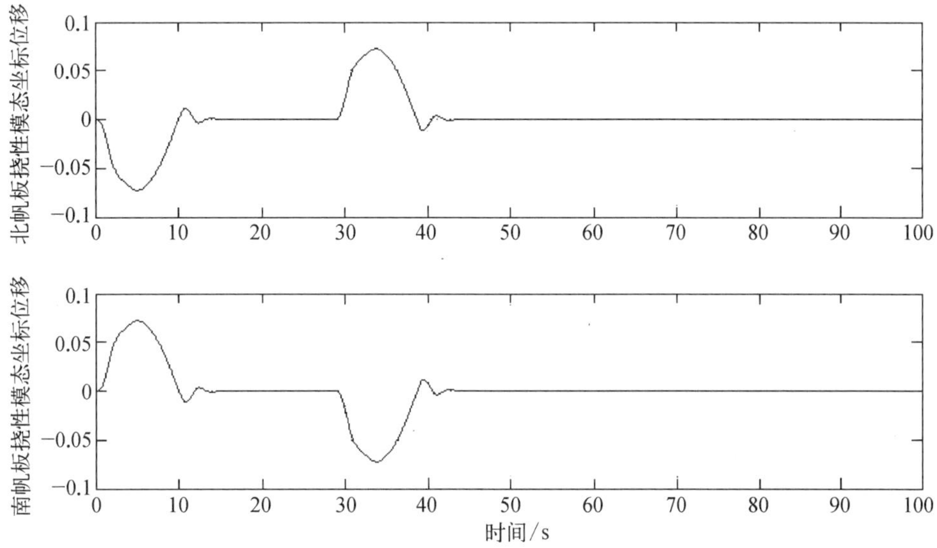


图 2 - 19　正弦机动路径下挠性帆板的模态坐标位移

动到位所需时间为 41.73 s,最短机动路径机动到位所需时间为 40 s。对于混合正弦机动路径,计算得到正弦三角函数周期 $T \approx 15.59$ s。选取最小周期 $T_{\min} = 8$ s,匀加速时间 $\Delta T \approx 3.04$ s,滑行时间 $\Delta\tau \approx 18.33$ s,即混合正弦机动路径下总机动时间近似为 40 s(图 2 - 20)。显然,混合正弦机动路径在机动时间方面有一定优势,与最短机动路径相差无几。

最短机动路径、正弦机动路径及混合正弦机动路径下,姿态角速度跟踪误差曲线及机动过程挠性帆板模态坐标位移曲线分别如图 2 - 21~图 2 - 23 所示。图 2 - 21 中,最短机

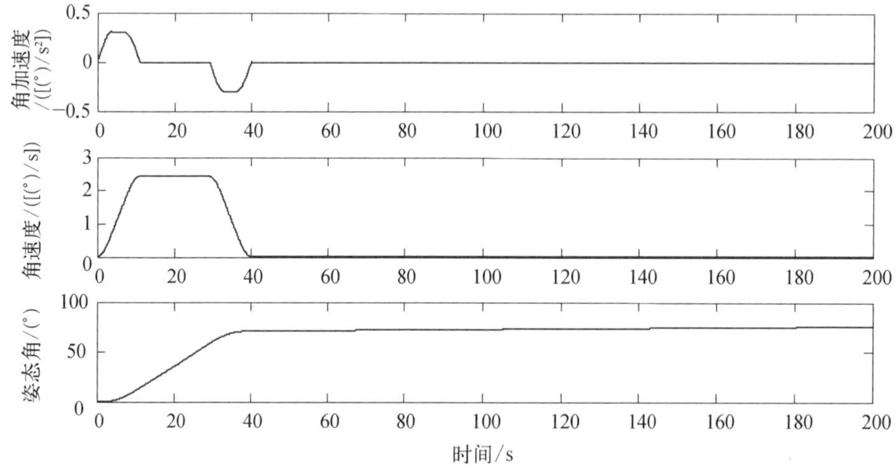


图 2-20　混合正弦机动路径

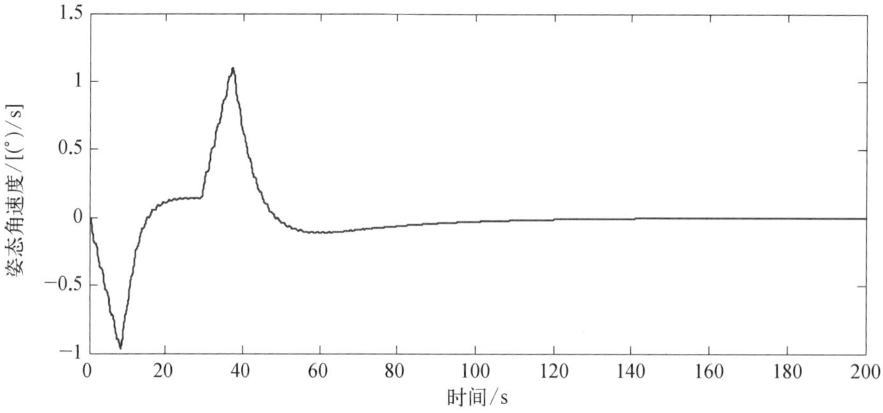


(a) 姿态角速度跟踪误差

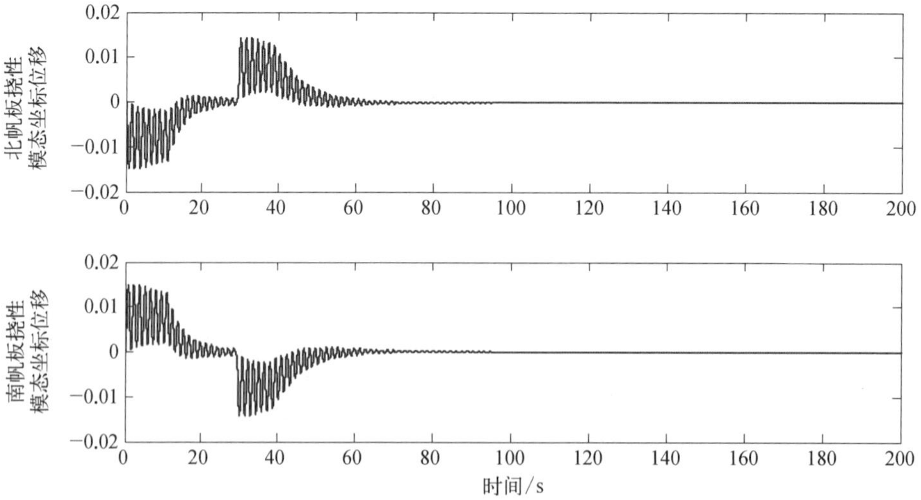


(b) 挠性帆板模态坐标位移

图 2-21　最短机动路径下特征曲线

动路径下，机动过程中姿态角速度的最大跟踪误差为 1.2 (°) /s，挠性帆板的模态坐标位移最大为 0.014 左右。图 2－22 中，正弦机动路径下，机动过程中姿态角速度的最大跟踪误差为 0.7 (°) /s，挠性帆板的模态坐标位移最大为 0.008 左右。图 2－23 中，混合正弦机动路径下，机动过程中姿态角速度的最大跟踪误差为 0.9 (°) /s，挠性帆板的模态坐标位移最大为 0.08 左右，在机动路径时间相差无几的前提下，较最短机动路径大幅减小，挠性振动为高稳定度控制创造了良好条件。

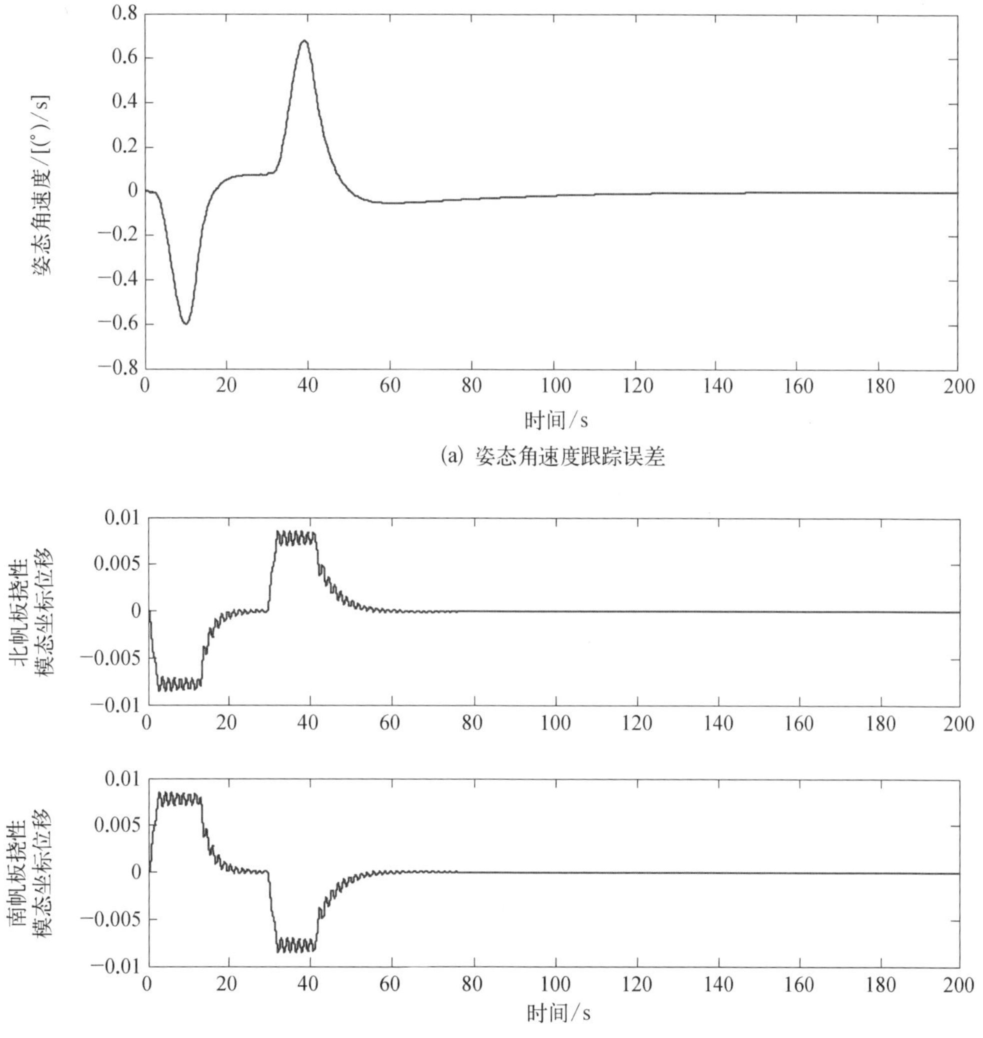


(a) 姿态角速度跟踪误差

(b) 挠性帆板模态坐标位移

图 2－22　正弦机动路径下特征曲线

综上，混合正弦机动路径较标准最短机动路径在减小机动过程中挠性帆板的振动方面有较大改进，较标准正弦机动路径在减小机动时间方面有较大改进，且稳定性能相差不大。混合正弦机动路径同时实现了机动时间近似最优与机动性能近似最优。

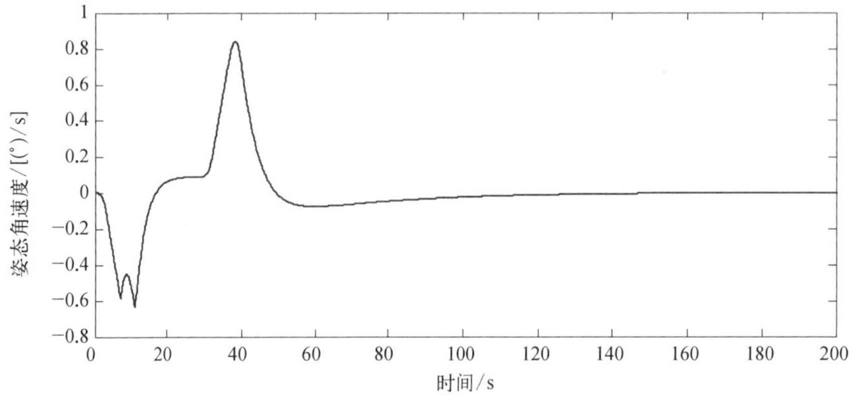


(a) 姿态角速度跟踪误差

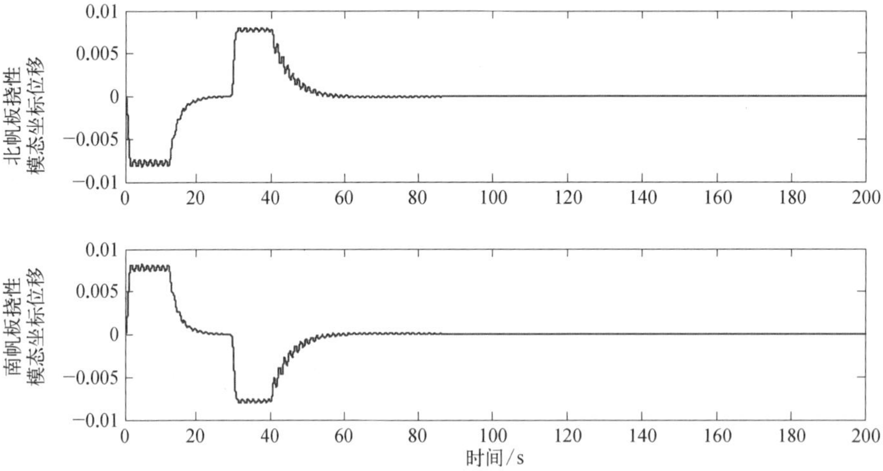


(b) 挠性帆板模态坐标位移

图 2－23　混合正弦机动路径下特征曲线

## 2.4　多边界约束的路径规划

### 2.4.1　路径规划问题描述

2.3 节所述的姿态重定向的轨迹规划本质是从一静止状态到另一静止状态的轨迹规划，即规划末端的角速度和角加速度均为 0。随着航天器敏捷机动需求和成像模式的不断增加，例如遥感卫星单轨对多个不连续区域扫描、多条带拼接等任务，需要航天器姿态在完成上一个扫描任务后，快速机动到下一个任务初始状态，为尽可能缩短两个任务间的转换时间，需要航天器在机动到下一个任务所需初始姿态的同时，角速度和角加速度也机动到任务所需状态。本节给出边界约束条件下的机动路径规划方法，可实现由任意初始状态到任意末端状态的姿态转移。

图 2－24 所示遥感卫星在轨的三种成像工况，卫星在进行主动推扫成像时，星体的姿态角、角速度和角加速度均为随时间连续变化的曲线，卫星需要在主动推扫成像开始时

刻,建立好推扫初始所需的姿态角、角速度和角加速度,确保在整个推扫过程中姿态平稳跟踪并具备所需的跟踪精度和稳定度。因此,需要对从零姿态[图 2－24(a)]、前一个被动推扫固定姿态[图 2－24(b)],以及前一个主动推扫结束时刻任意姿态[图 2－24(c)],快速过渡到当前待推扫条带所需的姿态,需要对预置过程的姿态进行轨迹规划。

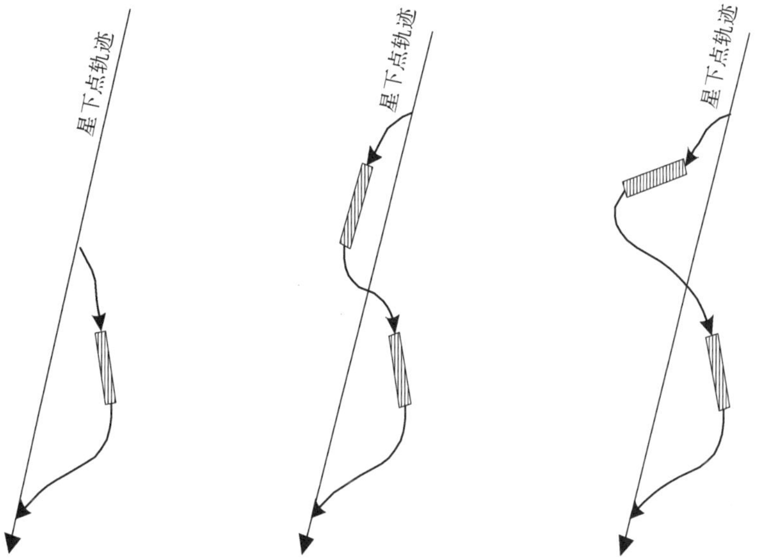


(a) 主动推扫　　(b) 被动推扫→主动推扫　　(c) 主动推扫→主动推扫

图 2－24　遥感卫星非沿迹成像示意图

边界约束条件下的机动路径规划考虑如下约束条件和边界条件:

(1) 根据执行机构的控制能力设置好卫星机动的最大角速度 $\omega_{max}$、最大角加速度 $a_{max}$;

(2) 根据卫星当前状态确定姿态机动起始时刻的初始姿态角为 $\theta_0$, 初始角速度为 $\omega_0$, 初始角加速度为 $a_0$;

(3) 根据卫星机动任务确定姿态机动结束时刻的目标姿态角为 $\theta_d + \theta_0$, 目标角速度为 $\omega_d$, 目标角加速度为 $a_d$。

为了表述方便,在规划过程中,进行 $\theta_d$ 的相对姿态角的规划。在相对姿态规划结果叠加上 $\theta_0$ 即为实际的姿态变化曲线。

### 2.4.2　方法实现

与姿态重定向所使用的点对点姿态机动轨迹规划类似,在具有边界约束的轨迹规划中,角加速度也分为加速段、匀速段和减速段三个阶段。在点对点姿态机动的轨迹规划中,初始和末端的角加速度均为零,加速段和减速段均采用二分之一周期的正弦曲线来实现[图 2－25(a)]。在初始和结束时刻的角加速度不为零时,采用大于(或小于)二分之一的正弦曲线来实现[图 2－25(b)]。

以加速段为例,在加速过程中,角加速度具有如下的形式:

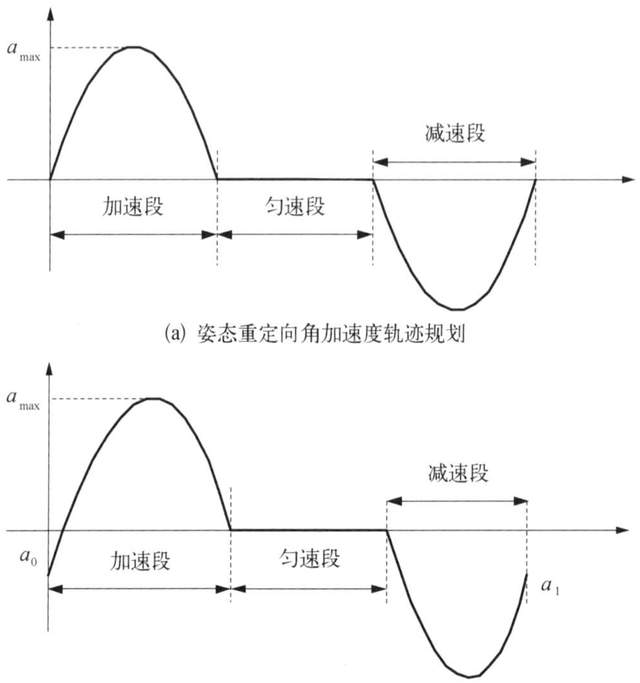


(a) 姿态重定向角加速度轨迹规划

(b) 边界约束条件下的角加速度轨迹规划

图 2-25　姿态重定向与边界约束条件下的轨迹规划对比

$$a_r = a_{max}\sin[f_0(t - t_1) + \theta_{p0}] \tag{2-97}$$

式中，$f_0$ 为加速段正弦曲线的角频率；$a_{max}$ 为最大机动角加速度；$\theta_{p0}$ 为加速段正弦曲线的相位角。根据初始角加速度 $a_0$，得

$$\theta_{p0} = \arcsin\left(\frac{a_0}{a_{max}}\right) \tag{2-98}$$

在加速段结束时，保证：

$$f_0(t - t_1) + \theta_{p0} = \pi \tag{2-99}$$

此时，

$$a_r = 0 \tag{2-100}$$

可确定出加速段的总时长为

$$T_{m0} = \frac{\pi - \theta_{p0}}{f_0} \tag{2-101}$$

通过确定 $f_0$ 可以确定出加速段的时长 $T_{m0}$。上式中若 $\theta_{p0} = 0$，则角加速度与点对点机动时的角加速度表达式完全相同。在点对点机动轨迹规划过程中，加速段正弦轨迹的角频率 $f_0$ 由最大机动角速度 $\omega_{max}$ 和最大机动角加速度 $a_{max}$ 共同确定：

$$f_0 = 2\frac{a_{max}}{\omega_{max}}$$

在具有边界约束的轨迹规划中，角频率 $f_0$ 除了与 $\omega_{\max}$、$a_{\max}$ 有关外，还与边界的角速度 $\omega_0$、边界的角加速度 $a_0$ 等相关。

对角加速度轨迹 $a_{\mathrm{r}}$ 进行积分，并注意到初始的角速度为 $\omega_0$，得到加速段的角速度计算公式：

$$\omega_r = \omega_0 + \frac{a_{\max}}{f_0}\{\cos\theta_{\mathrm{p0}} - \cos[f_0(t - t_1) + \theta_{\mathrm{p0}}]\}$$

保证在加速段结束时有

$$f_0(t - t_1) + \theta_{\mathrm{p0}} = \pi \tag{2-102}$$

$$\omega_r = \omega_{\max} \tag{2-103}$$

得

$$\omega_{\max} = \omega_0 + \frac{a_{\max}}{f_0}(1 + \cos\theta_{\mathrm{p0}}) \tag{2-104}$$

$$f_0 = (1 + \cos\theta_{\mathrm{p0}})\frac{a_{\max}}{\omega_{\max} - \omega_0} \tag{2-105}$$

根据 $f_0$ 的值，可以进而求解 $T_{\mathrm{m0}}$。

图 2－26 所示为姿态重定向与具有边界约束条件的角速度规划轨迹的对比。

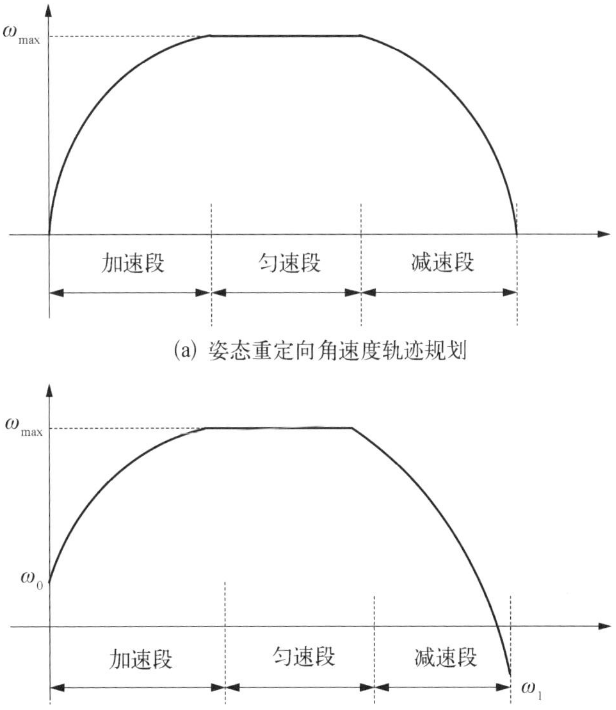


(a) 姿态重定向角速度轨迹规划

(b) 边界约束条件下的角速度轨迹规划

图 2－26　姿态重定向与边界约束条件下的角速度规划轨迹对比

再对加速段的角速度曲线进行积分，得到加速段的角度规划曲线为

$$\theta_r = \left(\omega_0 + \frac{a_{\max}}{f_0}\cos\theta_{p0}\right)(t - t_1) + \frac{a_{\max}}{f_0^2}\{\sin\theta_{p0} - \sin[f_0(t - t_1) + \theta_{p0}]\} \tag{2-106}$$

根据上式，在加速段结束时，姿态运动角度为

$$\Theta_0 = \omega_0 T_{m0} + a_{\max}\frac{\cos(\theta_{p0})T_{m0}}{f_0} + \frac{a_0}{f_0^2} \tag{2-107}$$

前述分别完成了对加速段的角加速度 $a_r$、角速度 $\omega_r$ 和角度 $\theta_r$ 的机动轨迹规划，减速段的规划与之类似，可得到减速段正弦轨迹的相位角 $\theta_{p1}$、频率 $f_1$、减速段所需时间 $T_{m1}$ 及减速段的姿态运动角度 $\Theta_1$。

最后确定匀速段。

在匀速段，角加速度 $a_r = 0$，角速度 $\omega_r = \omega_{\max}$，姿态角 $\theta_r$ 可根据加速段结束时的姿态，以及角速度 $\omega_r$ 共同确定。根据总的机动角度 $\theta_d$，以及加速段和减速段得到的姿态运动角度，可计算出匀速段的时长：

$$T_{m2} = \frac{\theta_d - \Theta_0 - \Theta_1}{\omega_{\max}}$$

卫星姿态机动规划的总时长：

$$T_{mc} = T_{m0} + T_{m1} + T_{m2}$$

注意上式中，若机动角度较小的话，计算出的 $T_{m2}$ 可能小于 0，表明机动轨迹规划不成功。对这种情况，可适当减小 $\omega_{\max}$ 的值，来保证 $T_{m2} \geqslant 0$。

综上，在公式中引入初始姿态 $\theta_0$，与点对点机动的角加速度正弦轨迹类似，可写出三段式的路径规划结果。

（1）加速段 $[t_1, t_2]$：

$$t_2 = T_{m0} + t_1 \tag{2-108}$$

$$a_r = a_{\max}\sin[f_0(t - t_1) + \theta_{p0}] \tag{2-109}$$

$$\omega_r = \omega_0 + \frac{a_{\max}}{f_0}\{\cos\theta_{p0} - \cos[f_0(t - t_1) + \theta_{p0}]\} \tag{2-110}$$

$$\theta_r = \left(\omega_0 + \frac{a_{\max}}{f_0}\cos\theta_{p0}\right)(t - t_1) + \frac{a_{\max}}{f_0^2}\{\sin\theta_{p0} - \sin[f_0(t - t_1) + \theta_{p0}]\} \tag{2-111}$$

（2）匀速段 $[t_2, t_3]$：

$$t_3 = T_{m2} + t_2 \tag{2-112}$$

$$a_r = 0 \tag{2-113}$$

$$\omega_{\mathrm{r}} = \omega_0 + \frac{a_{\max}}{f_0}(1 + \cos\theta_{\mathrm{p0}}) \tag{2-114}$$

$$\theta_{\mathrm{r}} = \left(\omega_0 + \frac{a_{\max}}{f_0}\cos\theta_{\mathrm{p0}}\right) T_{\mathrm{m0}} + \frac{a_{\max}}{f_0^2} + \omega_{\max}(t - t_1 - T_{\mathrm{m0}}) \tag{2-115}$$

（3）减速段 $[t_3, t_4]$：

$$t_4 = T_{\mathrm{m1}} + t_3 \tag{2-116}$$

$$t_c = T_{\mathrm{mc}} - t \tag{2-117}$$

$$a_{\mathrm{r}} = - a_{\max}\sin(f_1 t_c + \theta_{\mathrm{p1}}) \tag{2-118}$$

$$\omega_{\mathrm{r}} = \omega_{\mathrm{d}} + \frac{a_{\max}}{f_1}[\cos\theta_{\mathrm{p1}} - \cos(f_1 t_c + \theta_{\mathrm{p1}})] \tag{2-119}$$

$$\theta = \theta_{\mathrm{d}} - \left(\omega_{\mathrm{d}} + \frac{a_{\max}}{f_1}\cos\theta_{\mathrm{p1}}\right) t_c - \frac{a_{\max}}{f_1^2}[\sin\theta_{\mathrm{p1}} - \sin(f_1 t_c + \theta_{\mathrm{p1}})] \tag{2-120}$$

### 2.4.3 仿真实例

设航天器的最大角速度 $\omega_{\max} = 3.0\ (°)/\mathrm{s}$，最大角加速度 $a_{\max} = 0.5\ (°)/\mathrm{s}^2$，姿态机动起始时刻的初始姿态角 $\theta_0 = 0°$，初始角速度 $\omega_0 = 0.3\ (°)/\mathrm{s}$，初始角加速度 $a_0 = -0.05\ (°)/\mathrm{s}^2$，姿态机动结束时刻的目标姿态角 $\theta_{\mathrm{d}} = 60°$，目标角速度 $\omega_{\mathrm{d}} = -0.2\ (°)/\mathrm{s}$，目标角加速度 $a_{\mathrm{d}} = 0.02\ (°)/\mathrm{s}^2$，进行轨迹规划仿真。

图2-27~图2-29依次为航天器角加速度、角速度、角度的轨迹规划结果。可见，根据仿真曲线，机动轨迹的角加速度、角速度的最大值均在最大约束条件内，并使用到了最大值，保证了机动轨迹的快速性。同时，在机动结束时刻，轨迹规划保证了角加速度、角速度和角度与末端点所需的状态一致，满足了后续主动推扫姿态机动轨迹的快速性和连续性。

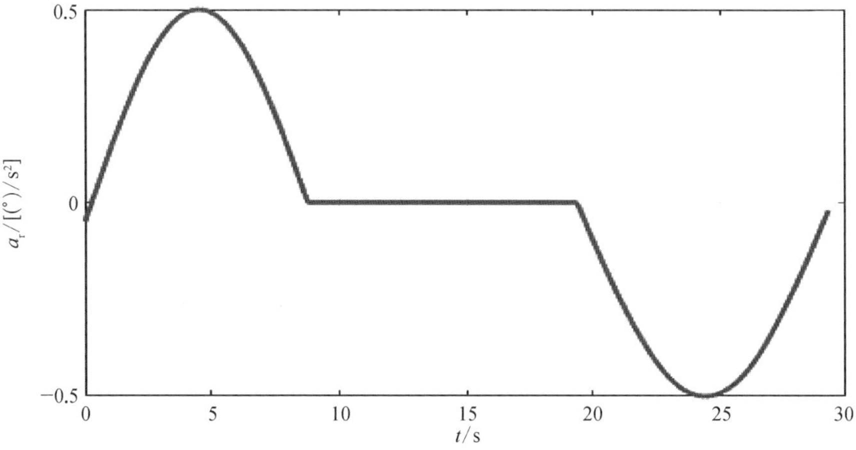


图2-27　角加速度轨迹规划结果

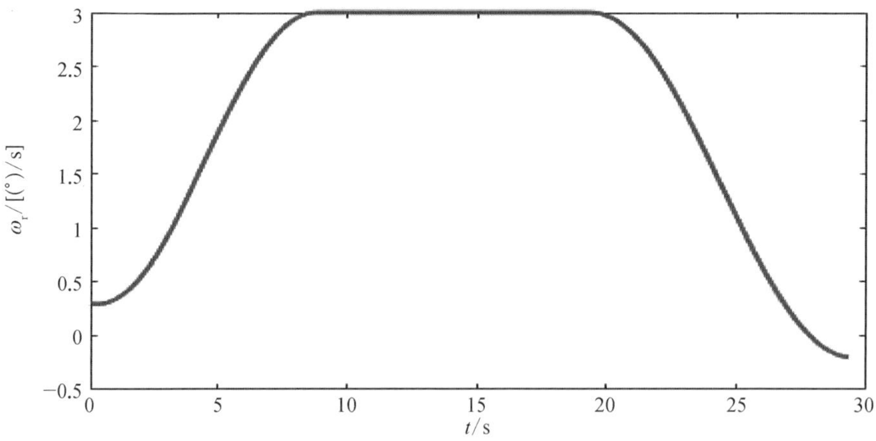


图 2－28　角速度轨迹规划结果

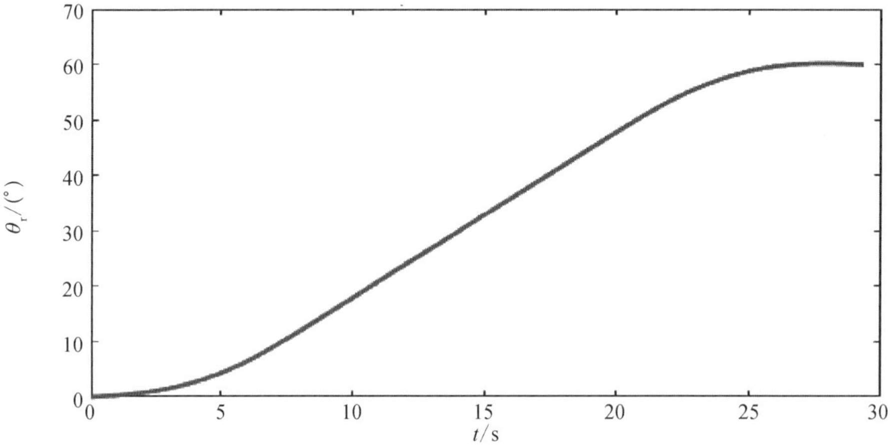


图 2－29　角度轨迹规划结果

## 2.5　动目标跟踪的路径规划

### 2.5.1　星体跟踪动目标的路径规划

前述姿态重定向路径规划方法(如最短机动路径规划、正弦路径规划等)又常被称为点对点路径规划,广泛应用于航天器成像机动等任务中。这些方法均针对机动前后坐标系无相对运动的情况,如航天器侧摆机动时,机动前的姿态本体坐标系和机动后的目标姿态本体坐标系均相对于轨道坐标系静止不动。对于机动的目标坐标系相对于轨道坐标系不断运动的情况,这类方法不能很好地处理。

姿态机动的目标坐标系相对于轨道坐标系不断运动的情形即本节要研究的动目标坐标系问题。

以 2.2 节给出的特殊的对日定向坐标系为例,当航天器由对地定向姿态向对日定向姿态机动时,由航天器、太阳及地心矢量确定目标坐标系即为动坐标系,其相对于轨道系的姿态是不断变化的,采用点对点机动路径规划时若以机动起始时的对日定向坐标系为目标进行规划,则当航天器按规划机动到位时,由于对日定向坐标系已经发生了变化,航天器姿态将不可避免地存在偏差,该偏差与机动时间和对日定向坐标系的变化速度有关,且航天器机动到位时姿态角速度以零值为目标值,这与对日定向坐标系相对于轨道系的角速度也存在偏差。姿态和姿态角速度存在的偏差导致的动态调整将影响到航天器运行稳定性和机动指标的实现。而若将对日定向坐标系进行一定时长的外推作为目标姿态进行规划,则由于机动前对地坐标系和机动后对日定向坐标系相对位置的不确定性,难以给出确定的外推时长以消除上述机动偏差。

为此,针对动坐标系机动目标问题,引入动目标坐标系的实时信息,对点对点路径规划结果进行实时动态调整,实现了航天器机动路径与动目标坐标系的平滑过渡。

首先根据起点时刻的航天器当前姿态和目标姿态,利用 2.3.1 小节的路径规划方法进行点对点路径规划,然后在机动过程中的每个控制周期,根据动目标坐标系的实时变化对路径规划进行实时规划调整,即可实现机动路径向动目标坐标系的平滑过渡。

1）点对点路径规划初始化

此处以最短机动路径规划为例。也可使用其他点对点路径规划方法,不影响后续计算。

根据起点时刻的航天器姿态四元数 $\boldsymbol{q}_{\mathrm{bos}}=[q_{\mathrm{bos1}}, q_{\mathrm{bos2}}, q_{\mathrm{bos3}}, q_{\mathrm{bos4}}]^{\mathrm{T}}$、动目标坐标系相对于航天器轨道系的方向余弦阵 $\boldsymbol{C}_{\mathrm{SO}}$,得到动目标坐标系相对于轨道系的初始四元数 $\boldsymbol{q}_{t0}=[q_{t1}, q_{t2}, q_{t3}, q_{t4}]^{\mathrm{T}}$ 和机动规划角度 $\phi_m$ 及方向 $\boldsymbol{e}$。计算机动相对四元数[9, 10]:

$$\begin{aligned}\boldsymbol{q}_{\mathrm{m}} &= \boldsymbol{q}_{\mathrm{bos}}^{-1}\otimes\boldsymbol{q}_{t0}\\ &=[-q_{\mathrm{bos1}}, -q_{\mathrm{bos2}}, -q_{\mathrm{bos3}}, q_{\mathrm{bos4}}]^{\mathrm{T}}\otimes[q_{t1}, q_{t2}, q_{t3}, q_{t4}]^{\mathrm{T}}\\ &=\begin{bmatrix} q_{t4} & q_{t3} & -q_{t2} & q_{t1}\\ -q_{t3} & q_{t4} & q_{t1} & q_{t2}\\ q_{t2} & -q_{t1} & q_{t4} & q_{t3}\\ -q_{t1} & -q_{t2} & -q_{t3} & q_{t4}\end{bmatrix}\begin{bmatrix}-q_{\mathrm{bos1}}\\ -q_{\mathrm{bos2}}\\ -q_{\mathrm{bos3}}\\ q_{\mathrm{bos4}}\end{bmatrix}\end{aligned}\tag{2-121}$$

其中,$\boldsymbol{q}_{\mathrm{bos}}^{-1}$ 表示四元数 $\boldsymbol{q}_{\mathrm{bos}}$ 的逆;运算符 $\otimes$ 表示四元数乘法。记 $\boldsymbol{q}_{\mathrm{m}}$ 的矢量部分和标量部分分别为 $\boldsymbol{v}_{\mathrm{m}}$ 和 $n_{\mathrm{m}}$,计算机动规划角度 $\phi_{\mathrm{m}}=2\arccos n_{\mathrm{m}}$,机动规划方向矢量:

$$\boldsymbol{e}=\boldsymbol{v}_{\mathrm{m}}/\sin\frac{\phi_{\mathrm{m}}}{2}$$

根据机动起点时刻 $t_1$、规划最大角加速度幅值 $a_{\max}$、规划最大角速度幅值 $\omega_{\max}$,结合机动规划角度 $\phi_m$ 进行常规姿态机动规划的初始化计算,得到加速段结束时刻 $t_2$,减速段开始时刻 $t_3$,机动规划结束时刻 $t_4$。具体可参考 2.3.1 小节的相关公式。

2）点对点路径实时规划预计算

在机动过程中的每个控制周期，根据机动规划参数信息，进行点对点姿态机动规划的实时规划预计算，得到预计算结果：轨道系实时预规划姿态、实时规划角速度标量、实时规划角加速度标量。此处以最短机动路径规划为例。也可使用其他点对点路径规划方法，不影响后续计算，具体如下。

将机动规划路径划分为加速 $[t_1, t_2]$、匀速 $[t_2, t_3]$、减速 $[t_3, t_4]$ 三个阶段，每个阶段根据匀加速及匀速运动公式计算对应每个时刻的机动规划角度、角速度和角加速度值。以加速段为例，记当前星时为 $t$，依次计算得到实时规划角加速度标量 $a = a_{max}$，实时规划角速度标量 $\omega = a(t - t_1)$，实时规划角度标量 $\phi = \frac{1}{2}a(t - t_1)^2$，机动预规划四元数：

$$\boldsymbol{q}_{tm} = \begin{bmatrix} \boldsymbol{e} \cdot \sin\left(\frac{\phi}{2}\right) \\ \cos\left(\frac{\phi}{2}\right) \end{bmatrix} \tag{2-122}$$

得到轨道系实时预规划四元数 $\boldsymbol{q}_{RO} = \boldsymbol{q}_{bos}\boldsymbol{q}_{tm}$。

3）引入动目标坐标系信息的实时规划调整

在机动过程中的每个控制周期，根据动目标坐标系相对于轨道系的实时方向余弦阵 $\boldsymbol{C}_{SO}$、动目标坐标系相对于惯性系的角速度 $\boldsymbol{\omega}_S$ 和实时规划预计算结果，计算实时规划相对于惯性系姿态四元数 $\boldsymbol{q}_R$ 和实时规划相对于惯性系角速度 $\boldsymbol{\omega}_R$。具体如下。

根据动目标坐标系相对于轨道系的实时方向余弦阵 $\boldsymbol{C}_{SO}$ 转换为实时目标四元数 $\boldsymbol{q}_t$，然后计算实时目标相对于初始值的变化量 $\boldsymbol{q}_p = \boldsymbol{q}_{t0}^{-1} \otimes \boldsymbol{q}_t$，并根据计算结果对轨道系实时预规划四元数 $\boldsymbol{q}_{RO}$ 进行补偿，得到轨道系实时规划四元数 $\boldsymbol{q}'_{RO} = \boldsymbol{q}_{RO}\boldsymbol{q}_p$，将轨道系相对于惯性系的转换矩阵 $\boldsymbol{C}_{OI}$ 转换为四元数形式 $\boldsymbol{q}_O$，从而计算实时规划相对于惯性系姿态四元数 $\boldsymbol{q}_R = \boldsymbol{q}_O\boldsymbol{q}_{RO}$，并根据以下公式计算实时规划相对于惯性系角速度 $\boldsymbol{\omega}_R$：

$$\boldsymbol{\omega}_R = \boldsymbol{C}(q'_{RO})\begin{bmatrix} 0 \\ -\omega_0 \\ 0 \end{bmatrix} - \boldsymbol{C}_{SO}\begin{bmatrix} 0 \\ -\omega_0 \\ 0 \end{bmatrix} + \boldsymbol{C}(\boldsymbol{q}_p)\boldsymbol{e} \cdot \boldsymbol{\omega} + \boldsymbol{\omega}_S \tag{2-123}$$

其中，$\boldsymbol{C}(\boldsymbol{q}'_{RO})$ 和 $\boldsymbol{C}(\boldsymbol{q}_p)$ 分别代表与四元数 $\boldsymbol{q}'_{RO}$ 和 $\boldsymbol{q}_p$ 对应的方向余弦阵；$\omega_0$ 为航天器所在位置轨道角速度的标量绝对值，由轨道计算给出。

以某轨道高度 500 km 太阳同步轨道航天器为例，说明动目标坐标系机动路径规划的效果。设置星体最大机动角速度为 2 (°)/s，航天器由对地定向姿态向对日定向姿态进行机动，按照动目标坐标系机动路径规划方法进行规划，机动全过程的仿真结果如图 2-30 和图 2-31 所示。其中图 2-30 是轨道系实时规划四元数 $\boldsymbol{q}_{RO}$（实线）和实时目标四元数

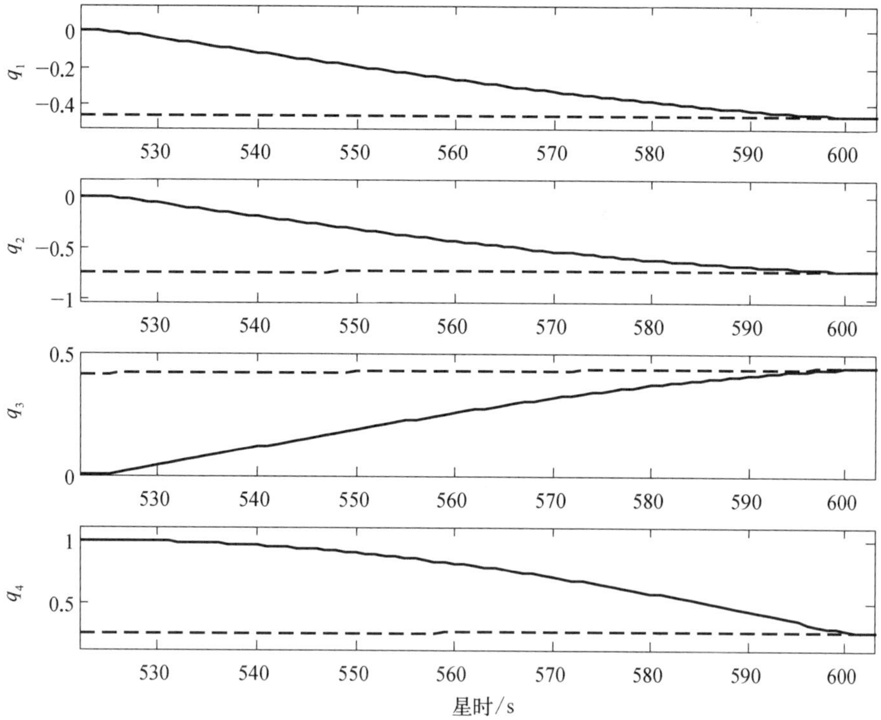


图2-30 实时规划四元数 $\boldsymbol{q}_{RO}$ 曲线(实线)和目标四元数 $\boldsymbol{q}_t$ 曲线(虚线)

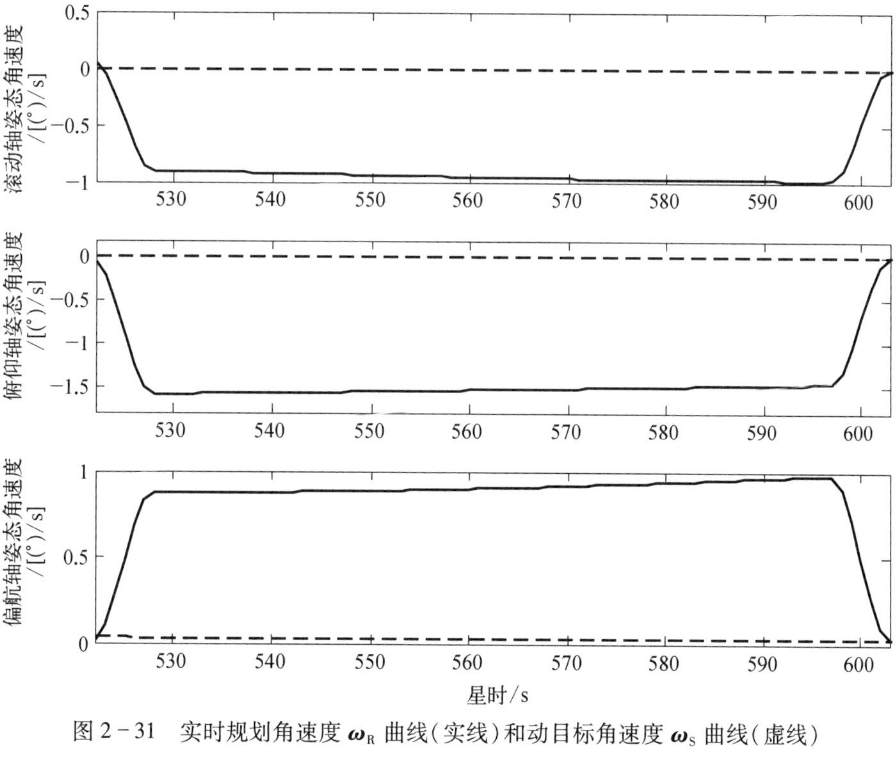


图2-31 实时规划角速度 $\boldsymbol{\omega}_R$ 曲线(实线)和动目标角速度 $\boldsymbol{\omega}_S$ 曲线(虚线)

$\boldsymbol{q}_t$（虚线）曲线，如图所示机动结束时 $\boldsymbol{q}_{RO}$ 与 $\boldsymbol{q}_t$ 实现了平滑衔接和过渡，其中 $q_1$、$q_2$、$q_3$、$q_4$ 分别表示四元数 $\boldsymbol{q}$ 的四个参数。图 2－31 是实时规划相对于惯性系角速度 $\boldsymbol{\omega}_R$（实线）和动目标坐标系相对于惯性系的角速度 $\boldsymbol{\omega}_S$（虚线）曲线，如图所示机动结束时 $\boldsymbol{\omega}_R$ 与 $\boldsymbol{\omega}_S$ 实现了平滑衔接和过渡。

### 2.5.2 面向像移补偿的动目标路径规划

大多数敏捷航天器上配置光学相机以实现对地面目标遥感成像。由于航天器沿轨道运动、地球自转及航天器姿态变化等因素，被摄目标点与相机存在一定的相对运动，目标点在相机像平面上所成的像不是静止的，称为像移。像移将导致图像质量退化，分辨率下降，必须对像移进行补偿，一般的像移补偿需要通过航天器的偏流角跟踪实现。

对于采用时间延迟积分 CCD（TDI－CCD）器件进行线阵推扫成像的空间相机，为实现高清晰成像像移速度矢量方向需与 TDI 器件排列方向一致，通过偏航方向实时调整以满足这一要求所需调整值即为偏流角。偏流角主要受地球自转、卫星在轨运动及姿态误差等因素影响。随着偏流角和 TDI 级数增加，由其引起的像移对像质影响变大，因此对于高精度对地遥感卫星必须对偏流角进行校正[11-14]。

以下偏流角[15]的分析均默认在航天器机动参考坐标系 R 系下进行，因此得到的是理论指向下的偏流角。此时输入的航天器姿态、姿态角速度也均为目标姿态角和目标姿态角速度，均用下标 R 表示。

根据相对速度等于绝对速度减去牵连速度，对于一般情况，地面目标点相对于相机镜头（本体坐标系）的速度为

$$\boldsymbol{v} = \boldsymbol{\omega}_e \times \boldsymbol{R} - (\boldsymbol{v}_u + \boldsymbol{v}_r + \boldsymbol{\omega}_R \times \boldsymbol{r}_{zb}) \tag{2-124}$$

式中，$\boldsymbol{\omega}_e$ 是地球自转角速度矢量；$\boldsymbol{R}$ 是地心到目标点的矢量；$\boldsymbol{v}_u$ 是航天器绝对速度的前向分量；$\boldsymbol{v}_r$ 是航天器绝对速度的径向分量；$\boldsymbol{\omega}_R$ 是航天器参考坐标系相对于惯性系的角速度矢量；$\boldsymbol{r}_{zb}$ 表示航天器到目标点的距离矢量。

轨道系下 $\boldsymbol{v}_{uo}$、$\boldsymbol{v}_{ro}$ 可以表示为

$$\boldsymbol{v}_{uo} = \frac{\sqrt{\mu a(1 - e^2)}}{r} \tag{2-125}$$

$$\boldsymbol{v}_{ro} = -\frac{\mu e \sin f}{\boldsymbol{v}_{uo} r} \tag{2-126}$$

式中，$\boldsymbol{v}_{uo}$、$\boldsymbol{v}_{ro}$ 为轨道系下航天器速度矢量的 $x$ 轴和 $z$ 轴分量；$r$ 表示地心距；$a$ 为轨道半长轴；$e$ 为偏心率；$f$ 为真近点角。

将轨道系下的航天器飞行速度转换至参考坐标系下：

$$\boldsymbol{v}_{sR}=\boldsymbol{C}_{RO}\cdot\boldsymbol{v}_{sO}=\boldsymbol{C}_{RO}\cdot\begin{bmatrix}\boldsymbol{v}_{uo}\\0\\\boldsymbol{v}_{ro}\end{bmatrix} \tag{2-127}$$

式中，$\boldsymbol{v}_{sO}$ 为轨道系下的航天器飞行速度；$\boldsymbol{v}_{sR}$ 为参考系下的航天器飞行速度。

航天器参考惯性角速度运动引起的地面指向点运动线速度在参考坐标系下的表示为

$$\boldsymbol{v}_{rsR}=\boldsymbol{\omega}_{R}\times\begin{bmatrix}0\\0\\|r_{zb}|\end{bmatrix} \tag{2-128}$$

式中，$\boldsymbol{\omega}_R$ 为航天器参考惯性角速度。

对对地三轴稳定航天器来说，$\boldsymbol{\omega}_R=-\boldsymbol{C}_{RO}\cdot\begin{bmatrix}0\\\omega_0\\0\end{bmatrix}$。

以下为求取 $|r_{zb}|$ 的过程，考虑地球椭率的影响。

在惯性坐标系下的航天器矢量：

$$\boldsymbol{r}_{sI}=\begin{bmatrix}x_s\\y_s\\z_s\end{bmatrix}=r\begin{bmatrix}\cos\Omega\cos u-\sin\Omega\cos i\sin u\\\sin\Omega\cos u+\cos\Omega\cos i\sin u\\\sin i\sin u\end{bmatrix} \tag{2-129}$$

记单位矢量 $\boldsymbol{s}=\begin{bmatrix}C_{RO}(3,1)\\C_{RO}(3,2)\\C_{RO}(3,3)\end{bmatrix}$，则航天器光轴指向地面点矢量在轨道坐标系下的表示为

$$\boldsymbol{r}_{zb}=\begin{bmatrix}x_{zbO}\\y_{zbO}\\z_{zbO}\end{bmatrix}=|r_{zb}|\cdot s \tag{2-130}$$

由

$$\boldsymbol{C}_O=\begin{pmatrix}-\sin u\cos\Omega-\cos u\cos i\sin\Omega & -\sin u\sin\Omega+\cos u\cos i\cos\Omega & \cos u\sin i\\-\sin i\sin\Omega & \sin i\cos\Omega & -\cos i\\-\cos u\cos\Omega+\sin u\cos i\sin\Omega & -\cos u\sin\Omega-\sin u\cos i\cos\Omega & -\sin u\sin i\end{pmatrix} \tag{2-131}$$

可得航天器光轴单位矢量在轨道坐标系下的表示为

$$\boldsymbol{r}_{zb}=\begin{bmatrix}x_{zb}\\y_{zb}\\z_{zb}\end{bmatrix}=\boldsymbol{C}_O^{\mathrm{T}}\cdot\boldsymbol{r}_{zbO} \tag{2-132}$$

定义新的惯性坐标系坐标 i 与原惯性系 I 之间的关系为

$$\begin{bmatrix} x \\ y \\ z \end{bmatrix} = \boldsymbol{C}_{\mathrm{iI}} \begin{bmatrix} X \\ Y \\ Z \end{bmatrix} \tag{2-133}$$

其中，$\boldsymbol{C}_{\mathrm{iI}} = \begin{bmatrix} 1 & 0 & 0 \\ 0 & 1 & 0 \\ 0 & 0 & K \end{bmatrix}$，$K = \dfrac{a}{b} = \dfrac{6\,378.14}{6\,356.76} = 1.003\,363\,348\,6$。则在新的惯性坐标系下，地心到航天器矢量和航天器光轴矢量为

$$\begin{aligned} \boldsymbol{r}_{\mathrm{si}} &= \boldsymbol{C}_{\mathrm{iI}} \cdot \boldsymbol{r}_{\mathrm{s}} \\ \boldsymbol{r}_{\mathrm{zbi}} &= \boldsymbol{C}_{\mathrm{iI}} \cdot \boldsymbol{r}_{\mathrm{zb}} \end{aligned} \tag{2-134}$$

航天器姿态机动后在新的惯性系下形成一个三角形，由地心指向航天器的矢量，航天器 $z$ 轴指向地面点的矢量及地心指向地物点的三个矢量构成。其几何关系有

$$|\boldsymbol{r}_{\mathrm{zbi}}| = |\boldsymbol{r}_{\mathrm{si}}| \cos\gamma_{\mathrm{m}} - \sqrt{R_{\mathrm{e}}^2 - |\boldsymbol{r}_{\mathrm{si}}|^2 \sin^2\gamma_{\mathrm{m}}} \tag{2-135}$$

式中，$\cos\gamma_{\mathrm{m}} = \dfrac{\boldsymbol{r}_{\mathrm{si}}^{\mathrm{T}} \cdot \boldsymbol{r}_{\mathrm{zbi}}}{|\boldsymbol{r}_{\mathrm{si}}| \cdot |\boldsymbol{r}_{\mathrm{zbi}}|}$；$\sin^2\gamma_{\mathrm{m}} = 1 - \cos^2\gamma_{\mathrm{m}}$；$R_{\mathrm{e}} = 6\,378.14\ \mathrm{km}$。

于是有

$$\boldsymbol{r}_{\mathrm{zbi}} = |\boldsymbol{r}_{\mathrm{zbi}}| \frac{\boldsymbol{C}_{\mathrm{iI}} \cdot \boldsymbol{r}_{\mathrm{zbI}}}{|\boldsymbol{C}_{\mathrm{iI}} \cdot \boldsymbol{r}_{\mathrm{zbI}}|} = |\boldsymbol{r}_{\mathrm{zbi}}| \cdot \frac{\boldsymbol{C}_{\mathrm{iI}} \cdot \boldsymbol{C}_{\mathrm{IO}} \cdot \boldsymbol{s}}{|\boldsymbol{C}_{\mathrm{iI}} \cdot \boldsymbol{C}_{\mathrm{IO}} \cdot \boldsymbol{s}|} \tag{2-136}$$

则有

$$\boldsymbol{R}_{\mathrm{ei}} = \boldsymbol{r}_{\mathrm{si}} + \boldsymbol{r}_{\mathrm{zbi}} \tag{2-137}$$

即

$$\boldsymbol{R}_{\mathrm{e}} = \boldsymbol{r}_{\mathrm{s}} + \frac{|\boldsymbol{r}_{\mathrm{zbi}}|}{|\boldsymbol{C}_{\mathrm{iI}} \cdot \boldsymbol{C}_{\mathrm{O}}^{\mathrm{T}} \cdot s|} \boldsymbol{C}_{\mathrm{O}}^{\mathrm{T}} \cdot s \tag{2-138}$$

$$\boldsymbol{r}_{\mathrm{zbI}} = \boldsymbol{C}_{\mathrm{I'I}}^{-1} \cdot \boldsymbol{r}_{\mathrm{zbi}} = |\boldsymbol{r}_{\mathrm{zbi}}| \cdot \frac{\boldsymbol{C}_{\mathrm{IO}} \cdot \boldsymbol{s}}{|\boldsymbol{C}_{\mathrm{iI}} \cdot \boldsymbol{C}_{\mathrm{IO}} \cdot \boldsymbol{s}|} \tag{2-139}$$

从而得到 $\boldsymbol{r}_{\mathrm{zb}} = |\boldsymbol{r}_{\mathrm{zb}}|$。

进一步求取指向点线速度在目标姿态坐标系下的分量，光轴指向地球表面点处在惯性空间下的线速度为

$$\boldsymbol{v}_{\mathrm{er}} = [0 \quad 0 \quad \omega_{\mathrm{e}}]^{\mathrm{T}} \times \boldsymbol{R}_{\mathrm{e}} \tag{2-140}$$

$$\boldsymbol{v}_{\mathrm{erR}}=\boldsymbol{C}_{\mathrm{ro}}\cdot\boldsymbol{C}_{\mathrm{O}}\cdot\boldsymbol{v}_{\mathrm{er}} \tag{2-141}$$

最后得到航天器光轴指向点相对于参考系的线速度为

$$\boldsymbol{v}_{\mathrm{esR}}=\boldsymbol{v}_{\mathrm{erR}}-\boldsymbol{v}_{\mathrm{sR}}-\boldsymbol{v}_{\mathrm{rsR}} \tag{2-142}$$

从而得到偏流角：

$$\tilde{\psi}_{\mathrm{p}}=\tan^{-1}\frac{\boldsymbol{v}_{\mathrm{esR}}(2)}{\boldsymbol{v}_{\mathrm{esR}}(1)} \tag{2-143}$$

其中，$\boldsymbol{v}_{\mathrm{esR}}(2)$和$\boldsymbol{v}_{\mathrm{esR}}(1)$分别表示航天器光轴指向点相对于参考系的第二个分量和第一个分量。

由于$\omega_{\mathrm{R}}$为航天器目标姿态惯性角速度在参考系下的表示，航天器姿态矩阵采用的也是参考系下的目标姿态$\boldsymbol{C}_{\mathrm{RO}}$，因此求得的偏流角也是相对于目标姿态而言的。由于目标姿态中已经包含了航天器在当前时刻的偏航角（此偏航角既可能为零，也可能为前一时刻航天器跟踪的目标偏流角，同时可能是前一时刻航天器所跟踪的任一偏航角），因此此时计算的偏流角为航天器相对于当前偏航角的增量部分，记为$\Delta\psi_{\mathrm{p}}=\tilde{\psi}_{\mathrm{p}}$。

航天器实际需跟踪的偏流角应为：$\psi_{\mathrm{p}}=\psi+\Delta\tilde{\psi}_{\mathrm{p}}$，记偏流角速度为$\dot{\psi}_{\mathrm{p}}$，为偏流角差分值。

以轨道高度为 600 km 的太阳同步轨道航天器为例，分析偏流角的计算结果。图 2－32 所示为滚动、俯仰零姿态下的偏流角和偏流角速度计算结果。其中，偏流角的幅值在 4°以内，角速度的幅值在 0.005 (°)/s 以内。

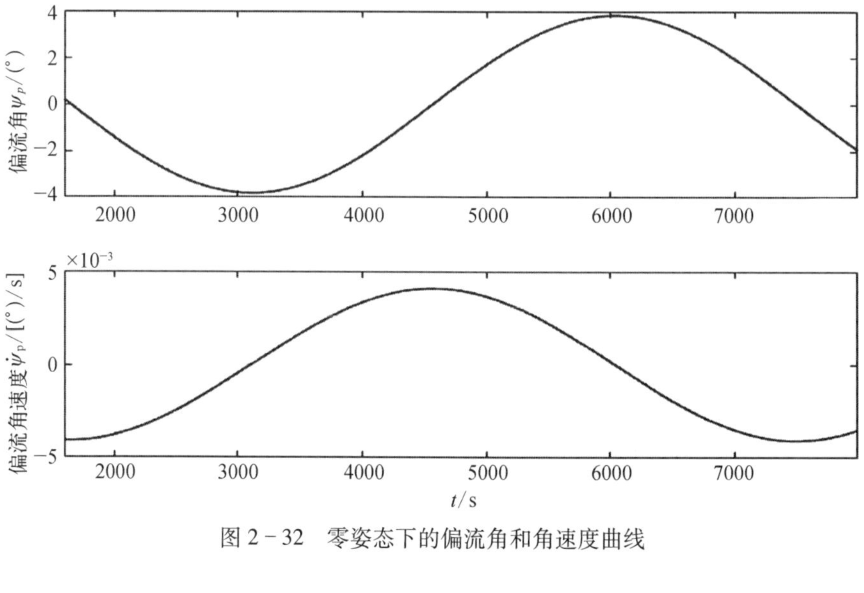


图 2－32　零姿态下的偏流角和角速度曲线

图 2－33 所示为航天器侧摆 45°时的偏流角和偏流角速度计算结果。其中，偏流角的幅值在 3°以内，角速度的幅值在 0.003 (°)/s 以内。

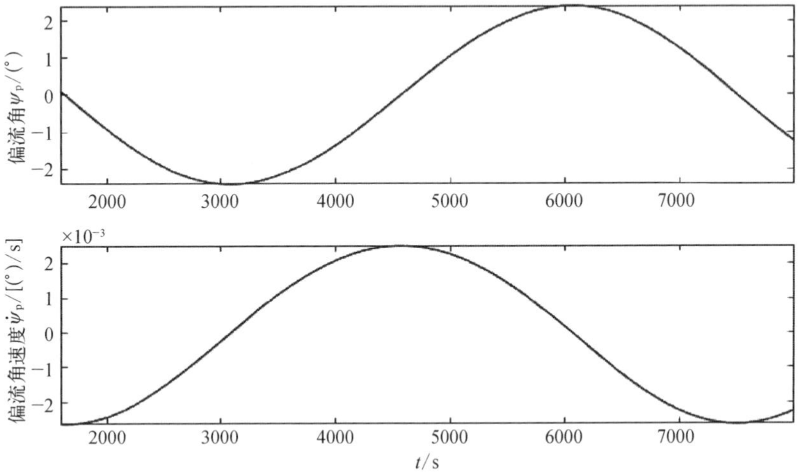


图 2-33　侧摆 45°姿态下的偏流角和角速度曲线

图 2-34 所示为航天器俯仰机动 45°时的偏流角和偏流角速度计算结果。其中，偏流角的幅值在 6°以内，角速度的幅值在 0.006 (°)/s 以内。

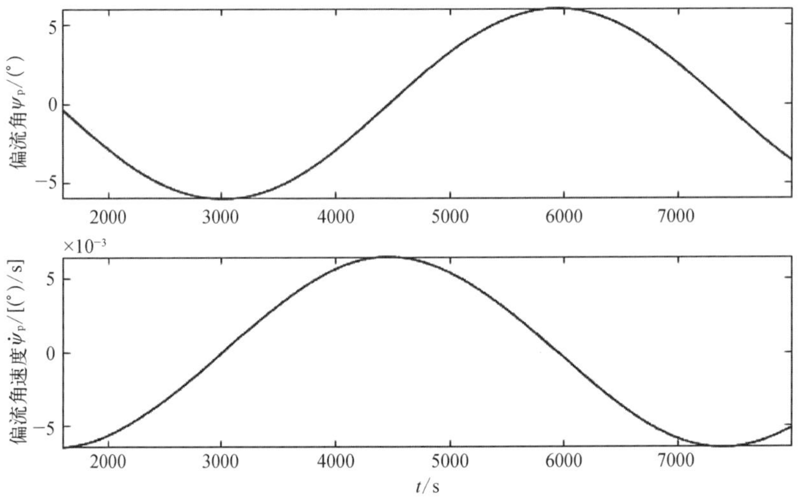


图 2-34　俯仰 45°姿态下的偏流角和偏流角速度曲线

表 2-1 为航天器进行主动推扫成像的偏流角及滚动、俯仰跟踪角度的仿真结果。航天器进行了两个非沿迹条带的主动推扫成像，两个条带的经纬度分别如表 2-1 所示。

**表 2-1　非沿迹条带地理信息**

| | 条带起始 | | 条带结束 | |
|---|---|---|---|---|
| | 经度/(°) | 纬度/(°) | 经度/(°) | 纬度/(°) |
| 第一条带 | -123.422 0 | 38.865 9 | -121.378 0 | 36.536 2 |
| 第二条带 | -122.125 0 | 36.694 9 | -119.682 0 | 33.902 9 |

图 2-35 给出了航天器过境时的星下点轨迹，以及航天器全过程的扫描轨迹，航天器首先通过姿态预置完成第一个条带的扫描覆盖，之后，通过姿态的预置，紧接着进行第二个条带的成像，最后回到零姿态。

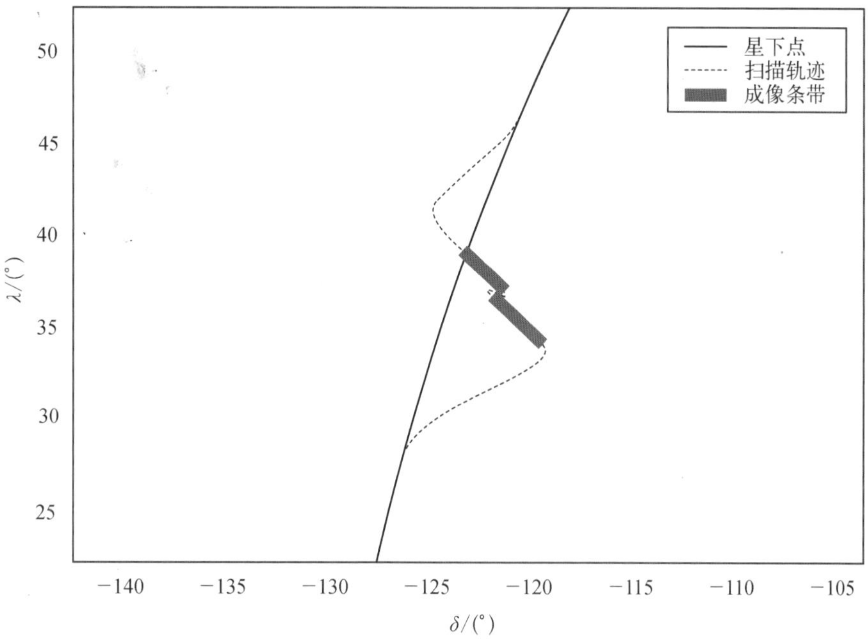


图 2-35　动中成像示意图

两个条带均与航天器的飞行轨迹不平行，存在 45°左右的夹角，所计算出的偏流角在成像过程中也在 45°左右（图 2-36）。在动中成像过程中偏流角连续变化，过程中最大的偏流角速度达到了 0.2 (°)/s（图 2-37）。

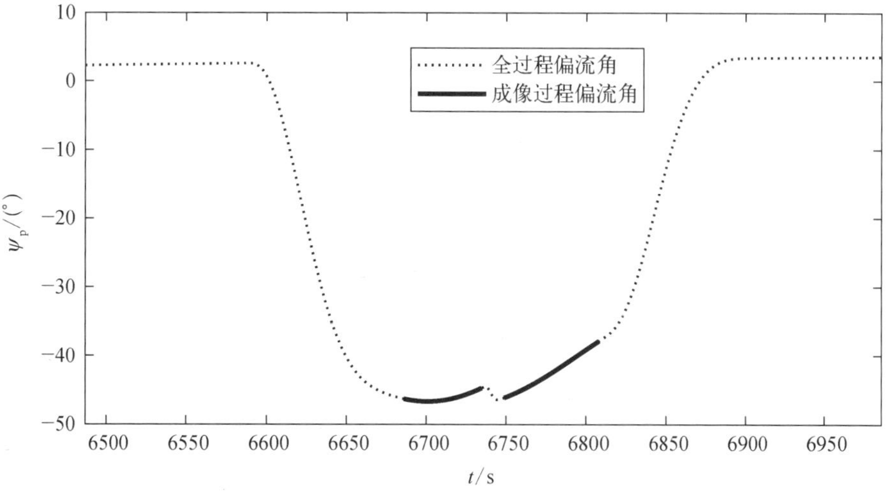


图 2-36　偏流角变化曲线

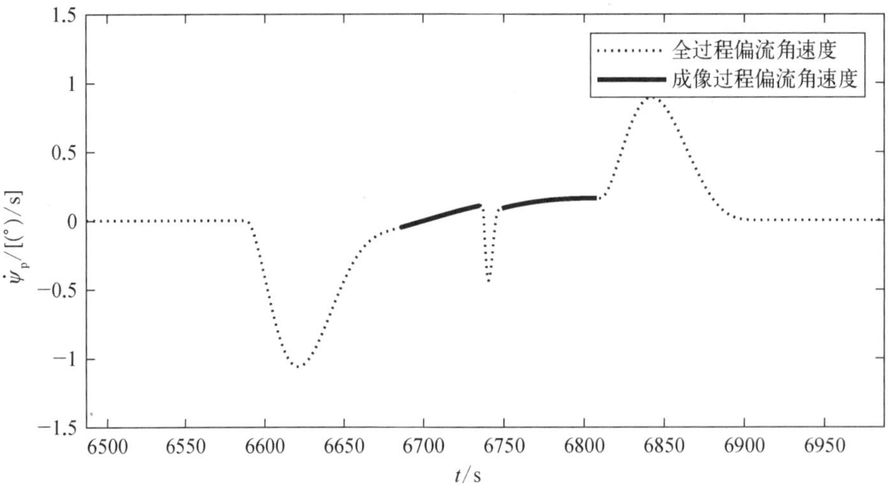


图 2-37　偏流角速度变化曲线

## 参考文献


[1] 雷拥军,陆栋宁,关新.一种对地姿态重定向的机动轨迹规划及控制方法[J].航天控制,2020,38(1):9-16.

[2] 解永春,雷拥军,郭建新.航天器动力学与控制[M].北京:北京理工大学出版社,2018.

[3] 雷拥军,谈树萍,刘一武.一种航天器姿态快速机动及稳定控制方法[J].中国空间科学技术,2010,30(5):48-53.

[4] 王淑一,魏春岭,刘其睿.敏捷航天器快速姿态机动方法研究[J].空间控制技术与应用,2011,37(4):36-40.

[5] 谈树萍,雷拥军.适用于航天器敏捷机动的逻辑微分控制方法[J].中国光学,2015,8(增刊):18-22.

[6] 谈树萍,雷拥军,汤亮.系统噪声对挠性航天器姿态控制稳定性能的影响[J].空间控制技术与应用,2010,36(1):42-45.

[7] 郭雷,程代展,冯德兴.控制理论导论——从基本概念到研究前沿[M].北京:科学出版社,2005.

[8] Tan S. Mixed-sinusoid-based path optimization method for spacecraft attitude maneuvers[C]. Lijiang: 2015 IEEE International Conference on Information and Automation, 2015.

[9] 章仁为.卫星轨道姿态动力学与控制[M].北京:北京航空航天大学出版社,1998.

[10] 屠善澄.卫星姿态动力学与控制[M].北京:中国宇航出版社,2001.

[11] THIEUW A, MARCILLE H. Pleiades-HR CMGs-based attitude control system design, development status and performances[J]. IFAC Proceedings Volumes, 2007, 40(7): 834-839.

[12] WIE B, WEISS H, ARAPOSTATHIS A. Quaternion feedback regulator for spacecraft eigenaxis rotations[J]. Journal of Guidance Control and Dynamics, 1989, 12(3): 375-380.

[13] 黄群东,杨芳,赵键.姿态对地指向不断变化成像时的偏流角分析[J].宇航学报,2012,33(10):1544-1551.

[14] 杜宁,王世耀,孟其琛.基于四元数的偏流角跟踪与条带拼接成像研究[J].上海航天,2016,33(6):31-37.

[15] 田科丰,雷拥军,宗红,等.一种基于增量式偏流角的动中成像卫星姿态控制方法[P].ZL201410151609.9.

# 第3章 控制力矩陀螺构型及操纵律设计

## 3.1 概述

敏捷航天器必须具备快速改变姿态指向、快速稳定和精稳跟踪期望目标轨迹的能力，要求其执行机构具备大力矩、大角动量和快速响应等特点。以控制力矩陀螺为代表的执行机构越来越受到关注。控制力矩陀螺分为单框架控制力矩陀螺、双框架控制力矩陀螺两类。其中，单框架控制力矩陀螺技术成熟应用广泛，已成为敏捷航天器应用最多的执行机构[1]。单框架控制力矩陀螺又分为常速控制力矩陀螺(constant speed control moment gyros, CSCMG)和变速控制力矩陀螺(variable speed control moment gyros, VSCMG)两类。为书写方便，书中单框架常速控制力矩陀螺统一简写为 CMG，单框架变速控制力矩陀螺为 VSCMG。

CMG 主要通过角动量交换产生力矩，通过低速框架的高转速运动对力矩进行放大。但 CMG 的内部摩擦、高频扰动特性等模型不确定性及奇异性问题一直制约着 CMG 的应用。其一，CMG 的内部摩擦、低速框架迟滞时延特性、高频扰动特性等因素直接导致了输出力矩的不确定性，影响航天器的控制精度和稳定度；其二，CMG 的操纵奇异问题：在使用 CMG 进行航天器姿态机动控制时，在某些低速框架角组合下 CMG 陷入奇异状态，此时 CMG 群不再具备三轴力矩输出能力。针对此问题，既需要设计 CMG 良好的构型以减少低速框架角奇异状态；又需要设计具有良好性能的操纵律，操纵 CMG 系统远离奇异状态，产生期望的力矩。

本章针对上述存在的问题，首先，建立了控制力矩陀螺的精确模型，包括伺服动力学模型、高频扰动模型、低速框架时延特性模型；其次，研究了控制力矩陀螺构型设计及具有良好操纵控制性能的避奇异方法，实现了对控制力矩陀螺的高效控制。

## 3.2 单框架控制力矩陀螺精确模型

敏捷航天器姿态高稳定度控制对 CMG 的输出力矩精度提出更高的要求。但受制造工艺的约束，CMG 高速转子和低速框架在转动过程中不可避免会产生扰动，影响控制力矩陀螺的输出力矩精度，这直接关系着航天器的姿态控制性能。而其中的低速框架角速度动态响应特性是影响其输出力矩精度的重要因素[2,3]。针对控制力矩陀螺低速谐波减速器的刚度较低、传动误差较大这一特点，文献[4]和[5]给出了一种非线性摩擦建模及补偿方法，能够有效提升控制力矩陀螺低速框架角速度动态响应精度，使低速框架角速度输出误差降低了50%。文献[6]和[7]通过理论分析和试验验证等方法证实执行机构的时延因素是诱发挠性航天器不稳定的主要原因，并采用时延预测补偿方法实现航天器稳定控制。文献[8]针对航天器模型中存在的时延等不确定项，采用小角度近似方法拓展了航天器系统状态变量，设计了线性时变模型预测控制方法，实现了航天器高精度对地指向控制。文献[9]针对控制力矩陀螺非线性摩擦、耦合力矩、未建模动态等特性影响其输出力矩精度，设计了级联观测器，估计系统状态，并引入状态反馈控制，实现力矩的准确输出。综上，分析控制力矩陀螺输出力矩模型对提高航天器控制精度有重要意义。

单框架控制力矩陀螺由低速框架和高速转子组成，其低速框架转轴与高速转子转轴始终垂直，并过高速转子质心，高速转子的角动量方向限制于低速框架转轴垂直平面内。如图3-1所示，建立控制力矩陀螺的本体坐标系，其原点在几何中心，$\boldsymbol{z}_g$ 轴为高速转子转轴，即角动量轴，$\boldsymbol{x}_g$ 轴为低速框架转轴，$\boldsymbol{y}_g$ 轴为输出力矩轴。三轴构成右手坐标系并固联于CMG初始位置。令CMG低速框架转角为 $\delta$，框架转动角速度为 $\dot{\delta}$，高速转子标称角动量为 $h$，则CMG输出的力矩为

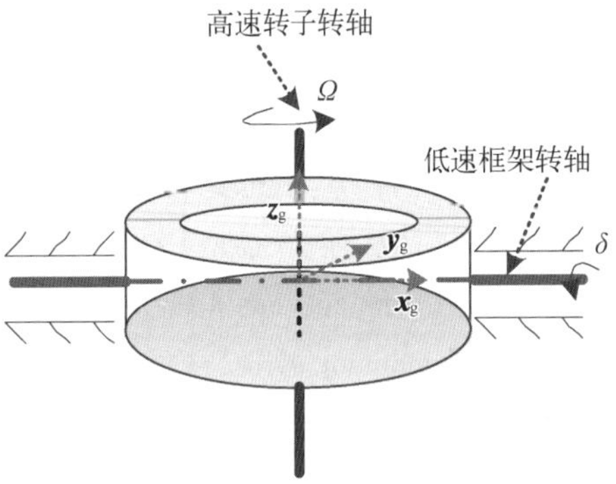


图3-1　控制力矩陀螺工作原理示意图

$$\boldsymbol{T}_{\mathrm{cmg}} = -(\dot{\delta}\boldsymbol{x}_g) \times (h\boldsymbol{z}_g) = -(\dot{\delta}\boldsymbol{x}_g) \times (h\boldsymbol{z}_g) = -\dot{\delta}h\boldsymbol{y}_g \tag{3-1}$$

根据CMG组成，分别按照低速框架和高速转子两部分进行CMG动力学建模。

### 3.2.1　低速框架动力学模型

图3-2给出了控制力矩陀螺框架内部各个部件在低速框架角速度闭环控制中的组成逻辑，为建立控制力矩陀螺精确的框架伺服动力学模型提供了基础条件。

结合控制力矩陀螺工作原理，建立整个控制力矩陀螺低速框架角速度闭环模型，包括如下模型。

1. PMSM电机机械方程

如图3-2所示，CMG低速框架采用PMSM永磁同步电机驱动，其定子上有A、B、C三相对称绕组，转子上装有永久磁钢。PMSM输出电磁转矩 $T_e$ 可表示为

$$T_e = p_n[\psi_{f2}i_q + (L_d - L_q)i_d \cdot i_q] \tag{3-2}$$

CMG低速框架动力学模型可表示为

$$J_{\mathrm{cmg}}\ddot{\delta} = T_e - T_f + T_L - T_d \tag{3-3}$$

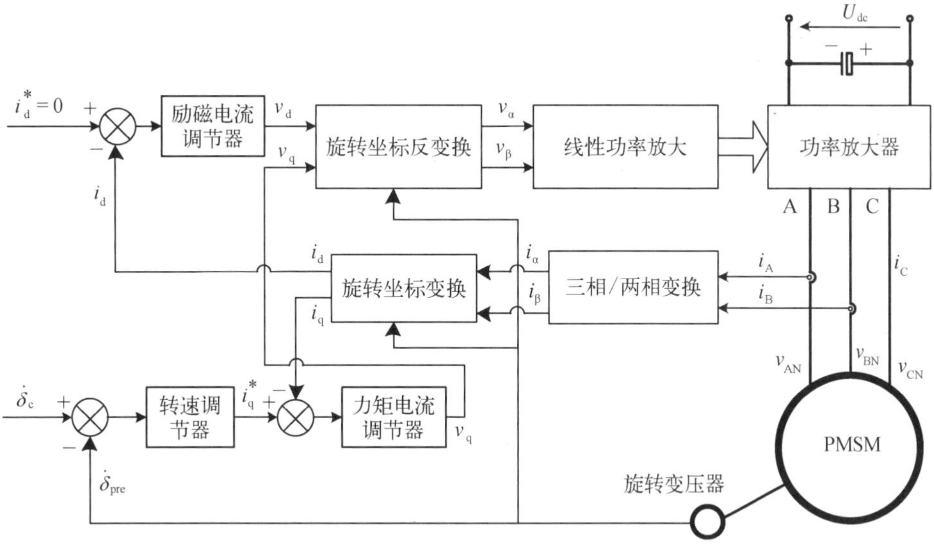


图 3-2　低速框架角速度闭环控制模型

式中，$\dot{\delta}$ 为低速框架角速度（PMSM 电机机械角速度）；$J_{cmg}$ 为沿框架转轴的转动惯量，包括框架和高速转子；$p_n$ 为 PMSM 电机极对数；$\psi_{f2}$ 为两相坐标系下永磁体磁链幅值；$i_d$ 为两相旋转正交绕组中的 d 轴电流；$L_d$ 为两相旋转正交绕组中的 d 轴电感；$i_q$ 为两相旋转正交绕组中的 q 轴电流；$L_q$ 为两相旋转正交绕组中的 q 轴电感；$T_f$ 为 PMSM 电机所受摩擦力矩；$T_L$ 为 PMSM 电机齿槽力矩；$T_d$ 为高速转子动不平衡、转子角动量与星体角速度耦合等在框架轴向的干扰力矩。

2. PMSM 电机所受摩擦力矩方程

CMG 低速框架 PMSM 电机定子和转子接触面的摩擦力主要是黏滞摩擦力，其黏滞摩擦力主要受润滑液的黏性系数和相对运动的影响。针对此问题，采用图 3-3 所示分段线性摩擦模型描述低速框架中 PMSM 电机所受摩擦特性。

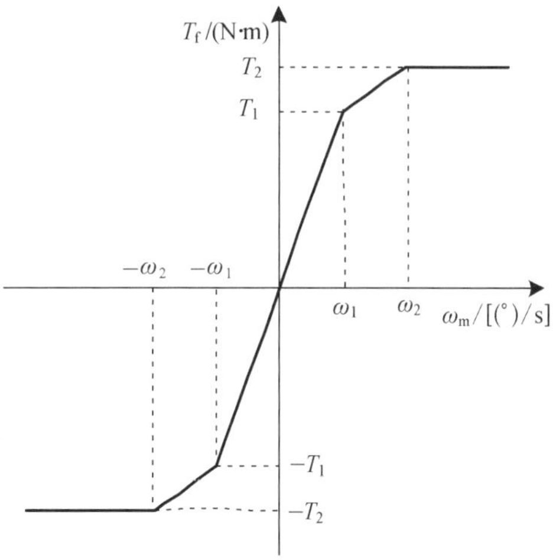


图 3-3　摩擦力矩模型

$$T_f=\begin{cases}\dfrac{T_1}{\omega_1}\cdot\dot{\delta}_{pre}, & |\dot{\delta}_{pre}|\leqslant\omega_1\\ \left[\dfrac{T_2-T_1}{\omega_2-\omega_1}\cdot(|\dot{\delta}_{pre}|-\omega_1)+T_1\right]\cdot\mathrm{sgn}(\dot{\delta}_{pre}), & \omega_1<|\dot{\delta}_{pre}|\leqslant\omega_2\\ T_2\cdot\mathrm{sgn}(\dot{\delta}_{pre}), & \omega_2<|\dot{\delta}_{pre}|\end{cases}\tag{3-4}$$

式中，$\omega_1$、$\omega_2$、$T_1$、$T_2$为摩擦力矩特性参数；$\dot{\delta}_{pre}$ 为控制力矩陀螺上一控制周期的低速框架角速度；sgn( · )为符号函数。

3. PMSM 电机所受干扰力矩方程

CMG 主要是通过角动量交换实现对航天器姿态控制。当 CMG 安装在航天器上，CMG 和航天器之间存在角动量交换。当航天器存在角动量时，CMG 低速框架 PMSM 电机受到的扰动可表示为

$$T_d = I_{sw}\Omega \boldsymbol{y}_g^T\boldsymbol{\omega} = h\boldsymbol{y}_g^T\boldsymbol{\omega} \tag{3-5}$$

式中，$\Omega$ 为控制力矩陀螺高速转子角速度；$I_{sw}$ 为高速转子转轴惯量；$h$ 是高速转子角动量；$\boldsymbol{\omega}$ 为航天器姿态角速度。

4. 伺服控制方程

图 3-2 中，励磁电流调节器主要用于电机磁场稳定性控制；转速调节器主要用于对 CMG 低速框架角速度指令跟踪；力矩电流调节器主要用于电机驱动控制，以克服电机反电动势等扰动因素。本节给出了各个环节的调节器模型，用于模拟 CMG 低速框架内部的电流控制。电机的励磁电流调节器为比例-积分调节器，转速调节器为比例-积分调节器，力矩电流调节器为比例调节器。为了使 PMSM 电机损耗最小，且便于控制，采用 $i_d^* = 0$ 的磁场控制策略。伺服控制模型如下。

(1) 调节器具体表示：

$$\begin{cases} v_d = \left(k_{p1} + k_{i1}\dfrac{1}{s}\right)\cdot(i_d^* - i_d) = -\left(k_{p1} + k_{i1}\dfrac{1}{s}\right)\cdot i_d \\ v_q = k_{p3}\cdot(i_q^* - i_q) = k_{p3}\cdot\left[\left(k_{p2} + k_{i2}\dfrac{1}{s}\right)\cdot(\dot{\delta}_c - \dot{\delta}_{pre}) - i_q\right] \end{cases} \tag{3-6}$$

(2) 旋转坐标数学反变换：

$$\begin{bmatrix} v_\alpha \\ v_\beta \end{bmatrix} = \begin{bmatrix} \cos\theta_e & -\sin\theta_e \\ \sin\theta_e & \cos\theta_e \end{bmatrix}\begin{bmatrix} v_d \\ v_q \end{bmatrix} \tag{3-7}$$

(3) 三相固定坐标系中定子相电压方程：

$$\begin{bmatrix} v_{AN} \\ v_{BN} \\ v_{CN} \end{bmatrix} = \frac{2}{3}\begin{bmatrix} 1 & 0 \\ -\dfrac{1}{2} & \dfrac{\sqrt{3}}{2} \\ -\dfrac{1}{2} & -\dfrac{\sqrt{3}}{2} \end{bmatrix}\begin{bmatrix} v_\alpha \\ v_\beta \end{bmatrix} \tag{3-8}$$

（4）PMSM 物理方程：

$$\begin{bmatrix} u_d \\ u_q \end{bmatrix} = \begin{bmatrix} \cos\theta_e & -\sin\theta_e \\ \sin\theta_e & \cos\theta_e \end{bmatrix} \begin{bmatrix} 1 & -\frac{1}{2} & -\frac{1}{2} \\ 0 & \frac{\sqrt{3}}{2} & -\frac{\sqrt{3}}{2} \end{bmatrix} \begin{bmatrix} v_{AN} \\ v_{BN} \\ v_{CN} \end{bmatrix} \tag{3-9}$$

$$\begin{bmatrix} L_d & 0 \\ 0 & L_q \end{bmatrix} \begin{bmatrix} \dot{i}_d \\ \dot{i}_q \end{bmatrix} + R_{s2} \begin{bmatrix} i_d \\ i_q \end{bmatrix} + p_n \dot{\delta}_{pre} \begin{bmatrix} 0 & -L_q \\ L_d & 0 \end{bmatrix} \begin{bmatrix} i_d \\ i_q \end{bmatrix} + \begin{bmatrix} 0 \\ p_n \dot{\delta}_{pre} \psi_{f2} \end{bmatrix} = \begin{bmatrix} u_d \\ u_q \end{bmatrix} \tag{3-10}$$

$$\begin{bmatrix} i_A \\ i_B \\ i_C \end{bmatrix} = \begin{bmatrix} \cos\theta_e & -\sin\theta_e \\ \cos\left(\theta_e - \frac{2\pi}{3}\right) & \sin\left(\theta_e + \frac{\pi}{3}\right) \\ \cos\left(\theta_e + \frac{2\pi}{3}\right) & \sin\left(\theta_e - \frac{\pi}{3}\right) \end{bmatrix} \begin{bmatrix} i_d \\ i_q \end{bmatrix} \tag{3-11}$$

式中，$u_d$、$u_q$ 为 d 轴、q 轴电压；$\theta_e$ 为 d 轴、q 轴相位。

（5）三相/两相数学变换：

$$\begin{bmatrix} i_\alpha \\ i_\beta \end{bmatrix} = \frac{2}{3} \begin{bmatrix} 1 & -\frac{1}{2} & -\frac{1}{2} \\ 0 & \frac{\sqrt{3}}{2} & -\frac{\sqrt{3}}{2} \end{bmatrix} \begin{bmatrix} i_A \\ i_B \\ i_C \end{bmatrix} \tag{3-12}$$

（6）旋转坐标数学变换：

$$\begin{bmatrix} i_d \\ i_q \end{bmatrix} = \begin{bmatrix} \cos\theta_e & \sin\theta_e \\ -\sin\theta_e & \cos\theta_e \end{bmatrix} \begin{bmatrix} i_\alpha \\ i_\beta \end{bmatrix} \tag{3-13}$$

模型描述相关变量说明见表 3－1～表 3－3。

**表 3－1　模型输入说明**

| 符号 | 说　　明 |
|---|---|
| $t$ | 仿真时间 |
| $\dot{\delta}_c$ | 低速框架角速度指令 |
| $\boldsymbol{\omega}$ | 星体角速度(3×1 维的矢量列阵) |
| $\dot{\delta}_{pre}$ | 前一周期的低速框架角速度 |
| $\delta_{pre}$ | 前一周期的低速框架转角 |

**表 3-2 模型输出说明**

| 符号 | 说明 |
|---|---|
| $\dot{\delta}$ | 低速框架角速度 |
| $\delta$ | 低速框架角 |

**表 3-3 模型参数和状态量定义**

| 符号 | 说明 | 单位 | 参考值 |
|---|---|---|---|
| $p_n$ | 极对数 | 对 | 6 |
| $R_s$ | 三相坐标系下单相绕组电阻 | Ω | 1.39 |
| $R_{s2}$ | 两相坐标系下单相绕组电阻 | Ω | 2.085 |
| $\psi_f$ | 三相坐标系下永磁体磁链幅值 | Wb | 0.145 |
| $\psi_{f2}$ | 两相坐标系下永磁体磁链幅值 | Wb | 0.217 5 |
| $L_d$ | 两相旋转正交绕组中的 d 轴电感 | H | 0.009 75 |
| $L_q$ | 两相旋转正交绕组中的 q 轴电感 | H | 0.009 75 |
| $J_m$ | 沿框架转轴的转动惯量 | $kg \cdot m^2$ | 0.045 8 |

式(3-3)~式(3-13)描述了单框架控制力矩陀螺的仿真模型。具体的求解步骤如下：

第一步，根据仿真初值和模型输入，依次求解式(3-6)~式(3-9)；

第二步，求解微分方程组(3-10)；

第三步，由式(3-11)~式(3-13)，求解得 $i_d$ 和 $i_q$；

第四步，由仿真初值和模型输入，分别求解式(3-4)和式(3-5)；

第五步，由第三步获得的 $i_d$ 和 $i_q$，以及第四步获得的各项力矩，求解二阶微分方程(3-3)，得模型输出 $\dot{\delta}$、$\delta$。

按照上述步骤和参数建立低速框架的动力学模型，并设置 CMG 指令框架角速度为正弦波输入，幅值为 0.5 (°)/s，频率为 0.2 Hz。CMG 低速框架角速度闭环控制仿真参数见表 3-4。

**表 3-4 仿 真 参 数**

| 参数 | 值 | 参数 | 值 |
|---|---|---|---|
| $k_{p1}$ | 0.1 | $k_{i1}$ | 1 |
| $k_{p2}$ | 3 | $k_{i2}$ | 160 |
| $k_{p3}$ | 1.3 | 角速度测量噪声 | 0.001 (°)/s(3σ) |
| $T_1$ | 0.035 N · m | $T_2$ | 0.06 N · m |
| $\omega_1$ | 0.02(°)/s | $\omega_2$ | 4.0(°)/s |

仿真结果如图 3－4 和图 3－5 所示。图 3－4 给出了 CMG 低速框架指令角速度和模型输出角速度仿真结果。采用图 3－3 描述的低速框架 PMSM 电机摩擦特性，能够刻画 CMG 框架受到的摩擦，导致 CMG 低速框架角速度过零时有所滞后。图 3－5 给出了经过转速调节器后的 q 轴电流 $i_q$。

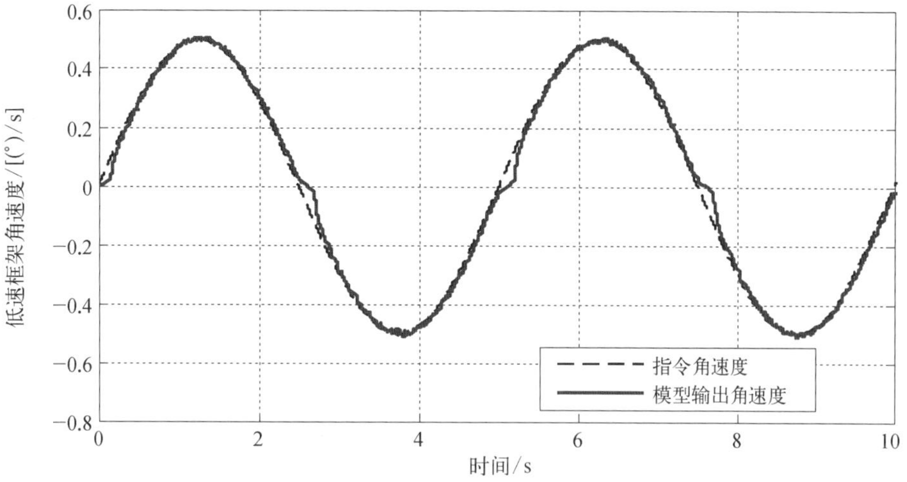


图 3－4　CMG 模型仿真框架角速度

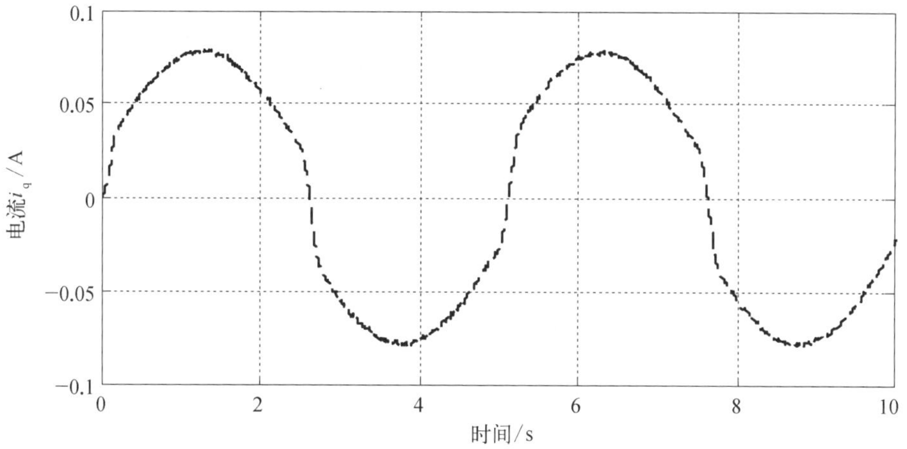


图 3－5　CMG 低速框架控制电流 $i_q$

### 3.2.2　低速框架迟滞时延特性模型

3.2.1 小节中的 CMG 低速框架模型只考虑了伺服控制相关的模型，缺乏对 CMG 低速框架动态响应特性建模。而实际的 CMG 低速框架角速度存在迟滞、时延、上升时间等动态响应特性。而低速框架角速度动态响应是影响 CMG 输出力矩精度的重要因素。根据对 CMG 实际产品物理特性测试发现其低速框架角速度在零位附近的小角速度驱动下其时延特性明显，最大时延可达到秒级，当框架角速度指令较大时，控制力矩陀螺角速度动态响应良好。测试结果表明，框架角速度大时，框架控制带宽较高、响应速度快；框架角速度小且过零时，框架控制带宽较低、时延较大。为模拟该特性，采用一个变带宽、变增益的二阶传递函数对 CMG 框架的低速控制特性进行建模。

建立单个控制力矩陀螺的低速框架角速度指令输入与实际输出的等效模型为

$$G_{cmg}(s)=\frac{\dot{\delta}_c}{\dot{\delta}}=\frac{k_{cmg}}{s^2/\omega_{cmg}^2+2(\zeta_{cmg}/\omega_{cmg})s+1} \tag{3-14}$$

式中，$G_{cmg}(s)$ 为变带宽、变增益的二阶传递函数，用于描述 CMG 低速框架角速度变时延动态响应特性；$\zeta_{cmg}$ 为 CMG 的低速框架角速度阻尼系数；$\omega_{cmg}$ 为 CMG 的低速框架角速度带宽系数；$k_{cmg}$ 为 CMG 的低速框架角速度增益系数。

采用反正切函数定义带宽系数 $\omega_{cmg}$ 和增益系数 $k_{cmg}$，具体为

$$\begin{cases}\omega_{cmg}(\dot{\delta}_c)=|\arctan(A_{11}\cdot\dot{\delta}_{cmd})|\cdot\dfrac{B_{11}-B_{10}}{\pi/2}+B_{10}\\ k_{cmg}(\dot{\delta}_c)=|\arctan(A_{21}\cdot\dot{\delta}_{cmd})|\cdot\dfrac{B_{21}-B_{20}}{\pi/2}+B_{20}\end{cases} \tag{3-15}$$

式中，$A_{11}$、$B_{11}$、$B_{10}$ 为带宽系数 $\omega_{cmg}$ 的调节参数；$A_{21}$、$B_{21}$、$B_{20}$ 为增益系数 $k_{cmg}$ 的调节参数。

通过对某型号的 CMG 低速框架角速度动态响应测试，获得不同角速度下的时延特性数据。采用最小二乘方法对式(3－15)的参数进行拟合。图 3－6 给出了 CMG 低速框架角速度带宽拟合结果。低速框架在不同角速度，其响应带宽不同。

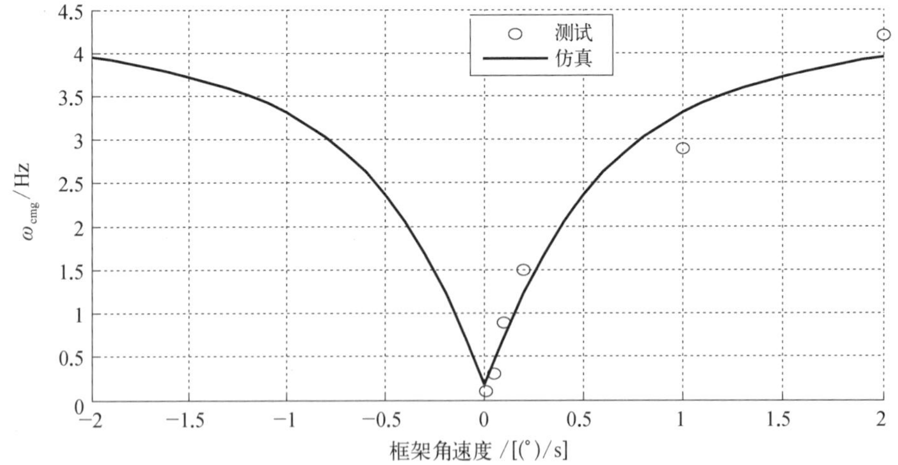


图 3－6　CMG 动态响应测试与带宽拟合

为提高控制力矩陀螺低速框架对指令角速度的跟踪能力，增加控制力矩陀螺框架角速度指令反馈补偿控制，从输入指令补偿方面改善控制力矩陀螺低速框架角速度动态响应特性，提升控制力矩陀螺力矩输出精度。设计控制力矩陀螺低速框架角速度补偿控制

器，典型形式可表示为

$$G_{\mathrm{d}}(s) = \frac{k_1 s + k_2}{s} \tag{3-16}$$

如图 3 - 7 所示，在单个控制力矩陀螺指令回路基础上[图 3 - 7(a)补偿前]，增加反馈补偿控制项 $G_{\mathrm{d}}(s)$，实现低速框架角速度实际输出值 $\dot{\delta}$ 对指令值 $\dot{\delta}_{\mathrm{c}}$ 的准确跟踪。通过 CMG 低速框架角速度控制能够实现小角速度时的低速框架角速度精准跟踪，提升输出力矩精度。

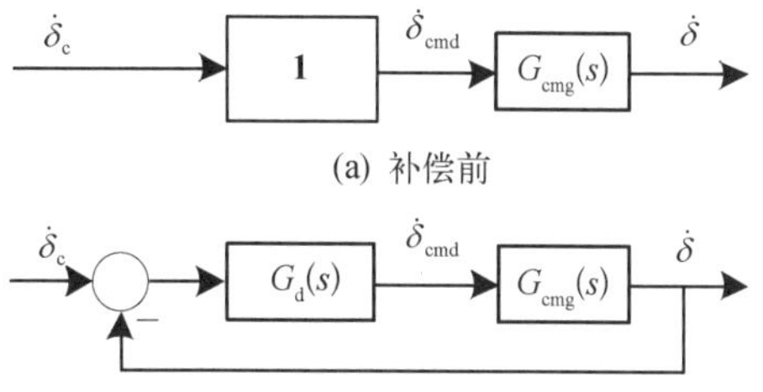

(a) 补偿前

(b) 补偿后

图 3 - 7　控制力矩陀螺迟滞时延补偿控制

### 3.2.3　高速转子扰动模型

CMG 除低速框架迟滞时延外，高速转子也存在高频扰动特性。该特性是由于 CMG 高速转子静动不平衡性、框架轴承偏差等因素影响产生，使得 CMG 在输出指令力矩时，也输出其他方向高频扰动力矩，其高频扰动力矩频率成分复杂，典型频率值为高速转子的 0.6 倍频、1 倍频、1.5 倍频等[10]。其高频扰动力矩幅值随控制力矩陀螺框架角速度增大而增大。为准确刻画高频扰动模型，本小节首先给出了控制力矩陀螺高频扰动特性的理论模型；在此基础上，经过控制力矩陀螺的高频特性测试试验，获得了控制力矩陀螺高频扰动力矩的测试模型。

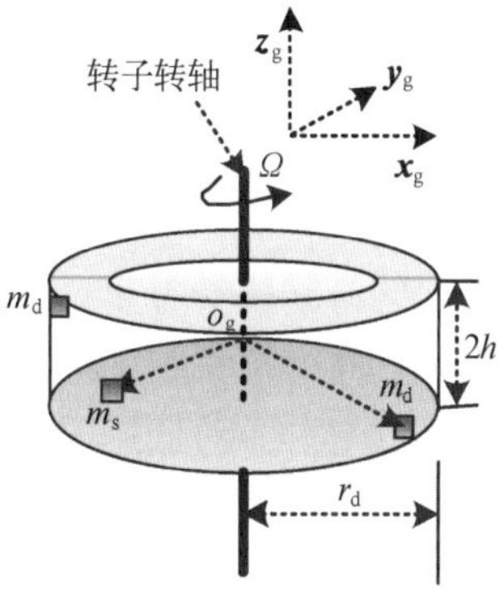

图 3 - 8　CMG 扰动模型示意图

如图 3 - 8 所示，建立控制力矩陀螺的本体坐标系 $f(o_{\mathrm{g}}-x_{\mathrm{g}}y_{\mathrm{g}}z_{\mathrm{g}})$，原点在 CMG 几何中心 $o_{\mathrm{g}}$，$\boldsymbol{z}_{\mathrm{g}}$ 轴为转子转轴，$\boldsymbol{x}_{\mathrm{g}}$ 轴为框架转轴方向，$\boldsymbol{y}_{\mathrm{g}}$ 轴与 $\boldsymbol{x}_{\mathrm{g}}$ 轴、$\boldsymbol{z}_{\mathrm{g}}$ 轴构成右手系。高速转子由于制造工艺，存在质量偏心。设高速转子静不平衡质量为 $m_{\mathrm{s}}$，在坐标系 $f(o_{\mathrm{g}}-x_{\mathrm{g}}y_{\mathrm{g}}z_{\mathrm{g}})$ 的坐标可表示为 $[r_{\mathrm{sx}},\ r_{\mathrm{sy}},\ h_{\mathrm{sz}}]$。高速转子动不平衡视为两部分：① 严格对称部分；② 两个沿旋转轴方向的动不平衡点，质量为 $m_{\mathrm{d}}$，其连线与转轴共面，且距离转轴均为 $r_{\mathrm{d}}$，距离 $x_{\mathrm{g}}o_{\mathrm{g}}y_{\mathrm{g}}$ 平面为 $h$，在坐标系 $f(o_{\mathrm{g}}-x_{\mathrm{g}}y_{\mathrm{g}}z_{\mathrm{g}})$ 的坐标可表示为 $[\mp r_{\mathrm{dx}},\mp r_{\mathrm{dy}},\pm h_{\mathrm{dz}}]$。则转子在坐标系 $f(o_{\mathrm{g}}-x_{\mathrm{g}}y_{\mathrm{g}}z_{\mathrm{g}})$ 的惯量矩阵可表示为

$$\boldsymbol{J}_{\mathrm{g}} = \begin{bmatrix} J_{\mathrm{g11}} & J_{\mathrm{g12}} & J_{\mathrm{g13}} \\ J_{\mathrm{g21}} & J_{\mathrm{g22}} & J_{\mathrm{g23}} \\ J_{\mathrm{g31}} & J_{\mathrm{g32}} & J_{\mathrm{g33}} \end{bmatrix} \tag{3-17}$$

式中，$J_{\mathrm{g11}} = J_{\mathrm{gx}} + m_{\mathrm{s}}(r_{\mathrm{sy}}^2 + h_{\mathrm{sz}}^2) + 2m_{\mathrm{d}}(r_{\mathrm{dy}}^2 + h^2)$；

$J_{\mathrm{g12}} = J_{\mathrm{g21}} = m_{\mathrm{s}}\sqrt{r_{\mathrm{dy}}^2 + h_{\mathrm{sz}}^2}\sqrt{r_{\mathrm{dx}}^2 + h_{\mathrm{sz}}^2} + 2m_{\mathrm{d}}\sqrt{r_{\mathrm{dy}}^2 + h^2}\sqrt{r_{\mathrm{dx}}^2 + h^2}$；

$J_{\mathrm{g13}} = J_{\mathrm{g31}} = m_{\mathrm{s}}r_{\mathrm{s}}\sqrt{r_{\mathrm{sy}}^2 + h_{\mathrm{sz}}^2} + 2m_{\mathrm{d}}r_{\mathrm{d}}\sqrt{r_{\mathrm{dy}}^2 + h^2}$；$J_{\mathrm{g23}} = J_{\mathrm{g32}} = m_{\mathrm{s}}r_{\mathrm{s}}\sqrt{r_{\mathrm{sx}}^2 + h_{\mathrm{sz}}^2} + 2m_{\mathrm{d}}r_{\mathrm{d}}\sqrt{r_{\mathrm{dx}}^2 + h^2}$；

$J_{g22}=J_{gy}+m_s(r_{sx}^2+h_{sz}^2)+2m_d\sqrt{r_{dx}^2+h^2}$；$J_{g33}=J_{gz}+m_s r_s^2+2m_d r_d^2$。$J_{gx}$、$J_{gy}$、$J_{gz}$为高速转子标称主轴惯量。

令 $r_s=r_d=R$，转子转速为 $\Omega$，则静动不平衡点坐标可表示为

$$\begin{cases} r_{sx}=R\cos(\Omega t+\alpha_0),\ r_{sy}=R\sin(\Omega t+\alpha_0) \\ r_{dx}=R\cos(\Omega t+\beta_0),\ r_{dy}=R\sin(\Omega t+\beta_0) \end{cases} \tag{3-18}$$

则由动量矩定理可知，静不平衡点产生的扰动力矩 $\boldsymbol{M}_{gs}$ 和动不平衡点产生的扰动力矩 $\boldsymbol{M}_{gd}$ 为

$$\boldsymbol{M}_{gs}=\begin{bmatrix} m_s R\sqrt{R^2\sin^2(\Omega t+\alpha_0)+h_{sz}^2} \\ m_s R\sqrt{R^2\cos^2(\Omega t+\alpha_0)+h_{sz}^2} \\ m_s R^2 \end{bmatrix}\dot{\Omega}+\begin{bmatrix} \dfrac{m_s R^3\Omega\cos(\Omega t+\alpha_0)}{\sqrt{R^2\sin^2(\Omega t+\alpha_0)+h_{sz}^2}} \\ \dfrac{-m_s R^3\Omega\sin(\Omega t+\alpha_0)}{\sqrt{R^2\cos^2(\Omega t+\alpha_0)+h_{sz}^2}} \\ 0 \end{bmatrix}\Omega \tag{3-19}$$

$$\boldsymbol{M}_{gd}=\begin{bmatrix} 2m_d R\sqrt{R^2\sin^2(\Omega t+\beta_0)+h^2} \\ 2m_d R\sqrt{R^2\cos^2(\Omega t+\beta_0)+h^2} \\ m_d R^2 \end{bmatrix}\dot{\Omega}+\begin{bmatrix} \dfrac{2m_d R^3\Omega\cos(\Omega t+\beta_0)}{\sqrt{R^2\sin^2(\Omega t+\beta_0)+h^2}} \\ \dfrac{-2m_d R^3\Omega\sin(\Omega t+\beta_0)}{\sqrt{R^2\cos^2(\Omega t+\beta_0)+h^2}} \\ 0 \end{bmatrix}\Omega \tag{3-20}$$

式(3－19)和式(3－20)给出了 CMG 因转子静动不平衡性引起的高频扰动力矩。扰动力矩频率与转子转速直接相关。若高速转子转速 $\Omega=6\,000$ r/min $=200\pi$ rad/s，则扰动频率为 $f=\Omega/2\pi=100$ Hz。在工程实际中，由于 CMG 高速转子转轴的摩擦力矩、低速框架转轴误差、低速框架转轴摩擦力矩等因素影响，得 CMG 的扰动力矩含有多频成分。为准确描述 CMG 扰动力矩模型，对 CMG 扰动力矩进行物理试验测试。

构建 CMG 高速转子扰动测试试验系统，利用测力台进行控制力矩陀螺高频扰动测试，作为建立高频扰动模型的依据。高速转子升速过程中的扰动特性如图 3－9 所示。高速转子升速过程中，CMG 的扰动幅值逐渐增大。转速稳定在 6 000 r/min 时，扰动较大方向的扰振力幅值约 30 N，扰振力矩约 5 N · m。

从升速过程测试的 CMG 扰动特性频谱图分析可知，CMG 高频扰动的主要成分为呈放射状的转速谐波扰动，主要由转子不平衡、轴承运动等因素引起。分析高速转子 6 000 r/min 时的扰动特性频谱见图 3－10。主要的频谱分量为 60 Hz、100 Hz、120 Hz、180 Hz、200 Hz、300 Hz 几条谱线。

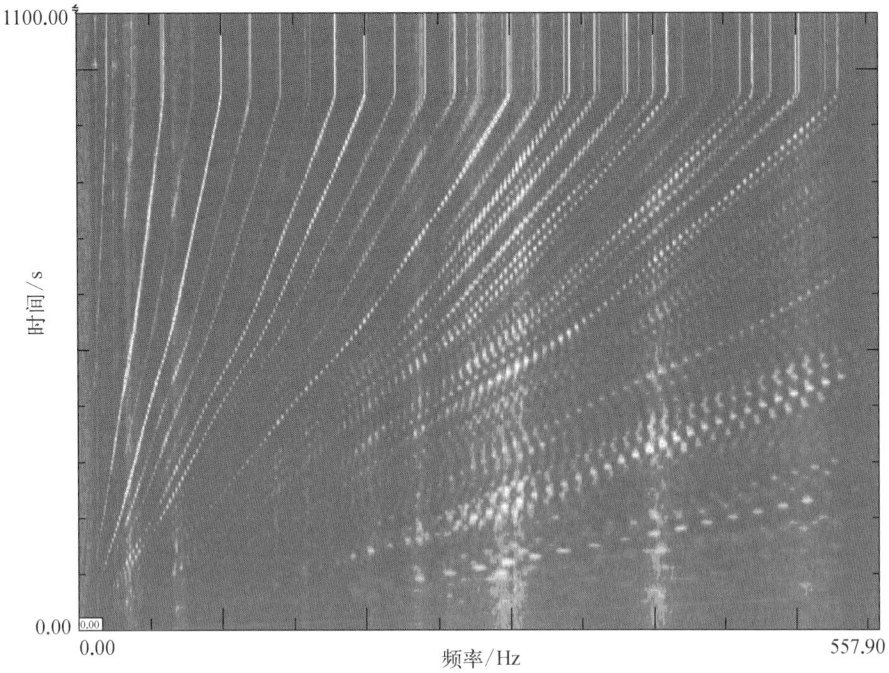


图 3－9　高速转子升速过程扰动特性频谱图

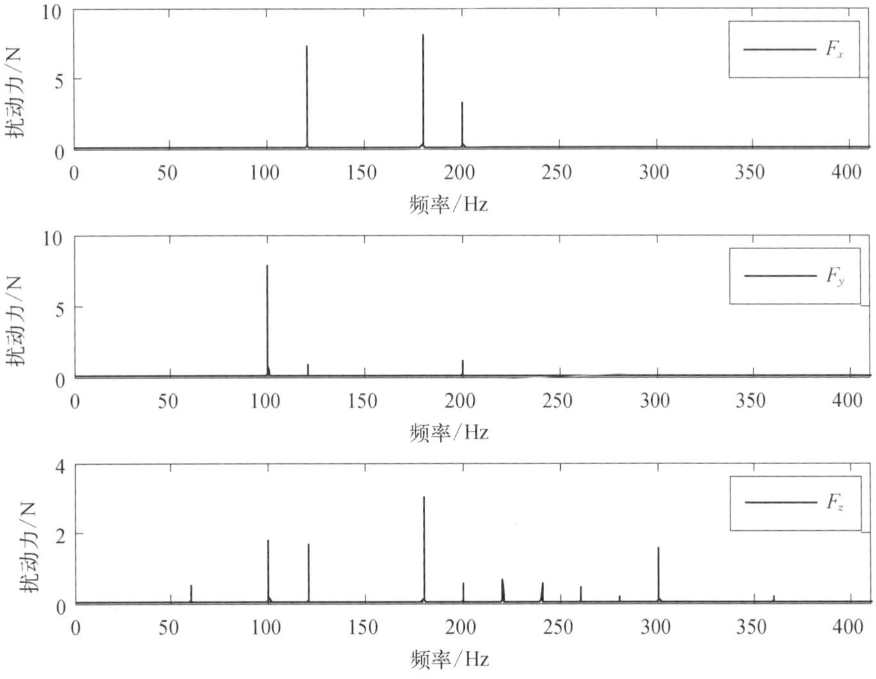


(a) 高速6000 r/min扰动力频谱

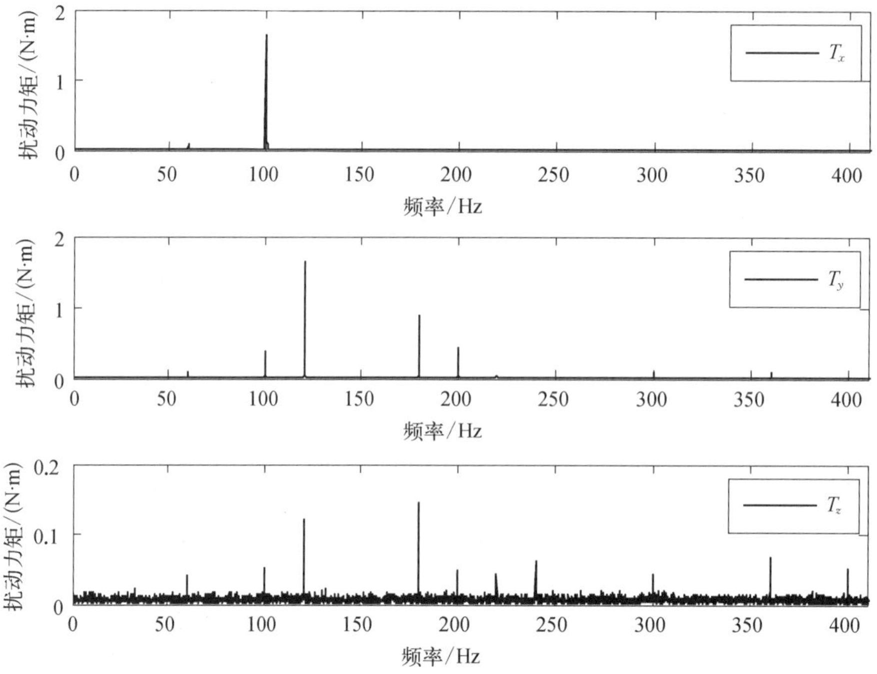


(b) 高速6000 r/min扰动力矩频谱

图 3-10 CMG 高速转子扰动频谱

提取各频谱的幅值见表 3-5。

**表 3-5 CMG 高速转子扰动力/力矩频谱分量**

| 频率/Hz | $F_x$/N | $F_y$/N | $F_z$/N | $T_x$/(N·m) | $T_y$/(N·m) | $T_z$/(N·m) |
|---|---|---|---|---|---|---|
| 60 | 0.10 | 0.66 | 0.48 | 0.11 | 0.04 | 0.012 |
| 100 | 1.44 | 7.90 | 1.72 | 1.66 | 0.35 | 0.02 |
| 120 | 7.43 | 0.26 | 1.50 | 0.09 | 1.67 | 0.06 |
| 180 | 8.39 | 2.30 | 3.04 | 0.22 | 0.91 | 0.09 |
| 200 | 3.38 | 0.81 | 0.43 | 0.06 | 0.45 | 0.03 |
| 300 | 0.44 | 1.02 | 1.71 | 0.10 | 0.03 | 0.06 |

由于 CMG 系统中高速转子和低速组件两部分结构差异较大、难以用统一的方法进行数学建模的特点[11]，建立 CMG 高频扰动模型时，采用将解析建模和试验辨识相结合的系统建模方法。按式(3-21)将各频率分量合成为时域扰振数据，经适当的坐标变换后施加在卫星本体上。其中，相位 $\varphi_i$ 取[0, 2π]内的随机数，则建立 CMG 扰动力矩测试模型：

$$\boldsymbol{T}_{\mathrm{d}} = \sum_{i=1}^{n} \boldsymbol{B}_i \sin(2\pi \boldsymbol{f}_i t + \boldsymbol{\varphi}_i) \tag{3-21}$$

式中，$\boldsymbol{T}_{\mathrm{d}}$ 为 CMG 产生的三轴扰动力矩；$\boldsymbol{B}_i$ 为 CMG 产生的第 $i$ 个扰动频率在航天器本体系三轴力矩投影矢量；$\boldsymbol{f}_i$ 为 CMG 产生的第 $i$ 个频率；$\boldsymbol{\varphi}_i$ 为 CMG 产生的第 $i$ 个扰动频率三

轴扰动力矩相位。

### 3.2.4　模型校验

为了验证控制力矩陀螺模型的准确性，构建了控制力矩陀螺测试系统，通过控制力矩陀螺实测数据与数学仿真模型数据对比，评价控制力矩陀螺建模方法的正确性、数学仿真模型的准确性。构建测试系统如图 3－11 所示，主要包括：① 被测对象，控制力矩陀螺实际产品；② 激光测振仪，用于测量控制力矩陀螺低速框架角速度；③ 测力台，内部装有高精密三维力传感器，用于测量控制力矩陀螺产生的扰动力和力矩；④ 信号采集系统，采样频率为 10 kHz，用于高速采集控制力矩陀螺低速框架角速度和扰动力和力矩；⑤ 上位机测试与分析系统，用于分析控制力矩陀螺产生扰动力和力矩的频谱。分别给控制力矩陀螺和数学仿真模型的低速框架施加正弦、方波等激励，对比各自的输出响应，检验模型的准确性。

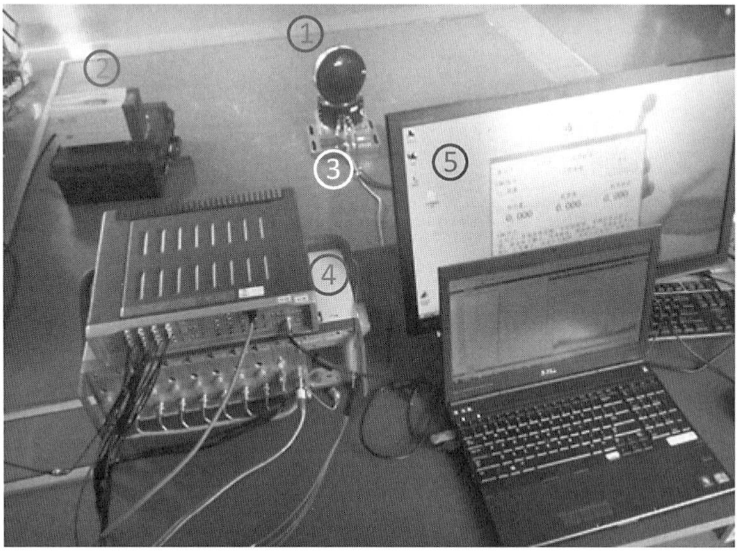


图 3－11　CMG 动态响应特性测试系统

为校验所建立的 CMG 低速框架迟滞时延特性模型，本节进行了不同幅值的方波指令角速度和不同频率的指令角速度的多工况测试，通过 CMG 角速度实际测试结果与数学仿真模型输出结果的比对，评价模型的正确性。

1. 低速框架方波指令跟踪测试验证

通过控制力矩陀螺低速框架角速度指令为 10 (°)/s、1 (°)/s、0.2 (°)/s，验证不同幅值转速指令的响应特性以及该工况下与数学仿真模型的输出结果的一致性。采用 3.2 节所建立的 CMG 低速框架模型及仿真参数与求解步骤获得不同指令的低速框架角速度曲线如图 3－12 中(b)、(d)、(f)所示；相同指令角速度测量结果如图 3－12 中(a)、(c)、(e)所示。

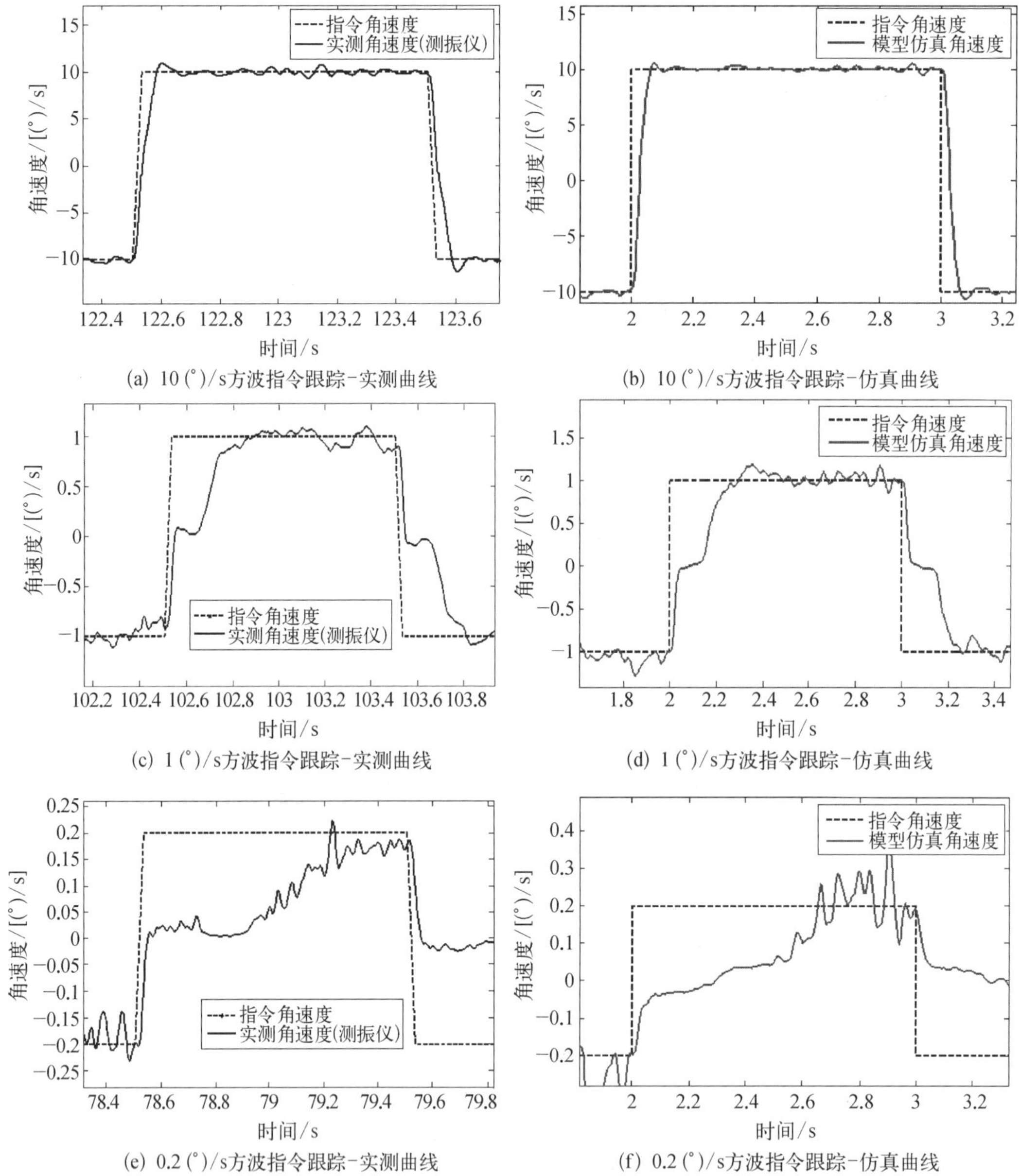


(a) 10 (°)/s方波指令跟踪-实测曲线

(b) 10 (°)/s方波指令跟踪-仿真曲线

(c) 1 (°)/s方波指令跟踪-实测曲线

(d) 1 (°)/s方波指令跟踪-仿真曲线

(e) 0.2 (°)/s方波指令跟踪-实测曲线

(f) 0.2 (°)/s方波指令跟踪-仿真曲线

图 3-12　方波指令角速度测试结果与仿真结果对比

2. 低速框架正弦波指令跟踪测试验证

设置控制力矩陀螺低速框架角速度频率为 0.1~5 Hz,幅值为 5 (°)/s 的正弦波转速指令,对 CMG 动态响应特性测试,验证低速框架响应特性以及该工况仿真模型的输出结果的一致性。采用 3.2 节所建立的 CMG 低速框架模型及仿真参数与求解步骤获得不同指令的低速框架角速度曲线如图 3-13 中(b)、(d)、(f)、(h)所示;相同指令角速度测量结果如图 3-13 中(a)、(c)、(e)、(g)所示。

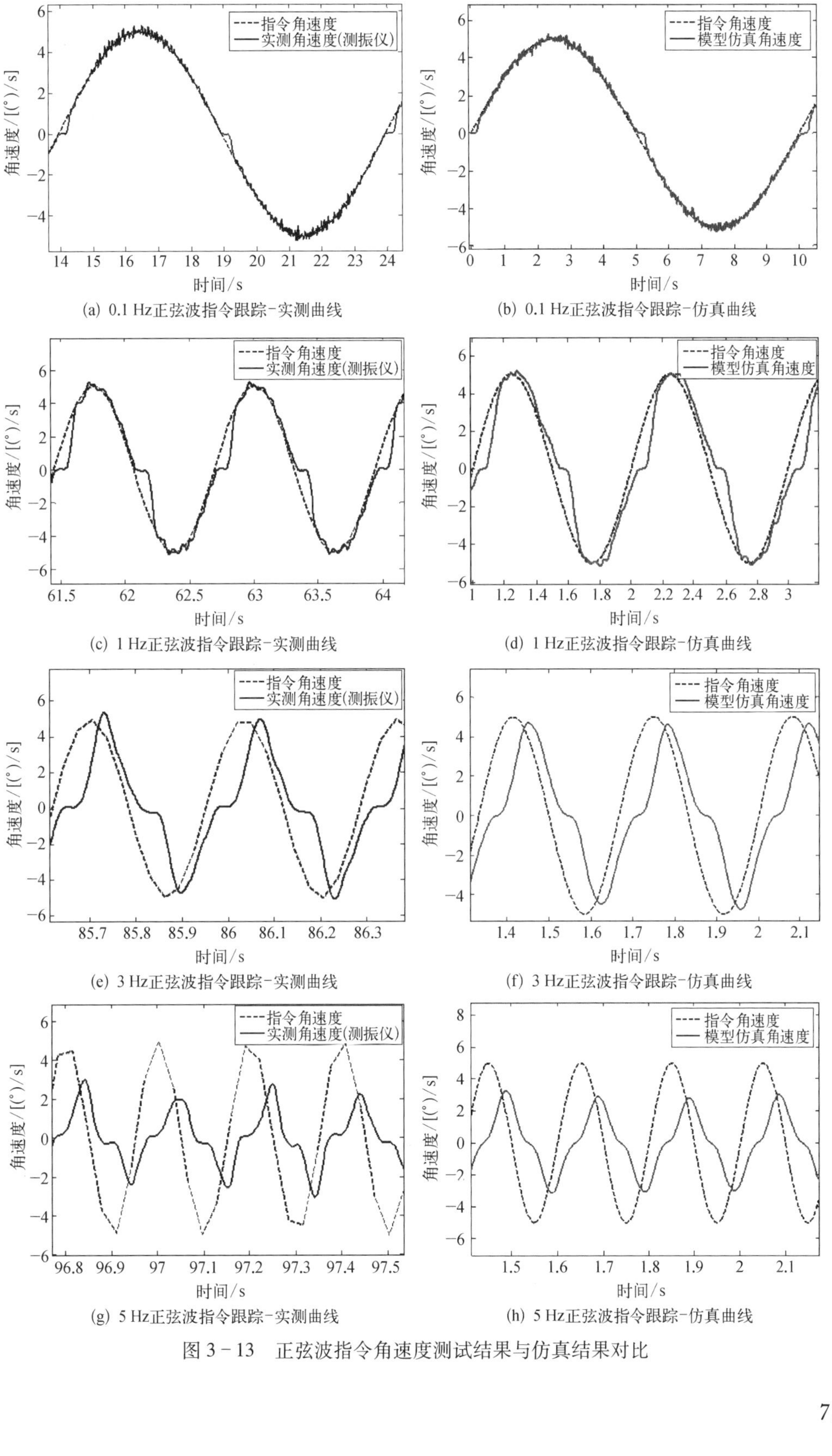


(a) 0.1 Hz正弦波指令跟踪-实测曲线

(b) 0.1 Hz正弦波指令跟踪-仿真曲线

(c) 1 Hz正弦波指令跟踪-实测曲线

(d) 1 Hz正弦波指令跟踪-仿真曲线

(e) 3 Hz正弦波指令跟踪-实测曲线

(f) 3 Hz正弦波指令跟踪-仿真曲线

(g) 5 Hz正弦波指令跟踪-实测曲线

(h) 5 Hz正弦波指令跟踪-仿真曲线

图 3-13　正弦波指令角速度测试结果与仿真结果对比

分析图 3－12 和图 3－13 的测试结果可知：当控制力矩陀螺低速框架转速指令较大时，低速框架角速度对指令的跟踪性能较好，上升时间小于 0.1 s。随着转速指令幅值的降低，转速过零位后出现短暂的停顿，响应时间也相应延长。当控制力矩陀螺低速框架转速频率较高时，框架角速度对指令的跟踪性能较好，在转速过零位时存在短暂的停顿。随着转速指令频率的增加，框架角速度的响应幅值开始衰减、相位开始滞后。本节所建立的 CMG 低速框架模型仿真结果与测试结果一致，所建立的模型能够准确刻画 CMG 低速框架角速度动态响应特性。

3. 仿真实例

进行航天器姿态控制数学仿真，采用本节所建立的 CMG 动力学模型进行航天器姿态控制。如图 3－15 所示，在航天器姿态外环控制的基础上，增加式(3－16)设计的低速框架角速度内环迟滞时延补偿控制，提升控制力矩陀螺力矩输出精度。通过闭环姿态控制，校验 CMG 动力学模型的正确性以及式(3－16)设计迟滞时延补偿控制对提升对航天器稳定度的有效性。

1）CMG 框架角速度输出校验

图 3－14 给出了 CMG 框架角速度补偿前后的对比结果。当 CMG 低速框架没有式(3－16)设计的低速框架角速度补偿控制时，指令角速度期望值与实际值对比如图 3－14(a)所示，CMG 低速框架角速度实际输出值与期望值存在相位滞后和幅值的衰减，严重影响了 CMG 低速框架力矩输出精度，尤其是框架角速度幅值衰减为期望值的 25%左右，直接造成较大的输出力矩误差。图 3－14(b)给出了低速框架角速度补偿后的仿真结果。CMG 低速框架角速度实际输出能够较好地跟踪期望值，实现 CMG 精准的力矩输出。

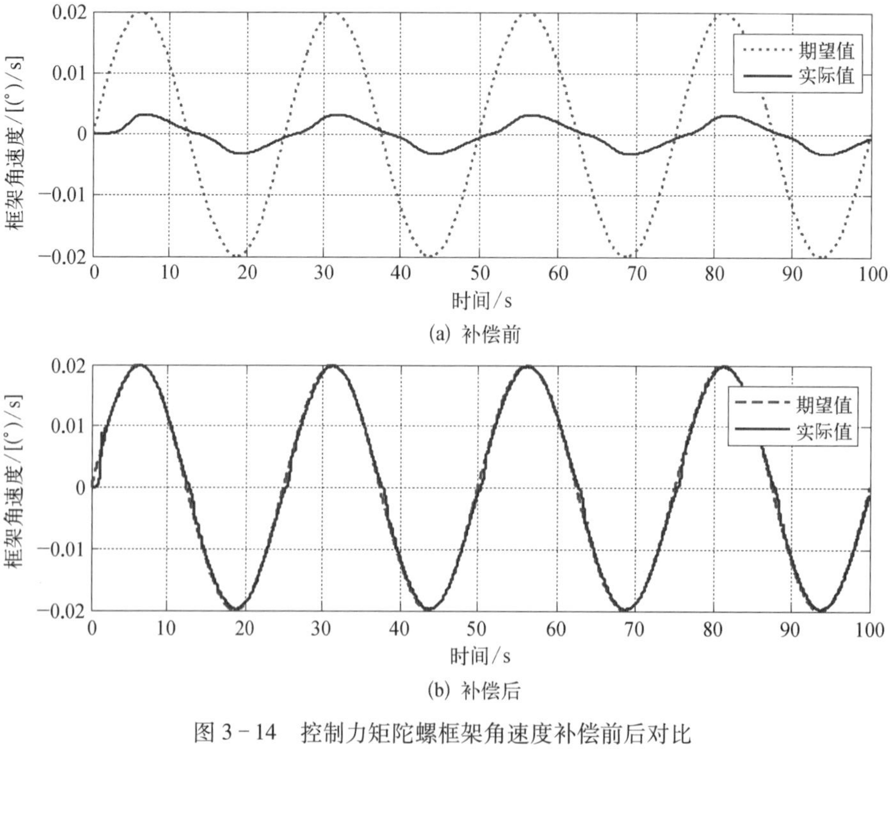

(a) 补偿前

(b) 补偿后

图 3－14　控制力矩陀螺框架角速度补偿前后对比

2）航天器姿态控制校验

设计如图 3－15 所示的航天器姿态控制回路[$G_{sat}(s)$为航天器姿态动力学]，采用 CMG 进行航天器姿态控制。控制回路中包括航天器外环常规姿态 PID 控制器 $G_{ctl}(s)$ 和控制力矩陀螺低速框架角速度时延补偿控制器 $G_d(s)$。

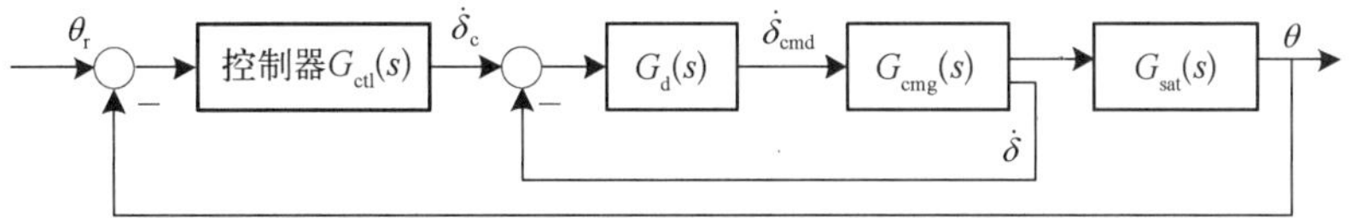


图 3－15　控制力矩陀螺补偿控制示意图

图 3－16 给出航天器姿态控制仿真结果对比。图 3－16(a)给出了仅有航天器姿态外环控制时的航天器姿态和角速度控制误差。图 3－16(b)给出了航天器姿态 PID 控制器结合式(3－16)设计的低速框架角速度补偿控制时的航天器姿态和角速度控制误差。分析可知，控制力矩陀螺低速框架角速度采用时延特性补偿控制，可有效降低控制力矩陀螺迟滞时延对航天器姿态控制精度的影响。仿真表明：控制力矩陀螺低速框架角速度时延特

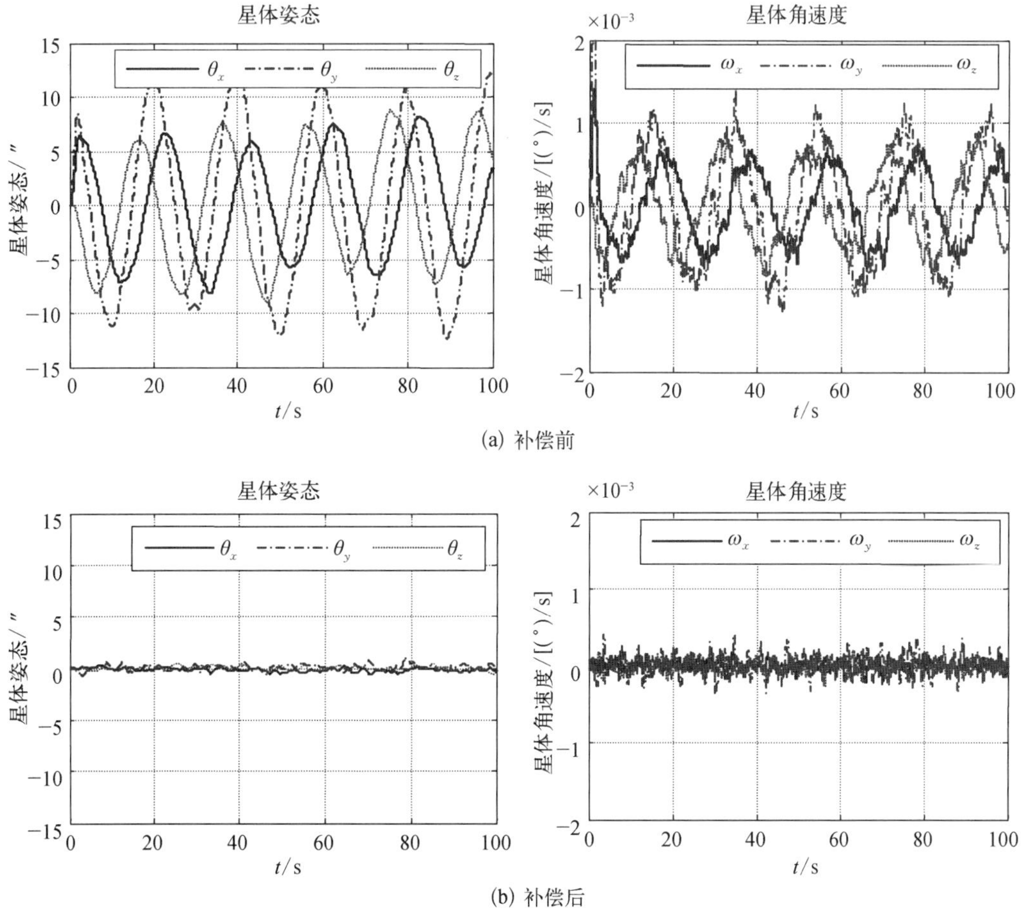


图 3－16　补偿前后的航天器姿态和角速度控制误差对比

性补偿前,航天器姿态控制误差在12″以内,角速度控制误差在 $1.0\times10^{-3}$(°)/s 以内。采用控制力矩陀螺低速框架角速度时延特性补偿控制,航天器姿态控制误差在2″以内,角速度控制误差在 $3\times10^{-4}$(°)/s 以内。仿真结果验证了控制力矩陀螺低速框架迟滞时延特性模型的正确性和采用低速框架角速度时延特性补偿控制提升航天器姿态控制性能的有效性。

## 3.3 控制力矩陀螺构型设计

敏捷航天器姿态控制常采用多个控制力矩陀螺,构成控制力矩陀螺群,进行姿态机动控制。控制力矩陀螺群不同的安装构型影响着航天器姿态敏捷机动控制性能及控制力矩陀螺群奇异操纵性能。本节分析了不同构型的控制力矩陀螺群角动量和奇异特性及初始框架角设计方法,为控制力矩陀螺的奇异操纵奠定基础。

### 3.3.1 角动量包络及奇异特性分析

设由 $n$ 个 CMG($n\geqslant3$)组成控制力矩陀螺群系统中,系统的合成角动量为 $n$ 个 CMG 角动量的矢量和,即

$$\boldsymbol{h}(\boldsymbol{\delta}) = \sum_{i=1}^{n} \boldsymbol{h}_i(\delta_i) \tag{3-22}$$

式中,$\boldsymbol{\delta} = [\delta_1, \delta_2, \delta_3, \cdots, \delta_n]^{\mathrm{T}}$ 为 CMG 群框架角矢量阵;$\delta_i$ 为第 $i$ 个 CMG 的框架角;$\boldsymbol{h}_i(\delta_i)$ 为第 $i$ 个 CMG 的角动量($i=1, 2, \cdots, n$)。如果把 $n$ 个 CMG 系统中所有可能的框架角组合$[\delta_1, \delta_2, \delta_3, \cdots, \delta_n]^{\mathrm{T}}$ 组成的空间记为 $\Delta \subseteq R^n$,把 $n$ 个 CMG 系统中所有可能达到的角动量状态 $\boldsymbol{h} = [h_x, h_y, h_z]^{\mathrm{T}}$ 组成的空间记为 $H \subseteq R^3$,且设 $\boldsymbol{\delta}$ 为框架角空间 $\Delta$ 中 $n\times1$ 的框架角矢量,$\boldsymbol{h}$ 为角动量空间 $H$ 中 $3\times1$ 的角动量矢量,则式(3-22)还可表示为

$$\boldsymbol{h} = h(\boldsymbol{A}\sin\boldsymbol{\delta} + \boldsymbol{B}\cos\boldsymbol{\delta})\boldsymbol{I}_{n\times1} \tag{3-23}$$

式中,$\boldsymbol{A}$、$\boldsymbol{B}$ 为与 CMG 安装相关的 $3\times n$ 维矩阵。其中 $\boldsymbol{A}$ 矩阵的每一列为当 CMG 的框架角位于 90°时 CMG 高速转子的角动量方向;$\boldsymbol{B}$ 矩阵的每一列为 CMG 框架角位于零位时,高速转子的角动量方向。$\boldsymbol{I}_{n\times1} = [1, 1, \cdots, 1]^{\mathrm{T}}$ 为 $n\times1$ 维列矢量;$\sin\boldsymbol{\delta}$、$\cos\boldsymbol{\delta}$ 为 CMG 低速框架角正弦、余弦对角阵:

$$\sin\boldsymbol{\delta} = \begin{bmatrix} \sin\delta_1 & 0 & & 0 \\ 0 & \sin\delta_2 & & 0 \\ & & \ddots & \\ 0 & 0 & & \sin\delta_n \end{bmatrix}$$

$$\cos\boldsymbol{\delta} = \begin{bmatrix} \cos\delta_1 & 0 & & 0 \\ 0 & \cos\delta_2 & & 0 \\ & & \ddots & \\ 0 & 0 & & \cos\delta_n \end{bmatrix}$$

对上式 CMG 群的合成角动量 $\boldsymbol{h}$ 求导，则控制力矩陀螺群框架转动产生的合成力矩 $\boldsymbol{T}$ 可表示为

$$\boldsymbol{T} = -\dot{\boldsymbol{h}} = -h(\boldsymbol{A}\cos\boldsymbol{\delta} - \boldsymbol{B}\sin\boldsymbol{\delta})\dot{\boldsymbol{\delta}} = -h\boldsymbol{C}(\boldsymbol{\delta})\dot{\boldsymbol{\delta}} \tag{3-24}$$

式中，$\dot{\boldsymbol{\delta}} = [\dot{\delta}_1, \cdots, \dot{\delta}_n]^{\mathrm{T}}$ 为控制力矩陀螺群的低速框架角速度矢量；$\boldsymbol{C}(\boldsymbol{\delta}) = \boldsymbol{A}\cos\boldsymbol{\delta} - \boldsymbol{B}\sin\boldsymbol{\delta}$，简写为 $\boldsymbol{C}$，为 CMG 群力矩输出的 Jacobi 阵；$\boldsymbol{C}_i = \dfrac{\mathrm{d}\boldsymbol{h}_i}{\mathrm{d}\delta_i}$ 为 $\boldsymbol{C}(\boldsymbol{\delta})$ 的 $i$ 列，代表了第 $i$ 个 CMG 产生力矩的方向。

当 CMG 系统达到某特定的框架角组合时，$\boldsymbol{C}_i$ 共面（$i=1, 2, \cdots, n$），这样 $n$ 个 CMG 系统产生的力矩就位于一个由 $[\boldsymbol{C}_1, \boldsymbol{C}_2, \cdots, \boldsymbol{C}_n]^{\mathrm{T}}$ 确定的平面内，而在此平面的法线方向上，不能产生力矩，则可以说明相对于该平面的法线方向，CMG 系统产生了奇异。由此可以给出 CMG 系统奇异状态的定义，如图 3－17 所示。

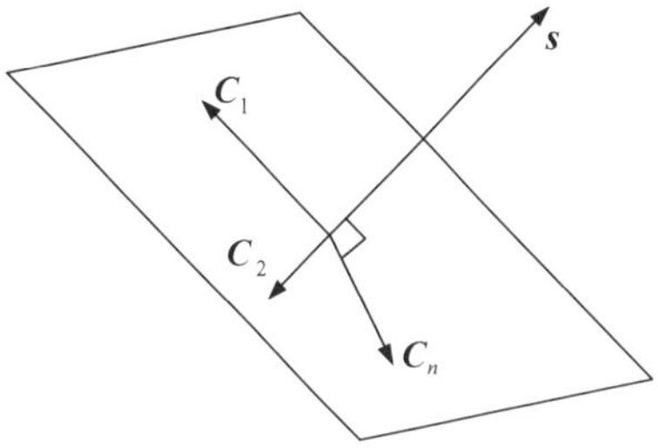

图 3－17 奇异方向与奇异状态示意图

当 $n$ 个 CMG 的力矩方向接近一个平面时，此时若输出非平面内的力矩时，往往需要 CMG 输出很大的框架角速度，也将失去实际工程意义。

奇异状态或奇点定义为：CMG 群系统的奇异状态是指这样一组框架角组合 $\boldsymbol{\delta}_s$，满足 $\boldsymbol{s} \cdot \boldsymbol{C}_i(\boldsymbol{\delta}_s) = 0\ (i = 1, \cdots, n)$ 其中 $\boldsymbol{s}$ 为奇异方向。

根据控制力矩陀螺群角动量状况，低速框架奇异状态可分为两类：外奇异和内奇异。外奇异又称为饱和奇异，陀螺群的角动量到达包络面上，各陀螺动量在此方向的投影都达到最大值，如图 3－18 中的角动量端点仅能沿包络切线方向或切线内部方向移动。因而，陀螺群不能提供沿包络法线方向 $\boldsymbol{N}$ 的力矩，失去在此方向的控制能力。在金字塔构型中，假设期望力矩方向为 $[1, 0, 0]^{\mathrm{T}}$，则对应外奇异状态的框架角有 $[-90°, 180°, 90°, 0°]$，如图 3－19 所示。

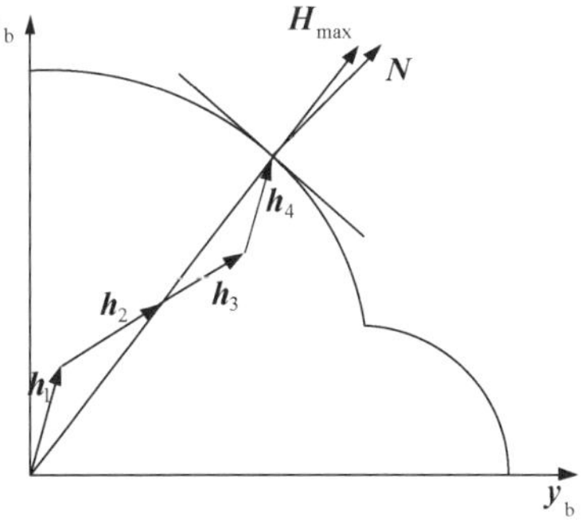

图 3－18 外奇异(饱和奇异示意图)

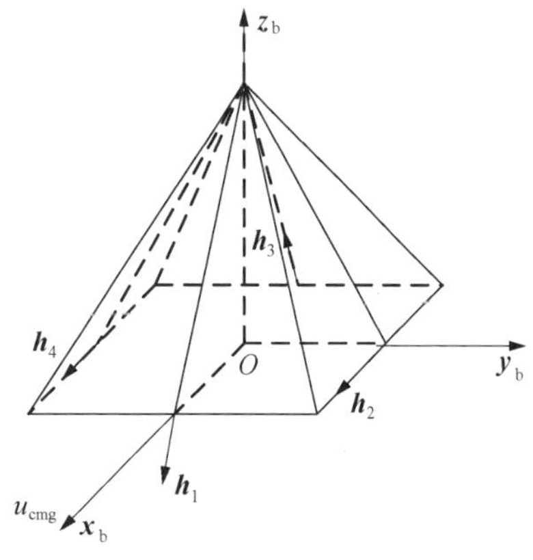

图 3－19 金字塔的外奇异状态

内奇异为框架构型奇异,控制力矩陀螺群的角动量位于角动量包络内部,但各控制力矩陀螺角动量在指令力矩方向的投影都为最大,因而控制力矩陀螺群失去沿该方向产生力矩的能力。在内奇异状态,各个陀螺的力矩矢量 $\boldsymbol{u}_{cmgi}$ 垂直于框架轴 $\boldsymbol{g}_i$ 与指令力矩 $\boldsymbol{u}_i$ 的平面,即处在框架转动平面与指令力矩矢量的垂直平面的节线上。其中内奇异还分为显奇异(椭圆形奇异)和隐奇异(双曲线奇异)。在隐奇点附近,可以调整框架构型不引起角动量的变化,即对于该角动量,可以将陀螺群的框架再构型,脱离奇异状态,同时又不产生附加的干扰力矩。如图 3-20 所示,金字塔构型的框架角为[90°, 180°, 90°, 0°],期望力矩方向为$[1, 0, 0]^T$,可以通过重构实现对期望力矩输出,此为隐奇点。在显奇点附近,通过调整框架构型必然引起角动量的变化,引起附加的干扰力矩,即处于显奇点的框架不具备重构的条件。如图 3-21 所示,金字塔构型的框架角为[-90°, 0°, 90°, 0°],即为显奇点。

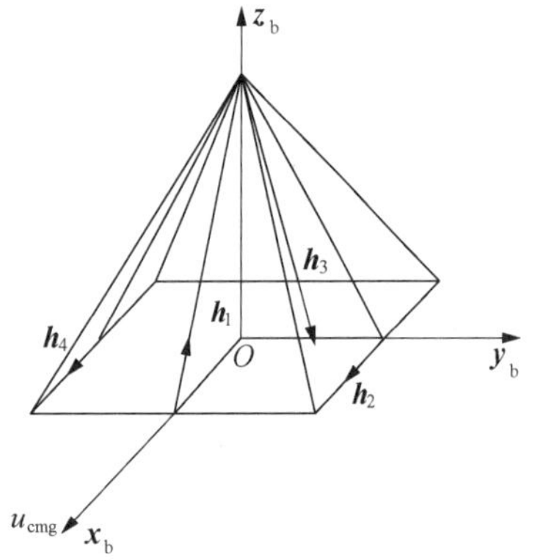

图 3-20　金字塔构型的隐奇异状态

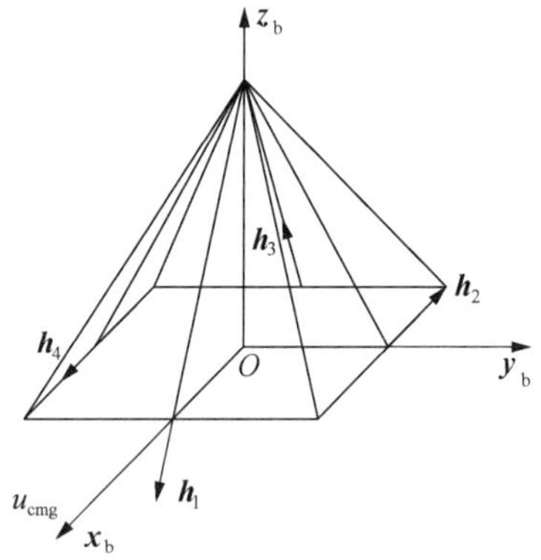

图 3-21　金字塔构型的显奇异状态

为更好地理解 CMG 群低速框架奇异状态与 CMG 群角动量、CMG 群力矩的关系,采用一个二元函数进行类比说明。

由式(3-22)可知,由 CMG 群低速框架空间至角动量空间的映射是一个多对一的连续函数,一组框架角对应唯一的一组角动量,而一组角动量可以对应多组框架角。角动量包络上的点,对应唯一的一组框架角组合。其余的角动量,对应多组框架角组合。

如图 3-22 所示,以一个两 CMG 系统的二元函数进行类比,CMG 群低速框架空间至角动量空间的映射存在如下的特殊点。

(1) 驻点:角动量对框架角的偏导数为 0,此时框架角进行微幅运动将不改变角动量,即为力矩奇异点。

(2) 最值点:最大或最小值点,即角动量包络。

(3) 等高线:对任意合成角动量,总存在角动量的等高线。CMG 群低速框架角沿等高线运动,角动量保持不变。等高线所处子空间的维数(自由度)为 $n-3$ 维。

CMG 群力矩关系描述的是 CMG 群低速框架角变化时引起的角动量变化量,即上述式(3-22)的角动量关系式的梯度或斜率。

在二元函数中,驻点处斜率为零,即力矩奇异点。在极值点处,等高线为一个点,无法

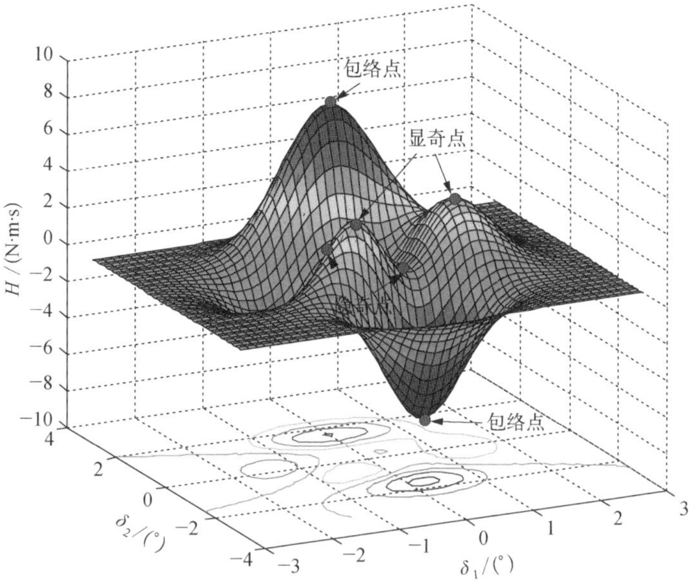


图 3-22　角动量、力矩类比关系

在不改变角动量的情况下脱离，此为显奇点；在非极值点的驻点处，存在通过该点的等高线，可以在不改变角动量的情况下脱离奇异状态，此为隐奇点，类比说明见图 3-23。

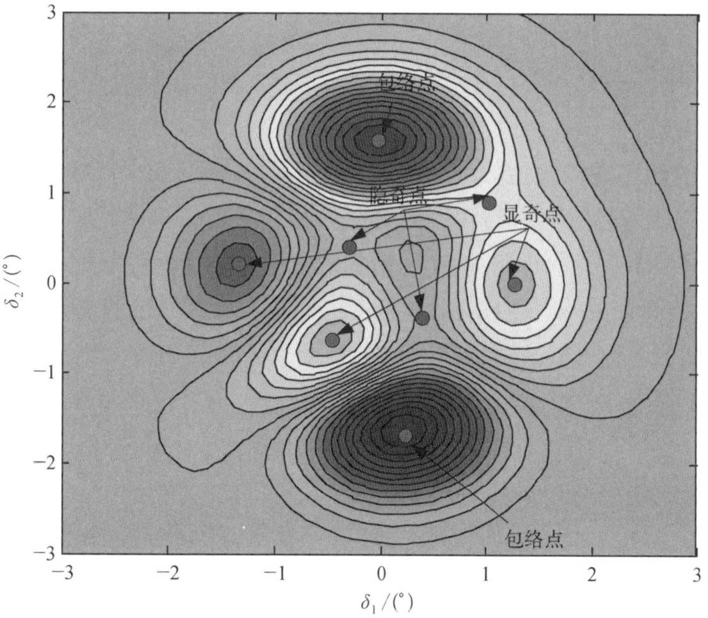


图 3-23　奇异点类比关系

### 3.3.2　标称框架角设计

由图 3-23 奇异点类比可知，不同框架角组合附近的奇异点分布不均匀。通过设计初始标称框架角，可在一定程度上降低 CMG 群操纵时遇到奇异状态的概率。因此有必要研究 CMG 群标称框架角的设计方法。

对控制力矩陀螺标称框架角进行优选设计，即确定初始控制力矩陀螺的框架角位置。一般控制力矩陀螺标称框架角的选择满足以下几个条件：

(1) 合成角动量为零；

(2) CMG 群构型奇异度量值大；

(3) CMG 在各个方向力矩输出能力相当。

当 CMG 个数较多时，满足合成角动量为零的控制力矩陀螺的框架角组合一般较多，优选算法需要从这些组合中选择出适合用于姿态控制的组合。

给定如下的优化问题：

$$\begin{cases}\min \|\boldsymbol{h} - \boldsymbol{h}_{\text{bias}}\| \\ \delta \in \mathbf{R}^n\end{cases} \tag{3-25}$$

式中，$\boldsymbol{h}_{\text{bias}}$ 为 CMG 群的三维偏置角动量。给定任意的初值，通过非线性优化，可以得到一组框架角组合。

为了得到全局最优的控制力矩陀螺标称框架角组合，在得到精确的 CMG 框架角位置后，需要进行一定的筛选，筛选的原则主要包括：CMG 构型奇异度量大且在所需的控制力矩输出方向上奇异度量值相当，CMG 在各个方向的力矩输出能力相当，一般这两个条件是统一的。其中，CMG 的构型奇异度量采用式(3-26)进行描述：

$$D = \|\boldsymbol{C}\boldsymbol{C}^{\mathrm{T}}\| \tag{3-26}$$

式中，$D$ 为控制力矩陀螺群构型的奇异度量。当 $\boldsymbol{C}\boldsymbol{C}^{\mathrm{T}}$ 矩阵的三个奇异值相等时，奇异度量 $D$ 达到最大值 $D_{\max} = n^3/27$。奇异度量 $D$ 值越大，表明矩阵 $\boldsymbol{C}$ 的特征值越大，控制力矩陀螺群低速框架构型离奇异状态越远，产生沿任意方向的力矩的可能性越大。

综上，设计控制力矩陀螺群标称框架角组合准则可规定为：将各个 CMG 框架组合的奇异度量和特征值进行求取，将奇异度量大、特征值分布均匀的 CMG 框架角组合优选出来用于姿态控制使用。

### 3.3.3 构型分析

CMG 群构型设计主要考虑的问题：① CMG 数量的选择；② 框架轴的安装形式。在敏捷航天器姿态机动控制过程中，对 CMG 构型有以下要求：① CMG 的角动量包络、输出力矩要满足系统任务所需的角动量和输出力矩要求；② 在工作过程中，控制律简单，尽可能回避显奇异点，以免丧失三轴控制性能；③ 系统可靠性要求，当一个或多个 CMG 失效后，依然能够保持控制系统的三轴控制能力。CMG 安装构型不同，其可利用的角动量包络和奇异状况也会有所不同。在进行构型设计时，通常希望该构型的角动量包络能够满足任务要求，同时存在较少的显奇异点，或显奇异点尽可能地靠近角动量外包络。针对上述要求,通常采用构型效率、构型效益等具体的指标评价 CMG 群构型的优劣[12]。

CMG 群的典型构型有双平行构型(a)、三平行构型(b)、金字塔构型(c)、四棱锥构型(d)、五面锥构型(e)和五棱锥构型(f),其示意图见图 3-24,其中 $\boldsymbol{g}_i$ 为第 $i$ 个 CMG 的框架轴方向,$\boldsymbol{h}_i$ 为第 $i$ 个 CMG 的框架角为零时的角动量初始方向,$i=1, 2, \cdots, n$。

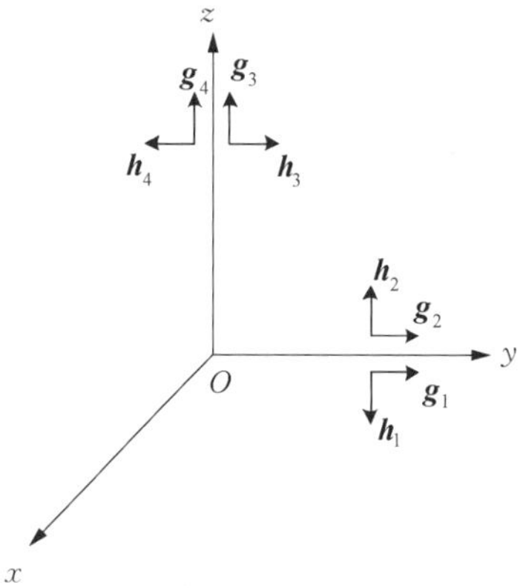


(a) 双平行构型

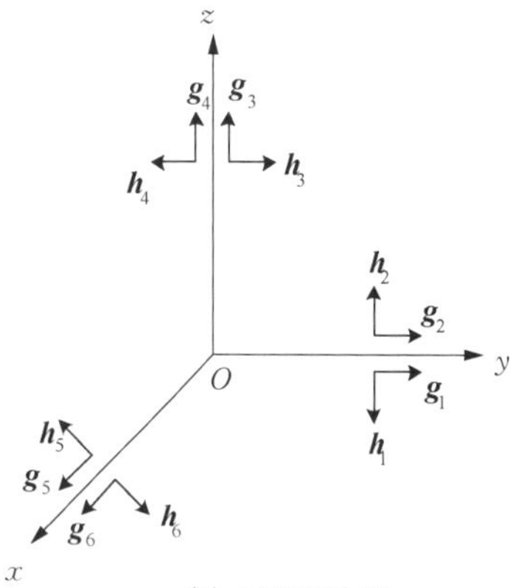


(b) 三平行构型

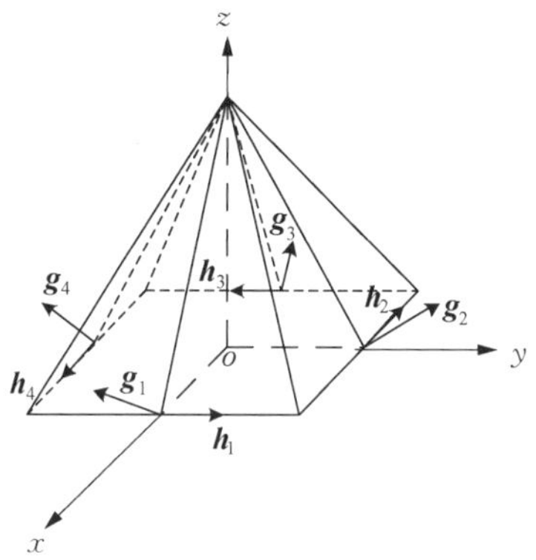


(c) 金字塔构型

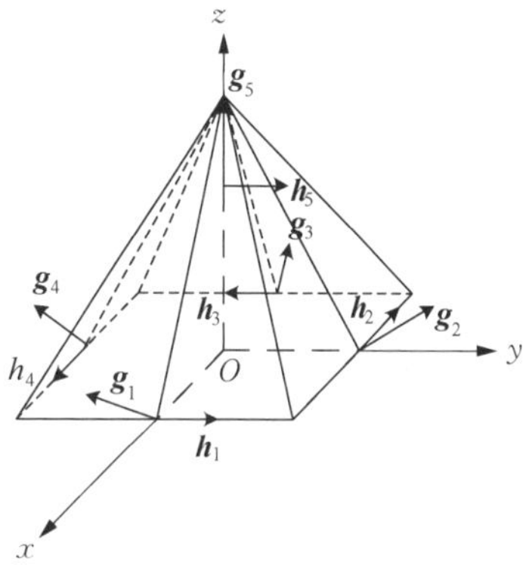


(d) 四棱锥构型

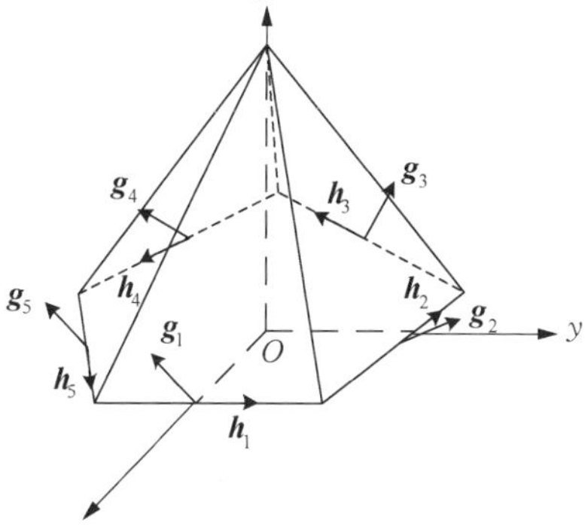


(e) 五面锥构型

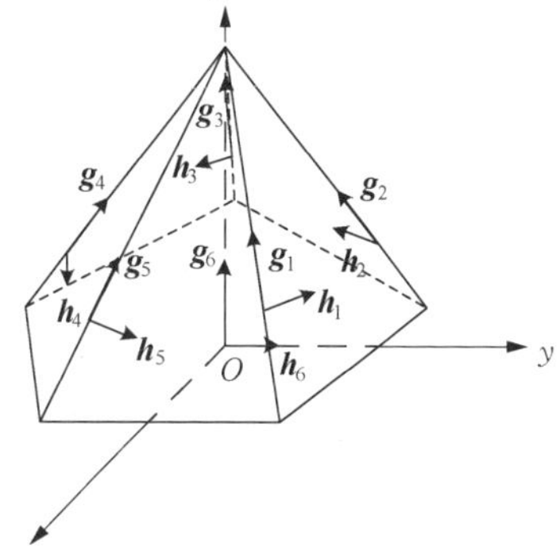


(f) 五棱锥构型

图 3-24　CMG 构型示意图

CMG 群系统构型重要因素是合成角动量 $\boldsymbol{h}$ 在各种框架角组合下，能够在三维空间任意进动指向，即保证陀螺群具有三维控制能力，并使角动量 $\boldsymbol{h}$ 的端点能延伸至最大空间范围。此范围所包含的角动量合集构成 CMG 群的角动量包络，此包络的形状应满足特定要求。

上述构型中，五棱锥构型由 6 个 CMG 组成，其中 5 个 CMG 分布于五棱锥体的五个棱上，1 个 CMG 位于五棱锥体的底面。五棱锥构型的 CMG 角动量包络接近圆形，无明显的凹陷包络面。五棱锥构型具有其较大的构型效益、失效效益、可控效益，以及最小的奇点损失率和较少的内部显奇异点。当 1 个 CMG 故障后仍具备较好的控制能力，是各类航天器在轨使用的首选。俄罗斯的礼炮号、和平号空间站，以及中国的天宫一号等航天器均采用五棱锥构型。

敏捷航天器出于成本考虑，往往采用金字塔构型的 4 个 CMG 进行姿态机动和稳态控制。金字塔构型的 4 个 CMG 均匀分布，可保证 CMG 群在三轴的最大角动量一致。由于金字塔构型的角动量包络较大，且使用的 CMG 的个数少，在商业遥感卫星上的应用较多。但金字塔构型 CMG 的最小显奇点角动量较小，在姿态机动过程中容易发生奇异。

双平行 CMG 的主要特点包括 CMG 安装紧凑、空间利用率高。另外，双平行 CMG 的角动量包络内部不含显奇点，在姿态机动过程中不容易发生奇异。但 CMG 在两个框架轴方向的角动量包络较金字塔构型要小，因此能够使用的最大角动量小于金字塔构型。

除了前述五棱锥的 6 个 CMG，以及金字塔、双平行的 4 个 CMG 配置外，基于 5 个 CMG 的五面锥构型在敏捷航天器上的应用也较多。中国航天科技集团公司的高景一号系列卫星均采用五面锥构型。五面锥构型 CMG 相比五棱锥构型来说减少了 1 个 CMG，相比 4 个 CMG 配置的金字塔构型来说对 CMG 故障的容忍度高。

分析控制力矩陀螺群的构型主要综合考虑最小角动量包络及奇异状态下的最小角动量。这需要根据奇异面确定这些最小角动量，奇异面即为各种奇异点（外奇异点和显奇异点）组成的三维曲面。综合考虑角动量包络最大化使用效率、奇异面的复杂度，确定控制力矩陀螺群的优化构型。奇异面的求取主要有两种方法，即解析法和数值法。解析法主要通过 $\mathrm{rank}(\boldsymbol{C})<3$ 确定，即 $\boldsymbol{C}$ 的各三阶余子式为零。由此可以得到在框架角空间中使系统奇异的框架角组合，并可建立角动量空间中的奇异面的表达式。数值法一般是对应给定的任意方向，可以得到 $2^n$ 个奇点的角动量的值 $\boldsymbol{h}^*$，当系统取遍整个单位球时，所得到的 $\boldsymbol{h}^*$ 组成了角动量空间的奇异面。

由控制力矩陀螺群中的几何关系，采用数值法可以画出其角动量包络内部的奇异点集合，如图 3-25 和图 3-26 所示。

下面给出几种构型分析的主要指标[12]。

构型效率：CMG 系统角动量包络内切的最大球半径 $r_{in}$ 与角动量包络椭球最长轴 $R_{out}$ 之比。

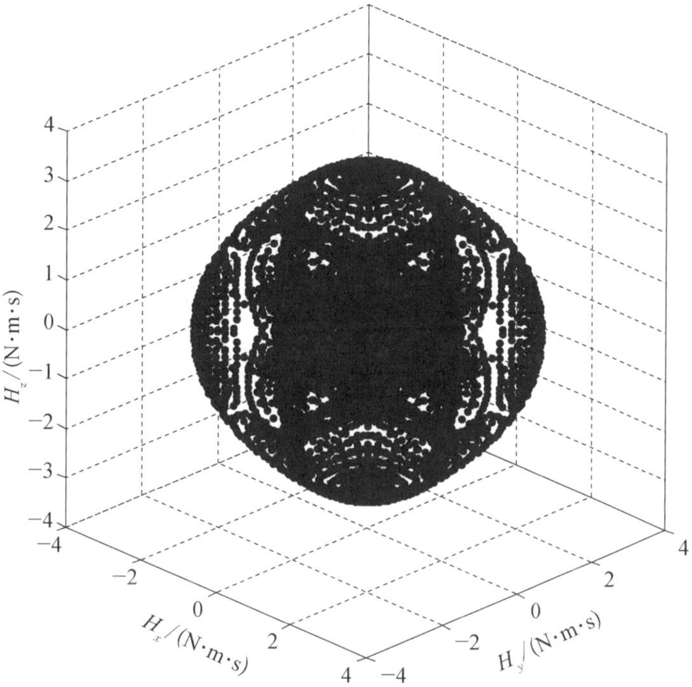


图3－25　金字塔构型奇异角动量点集合

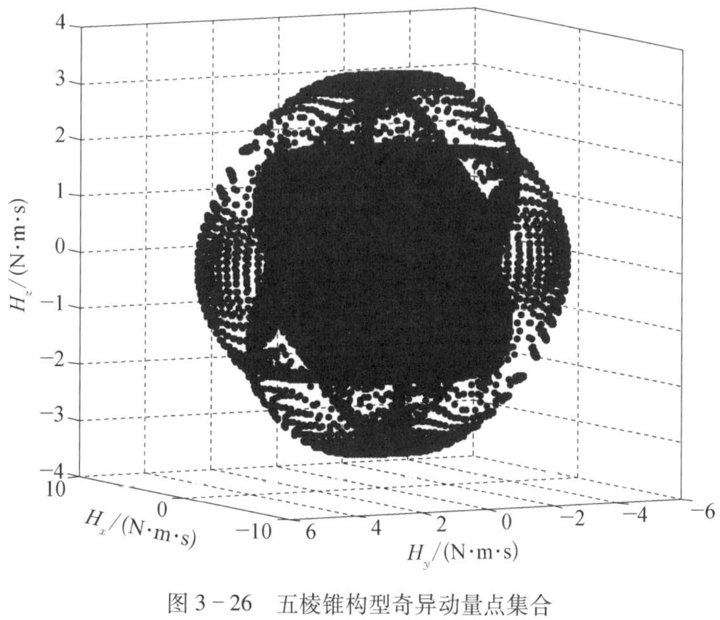


图3－26　五棱锥构型奇异动量点集合

$$\varepsilon = \frac{r_{in}}{R_{out}}$$

构型效益：在某一构型下的构型效益为 CMG 系统角动量包络上的最小角动量与 CMG 的角动量的代数和之比。

$$\gamma = \min_{\xi} \max_{\delta}(\boldsymbol{h} \mid \xi) \frac{1}{nh}$$

式中，$\xi$ 为角动量原点 $\boldsymbol{h} = [0, 0, 0]^{T}$ 指向包络的方向。角动量包络具有下列性质：根据上述 CMG 的构型形式，角动量包络关于原点 $\boldsymbol{h}$ 对称（$\boldsymbol{h}_{bias}$ 一般为 $[0, 0, 0]^{T}$）；角动量区域是连通的。

根据该指标如果要达到最大的动量效益，CMG 系统应该有无限个 CMG 组成，框架角沿球面均匀分布，此时的最大构型效益可达

$$\gamma_{max} = \frac{\pi}{4} = 0.785$$

由于该指标没有考虑系统奇异性和失效后性能，所以为综合考虑构型的优劣，引入构型分析的指标——失效效益、可控效益和奇异点损失率。

失效效益：在某一构型下的失效效益为 CMG 系统失效一个 CMG 后的角动量包络上的最小角动量与失效前 CMG 群角动量的代数和之比。

$$\lambda = \min_{\xi} \max_{\delta}(\boldsymbol{h}'(\delta) \mid \xi) \frac{1}{nh} \tag{3-27}$$

式中，$n$ 为失效前 CMG 的数量；$\boldsymbol{h}'(\delta)$ 为失效后 CMG 群的动量值。

可控效益：在系统角动量空间中不包含椭圆奇点的最大角动量球空间的半径与各 CMG 角动量值代数和之比称为可控效益。

$$\chi = \min_{\xi}(\boldsymbol{h}(\delta_s) \mid \xi) \frac{1}{nh} \tag{3-28}$$

奇异点损失率：角动量包络构型效益与可控效益之差。

$$\mu = \gamma - \chi \tag{3-29}$$

为了对 CMG 的构型进行分析和研究，可以采用表 3-6 中的评价指标。

**表 3-6 构型评价指标**

| 构型评价指标 | 内涵 |
|---|---|
| 构型效率 | 构型效率 $\varepsilon$ 越大，表明 CMG 群具有三轴力矩输出能力越强 |
| 构型效益 | 构型效益反映了 CMG 群角动量在空间中的分布形式。构型效益越高，该构型 CMG 的角动量输出能力越大 |

续　表

| 构型评价指标 | 内　　涵 |
| --- | --- |
| 可控效益 | 该指标是系统奇异点分布的一种度量，可控效益大，则不含椭圆奇异点的角动量空间大，奇异点分布离角动量包络近 |
| 失效效益 | 失效效益反映了 CMG 失效后对 CMG 群角动量包络的影响 |
| 奇异点损失率 | 剔除了不同构型的构型效益对可控效益的影响，直接反映了构型对奇点分布的影响 |

通过计算可得到各种典型的 CMG 群构型的指标，如表 3－7 所示。

**表 3－7　各种构型分析**

| 构　　型 | 构型效益 | 失效效益 | 可控效益 | 奇点损失率 |
| --- | --- | --- | --- | --- |
| 双平行构型 | 0.5 | 0.25 | 0 | 0.5 |
| 三平行构型 | 0.666 7 | 0.5 | 0.333 3 | 0.333 3 |
| 金字塔构型 | 0.734 7 | 0.492 4 | 0.283 1 | 0.451 6 |
| 四棱锥构型 | 0.737 3 | 0.540 3 | 0.351 1 | 0.386 2 |
| 五面锥构型 | 0.738 1 | 0.554 3 | 0.383 6 | 0.354 5 |
| 五棱锥构型 | 0.745 1 | 0.600 8 | 0.712 3 | 0.032 8 |

## 3.4　控制力矩陀螺操纵律设计

在使用 CMG 进行姿态控制时，要求设计的操纵律具有良好操纵性能，驱动 CMG 群系统产生期望力矩。但是，由于奇异状态的存在，使得 CMG 在某些奇异状态下输不出期望力矩，因此，研究 CMG 避奇异操纵律引起了诸多学者的兴趣。文献[13]指出 CMG 操纵律的主要思想即是通过求解 CMG 系统的动力学逆问题，得到满足需求的框架角速度指令，这种算法简单易行。文献[14]和[15]将 CMG 群安装倾斜角 $\beta$ 作为控制变量引入 CMG 群操纵控制，设计了可变构型的控制力矩陀螺操纵控制方法。针对控制力矩陀螺的奇异鲁棒操纵律存在的框架“锁死”现象，文献[16]设计了一种姿态控制力矩指令随奇异度量动态螺旋搜索矢量调节的新型规避策略，实现快速避奇异。文献[17]和[18]针对 CMG 框架角奇异饱和问题，设计了一种零运动奇异规避动态分配与指令力矩随奇异度量相应调节的控制力矩陀螺操纵律，实现了 CMG 框架角速度去饱和快速脱离奇异。在航天器姿态敏捷机动过程中，该操纵方法实现了奇异规避的同时可有效避免卫星挠性振动激发[19]。文献[20]指出 CMG 群的混合逆、广义逆、一般逆、奇异鲁棒逆、一般奇异鲁棒逆、奇异方向、局部梯度、混合操纵等几种 CMG 操纵律，来源于一个共同的最优化指标函数 $J=\frac{1}{2}\boldsymbol{\tau}_{\mathrm{e}}^{\mathrm{T}}R\boldsymbol{\tau}_{\mathrm{e}}+\frac{1}{2}\dot{\boldsymbol{\delta}}_{\mathrm{e}}^{\mathrm{T}}Q\dot{\boldsymbol{\delta}}_{\mathrm{e}}$，并且在最优化求解过程中都没有考虑奇异构型。

在研究控制力矩陀螺时，常速控制力矩陀螺只有一个控制自由度，即改变 CMG 的角动量方向，而变速控制力矩陀螺由于既具有大力矩输出，又具有精细力矩输出的优点，吸引了更多学者开展研究。文献[21]将一步预测奇异度量的操纵律应用到 VSCMG 中，设计了最小化奇异度量指标和能量指标函数，得到了 VSCMG 的最优操纵律。文献[22]和[23]提出增益规划加权力矩系数动态分配的变速控制力矩陀螺操纵律，实现了 VSCMG 力矩的大力矩输出与精细力矩输出的平稳过渡。

本节针对航天器姿态控制不同应用需求，研究了多种类型的控制力矩陀螺操纵控制方法。

### 3.4.1 剪刀型控制力矩陀螺操纵律

1. 设计原理

部分遥感卫星可通过绕滚动轴侧摆机动实现不同条带目标的观测，即仅对航天器单轴敏捷机动提出要求，采用全 CMG 配置从经济成本上考虑不合适。这需要设计控制力矩陀螺新构型，以实现单轴力矩输出最大化，其余两轴可通过其他执行机构（如磁力矩器、推力器）实现稳态控制[24]。剪刀型控制力矩陀螺，通过偶数个控制力矩陀螺对称安装，能够最大限度地发挥控制力矩陀螺角动量包络，实现航天器单轴力矩输出，在部分遥感卫星单轴侧摆机动成像中得到应用。本小节研究了剪刀型控制力矩陀螺操纵方法。

剪刀型 CMG 典型配置为安装两个对称 CMG，其控制的基本原理是根据期望的单轴姿态机动控制力矩在两个 CMG 之间进行合理分配，同时通过操纵控制算法使两个 CMG 低速框架角尽量保持同步，避免在其他方向产生扰动力矩。

剪刀型安装方式为两个 CMG 零位时角动量矢量相反，且角动量矢量与低速框架轴矢量均垂直于需要提供机动力矩的星体轴向。

如图 3-27 所示，令机动轴为 $X$ 轴，两个 CMG 角动量在框架角零位时方向相反，均垂直于 $X$ 轴，并在机动过程中相对于 $X$ 轴对称，两个 CMG 标称角动量都为 $h$。因此所提供的机动控制力矩沿 $X$ 轴方向。定义期望的 CMG 控制力矩 $T_{cmg}$ 沿 $X$ 轴正方向时为正，定义两个 CMG 框架角 $\delta_1$ 和 $\delta_2$ 为角动量与 $X$ 轴垂直时为零，向 $X$ 轴正方向转动时为正。$\delta_1$ 和 $\delta_2$ 的转动范围应为 $-90° \sim +90°$。定义两 CMG 框架角速度 $\dot{\delta}_1$ 和 $\dot{\delta}_2$ 正向为框架角 $\delta_1$ 和 $\delta_2$ 增大的方向。

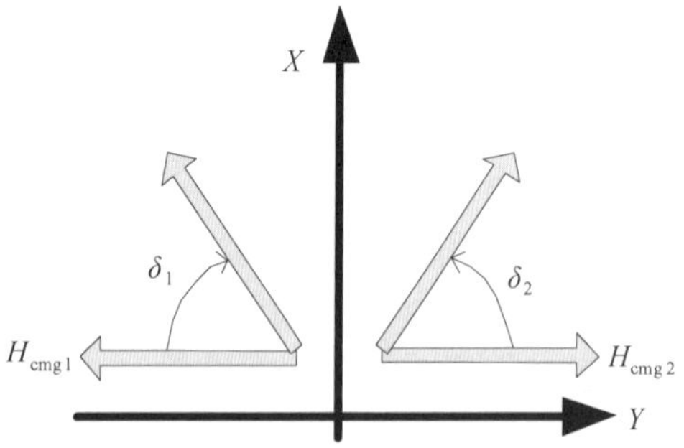

图 3-27 剪刀型 CMG 典型安装示意图

单个 CMG 低速框架转动提供的力矩可表示为

$$\boldsymbol{T}_{cmg} = -\dot{\boldsymbol{\delta}}_i \times \boldsymbol{h}_i \tag{3-30}$$

在初始框架角时，力矩方向垂直于框架轴和角动量矢量方向。随着框架角的转动，力矩方向将分为沿 $X$ 轴方向与垂直于 $X$ 轴方向。

CMG1 产生的沿 $X$ 轴方向和 $Y$ 轴(垂直于 $X$ 轴)方向的力矩分别为

$$\begin{cases}T_{1X}=-\dot{\delta}_1 h\cos\delta_1\\ T_{1Y}=-\dot{\delta}_1 h\sin\delta_1\end{cases} \tag{3-31}$$

CMG2 产生的沿 $X$ 轴方向和 $Y$ 轴(垂直于 $X$ 轴)方向的力矩分别为

$$\begin{cases}T_{2X}=-\dot{\delta}_2 h\cos\delta_2\\ T_{2Y}=-\dot{\delta}_2 h\sin\delta_2\end{cases} \tag{3-32}$$

当两个 CMG 的框架角度和角速度均相等时,将产生只有沿 $X$ 轴方向的合成力矩。

因此,单组剪刀型安装的控制力矩陀螺指令操纵律可表示为

$$\dot{\delta}_{\mathrm{d1}}=\frac{-T_{\mathrm{cmg}}}{2h\cos\delta_1} \tag{3-33}$$

由于标称情况两个成对的 CMG 运动始终相对于 $X$ 轴对称,因此其输出力矩在 $X$ 轴分量大小相同,而垂直于 $X$ 轴的分量大小相同且方向相反,可以相互抵消。

为实现两个成对的 CMG 低速框架角保持同步,低速框架角速度协调项引入 PI 控制,以保证标称框架角速度分配项的工作条件。采用 CMG2 低速框架角跟踪 CMG1 低速框架角的方式,则有

$$\dot{\delta}_{\mathrm{d2}}=\dot{\delta}_{\mathrm{d1}}+K_{\mathrm{p}}(\delta_1-\delta_2)+K_i\int(\delta_1-\delta_2) \tag{3-34}$$

式(3-33)和式(3-34)给出了典型剪刀型的双 CMG 操纵方法,通过两个双 CMG 操纵控制能够实现 $X$ 轴力矩输出,且 $Y$ 轴的合成力矩为 0。

图 3-27 给出了剪刀型两个 CMG 的典型安装,但是当航天器单轴姿态机动所需控制力矩较大时,可采用多个 CMG 的剪刀型安装,以满足航天器姿态机动需求。下面给出多个 CMG 的剪刀型安装的操纵控制方法。为更具一般性,设定多个 CMG 标称角动量不一致(标称角动量一致的情况同样适用)。

如图 3-28 所示,当采用 $m$ 个($m$ 为 2 的倍数)剪刀型安装的 CMG 进行航天器单轴姿态控制时,其指令操纵律可参考式(3-33)设计,将式(3-33)中的 2 替换为 $m$ 即可,相应的式(3-34)中的框架角速度协调项中为任意两个成对的 CMG 中偶数项的控制力矩陀螺框架角跟踪奇数项控制力矩陀螺的框架角。如图 3-28 所示,设 CMG1 和 CMG4 对称安装,标称角动量为 $h_0$;CMG2 和 CMG3 对称安装,标称角动量为 $h_1$。根据不同标称角动量的控制力矩陀螺以相同框架角速度驱动控制的原则,则剪

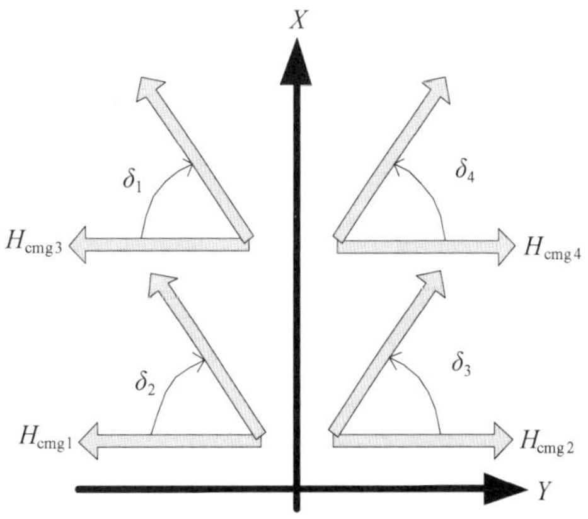


图 3-28　多组剪刀型 CMG 安装构型示意图

刀型控制力矩陀螺指令操纵律可表示为

$$\begin{cases} \dot{\delta}_{d1} = \dfrac{-T_{cmg}}{2(h_0 + h_1)\cos\delta_1} \\ \dot{\delta}_{d2} = \dfrac{-T_{cmg}}{2(h_0 + h_1)\cos\delta_2} \end{cases} \tag{3-35}$$

其中,CMG3 和 CMG4 的框架角速度协调项可参考式(3-34)进行设计,具体为

$$\begin{cases} \dot{\delta}_{d3} = \dot{\delta}_{d2} + K_{p1}(\delta_2 - \delta_3) + K_{i1}\int(\delta_2 - \delta_3) \\ \dot{\delta}_{d4} = \dot{\delta}_{d1} + K_{p2}(\delta_1 - \delta_4) + K_{i2}\int(\delta_1 - \delta_4) \end{cases} \tag{3-36}$$

2. 仿真实例

进行航天器姿态机动数学仿真,校验剪刀型安装控制力矩陀螺操纵控制方法的有效性及姿态控制能力。

设置星体转动惯量矩阵为 $\boldsymbol{J} = \text{diag}(1\,000,\ 600,\ 600)\ \text{kg}\cdot\text{m}^2$、星体姿态控制带宽为 0.15 Hz。2 个 CMG 采用剪刀型安装,每个 CMG 标称角动量为 250 N · m · s,CMG 框架最大角速度为 1 rad/s,采用 2.2.1 节的正弦机动路径。卫星初始姿态为[0°, 0°, 0°],目标姿态为[25°, 0°, 0°]。仿真结果如图 3-29 和图 3-30 所示,在 $t$=10 s 时,开始进行姿态机动控制。在姿态机动控制期间,星体姿态控制误差优于 $4\times10^{-3}$(°)。2 个 CMG 实现了通过一致的框架角速度驱动,实现共同输出力矩。仿真结果表明:2 个标称角动量一致的控制力矩陀螺按照剪刀式安装,能够实现航天器单轴快速机动,且在其他轴上干扰较小,验证了式(3-33)和式(3-34)给出的剪刀式安装的控制力矩陀螺操纵方法的正确性。

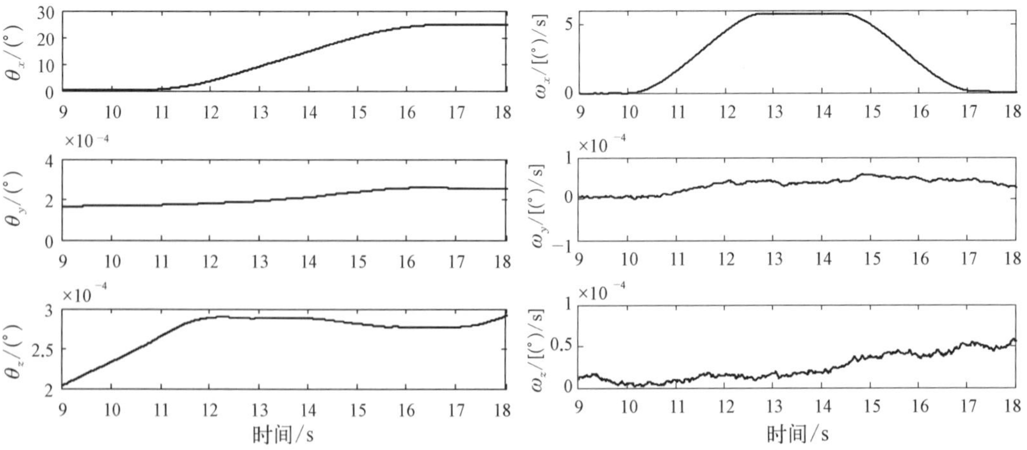

(a) 星体姿态图　　(b) 星体角速度

图 3-29　星体姿态和角速度

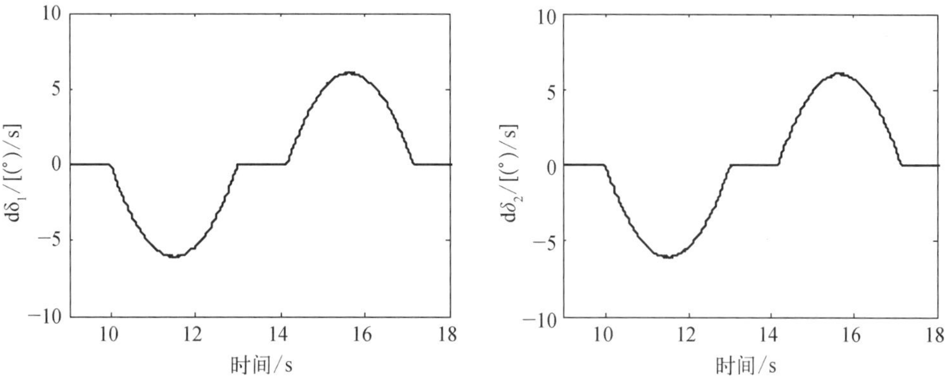


图 3 − 30　CMG 低速框架角速度

### 3.4.2　基于零运动奇异规避操纵方法

1. 设计原理

为实现在任意状态下 CMG 群都具备三轴力矩输出能力,必须设计良好性能的操纵律以解决 CMG 群的奇异规避问题。其操纵律相对剪刀型操纵律更为复杂。针对 CMG 群的奇异规避问题,提出基于零运动的奇异规避操纵方法[25,26],在 CMG 低速框架陷入奇异状态时,在不引起角动量变化的情况下,通过低速框架重构,实现奇异规避。本小节研究了零运动奇异规避操纵的设计方法、低速框架回标称框架角的控制方法。

控制力矩陀螺群操纵控制主要面临动态构型奇异问题,当控制力矩陀螺群陷入框架构型奇异状态,控制力矩陀螺群丧失三维控制能力。通过设计良好性能的控制力矩陀螺群操纵律,能够有效避免丧失三维控制能力。控制力矩陀螺群的操纵律设计是其动力学的逆问题,即根据控制力矩陀螺群框架角,合理分配各框架转速指令,使控制力矩陀螺群的输出力矩与星体姿态控制系统要求的指令控制力矩相等。由于控制量的维数大于控制自由度,逆问题的解不是唯一,最优解应满足控制力矩陀螺群力矩方程及优化指标。

定义指标函数为

$$Q = \frac{1}{2}\alpha\,\dot{\boldsymbol{\delta}}^{\mathrm{T}}\dot{\boldsymbol{\delta}} + \frac{1}{2}\left(\boldsymbol{C}\dot{\boldsymbol{\delta}} - \frac{\boldsymbol{T}}{h}\right)^{\mathrm{T}}\left(\boldsymbol{C}\dot{\boldsymbol{\delta}} - \frac{\boldsymbol{T}}{h}\right) \tag{3-37}$$

对式(3 − 37)求导,令 $\dfrac{\partial Q}{\partial\dot{\delta}} = 0$, 则可得到奇异鲁棒逆指令操纵律表示为

$$\dot{\boldsymbol{\delta}}_{\mathrm{T}} = -\frac{1}{h}\boldsymbol{C}^{\mathrm{T}}\left(\boldsymbol{C}\boldsymbol{C}^{\mathrm{T}} + \alpha\boldsymbol{I}_{3\times3}\right)^{-1}\boldsymbol{T} \tag{3-38}$$

式中, $\boldsymbol{I}_{n\times n}$ 为 $n\times n$ 的单位矩阵, $\alpha$ 为防奇异因子权系数,表示为

$$\alpha = \alpha_0 \exp(-\mu D) \tag{3-39}$$

式中,$\alpha_0$和$\mu$是设计的标量常数;exp(·)为指数函数。

1)框架再构型的零运动奇异规避

在航天器姿态控制过程中,指令力矩的变化趋势是不可预知的,因而难以预估力矩陀螺群角动量及框架构型的变化趋向,但可利用构型奇异度量式(3-26)中的$D$实时评估构型的品质,并作为限制条件。不断地将框架再构型,预防进入奇异状态。因此,在控制力矩陀螺群中框架角速度指令中应引入框架再构型指令。由于框架再构型不应引起附加的陀螺力矩,这种框架构型的调整可称为空转。再构型指令称为空转指令或空转控制。空转指令可由力矩方程齐次部分得出,具体可表示为

$$\dot{\boldsymbol{\delta}}_{\mathrm{N}} = \alpha_{\mathrm{N}}[\boldsymbol{I}_{n\times n} - \boldsymbol{C}^{\mathrm{T}}(\boldsymbol{C}\boldsymbol{C}^{\mathrm{T}} + \alpha\boldsymbol{I}_{3\times 3})^{-1}\boldsymbol{C}]\left(\frac{\partial D}{\partial \boldsymbol{\delta}}\right) \tag{3-40}$$

下面列出梯度矢量$\dfrac{\partial D}{\partial \boldsymbol{\delta}}$的显式表达式:

$$\frac{\partial D}{\partial \boldsymbol{\delta}} = \begin{bmatrix} \dfrac{\partial D}{\partial \delta_1} & \cdots & \dfrac{\partial D}{\partial \delta_n} \end{bmatrix}^{\mathrm{T}} \tag{3-41}$$

令矩阵$\boldsymbol{C}\boldsymbol{C}^{\mathrm{T}}$的元素为$e_{m,k}$,其对$\delta_i$的偏导数为$e'_{m,k,i}$。则式(3-26)定义的CMG群的奇异度量$D$可具体表示为

$$D = e_{11}e_{22}e_{33} + e_{21}e_{32}e_{13} + e_{31}e_{23}e_{12} - e_{13}e_{22}e_{31} - e_{12}e_{21}e_{33} - e_{11}e_{32}e_{23} \tag{3-42}$$

则梯度矢量$\dfrac{\partial D}{\partial \boldsymbol{\delta}}$的显式表达式(3-41)中的各元素表示为

$$\begin{aligned} \frac{\partial D}{\partial \delta_i} = {} & e'_{11i}(e_{22}e_{33} - e_{23}^2) + e'_{22i}(e_{11}e_{33} - e_{13}^2) + e'_{33i}(e_{11}e_{22} - e_{12}^2) \\ & + 2e'_{12i}(e_{13}e_{23} - e_{12}e_{33}) + 2e'_{13i}(e_{12}e_{23} - e_{22}e_{13}) \\ & + 2e'_{23i}(e_{12}e_{13} - e_{11}e_{23}) \end{aligned} \tag{3-43}$$

式中,$e'_{m,k,i} = \dfrac{\partial e_{m,k}}{\partial \delta_i}$,其具体计算公式为

$$\begin{aligned} \frac{\partial(\boldsymbol{C}\boldsymbol{C}^{\mathrm{T}})}{\partial \delta_i} & = \left(\boldsymbol{A}\frac{\partial \cos\boldsymbol{\delta}}{\partial \delta_i} - \boldsymbol{B}\frac{\partial \sin\boldsymbol{\delta}}{\partial \delta_i}\right)\boldsymbol{C}^{\mathrm{T}} + \boldsymbol{C}\left(\frac{\partial \cos\boldsymbol{\delta}}{\partial \delta_i}\boldsymbol{A}^{\mathrm{T}} - \frac{\partial \sin\boldsymbol{\delta}}{\partial \delta_i}\boldsymbol{B}^{\mathrm{T}}\right) \\ & = \left(\boldsymbol{A}\begin{bmatrix} 0 & 0 & 0 \\ & \ddots & \\ 0 & -\sin\delta_i & 0 \\ & & \ddots \\ 0 & 0 & 0 \end{bmatrix} - \boldsymbol{B}\begin{bmatrix} 0 & 0 & 0 \\ & \ddots & \\ 0 & \cos\delta_i & 0 \\ & & \ddots \\ 0 & 0 & 0 \end{bmatrix}\right)(\boldsymbol{A}\cos\boldsymbol{\delta} - \boldsymbol{B}\sin\boldsymbol{\delta})^{\mathrm{T}} \end{aligned}$$

$$+(\boldsymbol{A}\cos\boldsymbol{\delta}-\boldsymbol{B}\sin\boldsymbol{\delta})\left(\begin{bmatrix}0 & 0 & 0\\ & \ddots & \\ 0 & -\sin\delta_i & 0\\ & & \ddots\\ 0 & 0 & 0\end{bmatrix}\boldsymbol{A}^{\mathrm{T}}-\begin{bmatrix}0 & 0 & 0\\ & \ddots & \\ 0 & \cos\delta_i & 0\\ & & \ddots\\ 0 & 0 & 0\end{bmatrix}\boldsymbol{B}^{\mathrm{T}}\right)$$

$$=\underbrace{\boldsymbol{A}\begin{bmatrix}0 & 0 & 0\\ & \ddots & \\ 0 & -\sin\delta_i & 0\\ & & \ddots\\ 0 & 0 & 0\end{bmatrix}(\boldsymbol{A}\cos\boldsymbol{\delta}-\boldsymbol{B}\sin\boldsymbol{\delta})^{\mathrm{T}}}_{\boldsymbol{m}_1}$$

$$\underbrace{-\boldsymbol{B}\begin{bmatrix}0 & 0 & 0\\ & \ddots & \\ 0 & \cos\delta_i & 0\\ & & \ddots\\ 0 & 0 & 0\end{bmatrix}(\boldsymbol{A}\cos\boldsymbol{\delta}-\boldsymbol{B}\sin\boldsymbol{\delta})^{\mathrm{T}}}_{\boldsymbol{m}_2}$$

$$\underbrace{+(\boldsymbol{A}\cos\boldsymbol{\delta}-\boldsymbol{B}\sin\boldsymbol{\delta})\begin{bmatrix}0 & 0 & 0\\ & \ddots & \\ 0 & -\sin\delta_i & 0\\ & & \ddots\\ 0 & 0 & 0\end{bmatrix}\boldsymbol{A}^{\mathrm{T}}}_{\boldsymbol{m}_3}$$

$$\underbrace{-(\boldsymbol{A}\cos\boldsymbol{\delta}-\boldsymbol{B}\sin\boldsymbol{\delta})\begin{bmatrix}0 & 0 & 0\\ & \ddots & \\ 0 & \cos\delta_i & 0\\ & & \ddots\\ 0 & 0 & 0\end{bmatrix}\boldsymbol{B}^{\mathrm{T}}}_{\boldsymbol{m}_4} \tag{3-44}$$

定义式(3－44)中各项分别为

$$\boldsymbol{m}_1=\boldsymbol{A}\begin{bmatrix}0 & 0 & 0\\ & \ddots & \\ 0 & -\sin\delta_i & 0\\ & & \ddots\\ 0 & 0 & 0\end{bmatrix}\cos\boldsymbol{\delta}\boldsymbol{A}^{\mathrm{T}}-\boldsymbol{A}\begin{bmatrix}0 & 0 & 0\\ & \ddots & \\ 0 & -\sin\delta_i & 0\\ & & \ddots\\ 0 & 0 & 0\end{bmatrix}\sin\boldsymbol{\delta}\boldsymbol{B}^{\mathrm{T}} \tag{3-45}$$

$$=-\sin\delta_i\cos\delta_i\boldsymbol{A}_i\boldsymbol{A}_i^{\mathrm{T}}+\sin^2\delta_i\boldsymbol{A}_i\boldsymbol{B}_i^{\mathrm{T}}$$

$$\boldsymbol{m}_2 = \boldsymbol{B}\begin{bmatrix} 0 & 0 & 0 \\ & \ddots & \\ 0 & \cos\delta_i & 0 \\ & & \ddots \\ 0 & 0 & 0 \end{bmatrix}\cos\boldsymbol{\delta}\boldsymbol{A}^{\mathrm{T}} - \boldsymbol{B}\begin{bmatrix} 0 & 0 & 0 \\ & \ddots & \\ 0 & \cos\delta_i & 0 \\ & & \ddots \\ 0 & 0 & 0 \end{bmatrix}\sin\boldsymbol{\delta}\boldsymbol{B}^{\mathrm{T}} \tag{3-46}$$

$$= \cos^2\delta_i\boldsymbol{B}_i\boldsymbol{A}_i^{\mathrm{T}} - \sin\delta_i\cos\delta_i\boldsymbol{B}_i\boldsymbol{B}_i^{\mathrm{T}}$$

$$\boldsymbol{m}_3 = \boldsymbol{A}\cos\boldsymbol{\delta}\begin{bmatrix} 0 & 0 & 0 \\ & \ddots & \\ 0 & -\sin\delta_i & 0 \\ & & \ddots \\ 0 & 0 & 0 \end{bmatrix}\boldsymbol{A}^{\mathrm{T}} - \boldsymbol{B}\sin\boldsymbol{\delta}\begin{bmatrix} 0 & 0 & 0 \\ & \ddots & \\ 0 & -\sin\delta_i & 0 \\ & & \ddots \\ 0 & 0 & 0 \end{bmatrix}\boldsymbol{A}^{\mathrm{T}} \tag{3-47}$$

$$= -\sin\delta_i\cos\delta_i\boldsymbol{A}_i\boldsymbol{A}_i^{\mathrm{T}} + \sin^2\delta_i\boldsymbol{B}_i\boldsymbol{A}_i^{\mathrm{T}}$$

$$\boldsymbol{m}_4 = \boldsymbol{A}\cos\boldsymbol{\delta}\begin{bmatrix} 0 & 0 & 0 \\ & \ddots & \\ 0 & \cos\delta_i & 0 \\ & & \ddots \\ 0 & 0 & 0 \end{bmatrix}\boldsymbol{B}^{\mathrm{T}} - \boldsymbol{B}\sin\boldsymbol{\delta}\begin{bmatrix} 0 & 0 & 0 \\ & \ddots & \\ 0 & \cos\delta_i & 0 \\ & & \ddots \\ 0 & 0 & 0 \end{bmatrix}\boldsymbol{B}^{\mathrm{T}} \tag{3-48}$$

$$= \cos^2\delta_i\boldsymbol{A}_i\boldsymbol{B}_i^{\mathrm{T}} - \sin\delta_i\cos\delta_i\boldsymbol{B}_i\boldsymbol{B}_i^{\mathrm{T}}$$

式中,矩阵 $\begin{bmatrix} 0 & 0 & 0 \\ & \ddots & \\ 0 & -\sin\delta_i & 0 \\ & & \ddots \\ 0 & 0 & 0 \end{bmatrix}$ 表示为第 $i$ 行第 $i$ 列的元素为 $-\sin\delta_i$,其余为 0 的矩阵。

则式(3-44)结果为

$$\begin{aligned}
\frac{\partial(\boldsymbol{C}\boldsymbol{C}^{\mathrm{T}})}{\partial\delta_i} &= \boldsymbol{m}_1 - \boldsymbol{m}_2 + \boldsymbol{m}_3 - \boldsymbol{m}_4 \\
&= (-\sin\delta_i\cos\delta_i\boldsymbol{A}_i\boldsymbol{A}_i^{\mathrm{T}} + \sin^2\delta_i\boldsymbol{A}_i\boldsymbol{B}_i^{\mathrm{T}}) - (\cos^2\delta_i\boldsymbol{B}_i\boldsymbol{A}_i^{\mathrm{T}} - \sin\delta_i\cos\delta_i\boldsymbol{B}_i\boldsymbol{B}_i^{\mathrm{T}}) \\
&\quad + (-\sin\delta_i\cos\delta_i\boldsymbol{A}_i\boldsymbol{A}_i^{\mathrm{T}} + \sin^2\delta_i\boldsymbol{B}_i\boldsymbol{A}_i^{\mathrm{T}}) - (\cos^2\delta_i\boldsymbol{A}_i\boldsymbol{B}_i^{\mathrm{T}} - \sin\delta_i\cos\delta_i\boldsymbol{B}_i\boldsymbol{B}_i^{\mathrm{T}}) \\
&= -2\sin\delta_i\cos\delta_i\boldsymbol{A}_i\boldsymbol{A}_i^{\mathrm{T}} + 2\sin\delta_i\cos\delta_i\boldsymbol{B}_i\boldsymbol{B}_i^{\mathrm{T}} + (\sin^2\delta_i - \cos^2\delta_i)\boldsymbol{A}_i\boldsymbol{B}_i^{\mathrm{T}} \\
&\quad + (\sin^2\delta - \cos^2\delta_i)\boldsymbol{B}_i\boldsymbol{A}_i^{\mathrm{T}} \\
&= 2\sin\delta_i\cos\delta_i(\boldsymbol{B}_i\boldsymbol{B}_i^{\mathrm{T}} - \boldsymbol{A}_i\boldsymbol{A}_i^{\mathrm{T}}) + (\sin^2\delta_i - \cos^2\delta_i)(\boldsymbol{A}_i\boldsymbol{B}_i^{\mathrm{T}} + \boldsymbol{B}_i\boldsymbol{A}_i^{\mathrm{T}})
\end{aligned} \tag{3-49}$$

式中，$\boldsymbol{A}_i$ 为矩阵 $\boldsymbol{A}$ 的第 $i$ 列；$\boldsymbol{B}_i$ 为矩阵 $\boldsymbol{B}$ 的第 $i$ 列；$\boldsymbol{B}_i\boldsymbol{B}_i^{\mathrm{T}}-\boldsymbol{A}_i\boldsymbol{A}_i^{\mathrm{T}}$ 和 $\boldsymbol{A}_i\boldsymbol{B}_i^{\mathrm{T}}+\boldsymbol{B}_i\boldsymbol{A}_i^{\mathrm{T}}$ 为3×3对称矩阵，是常值矩阵，与框架转角无关。

2）回标称框架角的零运动

采用3.3.2小节给出的方法，求取CMG低速框架组合的奇异度量和特征值，将奇异度量大、特征值分布均匀的CMG框架角组合优选出来，作为CMG群的初始标称框架角，记为 $\boldsymbol{\delta}_0$。此时，控制力矩陀螺群合成角动量为0，奇异度量 $D$ 值最大，离奇异状态越远，可产生沿任意方向的力矩。

在航天器姿态控制过程中由于各种干扰的积累，CMG群的框架角会偏离标称框架角，因此需要研究回标称框架角的零运动控制算法。回标称框架角的零运动控制算法设计思路与框架再构型的零运动的空转指令不同。框架再构型的零运动是在合成角动量不变的情况下，沿着角动量的等高线避奇异运动，不规定具体的运动方向。回标称框架角的零运动控制算法，要求CMG沿着无输出力矩的角速度方向朝标称框架角处运动，具有明确的运动方向。设计的回标称框架角的零运动控制算法能够保证每次机动的起始位置与标称位置接近，具有更好的机动性能。

设计的回标称框架角的零运动控制为

$$\dot{\boldsymbol{\delta}}_{\mathrm{zero}}=k_{\mathrm{zero}}[\boldsymbol{I}_{n\times n}-\boldsymbol{C}^{\mathrm{T}}(\boldsymbol{C}\boldsymbol{C}^{\mathrm{T}}+\alpha\boldsymbol{I}_{3\times3})^{-1}\boldsymbol{C}](\boldsymbol{\delta}_0-\boldsymbol{\delta}) \tag{3-50}$$

即为CMG群回标称框架角的零运动框架角速度指令。

综上所述，基于零运动奇异规避的控制力矩陀螺群操纵律可表示为

$$\dot{\boldsymbol{\delta}}_{\mathrm{sum}}=\dot{\boldsymbol{\delta}}_{\mathrm{T}}+\dot{\boldsymbol{\delta}}_{\mathrm{N}}+\dot{\boldsymbol{\delta}}_{\mathrm{zero}} \tag{3-51}$$

2. 仿真实例

为了验证本节基于零运动奇异规避操纵方法的有效性，结合卫星姿态机动开展数学仿真校验。星体转动惯量矩阵 $\boldsymbol{J}=\mathrm{diag}\{2\,200,\ 1\,200,\ 1\,000\}\ \mathrm{kg\cdot m^2}$，配置5个70 N·m·s单框架控制力矩陀螺，以五棱锥构型安装，其框架最大角速度为1 rad/s。在 $t=5$ s时，星体由零姿态机动至目标姿态 $[40°\ 20°\ 0°]^{\mathrm{T}}$。仿真参数见表3-8。

**表3-8　仿 真 参 数**

| 项 | 值 |
|---|---|
| $\mu$ | 2 |
| $\alpha_{\mathrm{N}}$ | 0.1 |
| $\boldsymbol{\delta}_0$ | [90°,90°,90°,90°,90°] |
| $\alpha_0$ | 0.000 1 |
| $k_{\mathrm{zero}}$ | 0.2 |

仿真结果如下所示。图3-31给出了采用零运动奇异规避操纵方法的敏捷航天器快速机动的三轴姿态角和角速度。图3-32给出在整个姿态机动过程的CMG群的指令框架角速度，在姿态加/减速时，需要低速框架较快的驱动以实现大力矩输出。图3-33给

出了敏捷机动过程梯度避奇异框架角速度，在敏捷机动过程中低速框架遇到奇异状态时，通过式(3-40)计算梯度避奇异矢量，实现奇异状态的规避。图3-34给出了敏捷机动过程回标称框架角的角速度，通过回标称框架角零运动，驱动CMG沿着无输出力矩的角速度方向朝标称框架角处运动，实现每次机动的起始位置与标称框架角位置接近，保证较高的奇异度量值。图3-35给出了整个机动过程中CMG群的低速框架奇异度量值，通过设计的梯度避奇异零运动和回标称框架角零运动，实现了航天器姿态敏捷机动并保证了机动结束后仍具有较高的奇异度量值。

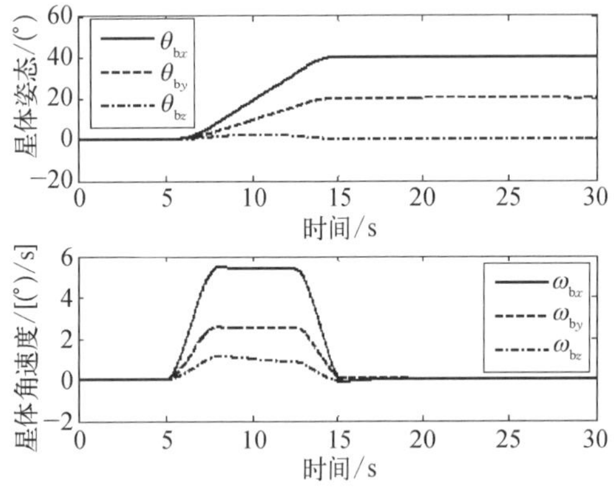


图3-31　敏捷航天器机动过程三轴姿态角和角速度

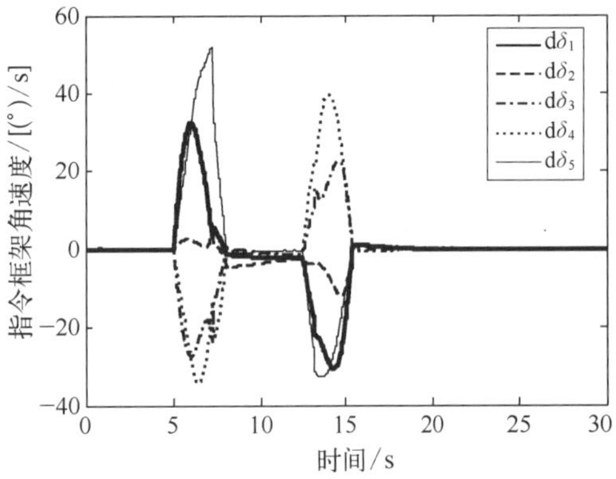


图3-32　敏捷机动过程指令框架角速度

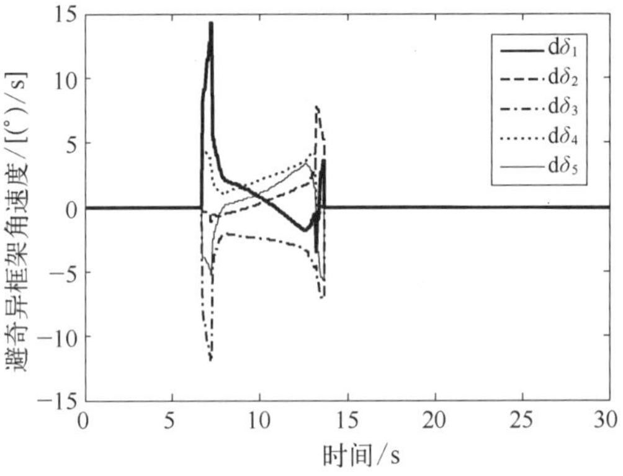


图3-33　敏捷机动过程梯度避奇异框架角速度

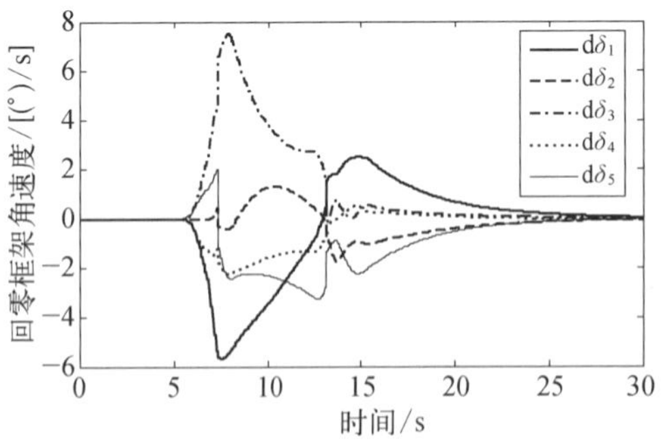


图3-34　敏捷机动过程回标称框架角的角速度

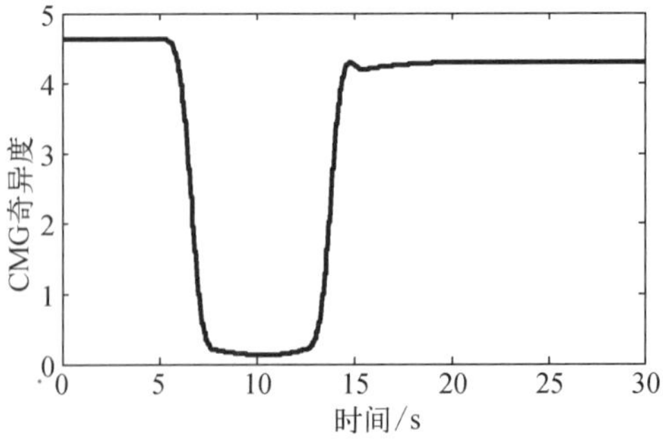


图3-35　敏捷机动过程低速框架奇异度量

### 3.4.3　指令力矩螺旋式搜索的操纵方法

3.4.2小节中的基于零运动奇异规避操纵方法是基于不引起角动量变化，即不产生扰动力矩情况下的奇异规避。由控制力矩陀螺奇异特性可知，对于显奇异状态仅通过不产生扰动力矩的框架构型重组方式是无法实现奇异状态的快速脱离。虽然基于零运动奇异规避操纵方法在求解时引入防奇异因子式(3－38)中的 $\alpha$,使得输出力矩与期望力矩产生偏差以达到脱离奇异的目的。但是引入的防奇异因子只负责数学求解过程非奇异,不具备避奇异的方向选择,无法实现快速避奇异。针对此问题,本小节给出直接对期望控制力矩进行矢量方向及大小自主调节实现奇异规避的思路,提出基于指令力矩螺旋式搜索的奇异规避操纵方法[12,16],有效克服了在框架“锁死”时指令力矩与其特定方向重合而无法脱离的问题。该方法能够实现快速有效脱离框架“锁死”状态并减小对星体姿态的扰动。

1. 设计原理

在航天器姿态控制过程中,当控制力矩实际方向与期望方向偏离时,其偏离程度越大对星体姿态产生扰动也越大。因此当采取力矩偏转方式进行奇异规避时,期望在有效脱离奇异情况下尽量使得指令力矩偏离初始期望值最小。

鉴于此,设计指令力矩螺旋式搜索的操纵律,在力矩矢量调节时尽量围绕初始期望控制力矩指令搜索脱离奇异的偏转力矩方向,其具体思路为:让期望控制指令力矩 $\boldsymbol{T}_c$ 以图 3－36(a) 的 $\boldsymbol{T}_c$ 所在的方向为偏转轴,以 $\theta$ 为偏转角在空间内进行连续的旋转搜索,直到脱离奇异状态。上述思路也可分解为两部分来实现:

(1) 将指令力矩 $\boldsymbol{T}_c$ 绕与其正交的某任意旋转轴 $\boldsymbol{r}=[r_x,r_y,r_z]^{\mathrm{T}}$ 旋转一定角度 $\theta$,得到一个与之对应旋转后的力矩向量 $\boldsymbol{t}_c$;

(2) 将力矩向量 $\boldsymbol{t}_c$ 再以期望指令力矩 $\boldsymbol{T}_c$ 为旋转轴进行旋转一定角度,得到调节后的期望控制力矩。

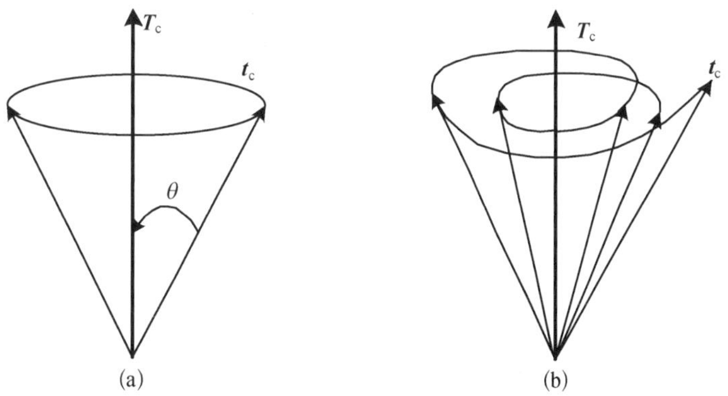


图 3－36　指令力矩螺旋搜索示意图

对于固定角度 $\theta$,当旋转轴 $\boldsymbol{r}$ 选取不同时所得到的向量 $\boldsymbol{t}_c$ 的方向也是不同的。随着旋转轴的改变,得到所有的力矩向量 $\boldsymbol{t}_c$ 分布在一个锥面上,如图 3－36(a) 所示。当把旋转角 $\theta=f(D)$ 设计为随奇异度量值连续单调递减变化时,若系统在接近奇异过程中 $D$ 随之递减,从而使得调节后的期望控制力矩运行轨迹呈现螺旋形式,如图 3－36(b) 所示。故将此类力矩调节的奇异规避称为指令力矩螺旋式搜索的操纵方法。

用数学方法描述,可将以上过程分解成两次旋转,即

$$\boldsymbol{T}_{\text{cad}} = \boldsymbol{R}_2\boldsymbol{R}_1\boldsymbol{T}_{\text{c}} \tag{3-52}$$

式中,$\boldsymbol{R}_1$ 是指令力矩旋转矩阵,$\boldsymbol{R}_2$ 是 $\boldsymbol{t}_{\text{c}} = \boldsymbol{R}_1\boldsymbol{T}_{\text{c}}$ 绕指令力矩旋转矩阵,均由罗德里格旋转公式得到,$\boldsymbol{R} = \boldsymbol{R}_2\boldsymbol{R}_1$ 即为矢量调节系数矩阵;$\boldsymbol{T}_{\text{cad}}$ 为避奇异后的实际输出力矩。

当 $\boldsymbol{T}_{\text{c}} \neq 0$ 时,$\boldsymbol{R}_1$ 和 $\boldsymbol{R}_2$ 的具体选取方式如下。

(1) 指令力矩旋转矩阵 $\boldsymbol{R}_1$ 计算为

$$\boldsymbol{R}_1 = \cos\theta \cdot \boldsymbol{I}_{3\times3} + (1-\cos\theta)\boldsymbol{r}\boldsymbol{r}^{\text{T}} + \sin\theta\begin{bmatrix} 0 & -r_z & r_y \\ r_z & 0 & -r_x \\ -r_y & r_x & 0 \end{bmatrix} \tag{3-53}$$

式中,旋转轴 $\boldsymbol{r}$ 可选为与指令力矩 $\boldsymbol{T}_{\text{c}}$ 正交的任意单位向量,旋转角 $\theta$ 可设计为

$$\theta = \frac{1}{2}\exp(-\eta D^2),\ \theta \in \left(0 \quad \frac{1}{2}\pi\right) \tag{3-54}$$

式中,$\eta$ 为设计的调节系数。

(2) 指令力矩旋转矩阵 $\boldsymbol{R}_2$ 计算为

$$\boldsymbol{R}_2 = \cos\varphi \cdot \boldsymbol{I}_{3\times3} + (1-\cos\varphi)\boldsymbol{r}\boldsymbol{r}^{\text{T}} + \sin\varphi\begin{bmatrix} 0 & -r_z & r_y \\ r_z & 0 & -r_x \\ -r_y & r_x & 0 \end{bmatrix} \tag{3-55}$$

式中,旋转轴 $\boldsymbol{r}$ 为沿指令力矩 $\boldsymbol{T}_{\text{c}}$ 方向的单位矢量,即 $\boldsymbol{r} = \boldsymbol{T}_{\text{c}} / \| \boldsymbol{T}_{\text{c}} \|$,旋转角 $\varphi$ 可取为

$$\varphi = \frac{\mu}{360}\pi t$$

式中,$t$ 为时间;$\mu$ 为设计的调节系数。$\mu$ 的大小影响相邻时间两次旋转角度差 $\Delta\varphi$ 的大小,进而影响搜索的精细程度以及搜索时间,因此需要综合考虑这两方面进行选取。

为防止系统处于奇异状态矩阵不可逆所导致的数值计算问题出现,在指令力矩螺旋式搜索调节策略上引入与奇异鲁棒逆操纵律相同形式的防奇异因子,则指令力矩螺旋式搜索的 CMG 框架角速度指令操纵律设计为

$$\dot{\boldsymbol{\delta}}_{\text{Td}} = -\frac{1}{h}\boldsymbol{C}^{\text{T}}(\boldsymbol{\delta})\left[\boldsymbol{C}(\boldsymbol{\delta})\boldsymbol{C}^{\text{T}}(\boldsymbol{\delta}) + \alpha\boldsymbol{I}_{3\times3}\right]^{-1}\boldsymbol{R}\boldsymbol{T}_{\text{c}} \tag{3-56}$$

式中,$\alpha$ 为鲁棒奇异规避强度系数。为了在系统远离奇异阶段不对系统姿态产生影响,给出式(3-56)所用系数 $\alpha$、$\boldsymbol{R}$ 等调节方法。其中,鲁棒奇异规避强度系数 $\alpha$ 可按式(3-57)如下形式实时调整:

$$\begin{cases} \alpha = D\left(\dfrac{1}{D + 10^{-6}} - \dfrac{1}{d_1 + 10^{-6}}\right), & D < d_1 \\ \alpha = 0, & D \geqslant d_1 \end{cases} \tag{3-57}$$

$\boldsymbol{R}$ 矢量调节系数矩阵可按式(3-58)实时调整：

$$\begin{cases} \boldsymbol{R} = \boldsymbol{R}_2\boldsymbol{R}_1, & D < d_0 \\ \boldsymbol{R} = \boldsymbol{I}_{3\times3}, & D \geqslant d_0 \end{cases} \tag{3-58}$$

式中，$d_1>0$ 为鲁棒奇异规避启动阈值，$d_0>0$ 为矢量调节系数矩阵的启动阈值。为防止 $\alpha$ 过大，需要对其进行限幅处理：若 $\alpha>\alpha_s$，则 $\alpha=\alpha_s$。其中 $\alpha_s>0$ 为限幅值。上述 $\alpha$ 选取策略实现在系统远离奇异点时采用精确的伪逆求解框架角速度指令，而在系统接近或脱离奇异过程中引入或取消鲁棒奇异规避求解框架角速度指令，且保证解算结果变化的平稳性。

在上述指令操纵律的基础上，引入 3.4.2 节设计的零运动操纵律，最终得到基于指令力矩螺旋式搜索操纵律的一般形式，具体为

$$\dot{\boldsymbol{\delta}}_{\text{sum}} = \dot{\boldsymbol{\delta}}_{\text{Td}} + \dot{\boldsymbol{\delta}}_{\text{N}} + \dot{\boldsymbol{\delta}}_{\text{zero}} \tag{3-59}$$

2. 仿真实例

为了验证本节提出的基于指令力矩螺旋式搜索的奇异规避方法的有效性，以金字塔构型的 CMG 群为例，对指令力矩螺旋式搜索的奇异规避方法和奇异鲁棒逆奇异规避方法进行仿真比较，且相关参数的选取方式相同。

设期望指令力矩 $\boldsymbol{T}_c = [4\ 0\ 0]^{\text{T}}$ N·m，每个 CMG 的标称角动量 $h_0=4$ N·m·s，标称框架角选为 $\delta=[0°, 0°, 0°, 0°]^{\text{T}}$，仿真参数见表 3-9。

**表 3-9　仿 真 参 数**

| 参数 | 数值 |
| --- | --- |
| $\alpha_s$ | 0.5 |
| $K_1$ | 0.18 |
| $d_0$ | 0.7 |
| $d_1$ | 0.5 |
| $\mu$ | 4 |
| $\eta$ | 1 |

图 3-37～图 3-40 是鲁棒奇异逆规避算法的仿真结果。从图 3-37 及 3.3.1 节的分析可知，系统在内部显奇异点 $\delta=[90°, 0°, -90°, 0°]^{\text{T}}$ 处陷入奇异；根据图 3-38 可知，当系统进入奇异状态后，沿奇异方向的指令力矩所产生的框架角速度为零，发生框架“锁死”现象，系统无法自动脱离该奇异状态；从图 3-39 和图 3-40 可以看出，在陷入奇异状态后，奇异度量值保持不变，角动量一直停留在约 $1.2h_0$ 处显奇异分布位置而无法到达角动量包络面。

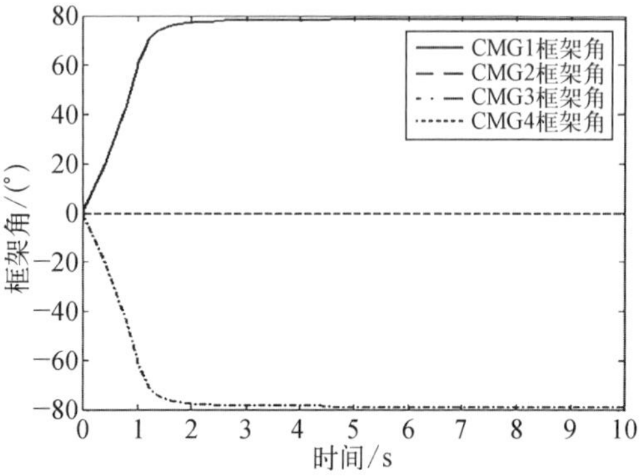


图 3-37　鲁棒奇异逆规避法框架角

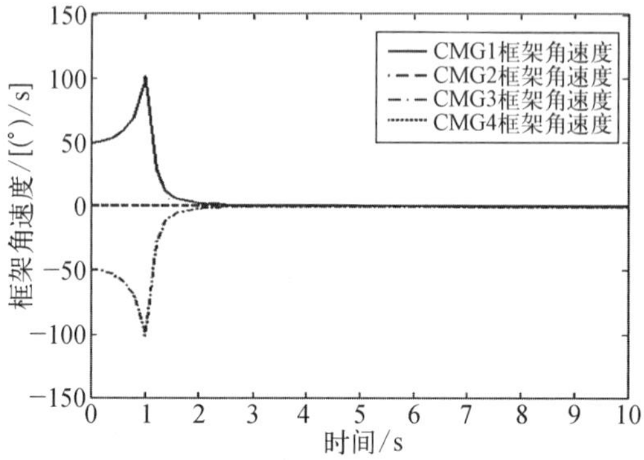


图 3-38　鲁棒奇异逆规避法框架角速度

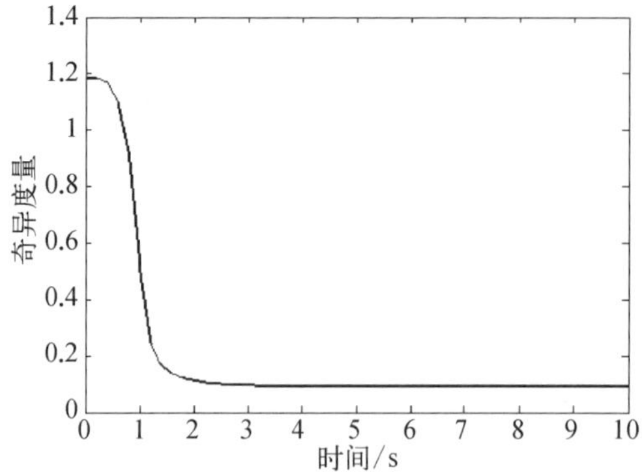


图 3-39　鲁棒奇异逆规避法奇异度量值

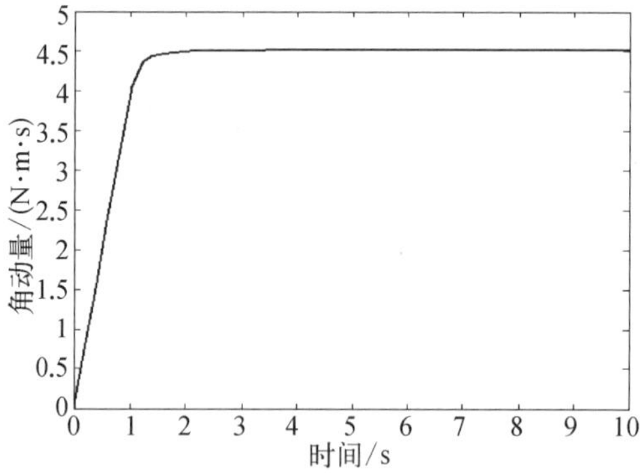


图 3-40　鲁棒奇异逆规避法角动量

指令力矩螺旋搜索规避方法的仿真结果如图 3-41~图 3-44 所示。由图 3-41 可知,系统未发生框架“锁死”现象,基于指令力矩螺旋式搜索法能够有效地阻止奇异度量值减小,并且升高最终远离奇异状态,如图 3-42 所示;图 3-43 显示在奇异度量值较小时所计算出来的框架角速度指令变化的剧烈程度相比奇异值较大时变化不大,说明了该方法具有良好的奇异规避特性;从图 3-44 可以看出,系统能够快速脱离大约 $1.2h_0$处显

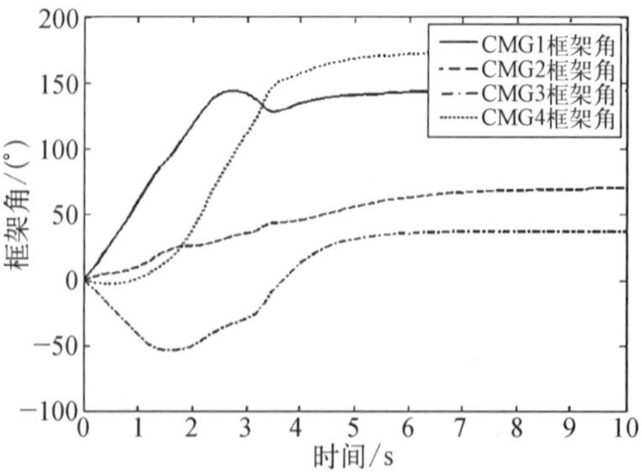


图 3-41　指令力矩螺旋搜索法框架角

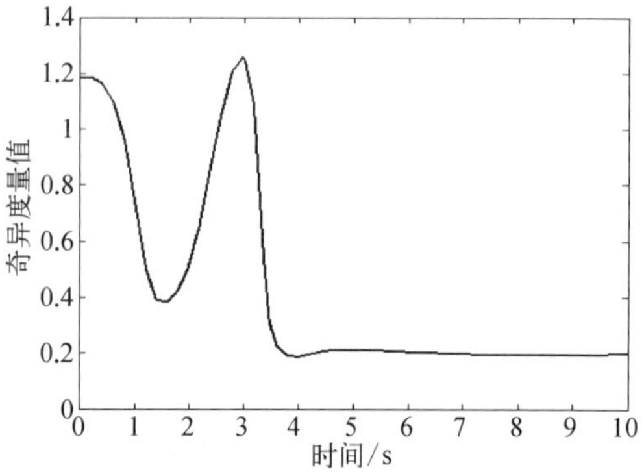


图 3-42　指令力矩螺旋搜索法奇异度量值

奇异位置，并到达角动量值为 $3.2h_0$ 的包络面。从图 3－41 到图 3－44 可以看出通过基于指令力矩螺旋式搜索法可以实现在接近奇异状态时的有效规避，并能够克服常规奇异规避方法存在的框架"锁死"情况，可保证系统具有良好的机动性能。

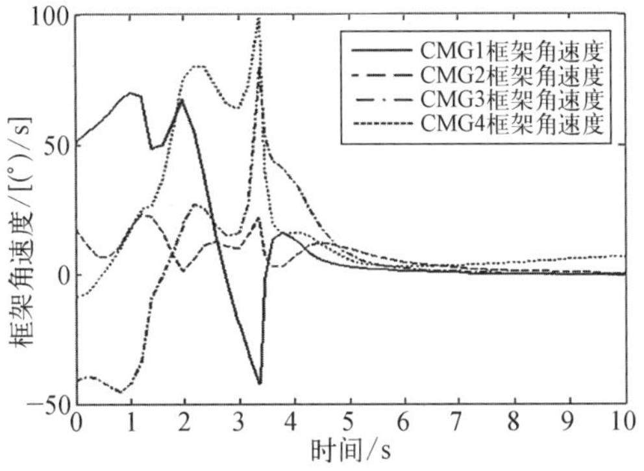


图 3－43　指令力矩螺旋搜索法框架角速度

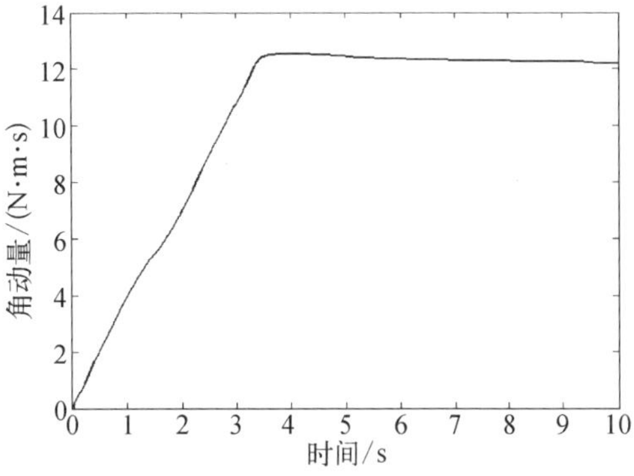


图 3－44　指令力矩螺旋搜索法角动量

### 3.4.4　指令力矩调节及动态分配操纵方法

基于零运动奇异规避操纵是基于不引起角动量变化，即不产生扰动力矩情况下的奇异规避，存在无法实现奇异状态的快速脱离问题。指令力矩螺旋式搜索的奇异规避操纵方法，通过改变指令力矩的方向进行奇异脱离，其避奇异过程中没有动态考虑 CMG 低速框架转速实际约束条件的问题，容易引起较大的避奇异框架角速度，如图 3－43 所示。当 CMG 群系统中框架临近奇异状态时，现有操纵控制方法求解得到框架角速度指令幅值往往偏大。一旦达到允许最大值而被限幅后，除直接影响控制性能外，在操纵律中设计用以规避及脱离 CMG 奇异状态所采取的相关措施所能达到的实际效果必将偏离预期。此外，CMG 高速转子等机构受到所承受大力矩输出频次限制，过于频繁的低速框架运动势必给高速转子轴系长期可靠运行带来隐患。CMG 在空间站应用中出现过多台 CMG 失效，均为高速轴系故障导致。因而，为保证高速转子长期正常运行在实际应用时应尽量避免不必要的低速框架的高速率转动。

现有操纵律奇异规避策略，大多未涉及对如何适应 CMG 低速框架转速实际约束条件下的操纵控制问题。针对系统 CMG 冗余特点，本小节对奇异规避如何适应 CMG 低速框架转速约束条件问题进行了探讨性研究，提出了 CMG 分配权重动态调整及基于权重的力矩分配策略[17,18]，给出了结合力矩矢量调节及动态分配的 CMG 奇异规避操纵算法，并结合星体姿态快速机动进行数学仿真校验。

1. 设计原理

针对 3.4.2 节，CMG 群奇异鲁棒逆指令操纵律式(3－38)，设计指标函数：

$$J_\delta = \frac{1}{2}\dot{\boldsymbol{\delta}}_{\mathrm{T}}^{\mathrm{T}}\boldsymbol{W}^{-1}\dot{\boldsymbol{\delta}}_{\mathrm{T}} \tag{3-60}$$

式中，权重系数 $\boldsymbol{W}=\mathrm{diag}\{w_1, w_2, \cdots, w_n\}$ 为正定对角阵。

考虑 CMG 群框架运动约束及 CMG 群输出力矩的约束，引入拉格朗日乘子 $\boldsymbol{\lambda}_t$，将 $J_\delta$ 极值求取问题转化为如下指标函数的极值问题：

$$J_{\delta,\lambda}=\frac{1}{2}\dot{\boldsymbol{\delta}}_{\mathrm{T}}^{\mathrm{T}}\boldsymbol{W}^{-1}\dot{\boldsymbol{\delta}}_{\mathrm{T}}+\boldsymbol{\lambda}_t^{\mathrm{T}}\left(-\frac{1}{h}\boldsymbol{C}\dot{\boldsymbol{\delta}}_{\mathrm{T}}-\boldsymbol{T}_{\mathrm{c}}\right) \tag{3-61}$$

当 $\boldsymbol{CWC}^{\mathrm{T}}$ 非奇异时，由 $J_{\delta,\lambda}$ 对 $\dot{\boldsymbol{\delta}}_{\mathrm{T}}$ 与 $\lambda_t$ 偏导为零关系式整理得

$$\dot{\boldsymbol{\delta}}_{\mathrm{T}}=-\frac{1}{h}\boldsymbol{WC}^{\mathrm{T}}(\boldsymbol{CWC}^{\mathrm{T}})^{-1}\boldsymbol{T}_{\mathrm{c}} \tag{3-62}$$

当取 $\boldsymbol{W}$ 中各系数 $w_i=1(i=1, \cdots, n)$ 时，上式即为普遍采用的最小能耗分配律。虽然最小能耗分配律使得整体综合能耗最小，但解算得部分 CMG 框架角速度指令幅值可能相比其他 CMG 的值过大。受 CMG 低速框架驱动实际物理特性约束，其运动角速度限定于最大角速度 $\dot{\delta}_{\max}$ 范围内。当 $\boldsymbol{T}_{\mathrm{c}}$ 幅值稍大时，最小能耗分配律可能使得部分 CMG 指令达到乃至超过限幅，故有必要对其相应系数 $w_i$ 进行合理调整以适当降低对其的力矩分配。

设定框架角速度阈值 $\dot{\delta}_{\mathrm{safe}}(0\leqslant\dot{\delta}_{\mathrm{safe}}<\dot{\delta}_{\max})$，对于第 $i(i=1, \cdots, n)$ 个 CMG，当框架角指令历史值 $\dot{\delta}_{\mathrm{T},i}(t-\Delta t)$ 满足 $|\dot{\delta}_{\mathrm{T},i}(t-\Delta t)|>\dot{\delta}_{\mathrm{safe}}$ 时，通过自主机制减小其对应系数 $w_i$，以降低该 CMG 指令解算力矩分配的权重，当 $\dot{\delta}_{\mathrm{T},i}(t-\Delta t)$ 幅值降至 $\dot{\delta}_{\mathrm{safe}}$ 以下时则系数 $w_i$ 恢复至 1。

记框架角速度饱和裕度幅值变量为

$$\Delta\dot{\delta}_{\mathrm{T},i}=\dot{\delta}_{\max}-\mathrm{sgn}(\dot{\delta}_{\mathrm{T},i}(t-\Delta t))\dot{\delta}_{\mathrm{T},i}(t-\Delta t)$$

并对其限幅处理：

$$\Delta\dot{\delta}_{\mathrm{T},i}=\min(\max(\Delta\dot{\delta}_{\mathrm{T},i},0),\dot{\delta}_{\max}-\dot{\delta}_{\mathrm{safe}})$$

式中，max( · )与 min( · )分别表示取最大与最小操作。

以 $\Delta\dot{\delta}_{\mathrm{T},i}$ 为输入的系数 $w_i$ 调整律为

$$\dot{w}_i=-\gamma w_i+\gamma\left(\frac{\Delta\dot{\delta}_{\mathrm{T},i}}{\dot{\delta}_{\max}-\dot{\delta}_{\mathrm{safe}}}\right)^m \tag{3-63}$$

式中，$\gamma\geqslant 0$；$m$ 为设定常系数。

若对于特定框架角组合使得 $\boldsymbol{CWC}^{\mathrm{T}}$ 为奇异矩阵，称其为 CMG 系统的奇异状态。在 CMG 系统为奇异状态下则无法由式(3-62)求解得到框架角速度指令 $\dot{\delta}_{\mathrm{T}}$，因而在实际应用中需考虑 CMG 系统奇异状态规避及逃离。

定义矩阵变量 $\bar{\boldsymbol{W}}$ 为

$$\bar{\boldsymbol{W}}=\mathrm{diag}\{\bar{w}_1, \cdots, \bar{w}_n\}=\frac{n}{\sum_{i=1}^{n}w_i}\mathrm{diag}\{w_1, \cdots, w_n\} \tag{3-64}$$

对于非负定对称阵 $C\bar{W}C^{\mathrm{T}}$，存在非负特征值 $\lambda_i(i=1,2,3)$ 与正交矩阵 $\boldsymbol{P}$ 使得

$$\boldsymbol{P}^{\mathrm{T}}\boldsymbol{C}\bar{\boldsymbol{W}}\boldsymbol{C}^{\mathrm{T}}\boldsymbol{P}=\mathrm{diag}\{\lambda_1\quad\lambda_2\quad\lambda_3\}$$

且 $\lambda_i$ 具有如下特性：

$$\lambda_1+\lambda_2+\lambda_3=\mathrm{tr}(\boldsymbol{C}\bar{\boldsymbol{W}}\boldsymbol{C}^{\mathrm{T}})=\sum_{i=1}^{n}\bar{w}_i\mathrm{tr}(\boldsymbol{C}_i\boldsymbol{C}_i^{\mathrm{T}})=\sum_{i=1}^{n}\bar{w}_i\ \|\boldsymbol{C}_i\|\ =n$$

式中，$\boldsymbol{C}_i$ 为 $\boldsymbol{C}$ 第 $i$ 列向量；tr( · )为取矩阵迹操作。

系统奇异度量选取为 $\boldsymbol{C}\bar{\boldsymbol{W}}\boldsymbol{C}^{\mathrm{T}}$ 行列式：

$$s_v=\det(\boldsymbol{C}\bar{\boldsymbol{W}}\boldsymbol{C}^{\mathrm{T}})\tag{3-65}$$

式中，det( · )为取矩阵行列式操作。当 $s_v$ 越接近零表示系统越接近奇异状态，反之为系统远离奇异状态，且由 $\lambda_i(i=1,2,3)$ 非负性与关系式 $\lambda_1+\lambda_2+\lambda_3=n$，有

$$0\leqslant s_v=\lambda_1\lambda_2\lambda_3\leqslant n^3/27\tag{3-66}$$

当采用式(3－64)的权值归一化后，奇异度量具有式(3－66)所示确定范围的特性，该特性方便为 CMG 系统操纵在不同奇异程度下应对策略选取提供依据。

当 CMG 系统框架构型临近或处于奇异状态时直接对指令力矩进行偏转的矢量调节算法，以脱离奇异状态且避免“框架锁死”。

设计矢量调节矩阵为

$$\boldsymbol{A}_{\mathrm{Adj}}=\begin{bmatrix}1&-\upsilon_3&\upsilon_2\\\upsilon_3&1&-\upsilon_1\\-\upsilon_2&\upsilon_1&1\end{bmatrix}$$

式中，$\boldsymbol{\upsilon}_i(i=1,2,3)$ 为指令力矩矢量调节系数，取为

$$\boldsymbol{\upsilon}_i=\begin{cases}0, & s_v>v_{sv}\\\mathrm{sat}(-k_{v,i}(s_v-v_{sv})), & s_v\leqslant v_{sv}\end{cases}\tag{3-67}$$

式中，$k_{v,i}$ 为调节增益系数；$v_{sv}>0$ 为调节阈值；sat(·) 为饱和函数，饱和限幅值 $\boldsymbol{\upsilon}_{\mathrm{lim}}\geqslant 0$。

控制力矩指令 $\boldsymbol{T}_{\mathrm{c}}$，对应的调节算法为

$$\boldsymbol{T}_{\mathrm{Adj}}=\boldsymbol{A}_{\mathrm{Adj}}\boldsymbol{T}_{\mathrm{c}}\tag{3-68}$$

除了力矩分配方式外，当系统处于奇异状态或临近奇异时也会导致部分 CMG 框架角速度指令过大。当奇异度量 $s_v$ 过小时，可通过缩小指令 $\boldsymbol{T}_{\mathrm{Adj}}$ 沿 $\boldsymbol{CWC}^{\mathrm{T}}$ 最小特征值所对应特征向量方向的分量幅值，以避免 CMG 指令在奇异状态解算过大甚至饱和。

记 $\boldsymbol{S}=(\boldsymbol{CWC}^{\mathrm{T}}+\varepsilon\boldsymbol{I}_{3\times3})^{-1}$，常数 $\varepsilon$ 为避免 $\boldsymbol{CWC}^{\mathrm{T}}$ 奇异时而设定的小正数，$\boldsymbol{S}$ 最大特征值对应特征向量即为 $\boldsymbol{CWC}^{\mathrm{T}}$ 最小特征值对应的特征向量，利用幂法迭代方式求取 $\boldsymbol{CWC}^{\mathrm{T}}$

最小特征值所对应特征向量的逼近。由于 CMG 系统构型不存在所有框架轴均共面情况，对于任意框架组合可选得两 CMG，不妨记为 $i$ 与 $j$，使得 $|C_i^{\mathrm{T}}C_j|$ 最小且不为 1，于是可得单位向量：

$$\boldsymbol{V}_{\mathrm{s}}=\frac{\boldsymbol{C}_i\times\boldsymbol{C}_j}{\|\boldsymbol{C}_i\times\boldsymbol{C}_j\|} \tag{3-69}$$

由 CMG 系统奇异时各 CMG 输出力矩矢量在同一平面的物理几何意义，在邻近奇异状态下 $\boldsymbol{V}_{\mathrm{s}}$ 可作为 $\boldsymbol{CWC}^{\mathrm{T}}$ 最小特征值所对应特征向量近似。将式(3－69)所得 $\boldsymbol{V}_{\mathrm{s}}$ 作为求取 $\boldsymbol{S}$ 最大特征值对应特征向量的幂法迭代初值，以少量迭代运算代价获取特征向量理想逼近。

引入 $\boldsymbol{T}_{\mathrm{c}}$ 沿 $\boldsymbol{V}_{\mathrm{s}}$ 方向投影分量缩小措施后，式(3－68)变成

$$\boldsymbol{T}_{\mathrm{Adj}}=(\boldsymbol{I}_{3\times3}-k_{Vs}\boldsymbol{V}_s\boldsymbol{V}_s^{\mathrm{T}})\boldsymbol{A}_{\mathrm{Adj}}\boldsymbol{T}_{\mathrm{c}} \tag{3-70}$$

式中，系数 $k_{Vs}$ 设计随奇异度量 $s_v$ 而变化，可选取为

$$k_{Vs}=\begin{cases}0, & s_v>v_{Vs}\\ \mathrm{sat}(-k_V(s_v-v_{Vs})), & s_v\leqslant v_{Vs}\end{cases}$$

此处饱和函数 sat(·) 限幅值取为 1。

在 $\boldsymbol{CWC}^{\mathrm{T}}$ 非奇异下，定义变量：

$$\bar{\boldsymbol{A}}_{\mathrm{cmg}}^{\perp}=\boldsymbol{W}^{1/2}[\boldsymbol{I}_{n\times n}-\boldsymbol{W}^{1/2}\boldsymbol{C}^{\mathrm{T}}(\boldsymbol{CWC}^{\mathrm{T}})^{-1}\boldsymbol{CW}^{1/2}] \tag{3-71}$$

式中，$\boldsymbol{W}^{1/2}=\mathrm{diag}\{\sqrt{w_1},\ \cdots,\ \sqrt{w_n}\}$。由关系式 $\boldsymbol{C}\cdot\bar{\boldsymbol{A}}_{\mathrm{cmg}}^{\perp}=\boldsymbol{0}$，可知 $\bar{\boldsymbol{A}}_{\mathrm{cmg}}^{\perp}$ 为 $\boldsymbol{C}$ 的零空间矩阵，并且从 $\bar{\boldsymbol{A}}_{\mathrm{cmg}}^{\perp}$ 形式可知由该矩阵所实现的零运动考虑了 CMG 框架运动权重。

在式(3－62)基础上，考虑矢量调节式(3－70)、式(3－71)零空间矩阵的零运动及矩阵求逆防奇异因子，得综合奇异规避操纵律为

$$\begin{aligned}\dot{\boldsymbol{\delta}}_{\mathrm{r}}=&-\frac{1}{h}\boldsymbol{WC}^{\mathrm{T}}\boldsymbol{A}_W^{-1}(\boldsymbol{I}_{3\times3}-k_{Vs}\boldsymbol{V}_s\boldsymbol{V}_s^{\mathrm{T}})\boldsymbol{A}_{\mathrm{Adj}}\boldsymbol{T}_{\mathrm{c}}\\&+\alpha_{s1}(\boldsymbol{W}^{1/2}-\boldsymbol{WC}^{\mathrm{T}}\boldsymbol{A}_W^{-1}\boldsymbol{CW}^{1/2})\frac{\partial s_v(\boldsymbol{\delta})}{\partial\boldsymbol{\delta}}\end{aligned} \tag{3-72}$$

式中，$\dot{\boldsymbol{\delta}}_{\mathrm{r}}$ 为 CMG 群指令框架角速度综合；$\boldsymbol{A}_W^{-1}=(\boldsymbol{CWC}^{\mathrm{T}}+\alpha_{s2}\boldsymbol{I}_{3\times3})^{-1}$；$\alpha_{s1}$、$\alpha_{s2}$ 均为非负系数；$\dfrac{\partial s_v(\boldsymbol{\delta})}{\partial\boldsymbol{\delta}}$ 为 $s_v$ 关于向量 $\boldsymbol{\delta}$ 的梯度向量，其他变量同前。

2. 仿真实例

为了验证本节提出的 CMG 群操纵控制方法的有效性，结合卫星姿态机动开展数学仿真校验。星体转动惯量矩阵 $\boldsymbol{J}=\mathrm{diag}\{645,440,440\}\ \mathrm{kg\cdot m^2}$，配置 6 个 12 N·m·s 单框架控制力矩陀螺，以标准五棱锥构型安装，其框架最大角速度为 1 rad/s。星体采

用第 2 章的正弦轨迹规划方法，由零姿态机动至目标姿态$[45° \quad -15° \quad 0°]^{\mathrm{T}}$。仿真参数见表 3－10。

**表 3－10　仿 真 参 数**

| 项 | 值 | 项 | 值 |
|---|---|---|---|
| $\dot{\delta}_{max}$/(rad/s) | 1.0 | $v_{lim}$ | 0.7 |
| $\dot{\delta}_{safe}$/(rad/s) | 0.5 | $w_i$初值 | 1 |
| $\gamma$ | 1 | $v_{vs}$ | 2 |
| m | 2 | $v_{sv}$ | 0.7 |
| $k_{V_s}$ | 1 | | |

操纵律式(3－72)中参数 $\alpha_{s1}$、$\alpha_{s2}$ 形式选取为

$$\alpha_{s1}=\begin{cases} k_{\alpha s1}\cdot\left(\dfrac{1}{v_{sv1}}-\dfrac{1}{v_{sv2}}\right)+\alpha_{s10}, & s_v<v_{sv1} \\ k_{\alpha s1}\cdot\left(\dfrac{1}{s_v}-\dfrac{1}{v_{sv2}}\right)+\alpha_{s10}, & v_{sv1}\leqslant s_v<v_{sv2} \\ 0, & s_v\geqslant v_{sv2} \end{cases}$$

$$\alpha_{s2}=\begin{cases} \mathrm{sat}\left(k_{\alpha s2}\cdot\left(\dfrac{1}{s_v+10^{-6}}-\dfrac{1}{v_{sv1}+10^{-6}}\right)\right), & s_v<v_{sv1} \\ 0, & s_v\geqslant v_{sv1} \end{cases}$$

式中，参数选为 $v_{sv2}=2$，$v_{sv1}=0.3$，$k_{\alpha s1}=0.72$，$k_{\alpha s2}=0.1$，$\alpha_{s10}=0$，$\alpha_{s2}$ 限幅阈值为0.5。仿真结果如图 3－45～图 3－51 所示。在整个机动过程中 CMG 框架角速度指令幅值均在 46 (°)/s 以下，与最大幅值还有一定余量；在加权分配零运动作用下，系统奇异度量保持在 1.5 以上。在奇异度量 $s_v$ = 1.578 3 时，求得 $V_s$ 为$[-0.928\,4 \quad 0.279\,9 \quad 0.244\,3]^{\mathrm{T}}$，矩阵 $\boldsymbol{CWC}^{\mathrm{T}}$ 最小特征值对应实际特征向量为$[-0.903\,2 \quad 0.361\,6 \quad 0.231\,0]^{\mathrm{T}}$，由此可见 $\boldsymbol{V}_s$ 可作为实际值的较好近似。采用幂法的前三次迭代逼近值单位化后依次为$[-0.905\,3 \quad 0.355\,0 \quad 0.233\,1]^{\mathrm{T}}$、$[-0.903\,4 \quad 0.361\,1 \quad 0.231\,3]^{\mathrm{T}}$与$[-0.903\,2 \quad 0.361\,6 \quad 0.231\,1]^{\mathrm{T}}$，由此可见一次迭代结果即为实际值，逼近理想值。

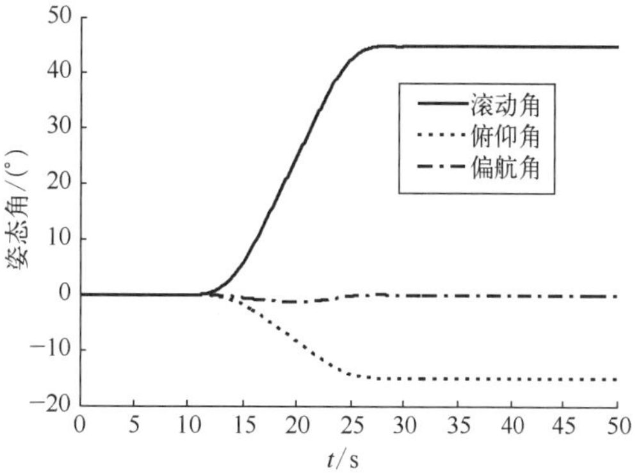

图 3－45　星体姿态角

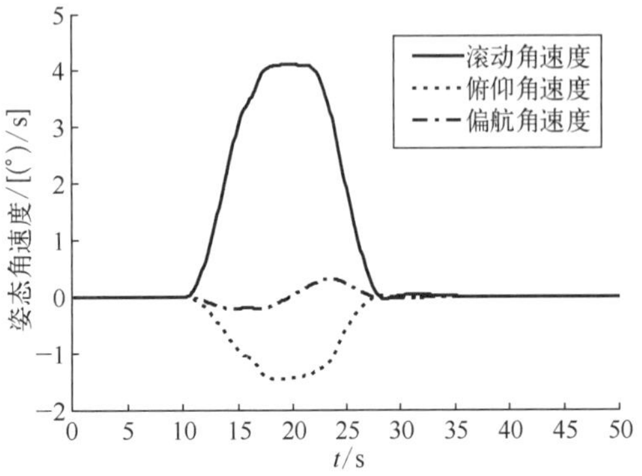


图 3-46　星体姿态角速度

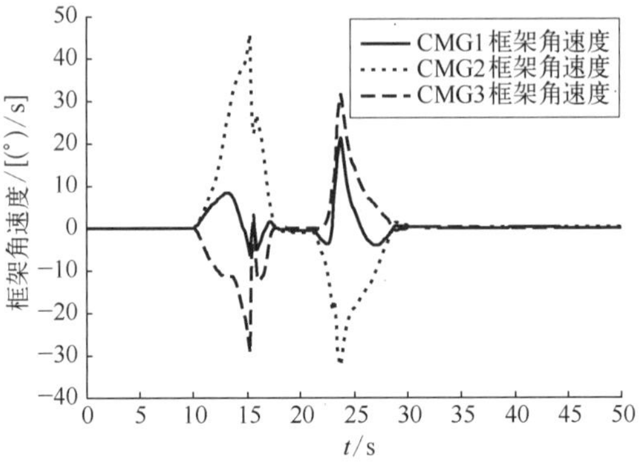


图 3-47　CMG 框架角速度指令

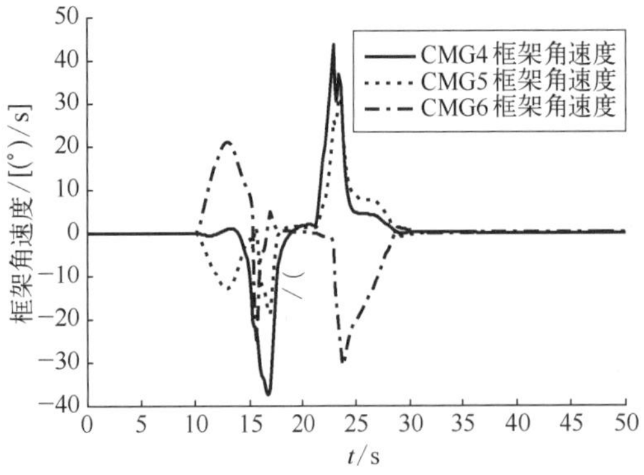


图 3-48　CMG 框架角速度指令

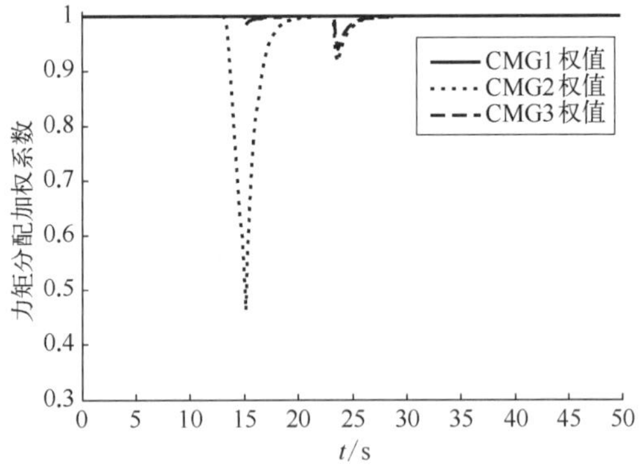


图 3-49　权值曲线

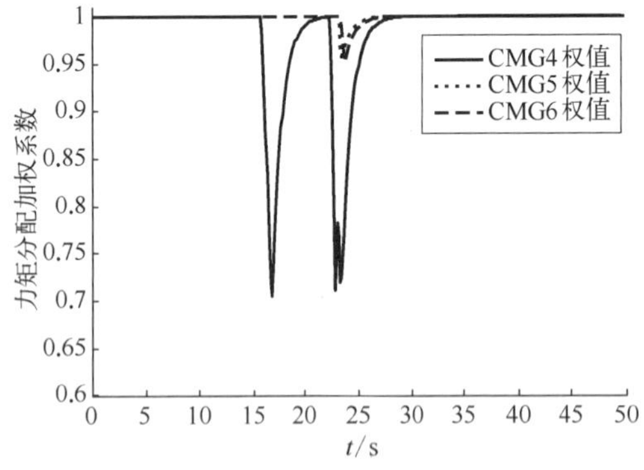


图 3-50　权值曲线

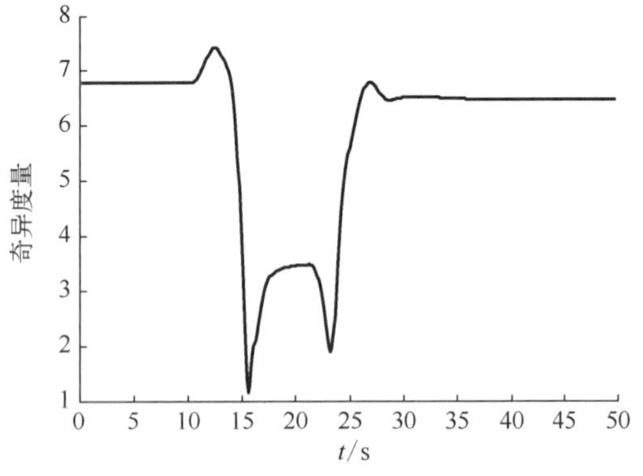


图 3-51　奇异度量

选取加权系数 $w_i=1$ $(i=1,\ \cdots,\ n)$ 与 $\gamma=0$，且 $k_{sv}$ 取为恒定常数零，即取消力矩矢量调节及动态分配策略以实现常规最小能耗分配操纵方式，其他参数维持不变，通过对比验证本书所提出方法的有效性。仿真结果的奇异度量与 CMG 框架角速度指令分别如图 3-51 与图 3-47、图 3-48 所示。由图 3-51 可知机动过程中奇异度量下降趋近于 1；由图 3-47、图 3-48 所示可知在机动过程奇异度量较小时 CMG1、CMG4 框架角速度指令在不同时刻段出现饱和;CMG5 指令幅值达到 51.2 (°)/s 接近饱和。

### 3.4.5　变速控制力矩陀螺操纵律设计

敏捷航天器不仅要求具备快速机动能力,还要求机动结束后的高稳定控制。这要求执行机构既具有大力矩输出能力又具有精细力矩输出能力。3.4.2 节 ~3.4.4节中提出的操纵控制方法,在 CMG 低速框架控制精度不够时影响航天器姿态稳定度控制。VSCMG 不仅具有大力矩输出能力,还具有动量轮模式的精细控制能力,成为高敏捷、高稳定控制实现的一种重要途径。本节设计了 VSCMG 操纵控制方法,实现了大力矩输出与精细力矩平稳过渡,提高了敏捷航天器稳态控制精度[22,23]。

1. 设计原理

与单框架控制力矩陀螺相比,变速控制力矩陀螺(VSCMG)既可以改变转子转速输出精细力矩(RW,动量轮模式),又可以通过改变框架速度输出大力矩(CMG,控制力矩陀螺模式)。在星体坐标系下,$n$ 个 VSCMG 组成群相对航天器本体坐标系的角动量可写为

$$\boldsymbol{H}_{\mathrm{vscmg}} = \boldsymbol{A}_{\mathrm{s}}\boldsymbol{I}_{\mathrm{sw}}\boldsymbol{\Omega} \tag{3-73}$$

上式对时间求导,得到 VSCMG 简化的力矩方程为

$$\boldsymbol{T}_{\mathrm{c}} = -\dot{\boldsymbol{H}}_{\mathrm{vscmg}} = \boldsymbol{C}(\boldsymbol{\delta},\ \boldsymbol{\Omega})\dot{\boldsymbol{\delta}} + \boldsymbol{D}(\boldsymbol{\Omega})\dot{\boldsymbol{\Omega}} \tag{3-74}$$

式中,$\boldsymbol{C}(\boldsymbol{\delta},\ \boldsymbol{\Omega}) = \boldsymbol{A}_{\mathrm{t}}\boldsymbol{I}_{\mathrm{sw}}[\boldsymbol{\Omega}]^{\mathrm{d}}$ 为框架转动引起角动量方向改变所产生力矩的力矩矩阵,简写为 $\boldsymbol{C}$;$\boldsymbol{D}(\boldsymbol{\Omega}) = \boldsymbol{A}_{\mathrm{s}}\boldsymbol{I}_{\mathrm{sw}}$ 为高速转子转速改变引起角动量大小改变所产生力矩的力矩矩阵,简写为 $\boldsymbol{D}$。$\boldsymbol{\delta} = [\delta_1,\ \delta_2,\ \cdots,\ \delta_n]^{\mathrm{T}}$ 为 VSCMG 群框架角矢量阵;$\dot{\delta} = [\dot{\delta}_1,\ \dot{\delta}_2,\ \cdots,\ \dot{\delta}_n]^{\mathrm{T}}$ 为 VSCMG 群框架角速度矢量阵;$\boldsymbol{\Omega} = [\Omega_1,\ \Omega_2,\ \cdots,\ \Omega_n]^{\mathrm{T}}$ 为 VSCMG 群高速转子转速矢量阵;$\dot{\boldsymbol{\Omega}} = [\dot{\Omega}_1,\ \dot{\Omega}_2,\ \cdots,\ \dot{\Omega}_n]^{\mathrm{T}}$ 为 VSCMG 群高速转子转速变化率矢量阵;$[\boldsymbol{\Omega}]^{\mathrm{d}} = \mathrm{diag}(\boldsymbol{\Omega})$ 为 VSCMG 群高速转子转速对角阵;$\boldsymbol{I}_{\mathrm{sw}} = \mathrm{diag}(I_{\mathrm{sw1}},\ I_{\mathrm{sw2}},\ \cdots,\ I_{\mathrm{sw}n})$ 为 VSCMG 群高速转子惯量阵。$\boldsymbol{A}_{\mathrm{s}}$ 为 VSCMG 框架角为 0°时角动量方向在星体坐标系下的矢量阵,$\boldsymbol{A}_{\mathrm{t}}$ 为 VSCMG 框架角为 90°时角动量方向在星体坐标系下的矢量阵。如图 3-52 所示,以金字塔构型为例进行说明。

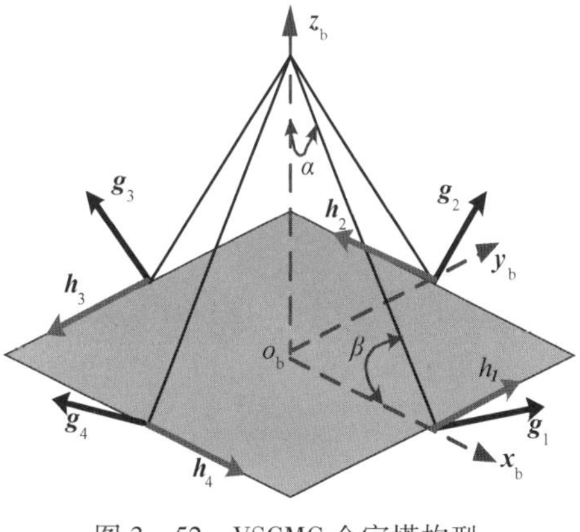


图 3-52　VSCMG 金字塔构型

此时 $n = 4$, $\boldsymbol{A}_{\mathrm{s}}$、$\boldsymbol{A}_{\mathrm{t}}$ 表示为

$$\boldsymbol{A}_{\mathrm{s}} = \begin{bmatrix} -\cos\beta\sin\delta_1 & -\cos\delta_2 & \cos\beta\sin\delta_3 & \cos\delta_4 \\ \cos\delta_1 & -\cos\beta\sin\delta_2 & -\cos\delta_3 & \cos\beta\sin\delta_4 \\ \sin\beta\sin\delta_2 & \sin\beta\sin\delta_2 & \sin\beta\sin\delta_3 & \sin\beta\sin\delta_4 \end{bmatrix}$$

$$
\boldsymbol{A}_{\mathrm{t}} = \begin{bmatrix} -\cos\beta\cos\delta_1 & \sin\delta_2 & \cos\beta\cos\delta_3 & -\sin\delta_4 \\ -\sin\delta_1 & -\cos\beta\cos\delta_2 & \sin\delta_3 & \cos\beta\cos\delta_4 \\ \sin\beta\cos\delta_1 & \sin\beta\cos\delta_2 & \sin\beta\cos\delta_3 & \sin\beta\cos\delta_4 \end{bmatrix}
$$

变速控制力矩陀螺群构型奇异是指每个 VSCMG 所能提供的力矩均正交于期望指令力矩，系统在该方向上无法输出力矩，从而失去对卫星的三轴控制能力。为避免该问题，高性能控制力矩陀螺操纵律设计及验证依赖于对系统奇异点类型、奇异分布等因素的充分了解。对于设计的控制力矩陀螺操纵律，往往需要对当前系统的奇异状况进行实时刻画与评估，并采取合适的操纵策略，因此需要一种度量来表征不同框架角组合所对应系统的奇异程度。根据奇异的概念可知，在奇异状态下，VSCMG 所产生的力矩均正交于指令力矩，VSCMG 的奇异度量值可以选择用力矩系数矩阵 $\boldsymbol{A}_{\mathrm{t}}$ 的奇异状态来定义，典型的奇异度量值有如下几种形式。

当 VSCMG 低速框架奇异时，其 $\boldsymbol{A}_{\mathrm{t}}\boldsymbol{A}_{\mathrm{t}}^{\mathrm{T}}$ 的行列式为零，其余情况均大于零，且其值越大代表距离奇异状态越远，因此给出 VSCMG 低速框架采用行列式值表示的第一种奇异度量：

$$
K_1 = \det(\boldsymbol{A}_{\mathrm{t}}\boldsymbol{A}_{\mathrm{t}}^{\mathrm{T}}) \tag{3-75}
$$

条件数可以用来表征一个矩阵的奇异程度，对力矩系数矩阵 $\boldsymbol{A}_{\mathrm{t}}$ 进行奇异值分解，奇异值满足 $\sigma_1 \geqslant \sigma_2 \geqslant \sigma_3 \geqslant 0$。当 VSCMG 框架进入奇异状态时，$\sigma_3 = 0$。当 VSCMG 框架非奇异值时，$\sigma_3 > 0$。因此，给出 VSCMG 低速框架采用奇异值分解表示的第二种奇异度量：

$$
\begin{cases} \boldsymbol{A}_{\mathrm{t}} = \boldsymbol{USV}^{\mathrm{T}} = \sum_{i=1}^{3} \sigma_i \boldsymbol{u}_i \boldsymbol{v}_i^{\mathrm{T}} \\ K_2 = \sigma_3 / \sigma_1 \end{cases} \tag{3-76}
$$

式中，$K_2$ 为 VSCMG 低速框架采用条件数表示的奇异度量，$K_2 \in [0,\ 1]$。

1）指令操纵律

VSCMG 指令操纵律设计过程即为对 VSCMG 输出力矩式(3－74)进行逆向求解的过程。通过分配 CMG 模式和 RWs 模式之间权重系数，设计 VSCMG 加权操纵律，具体形式可表示为

$$
\boldsymbol{x}_{\mathrm{T}} = [\dot{\boldsymbol{\delta}}^{\mathrm{T}},\ \dot{\boldsymbol{\Omega}}^{\mathrm{T}}]^{\mathrm{T}} = \boldsymbol{WQ}^{\mathrm{T}}(\boldsymbol{QWQ}^{\mathrm{T}})^{-1}\boldsymbol{T}_{\mathrm{c}} \tag{3-77}
$$

式中，$\boldsymbol{W} = \mathrm{diag}(W_{g1},\ \cdots,\ W_{gn},\ W_{s1},\ \cdots,\ W_{sn})$ 为权重矩阵；$W_{gi} = W_{g0}\exp(-\varepsilon K_1)$ 为第 $i$ 个 CMG 模式权重系数，其中 $W_{g0}$、$\varepsilon$ 为待定参数；$W_{si}$ 为第 $i$ 个 RWs 模式权重系数。$\boldsymbol{Q} = [\boldsymbol{CD}]$，矩阵 $\boldsymbol{C}$、$\boldsymbol{D}$ 定义见式(3－74)。

式(3－77)中 CMG 模式权重系数 $\boldsymbol{W}_{gi}$ 和 RW 模式权重系数 $\boldsymbol{W}_{si}$ 为常值。其 CMG 模式分配系数 $\boldsymbol{W}_{g0}$ 只与奇异度量 $K_1$ 有关。当 VSCMG 框架接近奇异状态时，加权操纵律

调大 RW 模式系数，降低 CMG 模式系数，在保证力矩输出的同时降低 VSCMG 框架接近奇异速度，其工作模式合理。但是，在 VSCMG 远离奇异状态时，在需要较小力矩进行姿态稳定维持时，应主要采用 RW 模式输出力矩，保证输出力矩精度，避免框架转动带来的不必要的扰动。在上述加权操纵律的基础上，基于力矩系数增益调度，优化 VSCMG 的输出力矩。

采用高斯函数改进式(3－77)中的 CMG 模式 $W_{g0}$和 RW 模式系数 $W_{si}$这两个力矩分配系数。定义高斯函数为$f(x, a, b, c) = a \times \exp[-(x-b)^2/(2c^2)]$。则定义 $\boldsymbol{W}_{g0}$ 和 $\boldsymbol{W}_{s}$ 这两个力矩分配系数为

$$\begin{cases} W_{g0} = W_{g00} - W_{g01} f(x \quad a_{g0} \quad b_{g0} \quad c_{g0}) \\ W_{si} = W_{si0} - W_{si1} f(x \quad a_{s0} \quad b_{s0} \quad c_{s0}) \end{cases} \tag{3-78}$$

式中，参数 $W_{g00}$、$W_{g01}$、$W_{si0}$、$W_{si1}$、$a_{g0}$、$a_{s0}$、$b_{g0}$、$b_{s0}$、$c_{g0}$、$c_{s0}$为待定参数。

上述力矩系数增益调度操纵通过判断航天器姿态控制的目标力矩的模 $x = \|\boldsymbol{T}_b\|$ 进行实时调节 VSCMG 加权操纵律中的力矩分配系数。当姿态控制力矩的模 $\|\boldsymbol{T}_b\|$ 远离 0 时，此时航天器处于机动模式，通过式(3－78)计算，操纵律平滑调大 CMG 模式的系数 $W_{g0}$，进行大力矩输出；当姿态控制力矩的模 $\|\boldsymbol{T}_b\|$ 接近 0 时，此时航天器处于姿态稳态控制模式，通过式(3－78)计算，操纵律平滑调小 CMG 模式的系数 $W_{g0}$，调大 RW 模式系数 $W_{si}$。此时，VSCMG 框架分配的力矩接近于 0，VSCMG 框架保持稳定，避免了框架转动输出较大的扰动力矩。通过 VSCMG 高速转子改变转速，输出精细力矩，实现卫星的高精度高稳态控制。式(3－78)选取适当的参数，则可计算出 $\boldsymbol{W}_{g0}$ 和 $\boldsymbol{W}_{s}$ 这两个力矩分配系数，如图3－53 所示。在输出小力矩进行航天器姿态稳定维持控制时，框架力矩数据 $W_{g0}$ 为一个小量，此时 VSCMG 框架角速度接近于 0。高速转子力矩分配系数接近最大值，主要依靠转子输出力矩。

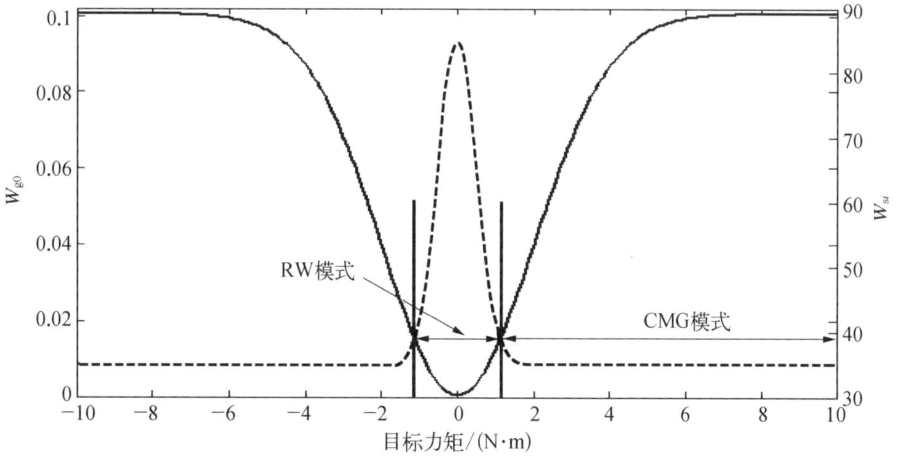


图 3－53　VSCMG 力矩分配系数

2）零运动操纵律

VSCMG 零运动避奇异操纵律是实现 VSCMG 在整个工作空间无奇异操纵的必要方法。当 VSCMG 框架接近奇异或者进入奇异状态时，通过 VSCMG 零运动避奇异操纵律，能够使得 VSCMG 迅速脱离奇异状态，并向着奇异度量最大的方向运动。VSCMG 零运动避奇异操纵律为

$$\boldsymbol{x}_{\mathrm{N1}} = k_{\mathrm{N1}}\boldsymbol{PW}\begin{bmatrix}\boldsymbol{\delta}_{\mathrm{f}} - \boldsymbol{\delta} \\ \boldsymbol{\Omega}_{\mathrm{f}} - \boldsymbol{\Omega}\end{bmatrix} \tag{3-79}$$

式中，$k_{\mathrm{N1}}$ 为零运动操纵律系数；$\boldsymbol{P} = \boldsymbol{I}_{2n\times 2n} - \boldsymbol{WQ}^{\mathrm{T}}(\boldsymbol{QWQ}^{\mathrm{T}})^{-1}$ 为零运动正交投影矩阵；$\boldsymbol{\delta}_{\mathrm{f}}$ 为 VSCMG 期望框架角；$\boldsymbol{\Omega}_{\mathrm{f}}$ 为 VSCMG 期望转子转速。上述零运动操纵律并不额外输出力矩，但是零运动操纵律通过计算当前框架角 $\boldsymbol{\delta}$ 和转子转速 $\boldsymbol{\Omega}$ 与期望框架角 $\boldsymbol{\delta}_{\mathrm{f}}$ 和期望转子转速 $\boldsymbol{\Omega}_{\mathrm{f}}$ 之间误差，驱动 VSCMG 向着期望值运动，从而使 VSCMG 远离奇异点。在零运动避奇异方面采用基于 VSCMG 雅克比矩阵奇异值分解的方法进行零运动避奇异，具体为

$$\Delta\boldsymbol{\delta} = \boldsymbol{\delta}_{\mathrm{f}} - \boldsymbol{\delta} = k_{\mathrm{c}}(1 - K_2)\frac{\partial K_2}{\partial \boldsymbol{\delta}} \tag{3-80}$$

$$\frac{\partial K_2}{\partial \boldsymbol{\delta}} = -\frac{1}{\sigma_1}\begin{bmatrix}\boldsymbol{u}_3^{\mathrm{T}}\boldsymbol{s}_1 v_{13} \\ \boldsymbol{u}_3^{\mathrm{T}}\boldsymbol{s}_2 v_{23} \\ \vdots \\ \boldsymbol{u}_3^{\mathrm{T}}\boldsymbol{s}_n v_{n3}\end{bmatrix} + \frac{\sigma_3}{\sigma_2}\begin{bmatrix}\boldsymbol{u}_1^{\mathrm{T}}\boldsymbol{s}_1 v_{11} \\ \boldsymbol{u}_1^{\mathrm{T}}\boldsymbol{s}_2 v_{21} \\ \vdots \\ \boldsymbol{u}_1^{\mathrm{T}}\boldsymbol{s}_n v_{n1}\end{bmatrix} \tag{3-81}$$

式中，$k_{\mathrm{c}}$ 为 VSCMG 框架零运动系数；$K_2$ 为 VSCMG 奇异度量，定义如式（3－76）所示。

当 VSCMG 接近奇异状态时，在式（3－79）VSCMG 零运动操纵律的基础上，充分利用 $\boldsymbol{C}\dot{\boldsymbol{\delta}} + \boldsymbol{D}\dot{\boldsymbol{\Omega}} = \boldsymbol{0}$ 这一特点进行零运动操纵律设计，使 VSCMG 快速远离奇异点。新增加的零运动操纵律为

$$\boldsymbol{x}_{\mathrm{N2}} = k_{\mathrm{N2}}\begin{bmatrix}\boldsymbol{\delta}_{\mathrm{f}} - \boldsymbol{\delta} \\ -\boldsymbol{D}^{\mathrm{T}}(\boldsymbol{DD}^{\mathrm{T}})^{-1}\boldsymbol{C}(\boldsymbol{\delta}_{\mathrm{f}} - \boldsymbol{\delta})\end{bmatrix} \tag{3-82}$$

式中，$k_{\mathrm{N2}}$ 为零运动的权重系数，具体形式为

$$k_{\mathrm{N2}} = \begin{cases} 0, & K_2 \geqslant K_{\min} \\ k_{\mathrm{N20}}, & K_2 < K_{\min} \end{cases}$$

3）总操纵律

通过式（3－77）的 VSCMG 指令操纵律计算得到 VSCMG 的指令框架角速度和转子转速变化率 $\boldsymbol{x}_{\mathrm{T}}$ 的基础上，通过添加式（3－79）和式（3－82）的零运动操纵律，进行避奇异和

转子转速平衡。则 VSCMG 的总的操纵律为

$$\boldsymbol{x} = \boldsymbol{x}_{\mathrm{T}} + \boldsymbol{x}_{\mathrm{N1}} + \boldsymbol{x}_{\mathrm{N2}} \tag{3-83}$$

2. 仿真实例

为了验证本节提出的变速控制力矩陀螺操纵控制方法的有效性,结合卫星姿态机动开展数学仿真校验。星体转动惯量 $\boldsymbol{J} = \mathrm{diag}\{800,\ 600,\ 500\}\ \mathrm{k\cdot g\cdot m^2}$,配置 4 个 25 N·m·s 单框架控制力矩陀螺,以标准金字塔构型安装,其框架最大角速度为 1 rad/s。星体由零姿态机动至目标姿态$[30°\ 10°\ -20°]^{\mathrm{T}}$。仿真参数见表 3-11。

**表 3-11　仿 真 参 数**

| 参数 | 值 | 参数 | 值 |
|---|---|---|---|
| $W_{g00}$ | 0.1 | $W_{g01}$ | 0.099 |
| $W_{si0}$ | 90 | $W_{si1}$ | 35 |
| $k_{\mathrm{N1}}$ | 0.2 | $\varepsilon$ | 2 |
| $k_{\mathrm{c}}$ | 0.1 | $k_{\mathrm{c}}$ | 0.2 |
| $\boldsymbol{\delta}_{\mathrm{f}}$ | [45°,45°,45°,45°] | $\boldsymbol{\Omega}_{\mathrm{f}}$ | [628.32, …, 628.32] rad/s |

图 3-54 给出了采用 VSCMG 进行敏捷机动的三轴姿态角。图 3-55 给出在整个姿态机动过程中,VSCMG 的奇异度量。在敏捷机动过程中,奇异度量 $K_1$接近 0 时,设计避奇异式(3-79),通过低速框架角速度和高速转子共同运动,实现快速避奇异。如图 3-56 所示,在奇异度量 $K_1$接近于 0 时,通过增益调度,转子输出力矩增加,进一步帮助低速框架快速脱离奇异。图 3-57 给出了整个敏捷机动过程中的低速框架角速度。图 3-58 给出了 VSCMG 群各高速转子的实时角动量。通过式(3-79)的操纵律设计,能够实现高速转子维持在标称转速附近,从而实现标称角动量的保持。

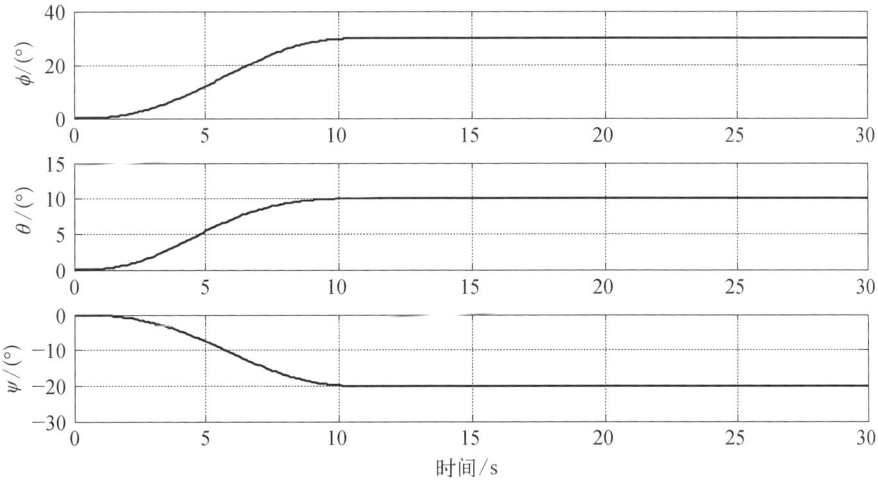


图 3-54　敏捷机动三轴姿态角

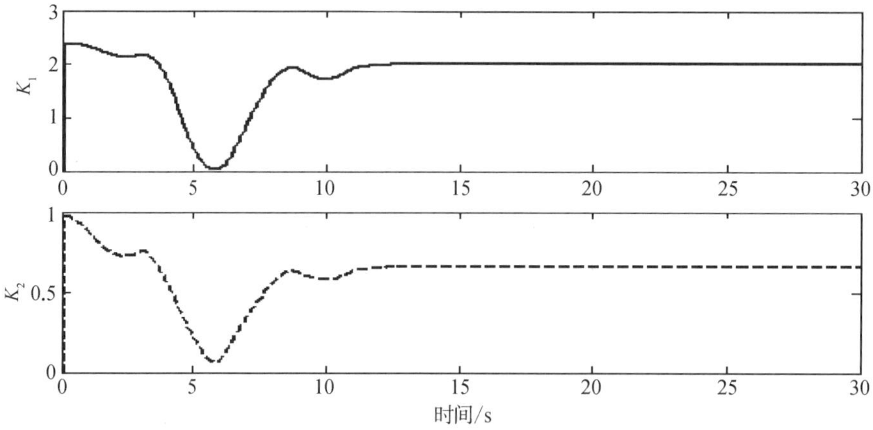


图 3-55　VSCMG 低速框架奇异度量

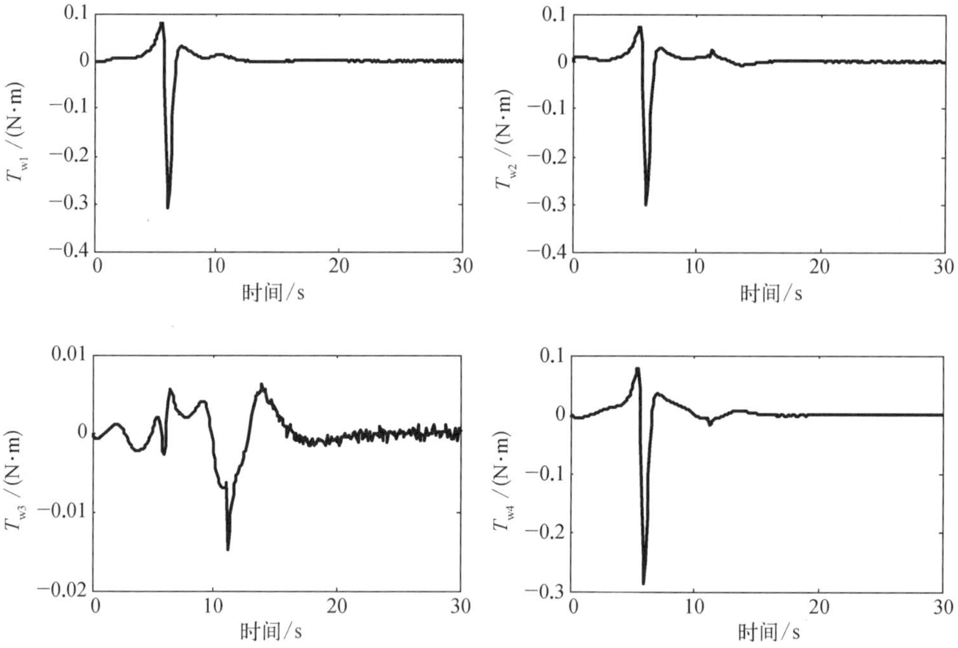


图 3-56　VSCMG 高速转子输出力矩

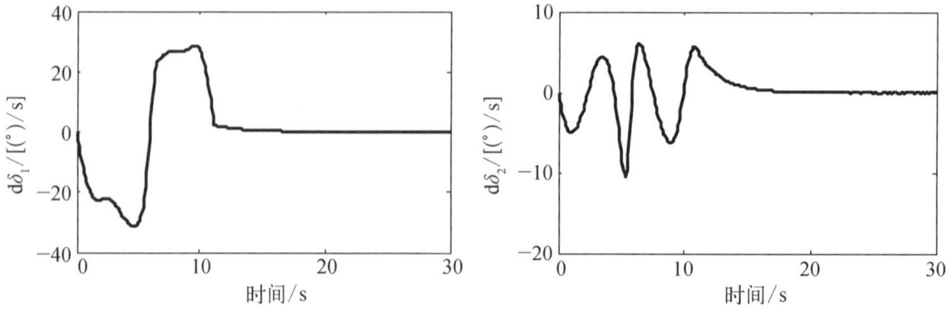

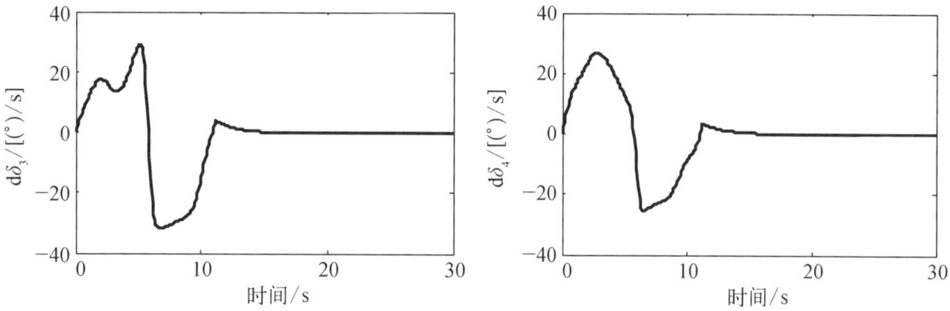


图 3－57　VSCMG 低速框架角速度

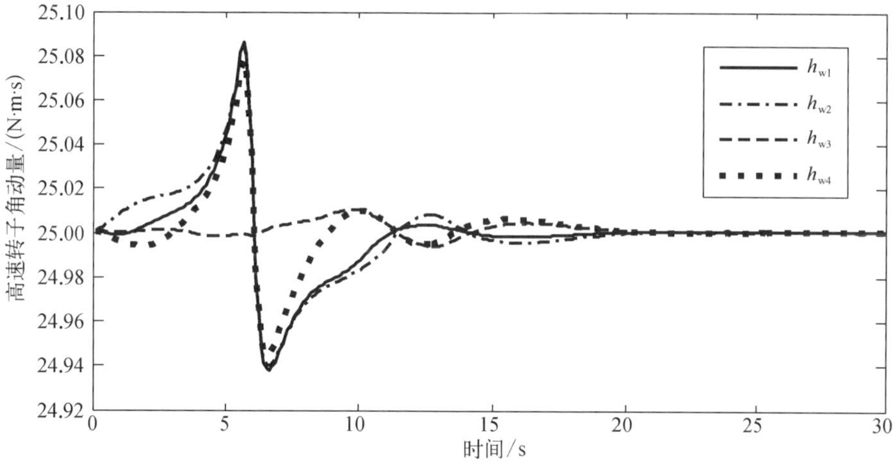


图 3－58　VSCMG 高速转子角动量

## 参考文献

[ 1 ] 翟华，来林，武登云，等.控制力矩陀螺发展与应用研究[J].空间控制技术与应用，2020，46(2)：1－7.

[ 2 ] WANG H，HAN Q K，ZHOU D N. Output torque modeling of control moment gyros considering rolling element bearing induced disturbances [J]. Mechanical Systems and Signal Processing，2019，115：188－212.

[ 3 ] 张科备，袁利，王淑一，等.航天器执行机构时延特性建模与控制[C].厦门：全国第十九届空间及运动体控制技术学术会议暨第三届杨嘉墀智能控制论坛，2020.

[ 4 ] 王璐，郭毓，姚伟，等.带有摩擦非线性的 CMG 框架伺服系统有限时间自适应鲁棒控制[J].控制与决策，2019，39(4)：885－890.

[ 5 ] 杜航，李刚，鲁明.控制力矩陀螺框架谐波减速驱动系统建模与仿真[J].空间控制技术与应用，2018，44(3)：60－66.

[ 6 ] MARCO S，GIOVANNI B P，NAZARENO L，et al. Analysis and experiments for delay compensation in attitude control of flexible spacecraft [J]. Acta Astronautica，2014，104(1)：276－292.

[ 7 ] GASBARRI P，MONTI R，SABATINI M. Very large space structures：non-linear control and robustness

to structural uncertainties [J]. Acta Astronautica, 2014, 93: 252 - 265.

[8] KIM J B, JUNG Y Y, BANG H C. Linear time-varying model predictive control of magnetically actuated satellites in elliptic orbits [J]. Acta Astronautica, 2018, 151: 791 - 804.

[9] LI H, ZHENG S Q, NING X. Precise control for gimbal system of double gimbal control moment gyro based on cascade extended state observer [J]. IEEE Transactions on Industrial Electronics, 2017, 64 (6): 4653 - 4661.

[10] TANG L, ZHANG K B, GUAN X, et al. Dynamic modeling and multi-stage integrated control method of ultra-quiet spacecraft [J]. Advances in Space Research, 2020, 65: 271 - 284.

[11] 邓瑞清,刘冈,赵岩,等.控制力矩陀螺干扰传递模型的分析与实验研究[J].光学精密工程,2017,25(2): 408 - 416.

[12] 孙羽佳.基于控制力矩陀螺的卫星姿态控制方法研究[D].北京: 北京控制工程研究所,2017.

[13] 吴忠,吴宏鑫.单框架控制力矩陀螺系统操纵律研究综述[J].宇航学报,2000,21(4): 140 - 145.

[14] KOJIMA H. Singularity analysis and steering control laws for adaptive-skew pyramid-type control moment gyros [J]. Acta Astronautica, 2013, 85: 120 - 137.

[15] 张科备,高晶敏,关新,等.可变构型的控制力矩陀螺控制方法[J].中国空间科学技术,2020,40(6): 23 - 32.

[16] 孙羽佳,袁利,雷拥军.基于指令力矩螺旋式搜索的 SGCMG 奇异规避方法[J].空间控制技术与应用,2016,42(6): 26 - 30.

[17] 雷拥军,姚宁,刘洁,等.一种基于指令力矩矢量调节的控制力矩陀螺奇异规避方法[P]. ZL201510860445.1,2015.

[18] 雷拥军,袁利,王淑一,等.SGCMG 系统的力矩指令调节及动态分配操纵方法[J].宇航学报,2019,40(7): 794 - 802.

[19] 袁利,雷拥军,姚宁,等.具有 SGCMG 系统的挠性卫星姿态机动控制与验证[J].宇航学报,2018,39(1): 43 - 51.

[20] FREDERICK A L. Evaluation of steering algorithm optimality for single-gimbal control moment gyroscopes [J]. IEEE transaction on control, system technology, 2014, 22(3): 1130 - 1134.

[21] SASI V P, AMIT S K, LEVE F M, et al. Dynamics and control of spacecraft with a generalized model of variable speed control moment gyroscopes [J]. Journal of Dynamic Systems, Measurement and Control, Transactions of the ASME, 2015, 137(7): 1 - 12.

[22] 张科备,王大轶,汤亮.基于增益调度的变速控制力矩陀螺操纵律设计[J].空间控制技术与应用,2016,42(6): 31 - 36.

[23] 关新,张科备,汤亮,等.一种变速控制力矩陀螺操纵律设计方法[P].ZL201910148041.8,2019.

[24] 刘其睿,雷拥军,刘洁,等.一种双 SGCMG 与磁力矩器组合的卫星控制方法[P].ZL201910872219.3,2019.

[25] 雷拥军,王淑一,宗红,等.基于零运动的控制力矩陀螺框架角速度控制量的确定方法[P]. ZL201410174771.2,2014.

[26] 袁利,王新民,何海锋,等.基于框架角自适应调整的 CMG 操纵方法及系统[P].ZL201810164240.3,2018.

# 第4章　敏捷航天器姿态机动控制方法与应用

## 4.1　概述

随着遥感卫星成像分辨率的提高,遥感相机视场变得越来越小。为实现大范围观测成像,要求卫星能够快速、频繁地进行姿态机动,因此高分辨率遥感卫星对机动敏捷性需求强烈。根据在轨成像任务需求,敏捷姿态机动主要包括针对被动推扫的姿态重定向与沿预定目标轨迹运动的主动推扫两种形式。为了保证系统运行的平稳性并缩短姿态机动到位后的调节时间,工程上一般对机动轨迹进行规划并采用跟踪控制的方式维持预定姿态,因此针对不同成像任务的机动控制在系统设计上是统一的。同时,由于姿态机动的敏捷性,使得航天器动力学的非线性、挠性及多体耦合等问题的影响相比一般航天器更为显著,在系统设计时需要格外关注。另外,工程上为了实现更高性能的敏捷控制,还要考虑具体实现方式及系统离散化引入的额外时延及敏感器安装误差等问题带来的影响。

结合第 2 章的路径规划方法与第 3 章的 CMG 操纵方法,本章针对敏捷航天器控制系统实现的具体问题进行深入讨论,开展敏捷航天器的姿态机动控制方法、多体问题的复合控制方法及敏感器误差标定与系统时延补偿等方法的研究,并通过数值仿真、物理试验及在轨验证等技术手段针对相关方法的有效性进行验证。

## 4.2　面向敏捷成像任务的姿态机动控制实现

一般来说,典型敏捷航天器控制系统主要包括被控对象(卫星姿态)、敏感器(陀螺、星敏感器)、执行机构(CMG)和控制器四大部分,如图 4 - 1 所示。

具体而言,控制器又可分为轨迹规划、姿态确定、控制律和操纵律四部分。其中,姿态确定用于确定卫星的当前姿态,所使用的输入包括星敏感器的姿态测量结果 $\boldsymbol{q}_{\mathrm{m}}$ 和陀螺的姿态角速度测量结果 $\Delta\boldsymbol{g}$; 操纵律用于将控制力矩转换为执行机构的指令输入,即第 3 章所述 CMG 框架角速度指令。由于受闭环控制系统带宽的限制,星上控制律设计一般采用前馈控制器与反馈控制器共同作用的方式来保证良好的控制效果[1],控制器的表达式为

$$\boldsymbol{u} = \boldsymbol{u}_{\mathrm{cmp}} + \boldsymbol{u}_{\mathrm{pid}} \tag{4-1}$$

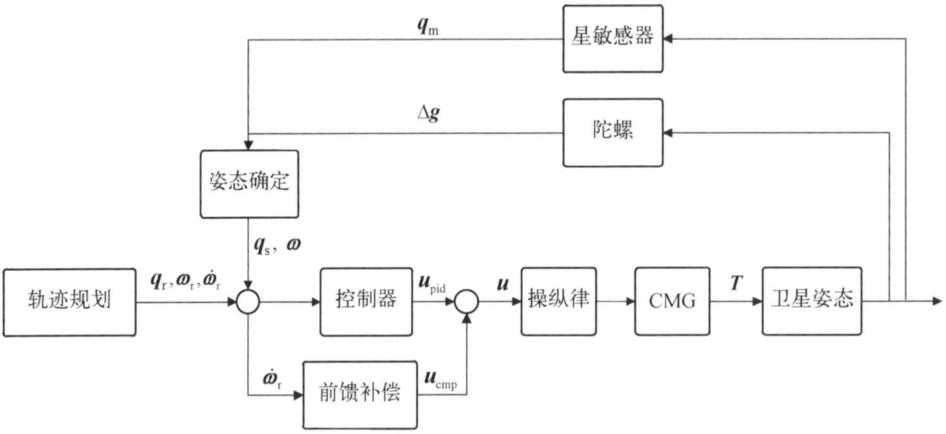


图 4-1 敏捷航天器控制系统结构框图

其中,前馈控制器 $\boldsymbol{u}_{\rm cmp}$ 基于航天器动力学规律和机动轨迹特征参数,产生相应的前馈控制力矩并直接作用于星体。前馈控制器可提供姿态机动过程中的绝大部分力矩需求,但由于受模型不确定性误差、未知干扰等因素的影响,得到的指令力矩与理想的期望力矩不可避免地存在一定的偏差。因此,反馈控制器 $\boldsymbol{u}_{\rm pid}$ 用以修正机动过程中的姿态角和角速度偏差[2]。

航天器的姿态机动通常是在某一运动参考坐标系(如轨道坐标系)下刻画的,同时必须考虑成像任务及载荷的特点,根据地面目标与星体的相对运动速度实时调整姿态,以保证理想的成像效果。对此,本节面向航天遥感实际应用需求,针对被动推扫和主动推扫两类典型成像任务的姿态机动控制问题,给出具体实现方法。

### 4.2.1 面向被动推扫的姿态重定向控制

对地遥感卫星姿态快速重定向可高效地获取非星下点目标遥感数据,以满足单轨大范围被动推扫成像、区域目标成像、立体成像等需求[3,4]。理论上,通过星体姿态重定向将当前指向姿态快速过渡到目标姿态的问题可归结为时间最优姿态机动控制问题,即考虑动力学、控制及角速度等约束,从任意初始姿态到指定姿态的最小时间机动问题,对此,已有大量文献开展最优路径求解方法及分析研究[5-10]。由于基于极大值原理必要条件求解的间接法难以获得解析最优解,因此相关文献借助于参数化方式将连续系统最优问题转化为一类非线性规划问题,进而寻求最优路径的直接法[11]。伪谱法在姿态重定向时间最优机动问题的直接求解中得到广泛应用[6,7,12],其中基于勒让德伪谱法的姿态重定向时间最优路径求解方法在 TRACE 空间望远镜上得到验证。

对于对地遥感卫星,除实现上述传统意义下姿态重定向使得载荷指向地面观测目标外,还需根据目标点实时指向对姿态动态调整,如通过偏航姿态调整[13]以克服地球自转运动引起的 TDI-CCD 相机像移问题[14]及 SAR 卫星需偏航和俯仰二维导引[15]以实现全零多普勒导引等,因此在实际任务中,星体姿态机动起始及终端点相对轨道坐标系还具有期望的相对运动,以满足载荷被动推扫时的姿态控制需求。传统姿态重定向为固定边界时间优化问题，即机动开始与终端点姿态相对航天器轨道参考系无相对运动，然而，严格来说，在具有边界条件相对速度时的姿态重定向无法通过绕欧拉轴旋转方式实现[7]。

综合考虑轨道运动、推扫指向调整及推扫时视轴动态调整的姿态重定向问题，基于绕欧拉轴旋转路径规划及反馈与前馈相结合的控制策略，本节给出一种边界条件具有相对运动的姿态机动路径规划及跟踪控制方法，并结合数学仿真对所提出方法有效性进行了验证。

1. 姿态跟踪控制器设计

基于卫星本体坐标系相对惯性坐标系的四元数 $\boldsymbol{q}$ 和角速度 $\boldsymbol{\omega}$ 描述的卫星姿态运动方程为

$$\begin{aligned}\dot{\boldsymbol{q}}_{\mathrm{v}} &= \frac{1}{2}\boldsymbol{q}_{\mathrm{v}}^{\times}\boldsymbol{\omega} + \frac{1}{2}q_4\boldsymbol{\omega} \\ \dot{q}_4 &= -\frac{1}{2}\boldsymbol{\omega}^{\mathrm{T}}\boldsymbol{q}_{\mathrm{v}}\end{aligned} \tag{4-2}$$

式中，$\boldsymbol{q}_{\mathrm{v}}$ 与 $q_4$ 分别为 $\boldsymbol{q}$ 的矢量部分与标量部分；$\boldsymbol{q}_{\mathrm{v}}^{\times}$ 为 $\boldsymbol{q}_{\mathrm{v}}$ 的反对称阵，其表达式如下：

$$\begin{bmatrix} 0 & -q_{\mathrm{v}}^{(3)} & q_{\mathrm{v}}^{(2)} \\ q_{\mathrm{v}}^{(3)} & 0 & -q_{\mathrm{v}}^{(1)} \\ -q_{\mathrm{v}}^{(2)} & q_{\mathrm{v}}^{(1)} & 0 \end{bmatrix}$$

仅考虑刚体问题，姿态动力学方程为

$$\boldsymbol{J}\dot{\boldsymbol{\omega}} + \boldsymbol{\omega}^{\times}\boldsymbol{J}\boldsymbol{\omega} = \boldsymbol{T} \tag{4-3}$$

式中，$\boldsymbol{J}$ 为星体转动惯量阵；$\boldsymbol{T}$ 为施加于星体的力矩向量。

对非星下点的地面点目标进行观测，星体需进行姿态重定向。为保证姿态调整时的动态性能及物理部件的工作平稳性，工程上往往将姿态重定向控制问题转化为姿态跟踪控制问题。设定跟踪目标坐标系相对于惯性坐标系的四元数为 $\boldsymbol{q}_{\mathrm{r}}$ 及角速度为 $\boldsymbol{\omega}_{\mathrm{r}}$，且期望姿态机动路径具有一定的光滑性，并满足关系式：

$$\begin{aligned}\dot{\boldsymbol{q}}_{\mathrm{rv}} &= \frac{1}{2}\boldsymbol{q}_{\mathrm{rv}}^{\times}\boldsymbol{\omega}_{\mathrm{r}} + \frac{1}{2}q_{\mathrm{r4}}\boldsymbol{\omega}_{\mathrm{r}} \\ \dot{q}_{\mathrm{r4}} &= -\frac{1}{2}\boldsymbol{\omega}_{\mathrm{r}}^{\mathrm{T}}\boldsymbol{q}_{\mathrm{rv}}\end{aligned} \tag{4-4}$$

式中，$\boldsymbol{q}_{\mathrm{rv}}$ 与 $q_{\mathrm{r4}}$ 分别为 $\boldsymbol{q}_{\mathrm{r}}$ 的矢量部分与标量部分。

定义姿态误差四元数 $\boldsymbol{q}_{\mathrm{e}} = \boldsymbol{q}_{\mathrm{r}}^{-1} \otimes \boldsymbol{q}$，其中运算符$\otimes$为四元数乘法；角速度误差 $\boldsymbol{\omega}_{\mathrm{e}} = \boldsymbol{\omega} - \boldsymbol{C}_{\mathrm{e}}\boldsymbol{\omega}_{\mathrm{r}}$，其中，$\boldsymbol{C}_{\mathrm{e}} = (q_{\mathrm{e4}}^2 - \boldsymbol{q}_{\mathrm{ev}}^{\mathrm{T}}\boldsymbol{q}_{\mathrm{ev}})\boldsymbol{I}_{3\times 3} + 2\boldsymbol{q}_{\mathrm{ev}}\boldsymbol{q}_{\mathrm{ev}}^{\mathrm{T}} - 2q_{\mathrm{e4}}\boldsymbol{q}_{\mathrm{ev}}^{\times}$ 为目标坐标系到本体坐标系的变换矩阵，则由式(4-2)及式(4-4)可得误差参数表示的运动学方程为

$$\begin{aligned}\dot{\boldsymbol{q}}_{\mathrm{ev}} &= \frac{1}{2}\boldsymbol{q}_{\mathrm{ev}}^{\times}\boldsymbol{\omega}_{\mathrm{e}} + \frac{1}{2}q_{\mathrm{e4}}\boldsymbol{\omega}_{\mathrm{e}} \\ \dot{q}_{\mathrm{e4}} &= -\frac{1}{2}\boldsymbol{\omega}_{\mathrm{e}}^{\mathrm{T}}\boldsymbol{q}_{\mathrm{ev}}\end{aligned} \tag{4-5}$$

式中，$\boldsymbol{q}_{ev}$ 与 $q_{e4}$ 分别为 $\boldsymbol{q}_e$ 的矢量部分与标量部分。对 $\boldsymbol{\omega}_e$ 求时间导数并利用关系式 $\dot{\boldsymbol{C}}_e = -\boldsymbol{\omega}_e^{\times}\boldsymbol{C}_e$，由式(4－3)可得误差参数表示的系统动力学方程为

$$\boldsymbol{J}\dot{\boldsymbol{\omega}}_e = -(\boldsymbol{\omega}_e + \boldsymbol{C}_e\boldsymbol{\omega}_r)^{\times}\boldsymbol{J}(\boldsymbol{\omega}_e + \boldsymbol{C}_e\boldsymbol{\omega}_r) + \boldsymbol{J}(\boldsymbol{\omega}_e^{\times}\boldsymbol{C}_e\boldsymbol{\omega}_r - \boldsymbol{C}_e\dot{\boldsymbol{\omega}}_r) + \boldsymbol{T} \tag{4-6}$$

为提高机动动态性能，在控制过程中往往对动力学方程中的确定项进行前馈补偿。针对式(4－6)，在系统转动惯量确知时的补偿量为

$$\boldsymbol{u}_{cmp} = \boldsymbol{\omega}^{\times}\boldsymbol{J}\boldsymbol{\omega} - \boldsymbol{J}(\boldsymbol{\omega}_e^{\times}\boldsymbol{C}_e\boldsymbol{\omega}_r - \boldsymbol{C}_e\dot{\boldsymbol{\omega}}_r) \tag{4-7}$$

当姿态跟踪误差为小量时，$\boldsymbol{C}_e$ 可近似为单位阵，于是式(4－7)可近似为

$$\boldsymbol{u}_{cmp} = \boldsymbol{\omega}^{\times}\boldsymbol{J}\boldsymbol{\omega} + \boldsymbol{J}\dot{\boldsymbol{\omega}}_r \tag{4-8}$$

对式(4－5)和式(4－6)组成的系统，结合式(4－7)或式(4－8)给出的控制补偿量，可采用如下具有前馈补偿的 PD 控制器实现星体三轴姿态控制：

$$\boldsymbol{T} = -\boldsymbol{k}_p\boldsymbol{q}_{ev} - \boldsymbol{k}_d\boldsymbol{\omega}_e + \boldsymbol{u}_{cmp} \tag{4-9}$$

式中，控制参数 $\boldsymbol{k}_p$、$\boldsymbol{k}_d$ 均为正定矩阵。

与姿态镇定控制类似，当式(4－9)实现精确补偿时，在其控制作用下可使得闭环系统具有全局渐近稳定性，即 $\boldsymbol{q}_{ev}\to 0$，$\boldsymbol{\omega}_e\to 0$。由式(4－7)可知，为实现精确补偿，除星体惯量矩阵需确知外，还需精确获取期望角速度 $\boldsymbol{\omega}_r$ 及其时间导数的信息。

根据姿态机动开始时刻 $t_0$ 星体相对轨道系初始姿态角 $\phi_0$、$\theta_0$ 与 $\psi_0$，结合特定时刻 $t_m$对地观测目标点位置与特定卫星轨道参数，可得到星体相对轨道坐标系的滚动与俯仰目标姿态角 $\phi_m$、$\theta_m$。本节待解决问题是：在载荷工作所需边界条件具有相对运动时，根据初始姿态及目标姿态，如何规划姿态机动轨迹以获取机动过程中合适的目标姿态参数 $\boldsymbol{q}_r$、$\boldsymbol{\omega}_r$ 及 $\dot{\boldsymbol{\omega}}_r$，以期由式(4－9)所示控制器保证姿态机动过程具有良好的跟踪性能，达到缩短姿态规划到位后消除姿态残差所需时间的目标。

2. 对地重定向姿态规划

设姿态机动开始时刻 $t_0$ 星体相对轨道系的三轴姿态角为 $\phi_0$、$\theta_0$ 与 $\psi_0$，星体相对轨道系及轨道系相对惯性系的方向余弦阵分别为 $\boldsymbol{C}_{B_0O_0}$ 与 $\boldsymbol{C}_{O_0I}$；待成像时刻 $t_m$ 星体相对轨道系的目标姿态采用 1－2－3 转序来描述，则对特定地面成像点由目标滚动角 $\phi_m$ 与俯仰角 $\theta_m$ 确定卫星载荷观测轴对地面目标点的指向。载荷工作时还需克服地球自转运动带来的像旋或多普勒效应的影响，要求星体特定轴以一定规律运动。为描述及推导简便起见，本书对光学载荷所需姿态动态调整仅考虑偏航轴运动的情况，对多轴调整的情况可采用类似的分析过程。

扣除载荷所需的偏航角实时调整量 $\psi_p$，将相对初始时刻 $t_0$ 轨道系欧拉姿态角为 $\phi_0$、$\theta_0$ 与 $\bar{\psi}_0 = \psi_0 - \psi_p$ 的坐标系定义为 $B_0$ 系，其相对 $t_0$ 时刻轨道系 $O_0$ 的方向余弦阵记为 $\boldsymbol{C}_{B_0O_0}$，即

$$\boldsymbol{C}_{B_0O_0} = \boldsymbol{C}_z(\bar{\psi}_0)\boldsymbol{C}_y(\theta_0)\boldsymbol{C}_x(\phi_0) \tag{4-10}$$

式中，$\boldsymbol{C}_x(\phi_0)$、$\boldsymbol{C}_y(\theta_0)$ 与 $\boldsymbol{C}_z(\bar{\psi}_0)$ 分别为绕星体 $X$、$Y$ 及 $Z$ 轴旋转角度 $\phi_0$、$\theta_0$ 与 $\bar{\psi}_0$ 的基本旋转矩阵，各表达式从略。

经姿态机动时间 $t_{\mathrm{m}}=t-t_0$ 后，轨道系 $\mathrm{O_t}$ 相对姿态机动初始时刻 $t_0$ 时轨道系 $\mathrm{O_0}$ 的方向余弦阵 $\boldsymbol{C}_{\mathrm{O_tO_0}}$ 为

$$\boldsymbol{C}_{\mathrm{O_tO_0}}=\begin{bmatrix}\cos(\omega_0t_{\mathrm{m}}) & 0 & \sin(\omega_0t_{\mathrm{m}})\\ 0 & 1 & 0\\ -\sin(\omega_0t_{\mathrm{m}}) & 0 & \cos(\omega_0t_{\mathrm{m}})\end{bmatrix} \tag{4-11}$$

式中，$\omega_0$ 为轨道角速率。

在机动过程时刻 $t$，将相对当前轨道系 $\mathrm{O_t}$ 的三轴姿态 $\phi_0$、$\theta_0$ 与 $\bar{\psi}_0$ 所对应坐标系定义为 $\mathrm{B_t}$ 系。坐标系 $\mathrm{B_t}$ 相对当前轨道系 $\mathrm{O_t}$ 的方向余弦阵 $\boldsymbol{C}_{\mathrm{B_tO_t}}$ 满足

$$\boldsymbol{C}_{\mathrm{B_tO_t}}=\boldsymbol{C}_{\mathrm{B_0O_0}}$$

将 $\mathrm{B_t}$ 系沿其坐标系下固定单位向量 $\boldsymbol{e}$ 旋转角度 $\chi(t)$ 得到的坐标系定义为 $\mathrm{B'_t}$ 系，则 $\mathrm{B'_t}$ 系与 $\mathrm{B_t}$ 系的方向余弦阵为

$$\boldsymbol{C}_{\mathrm{B'_tB_t}}=(q_4^2-\boldsymbol{q}_{\mathrm{v}}^{\mathrm{T}}\boldsymbol{q}_{\mathrm{v}})\boldsymbol{I}_{3\times3}+2\boldsymbol{q}_{\mathrm{v}}\boldsymbol{q}_{\mathrm{v}}^{\mathrm{T}}-2q_4\boldsymbol{q}_{\mathrm{v}}^{\times} \tag{4-12}$$

式中，$\boldsymbol{q}_{\mathrm{v}}=\boldsymbol{e}\sin(\chi/2)$；$q_4=\cos(\chi/2)$。

不考虑期望偏航角，根据目标姿态角 $\phi_{\mathrm{m}}$、$\theta_{\mathrm{m}}$ 可得 $t=t_{\mathrm{m}}$ 时 $\mathrm{B'_t}$ 系相对当前轨道系的方向余弦阵 $\boldsymbol{C}_{\mathrm{B_{tm}O_{tm}}}$ 为

$$\boldsymbol{C}_{\mathrm{B_{tm}O_{tm}}}=\begin{bmatrix}\cos\theta_{\mathrm{m}} & \sin\theta_{\mathrm{m}}\sin\phi_{\mathrm{m}} & -\sin\theta_{\mathrm{m}}\cos\phi_{\mathrm{m}}\\ 0 & \cos\phi_{\mathrm{m}} & \sin\phi_{\mathrm{m}}\\ \sin\theta_{\mathrm{m}} & -\cos\theta_{\mathrm{m}}\sin\phi_{\mathrm{m}} & \cos\theta_{\mathrm{m}}\cos\phi_{\mathrm{m}}\end{bmatrix} \tag{4-13}$$

由 $t$ 时刻 $\mathrm{B_t}$ 系及 $\mathrm{B'_t}$ 系相对轨道系的关系可求得两坐标系的方向余弦阵为 $\boldsymbol{C}_{\mathrm{B_{tm}O_{tm}}}\boldsymbol{C}_{\mathrm{B_0O_0}}^{\mathrm{T}}$，则由该矩阵可求得相应欧拉轴/角参量 $(\boldsymbol{e},\chi_{\mathrm{m}})$，其中 $\chi_{\mathrm{m}}\in(0,\ \pi]$。参考第 2 章相关算法，对单自由度变量 $\chi_{\mathrm{m}}$ 进行路径规划可得到参量 $\chi(t)$、$\dot{\chi}(t)$ 及 $\ddot{\chi}(t)$。同样，不考虑载荷工作所需期望偏航角及角速度的特定运动，根据机动开始姿态及目标姿态可知，$\chi(t)$ 满足边界约束条件 $\chi(t_0)=0$ 与 $\dot{\chi}(t_0)=0$ 及 $\chi(t_{\mathrm{m}})=0$ 与 $\dot{\chi}(t_{\mathrm{m}})=0$，且过程中 $\dot{\chi}(t)$ 与 $\ddot{\chi}(t)$ 的幅值需满足容许的最大机动角速度与最大角加速度等约束条件，$\chi(t)$ 具体规划方式可直接利用第 2 章提出的方法实现，在此不再赘述。

进一步，考虑绕 $\mathrm{B'_t}$ 系的偏航轴旋转特定转角 $\psi_{\mathrm{p}}(t)$ 得到坐标系 $\mathrm{B''_t}$，对应方向余弦阵为

$$\boldsymbol{C}_{\mathrm{B''_tB'_t}}=\begin{bmatrix}\cos\psi_{\mathrm{p}} & \sin\psi_{\mathrm{p}} & 0\\ -\sin\psi_{\mathrm{p}} & \cos\psi_{\mathrm{p}} & 0\\ 0 & 0 & 1\end{bmatrix} \tag{4-14}$$

坐标系 $\mathrm{B''_t}$ 即为最终求得的星体姿态机动目标参考系，该坐标系相对惯性系的方向余

弦阵为

$$C_{rI} = C_{B_t''B_t'}C_{B_t'B_t}C_{B_tO_t}C_{O_tI} \tag{4-15}$$

式中，$C_{O_tI}$ 为当目标参考系为 $B_t''$ 时，对应轨道系相对惯性系的方向余弦阵。由 $C_{rI}$ 可求得对应的跟踪姿态四元数 $q_r$。

3. 规划姿态的路径参数计算

以 $t_0$ 时刻 $B_0$ 系作为惯性系，则 $t$ 时刻星体相对 $B_0$ 系的期望姿态方向余弦阵为

$$C_{B_t''O_0} = C_{B_t''B_t'}C_{B_t'B_t}C_{B_tO_t}C_{O_tO_0} = C_{B_t''B_t'}C_{B_t'B_t}C_{B_0O_0}C_{O_tO_0} \tag{4-16}$$

由 $C_{B_t''O_0}$ 及其时间导数，可得星体期望坐标系相对惯性系的角速度 $\omega_r$ 的斜对称阵为

$$\begin{aligned}\omega_r^{\times} &= -\dot{C}_{B_t''O_0}C_{B_t''O_0}^{T}\\ &= -(\dot{C}_{B_t''B_t'}C_{B_t'B_t}C_{B_tO_t}C_{O_tO_0} + C_{B_t''B_t'}\dot{C}_{B_t'B_t}C_{B_tO_t}C_{O_tO_0} + C_{B_t''B_t'}C_{B_t'B_t}C_{B_tO_t}\dot{C}_{O_tO_0})C_{B_t''O_0}^{T}\end{aligned} \tag{4-17}$$

利用方向余弦阵时间导数特性，式(4-17)可整理为如下形式：

$$\omega_r^{\times} = \dot{\psi}_p\begin{bmatrix}0\\0\\1\end{bmatrix}^{\times} + \dot{\chi}C_{B_t''B_t'}e^{\times}C_{B_t''B_t'}^{T} - \omega_0 C_{B_t''O_t}\begin{bmatrix}0\\1\\0\end{bmatrix}^{\times}C_{B_t''O_t}^{T} \tag{4-18}$$

即

$$\omega_r = \begin{bmatrix}0\\0\\\dot{\psi}_p\end{bmatrix} + \dot{\chi}C_{B_t''B_t'}e - \omega_0 C_{B_t''O_t}\begin{bmatrix}0\\1\\0\end{bmatrix} \tag{4-19}$$

式中，$C_{B_t''O_t} = C_{B_t''B_t'}C_{B_t'B_t}C_{B_0O_0}$。对式(4-19)所示 $\omega_r$ 求时间导数，有

$$\dot{\omega}_r = \begin{bmatrix}0\\0\\\ddot{\psi}_p\end{bmatrix} + \ddot{\chi}C_{B_t''B_t'}e + \omega_0\omega_r^{\times}C_{B_t''O_t}\begin{bmatrix}0\\1\\0\end{bmatrix} + \dot{\chi}\dot{\psi}_p\begin{bmatrix}-\sin\psi_p & \cos\psi_p & 0\\ -\cos\psi_p & -\sin\psi_p & 0\\ 0 & 0 & 0\end{bmatrix}e \tag{4-20}$$

利用式(4-18)，式(4-20)也可表示为

$$\begin{aligned}\dot{\omega}_r = &\begin{bmatrix}0\\0\\\ddot{\psi}_p\end{bmatrix} + \ddot{\chi}C_{B_t''B_t'}e + \dot{\chi}\dot{\psi}_p\begin{bmatrix}-\sin\psi_p & \cos\psi_p & 0\\ -\cos\psi_p & -\sin\psi_p & 0\\ 0 & 0 & 0\end{bmatrix}e\\ &+\left(\begin{bmatrix}0\\0\\\dot{\psi}_p\end{bmatrix}^{\times}C_{B_t''O_t} + \dot{\chi}C_{B_t''B_t'}e^{\times}C_{B_t'O_t}\right)\begin{bmatrix}0\\\omega_0\\0\end{bmatrix}\end{aligned} \tag{4-21}$$

式中，$\boldsymbol{C}_{B_t''B_t'}=\begin{bmatrix}\cos\psi_p & \sin\psi_p & 0\\ -\sin\psi_p & \cos\psi_p & 0\\ 0 & 0 & 1\end{bmatrix}$；$\boldsymbol{C}_{B_t'O_t}=\boldsymbol{C}_{B_t'B_t}\boldsymbol{C}_{B_0O_0}$；$\boldsymbol{C}_{B_t'B_t}$ 与 $\boldsymbol{C}_{B_0O_0}$ 表达式见前。

将所求得 $\boldsymbol{\omega}_r$、$\dot{\boldsymbol{\omega}}_r$ 及误差 $\boldsymbol{\omega}_e$ 及 $\boldsymbol{C}_e$ 代入式(4－7)，可求得精确的力矩补偿 $\boldsymbol{u}_{cmp}$。然而，在以离散采样方式实现的系统中，每控制周期内 $\psi_p(t)$ 与 $\chi(t)$ 及其时间导数值由于零阶保持实现而均保持为常数，故对应 $\boldsymbol{u}_{cmp}$ 在该时间内必然存在误差，尤其在姿态快速变化阶段。依据冲量相等而形状不同的窄脉冲加在惯性环节上时其效果基本相同的冲量等效原理，可将精确解析式描述的 $\boldsymbol{u}_{cmp}$ 由其冲量等效值进行替换以实现力矩补偿。

由 $\boldsymbol{u}_{cmp}$ 解析式积分求解冲量过于复杂，可仅对补偿量中如 $\ddot{\chi}(t)$ 等变化较快的参量进行等效。在第 $k$ 个采样间隔 $\Delta t$ 内，对式(4－21)中 $\ddot{\chi}(t)$ 依据等效冲量及其解析式得到的等效值为

$$\bar{\ddot{\chi}}(k)=\frac{1}{\Delta t}\int_{k\Delta t}^{(k+1)\Delta t}\ddot{\chi}(t)\,\mathrm{d}t=\frac{1}{\Delta t}\dot{\chi}(t)\Big|_{k\Delta t}^{(k+1)\Delta t} \tag{4-22}$$

由于 $\psi_p(t)\approx\psi_p(k\Delta t)$ $(t\in[k\Delta t,\ (k+1)\Delta t))$，将每个控制周期得到的 $\bar{\ddot{\chi}}(k)$ 替换采样值 $\ddot{\chi}(k)$ 对式(4－21)所示 $\dot{\boldsymbol{\omega}}_r$ 进行修正，从而减小 $\boldsymbol{u}_{cmp}$ 由离散实现导致的误差。式(4－21)中其他变量也可采用相同处理方式，在此不再一一列举。

4. 仿真实例

本小节针对所给出的姿态重定向路径规划策略及控制算法进行仿真验证。卫星运行于轨道高度为 500 km 的太阳同步轨道，对应轨道角速率为 $\omega_0=0.001\,01$ rad/s，控制对象转动惯量及控制参数选取为[16]

$$\boldsymbol{J}=\begin{bmatrix}1\,200 & 100 & -200\\ 100 & 2\,200 & 300\\ -200 & 300 & 3\,100\end{bmatrix}\mathrm{kg\cdot m^2}$$

$$\boldsymbol{k}_p=\mathrm{diag}(60,\ 110,\ 155),\ \boldsymbol{k}_d=\mathrm{diag}(379.2,\ 695.2,\ 979.6)$$

星体初始为对地姿态且偏航角以特定规律 $\psi_r=5\sin(60\omega_0 t+\pi/6)(°)$ 运动。在 50 s 时姿态开始机动，对地目标姿态滚动角与俯仰角分别为 45°与 35°。机动最大角加速度及角速度容许最大幅值分别为 0.2 (°)/s$^2$ 与 2.5 (°)/s，机动时的角加速度按照第 2 章给出的角加速度正弦形式进行姿态轨迹规划。

1）具有前馈补偿的反馈控制仿真验证

采用式(4－9)所示具有补偿的 PD 控制器，具体补偿量计算方式见式(4－8)，控制周期 $\Delta t$ 取为 0.125 s。每控制周期中 $\dot{\boldsymbol{\omega}}_r$ 以式(4－21)所示的角加速度参量解析值 $\ddot{\chi}(k)$ 计算时所得到的仿真结果如图 4－2~图 4－5 所示。

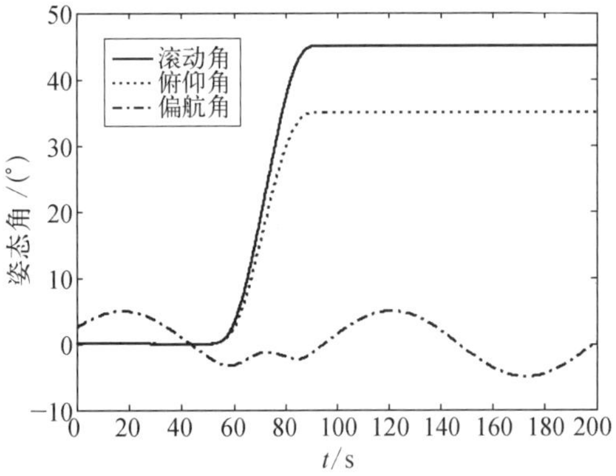


图 4－2　具有 PD 补偿控制的欧拉姿态角

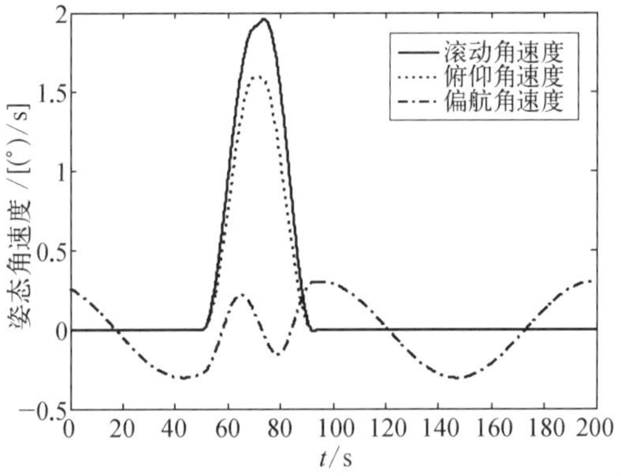


图 4－3　PD 补偿控制的欧拉角速度

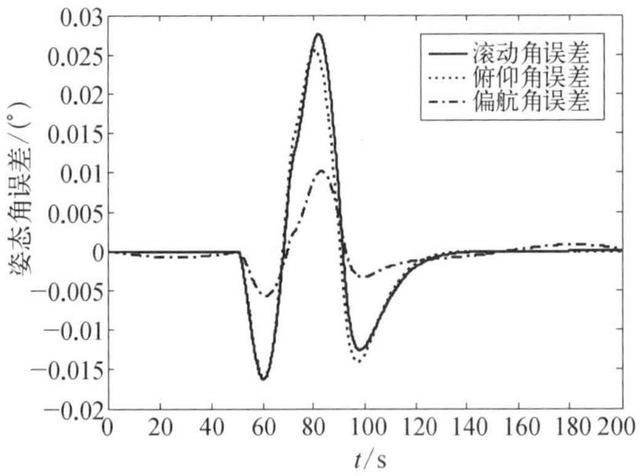


图 4－4　PD 补偿控制的欧拉角误差

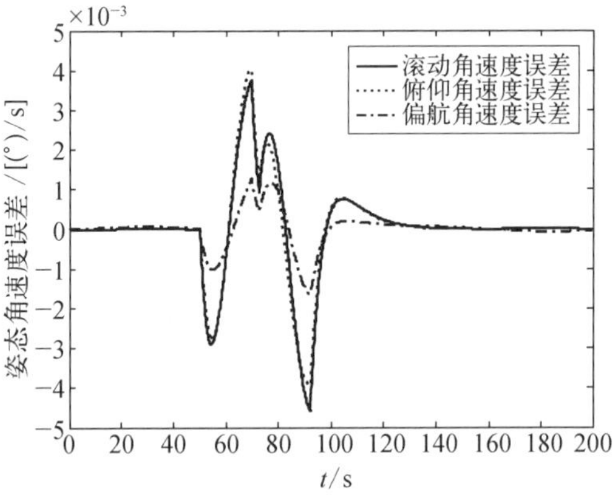


图 4－5　PD 补偿控制的欧拉角速度误差

利用式(4－22)给出加速度修正值$\ddot{\bar{\chi}}(k)$代替$\ddot{\chi}(k)$，在其他仿真条件相同的情况下，姿态误差及角速度误差分别如图 4－6 与图 4－7 所示。与之前仿真结果对比可知，加速度修正前后姿态角误差由 0.028°减小至 0.006 4°，姿态角速度误差由 0.004 7 (°)/s 减小至 0.000 55 (°)/s，从而表明加速度修正的必要性与有效性。

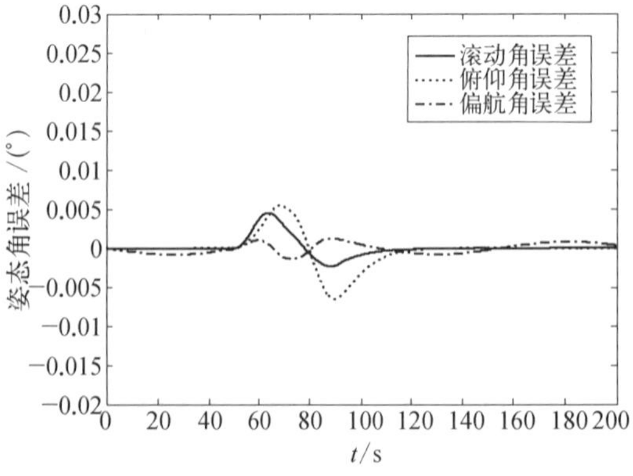


图 4－6　角加速度修正 PD 补偿控制的欧拉角误差

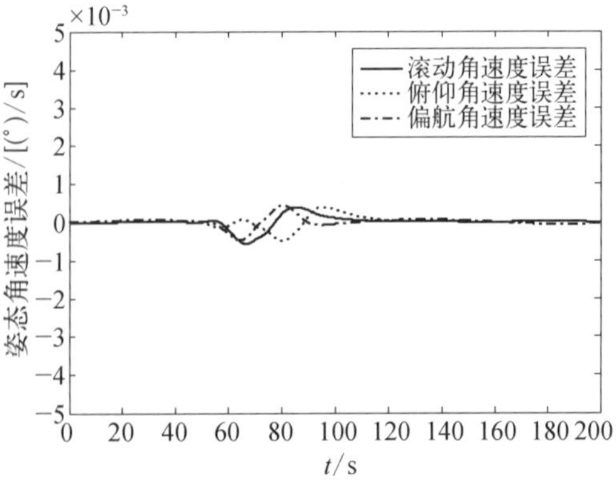


图 4－7　角加速度修正 PD 补偿控制的欧拉角速度误差

2）仅有前馈力矩补偿的开环控制仿真验证

为验证前馈力矩的补偿效果，在姿态机动时刻（50 s）开始取消反馈控制，即仅有前馈力矩补偿的开环控制，采用式（4－22）给出的修正量 $\ddot{\bar{\chi}}(k)$ 计算补偿力矩，仿真工况同前，图 4－8～图 4－11 分别给出了在不同采样周期下的角速度误差曲线。

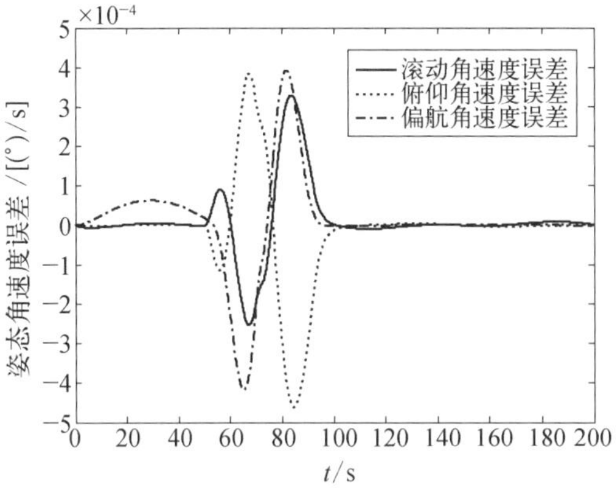


图 4－8　开环控制欧拉角速度误差（$\Delta t = 0.125$ s）

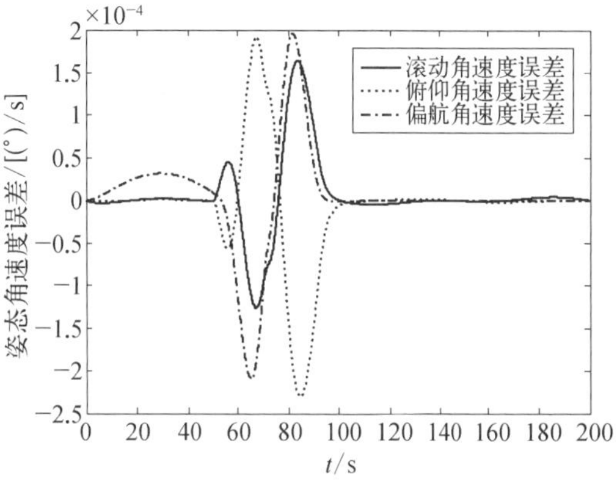


图 4－9　开环控制欧拉角速度误差（$\Delta t = 0.062\,5$ s）

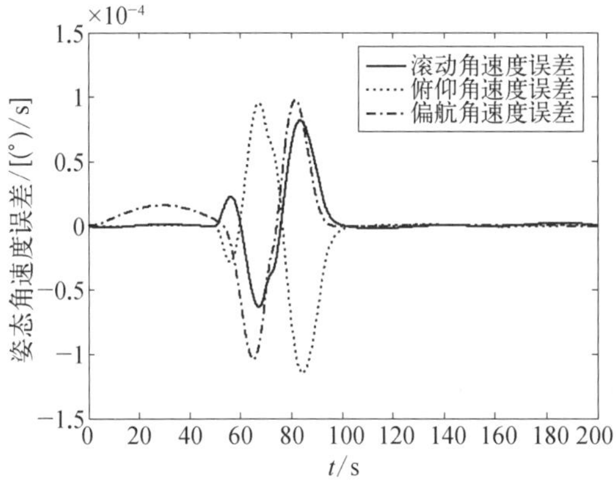


图 4－10　开环控制欧拉角速度误差（$\Delta t = 0.031\,25$ s）

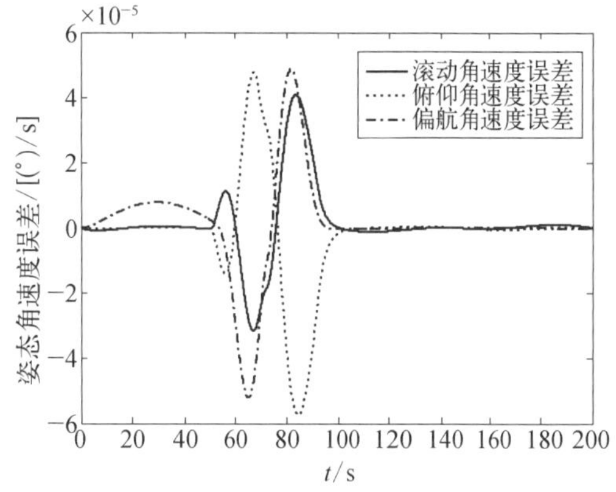


图 4－11　开环控制欧拉角速度误差（$\Delta t = 0.015\,625$ s）

由仿真结果可知，未施加反馈的前馈控制与前馈-反馈结合的控制结果非常吻合，从而说明补偿算法的有效性；此外，角速度误差最大值均出现在姿态角速度变化最大的加速与减速阶段，不同采样周期下星体运动误差曲线形状相似，而误差幅值随采样周期减小而减小，且减小比例与采样周期减小比例一致。由此可见，姿态误差确为系统离散实现导致前馈力矩补偿出现偏差所致。

### 4.2.2　面向主动推扫的动中成像姿态控制

为进一步提高载荷成像效率，敏捷遥感卫星还可以使有效载荷具备实现更复杂成像模式的能力，其中，动中成像就是敏捷卫星所特有的一种成像模式。与传统遥感卫星利用轨道速度作为成像时的推扫速度不同(被动推扫),动中成像过程中,卫星通过控制星体姿态机动来产生所需的推扫速度[17]。由于推扫速度可通过姿态机动进行主动控制,因此推扫速度的大小、方向均可主动调节,因此称为“主动推扫”。主动推扫可根据地面待观测目标的分布、观测区域的大小、形状等特征灵活设置,极大地提高了遥感卫星的成像效率。

本小节针对遥感卫星主动推扫成像任务的姿态控制实现问题,将卫星光轴的推扫路径、偏航角实时修正等作为姿态控制目标,分析了主动推扫模式对姿态控制系统的需求,给出一种实现动中成像姿态路径生成及运动跟踪控制实现方法。

1. 主动推扫过程中的目标姿态

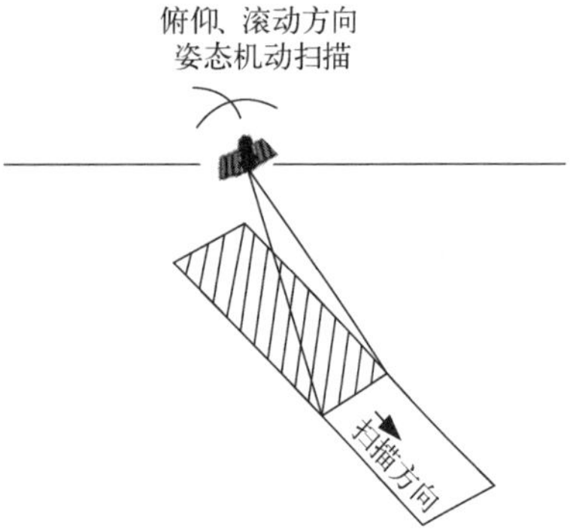


图 4-12　主动推扫成像示意图

主动推扫模式所针对的观测目标可不沿卫星飞行轨迹而任意分布,图 4-12 给出了一种典型的主动推扫模式。一般情况,假设被观测目标条带与卫星运行轨迹成一定角度的斜向分布,且分布宽度处于卫星单条带覆盖范围内。动中成像对卫星姿态的控制需求包含两个方面,如果姿态控制系统具备这两个方面的功能,那么卫星可完成任意非轨迹方向的成像:

(1) 控制卫星使得光轴按照特定的规律跟踪观测目标轨迹,这需要通过星体滚动和俯仰两个方向配合,滚动、俯仰姿态均按照特定的轨迹运动,建立其主动推扫角速度;

(2) 控制卫星绕偏航轴旋转一定角度(偏流角),使得像移速度矢量方向与 TDI-CCD 阵列排列方向一致,保证推扫图像的清晰度。

1) 滚动轴及俯仰轴目标姿态

由于地球自转引起的地面目标移动是均匀的,但卫星与地面的相对位置关系在实时变化,因此卫星姿态角的变化将是非均匀的、随时间连续变化的曲线。假设被观测的地面目标为以地心为圆心的一段圆弧,该圆弧与卫星飞行方向并不平行。设地面跟踪轨迹的起始点为 $P_0(\lambda_0,\delta_0)$,末点为 $P_1(\lambda_1,\delta_1)$,其中 $\lambda_0$、$\lambda_1$ 表示轨迹的地理经度,$\delta_0$、$\delta_1$ 表示轨迹的地理纬度。设起始跟踪时刻为 0,根据推扫速度确定出卫星主动推扫跟踪的总时间为 $t_m$,卫星当前跟踪时间为 $t_i$,其中 $t_i$ 为相对于起始跟踪时刻的相对跟踪时间,即 $0 \leqslant t_i \leqslant t_m$。

令 $\boldsymbol{s}_0$、$\boldsymbol{s}_1$ 分别表示由地心指向轨迹起始点 $P_0$、末端点 $P_1$ 的单位矢量,在地球固连坐标系下可表示为

$$\boldsymbol{s}_0 = \begin{pmatrix} \cos\delta_0'\cos\lambda_0 \\ \cos\delta_0'\sin\lambda_0 \\ \sin\delta_0' \end{pmatrix}$$

式中，$\delta_0' = \arctan[(1-e_E^2)\tan\delta_0]$ 为地心纬度，$e_E = 0.081\ 82$ 为地球椭球模型的偏心率；$\boldsymbol{s}_1$ 具有与 $\boldsymbol{s}_0$ 相似的表示形式。$\boldsymbol{s}_0$、$\boldsymbol{s}_1$ 对应的地心张角为

$$\Phi_{GCA} = \arccos(\boldsymbol{s}_0^T \boldsymbol{s}_1) \tag{4-23}$$

建立如图 4－13 所示的 $O_E s_0 s_v s_n$ 跟踪轨迹坐标系，其中 $\boldsymbol{s}_n$ 为 $O_E s_0 s_1$ 平面法线矢量，$\boldsymbol{s}_v$ 位于 $O_E s_0 s_1$ 平面内垂直于 $\boldsymbol{s}_0$ 且指向 $\boldsymbol{s}_1$ 方向，即 $\boldsymbol{s}_n = \dfrac{\boldsymbol{s}_0 \times \boldsymbol{s}_1}{|\boldsymbol{s}_0 \times \boldsymbol{s}_1|}$，$\boldsymbol{s}_v = \boldsymbol{s}_n \times \boldsymbol{s}_0$。

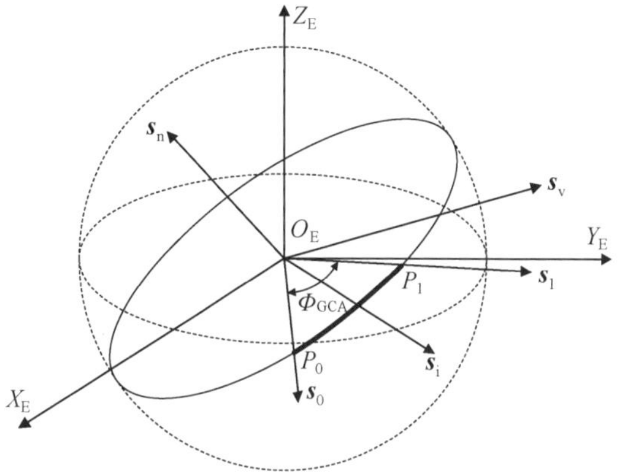

图 4－13　主动推扫地面轨迹示意图
（$O_E X_E Y_E Z_E$ 为地理坐标系）

为了保证地物点运动速度的一致性，视轴（一般为星体+$Z_b$轴）所指向地面目标点对应的地心矢量在 $O_E s_0 s_v$ 平面的运动角速度也是均匀的，则卫星在 $t_i$ 时刻对应的地心转角为

$$\Phi_i = \frac{t_i}{t_m} \cdot \Phi_{GCA} \tag{4-24}$$

得到卫星在 $t_i$ 时刻光轴所指向的目标单位矢量：

$$\boldsymbol{s}_i = \boldsymbol{s}_0 \cdot \cos\Phi_i + \boldsymbol{s}_v \cdot \sin\Phi_i \tag{4-25}$$

卫星在 $t_i$ 时刻指向点 $P_i(\lambda_i, \delta_i)$ 通过下述公式进行描述：

$$\delta_i' = \arcsin(\boldsymbol{s}_i(3)) \tag{4-26}$$

$$\lambda_i = \arctan2(\boldsymbol{s}_i(2), \boldsymbol{s}_i(1)) \tag{4-27}$$

$$\delta_i = \arctan\left(\frac{\tan\delta_i'}{1-e_E^2}\right) \tag{4-28}$$

由地心指向地面目标点的矢量表示：

$$\boldsymbol{r}_e^E = \begin{pmatrix} N\cos\delta_i \cos\lambda_i \\ N\cos\delta_i \sin\lambda_i \\ N(1-e_E^2)\sin\delta_i \end{pmatrix} \tag{4-29}$$

式中，$N = R_e / \sqrt{1-(e_E \sin\delta_i)^2}$，$R_e = 6\ 378.145$ km 为地球平均半径。设惯性坐标系下的卫星矢量为 $\boldsymbol{r}_s^i = [x_s^i \quad y_s^i \quad z_s^i]^T$，并通过 $\boldsymbol{r}_e^i = \boldsymbol{C}_{IE} \boldsymbol{r}_e^E$ 将地面目标点矢量转换到惯性系下，其中 $\boldsymbol{C}_{IE}$ 表示由地球坐标系至惯性系的转换矩阵。则卫星指向地面目标点的矢量可表示为

$$\boldsymbol{r}_{se}^{i}=\begin{bmatrix}x_{se}^{i}\\y_{se}^{i}\\z_{se}^{i}\end{bmatrix}=\frac{\boldsymbol{r}_{e}^{i}-\boldsymbol{r}_{s}^{i}}{\|\boldsymbol{r}_{e}^{i}-\boldsymbol{r}_{s}^{i}\|} \tag{4-30}$$

$$\boldsymbol{r}_{se}^{b}=\boldsymbol{C}_{BI}\boldsymbol{r}_{se}^{i} \tag{4-31}$$

式中，$\boldsymbol{r}_{se}^{i}$ 为 $\boldsymbol{r}_{se}$ 在惯性系下的描述；$\boldsymbol{r}_{se}^{b}$ 为 $\boldsymbol{r}_{se}$ 在卫星本体系下的描述；$\boldsymbol{C}_{BI}$ 为惯性系至本体系的转换矩阵。

在机动时，假设卫星采用 1－2－3 转序来描述姿态，期望的欧拉角为 $\varphi_r$、$\theta_r$、$\psi_r$，则本体坐标至目标坐标系的姿态转换阵为

$$\boldsymbol{C}_{BR}=\begin{bmatrix}\cos\psi_r\cos\theta_r & \cos\psi_r\sin\theta_r\sin\varphi_r+\sin\psi_r\cos\varphi_r & -\cos\psi_r\sin\theta_r\cos\varphi_r+\sin\varphi_r\sin\psi_r\\-\sin\psi_r\cos\theta_r & -\sin\psi_r\sin\theta_r\sin\varphi_r+\cos\psi_r\cos\varphi_r & \sin\psi\sin\theta_r\cos\varphi_r+\sin\varphi_r\cos\psi_r\\\sin\theta_r & -\cos\theta_r\sin\varphi_r & \cos\theta_r\cos\varphi_r\end{bmatrix}$$

设卫星本体系下光轴单位矢量为 $\boldsymbol{r}_{s}^{b}=[0\quad 0\quad 1]^{T}$，由于 $\boldsymbol{r}_{se}^{b}=\boldsymbol{C}_{BR}^{T}\boldsymbol{r}_{s}^{b}$，得

$$\boldsymbol{r}_{se}^{b}=\begin{bmatrix}x_{se}^{b}\\y_{se}^{b}\\z_{se}^{b}\end{bmatrix}=\begin{pmatrix}\sin\theta_r\\-\cos\theta_r\sin\varphi_r\\\cos\theta_r\cos\varphi_r\end{pmatrix} \tag{4-32}$$

将式(4－31)代入式(4－32)，可得滚动和俯仰目标姿态角：

$$\varphi_r=-\arctan2(y_{se}^{b},\ z_{se}^{b}) \tag{4-33}$$

$$\theta_r=\arcsin(x_{se}^{b}) \tag{4-34}$$

根据计算过程可知，在采用 1－2－3 转序时，卫星光轴指向由滚动和俯仰角唯一确定，即滚动和俯仰姿态角决定了主动推扫的速度和方向。

2）偏航轴目标姿态

主动推扫时，偏航轴需要实时调整，以确保焦平面上的像移速度矢量方向与 TDI－CCD 阵列排列方向一致，此过程即偏流角补偿[18]。偏流角补偿算法已由 2.4.3 节给出，此处不再重复介绍。

2. 主动推扫状态的建立与恢复

卫星在轨运行时，若无成像任务则一般处于零姿态，卫星三轴姿态均接近于零。而在主动推扫起始时刻的三轴目标姿态一般不为零，且具有一定的角速度，其中主动推扫起始时刻的姿态角可根据式(4－33)和式(4－34)，并令 $t_i=0$ 获得，设计算得到的起始时刻目标姿态为($\varphi_{m0}$、$\theta_{m0}$、$\psi_{m0}$)，并可通过差分得到起始时刻的姿态角速度($\dot{\varphi}_{m0}$、$\dot{\theta}_{m0}$、$\dot{\psi}_{m0}$)。

由于成像卫星一般都装有大型挠性太阳翼等附件，为典型的中心刚体加挠性附件的

结构，为了避免机动过程中引起挠性模态振动，导致星体姿态稳定度变差，一般不能直接将目标姿态和姿态角速度作为控制器输入进行姿态控制。为了能够使得在主动推扫起始时刻星体能机动至目标姿态，并具有相应的姿态角速度，可根据2.3节多边界约束的路径规划方法获得主动推扫状态建立的机动轨迹，使得卫星姿态能够平滑过渡到主动推扫的起始点。设状态建立过程的总时间为 $t_m$，状态建立过程中的三轴姿态机动路径分别 $\varphi_r(t)$、$\theta_r(t)$、$\psi_r(t)$，其中 $\varphi_r(t)$ 需满足如下条件：

$$\begin{cases}\varphi_r(-t_m)=0\\ \dot{\varphi}_r(-t_m)=0\\ \varphi_r(0)=\varphi_{m0}\\ \dot{\varphi}_r(0)=\dot{\varphi}_{m0}\end{cases} \tag{4-35}$$

同样，$\theta_r(t)$、$\psi_r(t)$ 同样需满足类似的约束条件。

同样，当卫星完成主动推扫任务后，一般需要返回到三轴零姿态，称为主动推扫状态的恢复，恢复过程与状态建立过程相似，为其逆过程，同样需要根据姿态机动路径完成姿态回零控制。一次完整的主动推扫过程包括三个步骤，如图4-14所示。

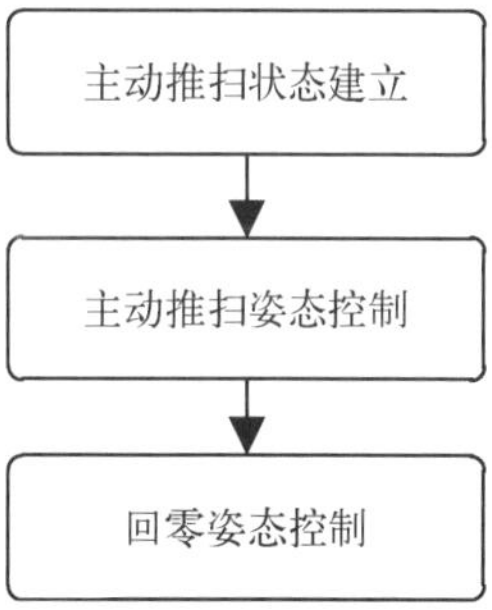

图4-14　完整的主动推扫过程姿态机动步骤

经过上述三个步骤，即可获得了整个主动推扫过程的三轴目标姿态，通过数值差分方法可进一步获得角速度及补偿力矩等信息，从而根据前馈及反馈控制，保证星体的姿态角能够跟踪目标姿态。在状态建立和姿态回零过程中，由于这两个阶段并无成像要求，故在设计时可适当降低控制性能，允许星体姿态和角速度存在一定偏差。

3. 仿真实例

以运行于轨道高度为646 km，偏心率为0，倾角为97.9°，近地点幅角为180°，升交点赤经为256.5°的遥感卫星为例，平近点角为0°时对应轨道时刻为协调世界时2015年7月1日10:30。设卫星转动惯量矩阵 $\boldsymbol{J}=\mathrm{diag}(3\,600,\ 3\,600,\ 2\,000)\ \mathrm{kg\cdot m^2}$，卫星初始三轴姿态为 $\varphi=0°$、$\theta=0°$、$\psi=3°$。主动推扫轨迹由两段组成：第一段的起始点地理经纬度为 $P_{10}$(92.1°, 58.0°)，末点为 $P_{11}$(92.1°, 53.4°)，跟踪时刻（相对于轨道初始时刻）为237~301 s；第二段的起始点地理经纬度为 $P_{20}$(90.0°, 58.0°)，末点为 $P_{21}$(90.0°, 63.2°)，跟踪时刻为377~443 s。

卫星的星下点经纬度与地面成像点经纬度曲线如图4-15所示，可见第一段地面成像轨迹与星下点轨迹存在较大的夹角。从姿态曲线可知，卫星第一段目标轨迹跟踪时偏航角接近-50°。卫星的姿态角、姿态角速度与路径规划的姿态角、姿态角速度分别如图4-16、图4-17所示，可见通过路径规划方法，可以使得整个动中成像过程中的姿态在各个阶段实现平滑过渡。在对应的成像条带，卫星星体的姿态和姿态角速度均能较

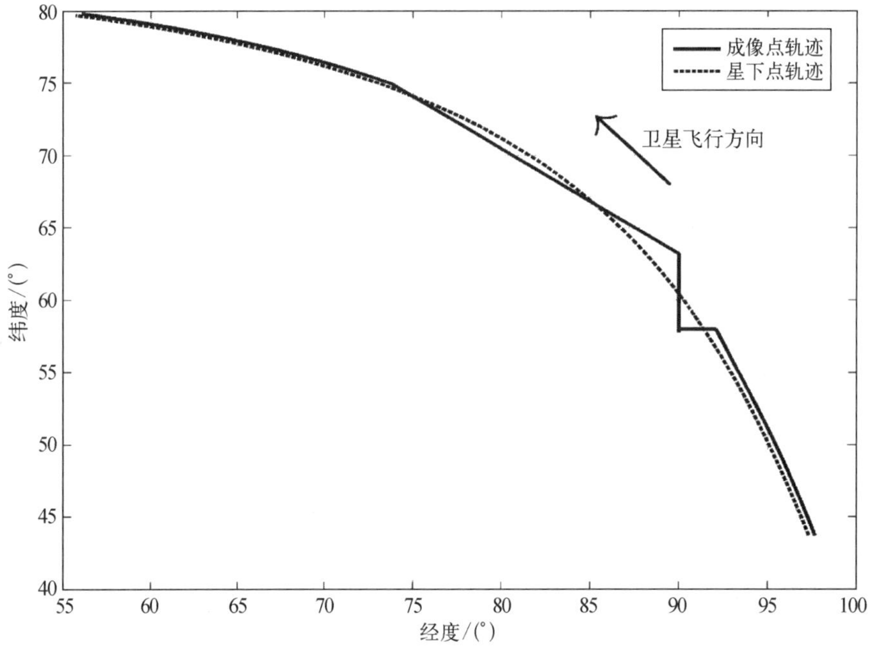


图 4-15　星下点与成像点经纬度

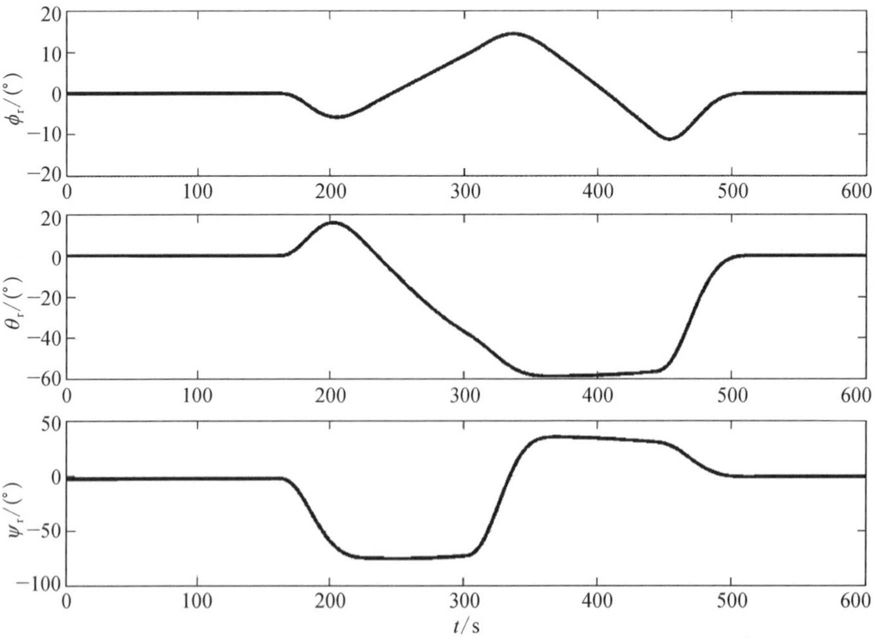


图 4-16　规划的姿态角曲线

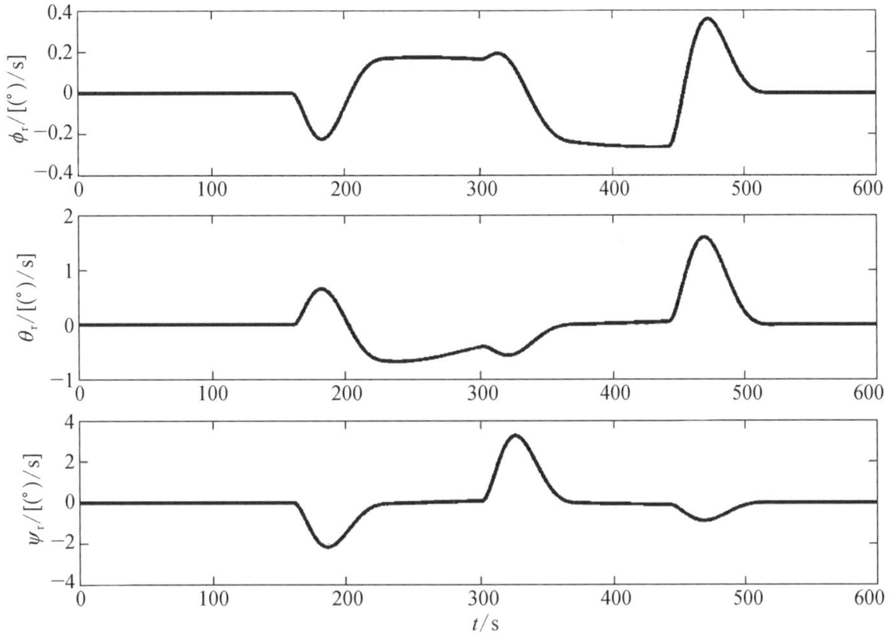


图 4－17　规划的姿态角速度曲线

好的跟踪目标值。仿真结果表明，通过控制卫星本体进行期望姿态路径的跟踪，能够实现卫星光轴对地面目标的主动推扫，以及推扫过程中的偏航角实时修正。

## 4.3　敏捷航天器姿态机动控制方法

航天器一般都安装有太阳帆板、反射面天线等弱阻尼挠性附件，这些附件会对敏捷机动的到位稳定性带来显著的影响。因此，在姿态控制律设计中，通常需要对挠性结构模态振动进行抑制。为此，首先需要获取航天器挠性结构的动力学模型或结构模态参数；其次，姿控系统应当避免执行机构（如 CMG）所输出的驱动力矩（特别是避奇异过程中产生的大力矩）对挠性附件的激励，并尽可能对振动进行有效抑制。

### 4.3.1　挠性附件的模态参数辨识

由于航天器结构复杂，且受重力、空气阻力及试验场地等因素制约，一般难以通过理论建模或者地面测试等方式获取模态参数的准确信息，故带大型挠性附件的航天器模态参数在轨辨识有其必要性。挠性航天器模态参数在轨辨识过程中，激励信号通常由航天器控制系统的执行机构来实现，因此需要考虑执行机构自身的固有特性、在轨辨识中对姿态、测控及结构安全等因素，这是在轨辨识与地面辨识的一个显著不同。当收集到在轨辨识的测量数据后，可通过频域法或时域法对模态参数进行处理。目前，比较常用的结构模态参数辨识方法包括以快速傅里叶变换（fast Fourier transform，FFT）为代表的频域辨识方法和以特征系统实现法（eigensystem realization algorithm，ERA）为代表的时域辨识方法，上述方法均已得到在轨应用。

为保证在轨辨识的安全性,本节对在轨辨识的激励信号进行设计,构建在轨辨识地面全物理仿真试验系统,验证辨识方案的有效性。

1. *在轨辨识的激励信号设计*

为实现挠性附件的参数辨识并保证系统的安全,本节给出两种实用的在轨辨识激励信号设计方法:三脉冲激励信号和有限带宽伪随机激励信号。

1)三脉冲激励信号

三脉冲激励信号由三个有限幅值的脉冲信号组成,其优点在于可以使激励结束后几乎不对航天器产生角动量增量和明显的角度增量,使在轨辨识过程的姿态角及角速度保持在可控范围内;另外,三脉冲激励信号通过合理控制脉冲发生时刻,可有效激发出结构挠性振动,提升振动测量信号的信噪比,方便对辨识数据的收集。三脉冲激励信号的形式如下:

$$u(t)=\begin{cases}0, & t<0\\ T_{\max}, & 0\leqslant t\leqslant\dfrac{T_p}{4}\\ -T_{\max}, & \dfrac{T_p}{4}<t\leqslant\dfrac{3T_p}{4}\\ T_{\max}, & \dfrac{3T_p}{4}<t\leqslant T_p\\ 0, & t>T_p\end{cases}\tag{4-36}$$

式中,$T_p$ 是三脉冲激励信号的主激振频率所对应的周期;$T_{\max}$ 为激励强度。三脉冲激励信号可采用推力器或者角动量交换装置实现。对于推力器实现方式,对式(4-36)的右侧做脉宽调制即可。

2)有限带宽伪随机激励信号

有限带宽伪随机激励信号可在执行机构可达的频域范围内,灵活配置激励信号所包含的信号频点及其幅值,实现对所关注的频段内结构模态的宽频激励。其激励信号形式如下:

$$u(t)=T_{\max}\sum_{i=1}^{N}\gamma_i\cos\left(\omega_i t+\frac{i}{N}2\pi\right)+b_0\tag{4-37}$$

式中,$\omega_i$ 是信号频率成分;$N$ 为正整数;$\gamma_i$、$b_0$ 为常数。当所选择的频点较多时,由式(4-37)所生成的激励信号在时域上类似随机信号。如有限带宽伪随机激励信号采用推力器实现,则对式(4-37)的右侧做脉宽调制即可。

2. *ERA 体系的时域模态辨识方法*

特征系统实现算法是由隶属于 NASA 的 Langley 研究中心于 1984 年提出的一种多输

入多输出(multiple-input multiple-output, MIMO)整体识别方法,特别是对存在模态密集和重根情形的大型复杂结构具有很高的辨识精度。其基本方法原理如下。

将连续空间的航天器动力学模型进行离散化:

$$\begin{cases} \boldsymbol{x}(k+1) = \boldsymbol{A}\boldsymbol{x}(k) + \boldsymbol{B}\boldsymbol{u}(k) \\ \boldsymbol{y}(k) = \boldsymbol{C}\boldsymbol{x}(k) + \boldsymbol{D}\boldsymbol{u}(k) \end{cases} \tag{4-38}$$

式中,$k$ 为采样序列;$\boldsymbol{x}$ 为 $2n \times 1$ 阶状态向量($n$ 为截断模态阶数);$\boldsymbol{A} = e^{\bar{A}\Delta t}$ 为 $2n \times 2n$ 阶系统矩阵,$\Delta t$ 为采样周期;$\boldsymbol{B} = \int_0^T e^{A\tau} \mathrm{d}\tau \bar{\boldsymbol{B}}$ 为 $2n \times m$ 阶输入位置矩阵($m$ 为输入数量);$\boldsymbol{C}$ 为 $l \times 2n$ 阶观测位置矩阵($l$ 为传感器数量);$\boldsymbol{D}$ 为 $l \times m$ 阶转换矩阵;$\boldsymbol{u}$ 为 $m \times 1$ 阶输入向量;$\boldsymbol{y}$ 为 $l \times 1$ 阶输出向量。

对上式描述的挠性航天器动力学模型施加单位脉冲激励,即 $\boldsymbol{u}(0) = 1$ 且 $\boldsymbol{u}(k) = 0(k = 1, 2, \cdots)$,则系统的脉冲响应函数为

$$\boldsymbol{h}(k) = \boldsymbol{C}\boldsymbol{A}^{k-1}\boldsymbol{B} \tag{4-39}$$

式中,$\boldsymbol{h}(k) = \begin{bmatrix} h_{11}(k) & h_{12}(k) & \cdots & h_{1m}(k) \\ h_{21}(k) & h_{22}(k) & \cdots & h_{2m}(k) \\ \vdots & \vdots & \ddots & \vdots \\ h_{l1}(k) & h_{l2}(k) & \cdots & h_{lm}(k) \end{bmatrix}_{l \times m}$,$\boldsymbol{h}(k)$ 称为 Markov 参数,$h_{ij}(k)$ 表示系统在 $k$ 时刻激励点 $j$ 和观测点 $i$ 之间的单位脉冲响应函数。根据脉冲响应函数 $\boldsymbol{h}(k)$,构造广义 Hankel 矩阵:

$$\boldsymbol{H}(k-1) = \begin{bmatrix} \boldsymbol{h}(k) & \boldsymbol{h}(k+1) & \cdots & \boldsymbol{h}(k+\beta) \\ \boldsymbol{h}(k+1) & \boldsymbol{h}(k+2) & \cdots & \boldsymbol{h}(k+\beta+1) \\ \vdots & \vdots & \ddots & \vdots \\ \boldsymbol{h}(k+\alpha) & \boldsymbol{h}(k+\alpha+1) & \cdots & \boldsymbol{h}(k+\alpha+\beta) \end{bmatrix}_{(\alpha+1)l \times (\beta+1)m} \tag{4-40}$$

理论上,Hankel 矩阵的秩就是系统的阶数。但由于噪声的干扰使得观测数据生成的 Hankel 矩阵产生秩亏。而当 $\alpha$ 和 $\beta$ 增大到一定值时,Hankel 矩阵的秩趋于不变。因此,ERA 的关键就是对 $\alpha$ 和 $\beta$ 选取适当的值,既保证 Hankel 矩阵的秩不变,又使得 Hankel 矩阵的维数最小,可得

$$\boldsymbol{H}(k) = \boldsymbol{N}\boldsymbol{A}^k\boldsymbol{M} \tag{4-41}$$

式中,$\boldsymbol{N} = [\boldsymbol{C}^{\mathrm{T}} \quad (\boldsymbol{C}\boldsymbol{A})^{\mathrm{T}} \quad (\boldsymbol{C}\boldsymbol{A}^2)^{\mathrm{T}} \quad \cdots \quad (\boldsymbol{C}\boldsymbol{A}^{\alpha})^{\mathrm{T}}]^{\mathrm{T}}$ 为 $(\alpha+1)l \times 2n$ 维能观性矩阵;$\boldsymbol{M} = [\boldsymbol{B} \quad \boldsymbol{A}\boldsymbol{B} \quad \boldsymbol{A}\boldsymbol{B}^2 \quad \cdots \quad \boldsymbol{A}\boldsymbol{B}^{\beta}]$ 为 $2n \times (\beta+1)m$ 维能控性矩阵。

当 $k = 0$ 时,变为 $\boldsymbol{H}(0) = \boldsymbol{N}\boldsymbol{M}$,对其进行奇异值分解,可得

$$H(0) = USV^{\mathrm{T}} \tag{4-42}$$

式中，$U$ 为 $(\alpha+1)l \times 2n$ 维左奇异矩阵；$V$ 为 $(\beta+1)m \times 2n$ 维右奇异矩阵；$S$ 为 $2n \times 2n$ 维对角矩阵，且 $U$、$V$ 和 $S$ 满足下式要求：

$$\begin{aligned} &U^{\mathrm{T}}U = I_{2n\times 2n} \\ &V^{\mathrm{T}}V = I_{2n\times 2n} \\ &S = \mathrm{diag}(\sigma_1,\ \cdots,\ \sigma_{2n}) \end{aligned} \tag{4-43}$$

式中，$\sigma_i$ 表示 $H(0)$ 的第 $i$ 个奇异值，且其值均按降序排列。从而可得式(4-38)所对应的离散状态空间模型矩阵 $A$，即

$$A = S^{-1/2}U^{\mathrm{T}}H(1)VS^{-1/2} \tag{4-44}$$

对系统矩阵 $A$ 进行特征值分解，得到特征值矩阵 $Z$ 和特征向量 $\psi$：

$$A\psi = \psi Z \tag{4-45}$$

$$Z = \mathrm{diag}(z_1,\ z_2,\ \cdots,\ z_n) \tag{4-46}$$

根据振动理论和状态方程的解，可得系统第 $i$ 阶模态频率 $\omega_i$、阻尼比 $\xi_i$ 为

$$\begin{cases} \omega_i = \sqrt{\mathrm{Re}\,(s_i)^2 + \mathrm{Im}\,(s_i)^2} \\ \xi_i = \dfrac{\mathrm{Re}(s_i)}{\omega_i} \end{cases} \tag{4-47}$$

式中，$s_i = \ln(z_i)/\Delta t$ 表示连续时间系统矩阵 $\bar{A}$ 的特征值；$\mathrm{Re}(s_i)$ 表示 $s_i$ 的实部；$\mathrm{Im}(s_i)$ 表示 $s_i$ 的虚部。

3. 航天器模态参数辨识全物理仿真试验验证

1）模态参数辨识全物理仿真试验系统

在地面环境下，搭建了由“中心刚体+柔性附件”组成的一类航天器全物理仿真系统，对在轨辨识方案展开验证。该试验系统主要组成如图 4-18 所示。

在单轴气浮台上，安装了 CMG 和推力器作为试验系统的振动激励执行机构，同时还配置了光纤陀螺用于测量台体的角速度。在挠性模拟件上，配置了 16 台高精度加速度计用于测量挠性模拟件运动信息。

2）全物理仿真试验结果分析

采用锤击法对处于漂浮状态的挠性模拟件进行激励，并采用高精度激光测振仪对太阳翼模拟件的振动进行多次测量和频谱分析，得到太阳翼挠性模拟件前 6 阶频率分别为 0.25 Hz、1.095 Hz、2.188 Hz、2.344 Hz、2.594 Hz、3.063 Hz。在此基础上，开展多组辨识试验，部分辨识结果如下。

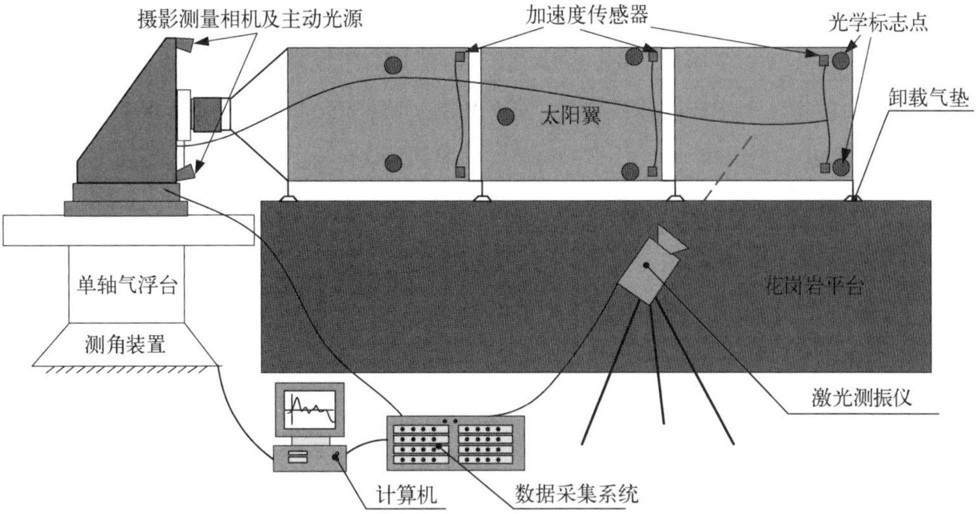


图 4－18　模态参数辨识全物理仿真试验系统组成示意图

(1) 基于 FFT 方法的模态频率辨识结果(图 4－19,表 4－1)。

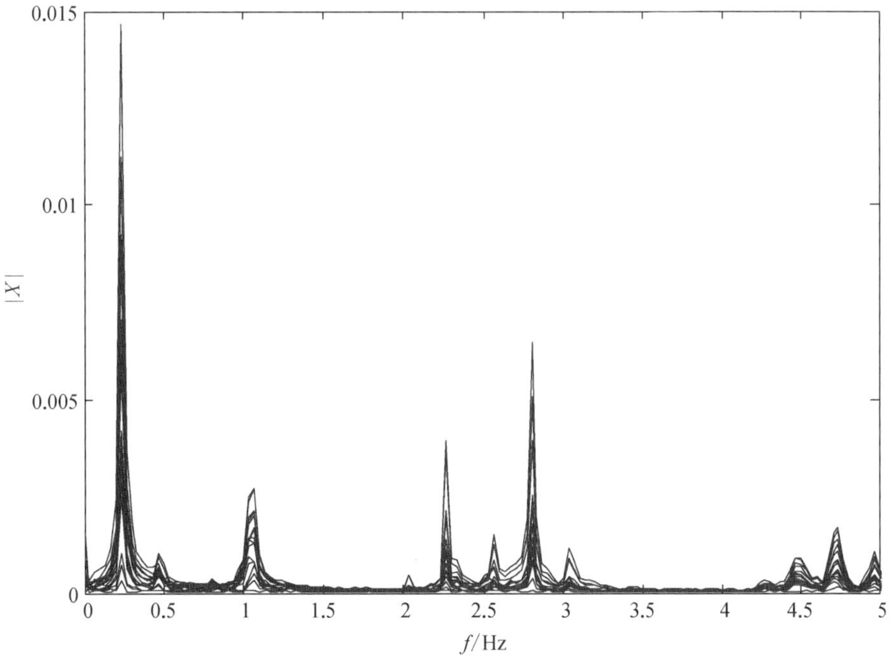


图 4－19　加速度计测量信号频谱图

**表 4－1　基于加速度测量信号的 FFT 模态频率辨识结果**

| 敏感器 | 模态频率辨识结果/Hz | | | |
|---|---|---|---|---|
| 加速度计 | 0.233 4 | 1.067 | 2.267 | 2.8 |

(2) 基于ERA算法的前两阶模态频率和阻尼辨识结果(表4-2、表4-3)。

**表4-2　基于ERA估计的一阶模态频率及阻尼**

| 敏感器 | 阻尼比 | 频率/Hz |
|---|---|---|
| 加速度计4 | 0.033 1 | 0.233 7 |
| 加速度计5 | 0.035 7 | 0.234 6 |
| 加速度计10 | 0.031 3 | 0.235 1 |
| 加速度计14 | 0.033 5 | 0.235 1 |
| 加速度计16 | 0.030 4 | 0.235 6 |

**表4-3　基于ERA估计的二阶模态频率及阻尼**

| 敏感器 | 阻尼比 | 频率/Hz |
|---|---|---|
| 加速度计4 | 0.004 3 | 1.089 0 |
| 加速度计8 | 0.003 9 | 1.088 8 |
| 加速度计11 | 0.004 1 | 1.088 8 |
| 加速度计12 | 0.004 0 | 1.088 7 |
| 加速度计14 | 0.004 2 | 1.087 7 |

由上述全物理仿真试验结果可以看到,通过合理设计激励信号并通过对试验测量信号进行数据处理,可以较准确地辨识出试验系统的主要模态频率和阻尼,同时加速度测试与锤击测试也显示出了较好的一致性,验证了在轨模态参数辨识方法的有效性。

### 4.3.2　基于CMG力矩矢量调节的姿态机动控制

针对挠性卫星姿态快速机动控制问题,本节开展挠性卫星姿态机动控制方法研究。在已知挠性结构参数的基础上,结合PD控制与补偿控制的姿态控制方式与基于经典频率分析方法的参数选择,设计了挠性卫星姿态机动跟踪控制器,实现系统时延下兼顾系统稳定性及宽带宽控制的目标。在基于CMG作为执行机构实现挠性姿态机动的具体实现中,采用第3章提出的基于力矩矢量调节的CMG奇异规避操纵律,解决CMG系统的奇异规避及规避时易激发挠性振动的问题,并给出了所提出方法的在轨验证情况。

1. 卫星系统动力学

当卫星具有大型挠性太阳翼时,采用中心刚体与挠性附件形式的动力学方程描述如下[2]:

$$\begin{aligned} \boldsymbol{J}\dot{\boldsymbol{\omega}} + \boldsymbol{\omega}^{\times}\boldsymbol{J}\boldsymbol{\omega} + \boldsymbol{F}\ddot{\boldsymbol{\eta}} = \boldsymbol{T} \\ \ddot{\boldsymbol{\eta}} + 2\xi\boldsymbol{\Omega}\dot{\boldsymbol{\eta}} + \boldsymbol{\Omega}^2\boldsymbol{\eta} + \boldsymbol{F}^{\mathrm{T}}\dot{\boldsymbol{\omega}} = \boldsymbol{0} \end{aligned} \tag{4-48}$$

式(4-48)中的两个方程描述了星体转动与挠性附件振动,其中,$\boldsymbol{F} \in \boldsymbol{R}^{3\times m}$ 为挠性耦合系数阵;$\boldsymbol{\Omega} \in \boldsymbol{R}^{m\times m}$ 为对角形式的挠性模态频率阵;$\xi$ 为挠性模态阻尼系数,一般取为0.005。

2. 控制力矩陀螺系统

根据第 3 章的定义，由 $n(n \geqslant 4)$ 个 CMG 所组成的系统中的第 $i(i=1, \cdots, n)$ 个 CMG 在星体系下的角动量 $\boldsymbol{h}_i$ 为对应 CMG 框架角 $\delta_i$ 的向量函数，重新表述如下：

$$\boldsymbol{h}_i(\delta_i) = h \cdot \left( \begin{bmatrix} A_{1i} \\ A_{2i} \\ A_{3i} \end{bmatrix} \sin \delta_i + \begin{bmatrix} B_{1i} \\ B_{2i} \\ B_{3i} \end{bmatrix} \cos \delta_i \right) \tag{4-49}$$

式中，$h$ 为单个 CMG 的角动量幅值（系统中各 CMG 角动量幅值相同），$A_{ki}$、$B_{ki}(k=1, 2, 3)$ 为仅与第 $i$ 个 CMG 安装相关的常数。记框架角组合 $\boldsymbol{\delta} = [\delta_1, \delta_2, \cdots, \delta_n]^{\mathrm{T}}$，由式(4-49)可得 CMG 系统在星体系下合成角动量 $\boldsymbol{H}$ 为

$$\boldsymbol{H}(\boldsymbol{\delta}) = \sum_{i=1}^{n} \boldsymbol{h}_i(\delta_i) = h(\boldsymbol{A} \sin \boldsymbol{\delta} + \boldsymbol{B} \cos \boldsymbol{\delta}) \boldsymbol{I}_{n \times 1} \tag{4-50}$$

式中，$\boldsymbol{A}$、$\boldsymbol{B}$ 为仅与系数 $A_{ki}$、$B_{ki}$ 相关的常矩阵，框架角正弦矩阵、余弦矩阵 $\sin \boldsymbol{\delta}$ 和 $\cos \boldsymbol{\delta}$ 表达式分别为

$$\sin \boldsymbol{\delta} = \mathrm{diag}\{\sin \delta_1, \cdots, \sin \delta_n\}$$
$$\cos \boldsymbol{\delta} = \mathrm{diag}\{\cos \delta_1, \cdots, \cos \delta_n\}$$

对 $\boldsymbol{H}(\delta)$ 求时间导数可得

$$\dot{\boldsymbol{H}}(\boldsymbol{\delta}) = h\boldsymbol{C}\dot{\boldsymbol{\delta}}$$

式中，$\boldsymbol{C} = \boldsymbol{A}\cos \boldsymbol{\delta} - \boldsymbol{B}\sin \boldsymbol{\delta}$ 为框架角运动方程的雅克比矩阵；$\dot{\boldsymbol{\delta}}$ 为 CMG 系统的框架角速度向量。根据当前 CMG 系统的框架角及框架角速度，可得施加于星体的力矩为

$$\boldsymbol{T} = -\dot{\boldsymbol{H}}(\boldsymbol{\delta}) = -h\boldsymbol{C}\dot{\boldsymbol{\delta}} - \boldsymbol{\omega}^{\times} \boldsymbol{H} \tag{4-51}$$

式中，$\boldsymbol{\omega}^{\times}$ 为 $\boldsymbol{\omega}$ 的反对称阵。对于给定的控制力矩指令 $\boldsymbol{T}_{\mathrm{r}}$，当矩阵 $\boldsymbol{CC}^{\mathrm{T}}$ 为非奇异时可由式(4-51)可解算出框架角速度指令[19]：

$$\dot{\boldsymbol{\delta}}_{\mathrm{r}} = -\frac{1}{h}\boldsymbol{C}^{\#}\boldsymbol{T}_{\mathrm{r}} \tag{4-52}$$

式中，$\boldsymbol{C}^{\#} = \boldsymbol{C}^{\mathrm{T}}(\boldsymbol{CC}^{\mathrm{T}})^{-1}$ 为 $\boldsymbol{C}$ 的伪逆。

若对于特定框架角组合 $\boldsymbol{\delta}$ 使得 $\boldsymbol{CC}^{\mathrm{T}}$ 为奇异矩阵，则称其为 CMG 系统的奇异状态。CMG 系统为奇异状态下无法由式(4-52)求解得到框架角速度指令 $\dot{\boldsymbol{\delta}}_{\mathrm{r}}$，因此在实际应用中需要考虑 CMG 系统奇异状态的规避及逃离。衡量 CMG 系统奇异程度的度量方式有多种[20]，本节选用 $\boldsymbol{CC}^{\mathrm{T}}$ 的行列式，即奇异度量值 $s_v$ 为

$$s_v = \det(\boldsymbol{CC}^{\mathrm{T}})$$

$s_v$ 越接近零，表示系统越接近奇异状态；反之，为系统远离奇异状态。

3. 挠性姿态控制器设计

由式(4－48)可得姿态误差动力学方程为

$$\begin{aligned} &\boldsymbol{J}\dot{\boldsymbol{\omega}}_{\mathrm{e}}+\boldsymbol{F}\ddot{\boldsymbol{\eta}}=\boldsymbol{\tau}_{\mathrm{f}} \\ &\ddot{\boldsymbol{\eta}}+2\xi\boldsymbol{\Omega}\dot{\boldsymbol{\eta}}+\boldsymbol{\Omega}^{2}\boldsymbol{\eta}+\boldsymbol{F}^{\mathrm{T}}\dot{\boldsymbol{\omega}}=\mathbf{0} \end{aligned} \tag{4-53}$$

式中，$\boldsymbol{\tau}_{\mathrm{f}}=\boldsymbol{T}-(\boldsymbol{\omega}_{\mathrm{e}}+\boldsymbol{C}_{\mathrm{e}}\boldsymbol{\omega}_{\mathrm{r}})^{\times}\boldsymbol{J}(\boldsymbol{\omega}_{\mathrm{e}}+\boldsymbol{C}_{\mathrm{e}}\boldsymbol{\omega}_{\mathrm{r}})+\boldsymbol{J}\boldsymbol{\omega}_{\mathrm{e}}^{\times}\boldsymbol{C}_{\mathrm{e}}\boldsymbol{\omega}_{\mathrm{r}}-\boldsymbol{J}\boldsymbol{C}_{\mathrm{e}}\dot{\boldsymbol{\omega}}_{\mathrm{r}}$，$\boldsymbol{\omega}_{\mathrm{e}}$表达式与4.2.1节相同。由于卫星挠性模态信息$\boldsymbol{\eta}$一般不可测，因此采用与卫星姿态镇定控制类似的PD控制形式，即基于星体姿态及角速度信息设计如下姿态跟踪控制律：

$$\boldsymbol{\tau}_{\mathrm{f}}=-2\boldsymbol{K}_{\mathrm{p}}\boldsymbol{q}_{\mathrm{ev}}\operatorname{sgn}(q_{\mathrm{e}4})-\boldsymbol{K}_{\mathrm{d}}\boldsymbol{\omega}_{\mathrm{e}} \tag{4-54}$$

式中，$\boldsymbol{q}_{\mathrm{e}}=[\boldsymbol{q}_{\mathrm{ev}}\quad \boldsymbol{q}_{\mathrm{e}4}]^{\mathrm{T}}$表达式与4.2.1节相同，控制参数$\boldsymbol{K}_{\mathrm{p}}$、$\boldsymbol{K}_{\mathrm{d}}$分别为比例与微分系数阵，一般选为对角阵形式，$\operatorname{sgn}(\cdot)$为符号函数，即

$$\operatorname{sgn}(x)=\begin{cases}-1, & x<0\\ 0, & x=0\\ +1, & x>0\end{cases}$$

在星体期望运动角速度$\boldsymbol{\omega}_{\mathrm{r}}$下，由误差动力学方程式(4－53)可求得标称路径下的标称挠性模态坐标$\boldsymbol{\eta}_{\mathrm{r}}$，即

$$\ddot{\boldsymbol{\eta}}_{\mathrm{r}}+2\xi\boldsymbol{\Omega}\dot{\boldsymbol{\eta}}_{\mathrm{r}}+\boldsymbol{\Omega}^{2}\boldsymbol{\eta}_{\mathrm{r}}=-\boldsymbol{F}^{\mathrm{T}}\dot{\boldsymbol{\omega}}_{\mathrm{r}} \tag{4-55}$$

当姿态跟踪误差为小量时，即有$\boldsymbol{q}_{\mathrm{ev}}\approx\mathbf{0}$且$q_{\mathrm{e}4}\approx1$，则$\boldsymbol{C}_{\mathrm{e}}(\boldsymbol{q}_{\mathrm{e}})$近似为单位阵。记$\boldsymbol{\eta}_{\mathrm{e}}=\boldsymbol{\eta}-\boldsymbol{\eta}_{\mathrm{r}}$，可将式(4－53)写为

$$\begin{aligned} &\boldsymbol{J}\dot{\boldsymbol{\omega}}_{\mathrm{e}}+\boldsymbol{F}\ddot{\boldsymbol{\eta}}_{\mathrm{e}}=\boldsymbol{\tau}_{\mathrm{f}}-\boldsymbol{F}\ddot{\boldsymbol{\eta}}_{\mathrm{r}} \\ &\ddot{\boldsymbol{\eta}}_{\mathrm{e}}+2\xi\boldsymbol{\Omega}\dot{\boldsymbol{\eta}}_{\mathrm{e}}+\boldsymbol{\Omega}^{2}\boldsymbol{\eta}_{\mathrm{e}}+\boldsymbol{F}^{\mathrm{T}}\dot{\boldsymbol{\omega}}_{\mathrm{e}}=\mathbf{0} \end{aligned} \tag{4-56}$$

记$\boldsymbol{\theta}=2\boldsymbol{q}_{\mathrm{ev}}\operatorname{sgn}(q_{\mathrm{e}4})$，当姿态跟踪误差为小量时运动学方程有

$$\dot{\boldsymbol{\theta}}\approx\boldsymbol{\omega}_{\mathrm{e}} \tag{4-57}$$

不妨假设$\boldsymbol{J}$具有主对角优势，可忽略各轴间的耦合。于是，按挠性卫星姿态稳定控制分析方式，对由式(4－56)与式(4－57)所组成的跟踪系统各通道分别采用经典频域方法进行分析和设计，以考虑在系统实现引入时延的情况下选取兼顾模态稳定性及带宽控制的合适参数，尤其要避免参数过大使得部分模态不稳定的情况发生。

忽略其他扰动，仅将$\boldsymbol{F}\ddot{\boldsymbol{\eta}}_{\mathrm{r}}$看作系统外界输入扰动，考虑系统最大时延为$T_{\mathrm{d}}$，对式(4－56)与式(4－57)取拉氏变换并整理得

$$\left(J_i+\sum_j\frac{-F_{i,j}^2s^2}{s^2+2\xi\Omega_js+\Omega_j^2}\right)s^2\theta_i(s)=e^{-T_{\mathrm{d}}s}\tau_{\mathrm{f},i}(s) \tag{4-58}$$

式中，下标$i(i=1,2,3)$表示第$i$个通道；下标$j\ (j=1,\cdots,m)$表示第$j$个挠性模态；$e^{-T_{\mathrm{d}}s}$

为系统纯时延环节传函；$J_i$ 为通道 $i$ 的主惯量，其余变量为式(4-56)、式(4-57)中对应向量或矩阵的相应分量。

对式(4-54)取拉氏变换，得各通道控制器传函为

$$\tau_{f,i}(s) = -(K_{p,i} + K_{d,i}s)\theta_i(s) \tag{4-59}$$

式中，$K_{p,i}$、$K_{d,i}$ 分别为 $\boldsymbol{K}_p$、$\boldsymbol{K}_d$ 对应通道 $i$ 的分量。基于式(4-59)所示的控制形式，结合控制参数选取，可利用经典频域法对式(4-58)进行稳定性分析，以选择合适的控制参数 $\boldsymbol{K}_p$、$\boldsymbol{K}_d$。

根据时延环节 $e^{-T_d s}$ 的频率特性，其不对系统幅值特性产生影响，但会引入相位滞后，其相位滞后与频率 $f$ 的关系为

$$\Delta\phi = 2\pi f \cdot T_d$$

由此可见，时延对不同挠性模态频率处产生的相位滞后随挠性模态频率呈线性关系。

对于式(4-58)所示单通道传递函数，以特定示例来说明挠性卫星系统时延的控制参数选择对系统稳定性的影响。假设对象转动惯量为 3 000 $kg \cdot m^2$ 且具有完全相同的两块太阳翼，其第一、二阶挠性模态频率分别为 0.31 Hz 与 1.35 Hz，对应耦合系数均为 20 $kg^{0.5} \cdot m$。针对式(4-59)的控制形式选取两组控制参数值，其中控制参数组 1 为 $K_{p,i}$ = 94 与 $K_{d,i}$ = 1 350，控制参数组 2 为 $K_{p,i}$ = 11.2 与 $K_{d,i}$ = 463。

针对系统无时延及有时延（时延常数 $T_d$ = 0.25 $s$）两种情况，在两组控制参数下开环系统传递函数的 Nichols 图见图 4-20。由图可知，在控制参数组 1 作用下，无时延系统的第一、二阶挠性模态均是相位稳定；但当系统有时延后，若仍采取控制参数组 1 则系统第二阶挠性模态由于相位滞后过大出现不稳定现象；若降低控制参数而采用控制参数组 2 则该挠性模态为增益稳定。由此可见，在系统具有时延的情况下，选择过

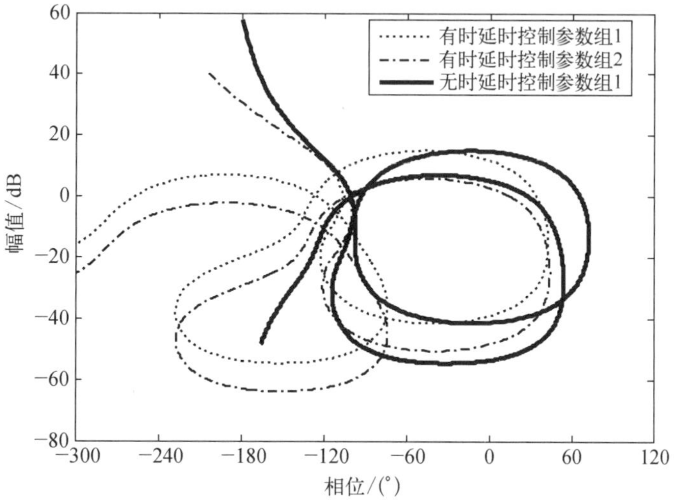


图 4-20　系统开环传函的 Nichols 图

大控制参数可能使得系统挠性模态出现不稳定现象,因此控制参数选择直接受系统时延制约。

由于挠性模态自身阻尼低,当姿态快速机动挠性振动激发后很难短时间内由其自身阻尼衰减下来,故将低阶挠性模态设计为相位稳定,以通过姿态控制为模态振动提供主动阻尼;对于高阶模态,鉴于系统时延影响及动力学建模不确定性,将其设计为增益稳定方式,其振动依靠自身结构阻尼衰减。若采用式(4-54)所示控制器结构形式无法选择到可同时兼顾机动宽带控制及挠性模态稳定的合适控制参数时,可进一步引入不同形式的结构滤波器[23],以降低高阶不稳定挠性模态增益,且适当增大低阶挠性模态相位裕度并保证一定的幅频增益。

基于确定参数 $\boldsymbol{K}_{\mathrm{p}}$、$\boldsymbol{K}_{\mathrm{d}}$,由式(4-54)计算得到 $\boldsymbol{\tau}_{\mathrm{f}}$,并考虑控制力矩陀螺角动量,从而可得系统姿态控制力矩指令为

$$\begin{aligned}\boldsymbol{T}_{\mathrm{c}} = & -2\boldsymbol{K}_{\mathrm{p}}\boldsymbol{q}_{\mathrm{ev}}\mathrm{sgn}(q_{\mathrm{e4}}) - \boldsymbol{K}_{\mathrm{d}}\boldsymbol{\omega}_{\mathrm{e}} + (\boldsymbol{\omega}_{\mathrm{e}} + \boldsymbol{C}_{\mathrm{e}}\boldsymbol{\omega}_{\mathrm{r}})^{\times}\boldsymbol{J}(\boldsymbol{\omega}_{\mathrm{e}} + \boldsymbol{C}_{\mathrm{e}}\boldsymbol{\omega}_{\mathrm{r}}) \\ & - \boldsymbol{J}\boldsymbol{\omega}_{\mathrm{e}}^{\times}\boldsymbol{C}_{\mathrm{e}}\boldsymbol{\omega}_{\mathrm{r}} + \boldsymbol{J}\boldsymbol{C}_{\mathrm{e}}\dot{\boldsymbol{\omega}}_{\mathrm{r}} + \boldsymbol{\omega}^{\times}\boldsymbol{H}\end{aligned} \tag{4-60}$$

4. CMG 操纵律设计

基于式(4-60)得到姿态控制力矩指令 $\boldsymbol{T}_{\mathrm{c}}$,一般可由式(4-52)解算得到框架角速度指令 $\dot{\boldsymbol{\delta}}_{\mathrm{r}}$,用以驱动控制力矩陀螺框架运动,使其产生与指令一致的控制力矩对星体姿态实施控制。但当 CMG 系统处于或邻近奇异状态时,需采用合适的 CMG 操纵律使得系统摆脱并远离奇异状态。参照第 3 章的论述,定义矢量调节矩阵为

$$\boldsymbol{A}_{\mathrm{Adj}} = \begin{bmatrix} 1 & -\upsilon_3 & \upsilon_2 \\ \upsilon_3 & 1 & -\upsilon_1 \\ -\upsilon_2 & \upsilon_1 & 1 \end{bmatrix}$$

式中,$\upsilon_i(i=1,2,3)$ 为指令力矩矢量调节系数,取为

$$\upsilon_i = \begin{cases} 0, & s_v > v_{sv} \\ \mathrm{sat}(-k_{\upsilon,i}(s_v - v_{sv})), & s_v \leqslant v_{sv} \end{cases} \tag{4-61}$$

式中,$k_{\upsilon,i}$ 为调节增益系数;$v_{sv} > 0$ 为调节阈值;$\mathrm{sat}(\cdot)$ 为饱和函数,即

$$\mathrm{sat}(x) = \begin{cases} -\upsilon_{\mathrm{lim}}, & x < -\upsilon_{\mathrm{lim}} \\ x, & |x| \leqslant \upsilon_{\mathrm{lim}} \\ \upsilon_{\mathrm{lim}}, & x > \upsilon_{\mathrm{lim}} \end{cases}$$

其中,饱和限幅值 $\upsilon_{\mathrm{lim}} \geqslant 0$。控制力矩指令 $\boldsymbol{T}_{\mathrm{c}}$ 对应的调节算法为

$$\boldsymbol{\tau}_{\mathrm{Adj}} = \boldsymbol{A}_{\mathrm{Adj}} \cdot \boldsymbol{T}_{\mathrm{c}} \tag{4-62}$$

从调节矩阵 $\boldsymbol{A}_{\mathrm{Adj}}$ 的形式来看,当 $\upsilon_i$ 为小量时可将 $\boldsymbol{A}_{\mathrm{Adj}}$ 看作为方向余弦阵,系统在奇异度量值较小时通过式(4-62)所示方式直接改变控制力矩指令 $\boldsymbol{T}_{\mathrm{c}}$ 的方向,沿三个方向旋

转角度 $\boldsymbol{v}_i$。由式(4－61)形式可知，$\boldsymbol{v}_i$ 随奇异度量值 $s_v$ 自主调整，当 $s_v$ 值越小则 $|\boldsymbol{v}_i|$ 越大，意味着 $\boldsymbol{T}_c$ 偏转角度越大，从而实现力矩指令偏离奇异，保证有效脱离框架角奇异状态且避免常规鲁棒奇异操纵律存在的框架“锁死”现象的发生。此外，力矩指令 $\boldsymbol{T}_c$ 通过矩阵 $\boldsymbol{A}_{\text{Adj}}$ 的调节运算前后具有如下关系：

$$\boldsymbol{T}_c^{\text{T}}\boldsymbol{\tau}_{\text{Adj}} = \boldsymbol{T}_c^{\text{T}}\boldsymbol{A}_{\text{Adj}}\boldsymbol{T}_c = \|\boldsymbol{T}_c\|^2 \geqslant 0$$

由此可保证在姿态机动规避奇异过程中调节得到的力矩指令 $\boldsymbol{\tau}_{\text{Adj}}$ 与原指令 $\boldsymbol{T}_c$ 之间夹角小于 90°，避免卫星姿态机动时调节力矩指令与原力矩指令方向相反，导致 CMG 系统角动量往返穿越奇异面而未能脱离的情况发生。对 $\boldsymbol{v}_i$ 进行限幅处理，可避免偏差角度过大使得 $\boldsymbol{\tau}_{\text{Adj}}$ 在垂直 $\boldsymbol{T}_c$ 的平面内分量过大超出部分 CMG 实际框架转速限制的问题。

在式(4－62)的矢量调节算法基础上，引入类似传统鲁棒奇异规避操纵律形式的防奇异因子，以防止 CMG 系统在奇异规避过程中临近及穿越奇异状态时引起的 $\boldsymbol{CC}^{\text{T}}$ 求逆计算问题；另外，鉴于零运动奇异规避方法对隐奇异点有效规避且不产生扰动力矩的优势，在奇异度量值较小但尚未触发矢量调节之前利用其实现对隐奇异点规避，尽可能实现挠性卫星姿态机动性能不受奇异规避的影响。

综上考虑，基于矢量调节的奇异规避操纵律设计为

$$\begin{aligned}\dot{\boldsymbol{\delta}}_r = &-\frac{1}{h}\boldsymbol{C}^{\text{T}}\left(\boldsymbol{CC}^{\text{T}} + \alpha_{s2}\boldsymbol{I}_{3\times3}\right)^{-1}\boldsymbol{A}_{\text{Adj}}\cdot\boldsymbol{T}_c \\ &+ \alpha_{s1}\left[\boldsymbol{I}_{3\times3} - \boldsymbol{C}^{\text{T}}\left(\boldsymbol{CC}^{\text{T}} + \alpha_{s2}\boldsymbol{I}_{3\times3}\right)^{-1}\boldsymbol{C}\right]\frac{\partial s_v(\boldsymbol{\delta})}{\partial\boldsymbol{\delta}}\end{aligned} \tag{4-63}$$

式中，变量定义与 3.4.3 节一致。对于组成式(4－63)操纵律的零运动奇异规避算法、矢量调节规避算法和防奇异因子三部分，根据对系统中所起作用及影响不同，一般设计为随奇异度量值 $s_v$ 由大到小依次引入。对于挠性卫星，控制力矩突变往往会激发挠性振动，从而使得姿态控制性能下降[21]。为避免在系统趋近或远离奇异状态过程中不同算法引入或切除不连续性导致计算得到的指令 $\dot{\boldsymbol{\delta}}_r$ 出现突变情况，因此将系数 $\alpha_{s1}$、$\alpha_{s2}$ 设计为 $s_v$ 的连续函数。

给定阈值 $v_{sv1}$ 与 $v_{sv2}$ 且满足 $v_{sv2} \geqslant v_{sv} \geqslant v_{sv1}$，基于上述引入顺序考虑及系数连续性设计思路，系数 $\alpha_{s1}$、$\alpha_{s2}$ 的实现形式与 3.4.4 节结果相同，重述如下：

$$\alpha_{s1} = \begin{cases} k_{\alpha s1}\cdot\left(\dfrac{1}{v_{sv1}} - \dfrac{1}{v_{sv2}}\right) + \alpha_{s10}, & s_v < v_{sv1} \\ k_{\alpha s1}\cdot\left(\dfrac{1}{s_v} - \dfrac{1}{v_{sv2}}\right) + \alpha_{s10}, & v_{sv1} \leqslant s_v < v_{sv2} \\ 0, & s_v \geqslant v_{sv2} \end{cases}$$

$$\alpha_{s2}=\begin{cases}\mathrm{sat}\left(k_{\alpha s2}\cdot\left(\dfrac{1}{s_v+10^{-6}}-\dfrac{1}{v_{sv1}+10^{-6}}\right)\right), & s_v<v_{sv1}\\ 0, & s_v\geqslant v_{sv1}\end{cases}$$

式中，$k_{\alpha s1}$、$k_{\alpha s2}$ 为非负常数；$\alpha_{s10}$ 为非负常值偏置量，此处饱和函数 sat(·) 的饱和限幅为非负常数 $\alpha_{s20}$。

5. 在轨验证

结合大型挠性在轨卫星开展机动控制校验，卫星两块太阳翼前两阶挠性模态标称频率分别为 0.25 Hz 与 0.6 Hz。配置 6 个单框架控制力矩陀螺实现整星姿态控制，控制器参数设计按系统时延常数为 0.25 s 考虑。

1）机动控制校验

基于挠性姿态控制器设计方法得到式(4－60)形式的姿态控制器，其中对于前两阶挠性模态采用相位稳定方式，其余高阶模态均为增益稳定。在帆板转角为 45°时，含控制器环节的系统滚动通道开环 Nichols 图见图 4－21(俯仰与偏航通道开环频率特性相似，此略)，其中第一阶挠性模态增益约为 6 dB。

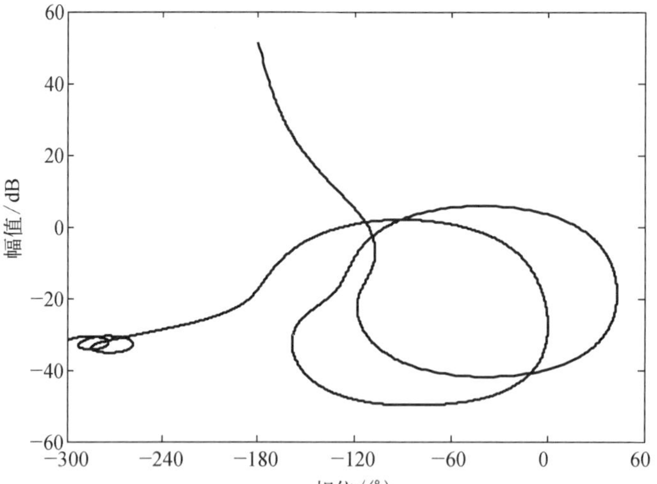


图 4－21　低频模态为相位稳定的开环传函 Nichols 图

在所设计的控制器作用下，星体进行姿态机动，两次机动的星体姿态角速度及角速度误差如图 4－22 所示。从结果可以看出，在机动过程中挠性模态振动被有效抑制，姿态到位后角速度很快收敛至零附近。

在维持 PD 控制参数不变的基础上，引入陷阱滤波器使得前两阶挠性模态增益均在 0 dB 以下，即所有挠性模态均为增益稳定，对应系统滚动通道开环传函的 Nichols 图见图 4－23。机动对应姿态角速度及角速度误差如图 4－24 所示。从结果可以看出，在机动过程中挠性模态振动明显，从而对星体机动到位后姿态稳定性产生不利影响。

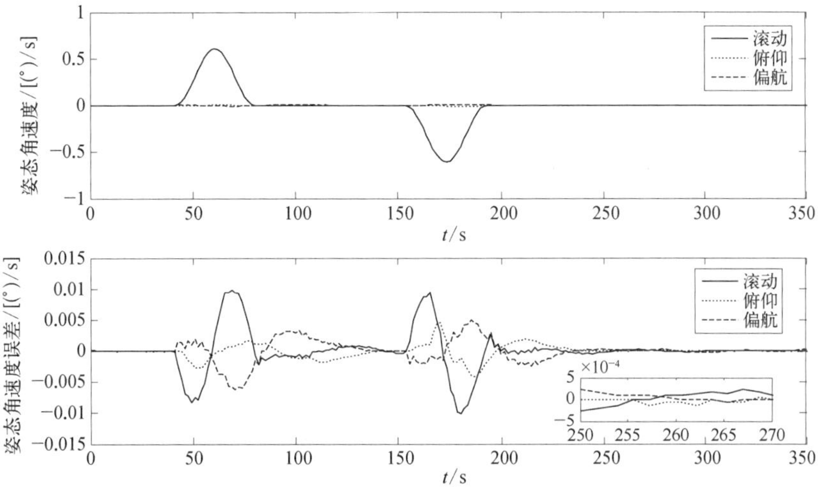


图 4-22 姿态角速度及误差

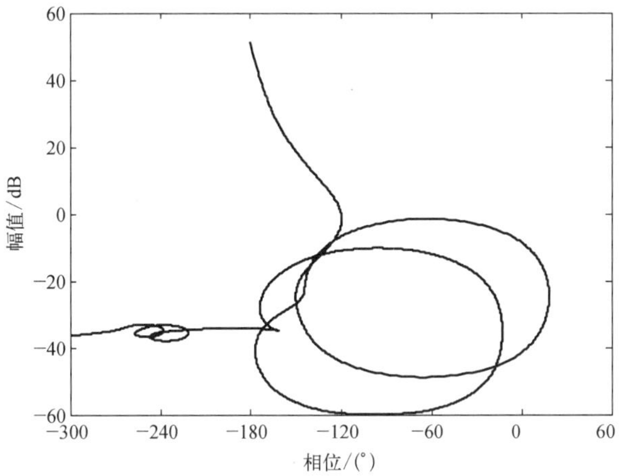


图 4-23 低频模态为增益稳定的开环传函 Nichols 图

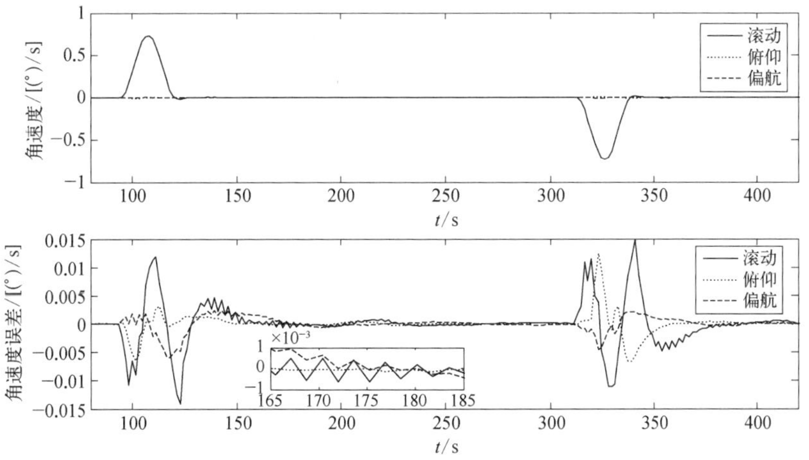


图 4-24 星体姿态角速度及误差

2）奇异规避校验

针对式(4－62)所示 CMG 奇异规避操纵律，设定 $v_{sv2}=2$、$v_{sv1}=0.3$ 与 $v_{sv}=0.7$，即实现目的为：奇异度量值大于 2 时直接采用式(3－67)所示伪逆求解 CMG 框架角速度指令；当奇异度量值小于 2 时开始启动零运动奇异规避算法；当奇异度量值小于 0.7 时启用矢量调节算法；当奇异度量小于 0.3 时启用防奇异因子。其他参数取为 $k_{\upsilon,i}=2$，$\boldsymbol{\upsilon}_{\lim}=0.7$，$k_{\alpha s1}=0.18$，$k_{\alpha s2}=0.1$，$\alpha_{s10}=0$，$\alpha_{s20}=0.5$。

在 6 个 CMG 组合下进行姿态机动及机动返回的姿态角曲线如图 4－25 所示，在此过程中 CMG 的奇异度量值变化如图 4－26 所示。由图 4－26 可知，在姿态回零过程中，系统奇异度量值由 7 变为接近 1，再经零运动规避算法有效提升到 2 附近。

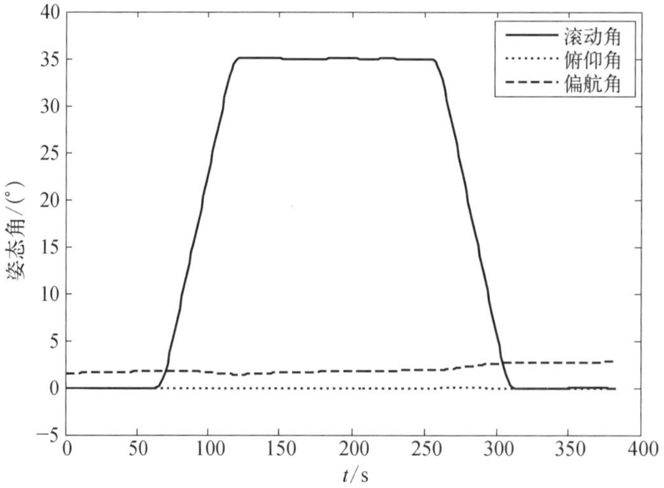


图 4－25　星体欧拉姿态角

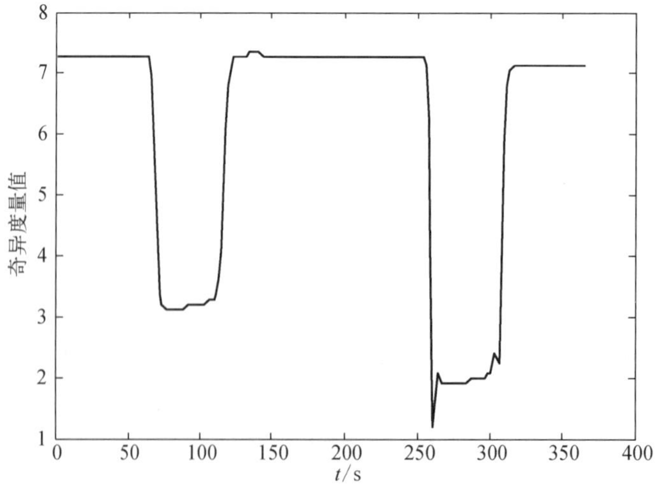


图 4－26　奇异度量值

为验证矢量调节奇异规避算法的有效性,在轨采用 5 个 CMG 组合进行姿态机动,机动及机动返回的姿态角曲线如图 4-27 所示。

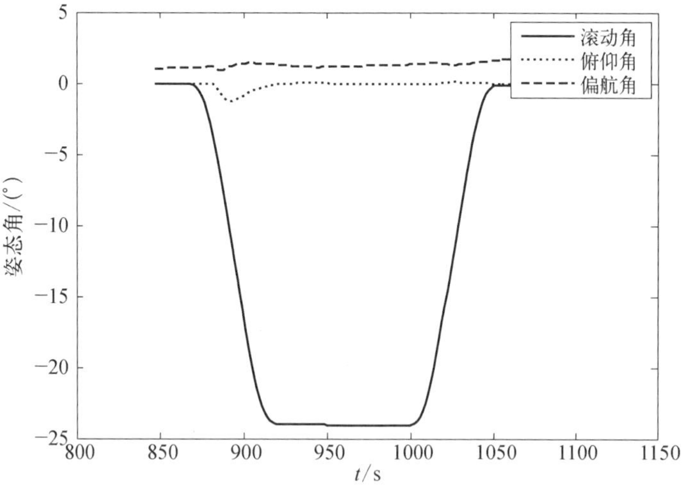

图 4-27　星体欧拉姿态角

机动全过程 CMG 奇异度量值变化如图 4-28 所示。由结果可知,在滚动角姿态负向机动的初始阶段,尽管有零运动奇异规避作用,但随机动角速度增大奇异度量值快速下降到 0.7 以下,从而触发矢量调节算法;在达到 0.1 后迅速提升到 0.7 以上,并在零运动奇异规避持续作用下,最终将奇异度量值提升到 2 以上。在滚动正向机动时,初始阶段在零运动奇异规避作用下,奇异度量值在 2 附近短时间波动,随着机动角速度增加奇异度量值迅速下降到 0.7 以下,在矢量调节算法作用下奇异度量值下降到 0.4 后转为上升,并在零运动奇异规避作用下将奇异度量值提升至 2 附近。由图 4-29 可知,由于基于矢量调节的 CMG 奇异规避策略保证输出力矩连续变化,奇异规避过程避免了挠性模态振动的激发。

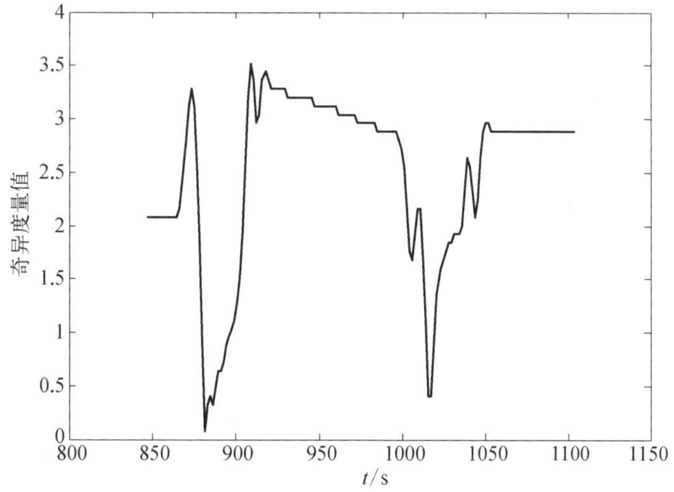

图 4-28　奇异度量值

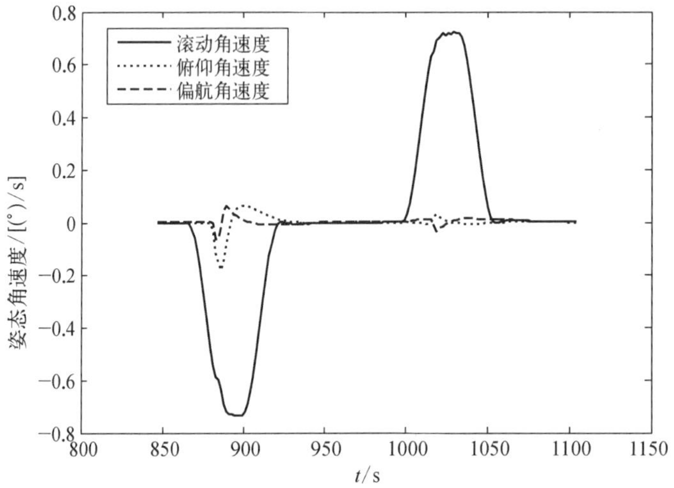


图 4-29　星体欧拉角速度

### 4.3.3　基于挠性模态实时测量信息的姿态协调控制

通过在轨实时测量航天器挠性附件的振动信息，并据此设计控制器，将有利于进一步提高挠性振动主动抑制水平和航天器姿态控制性能。

光学测量技术具备无接触、大范围同步测量的优点，可将其用于挠性航天器的振动测量，并根据振动测量信息实施反馈控制，提高挠性航天器控制性能。本节给出如图 4-30 所示的一种基于光学测量手段的航天器姿态机动与振动抑制协调控制方法，设计基于退步控制理论的主动振动抑制控制器，并通过数学仿真，验证所提方法较传统的“PD+结构滤波器”控制方法可取得更好的控制性能。

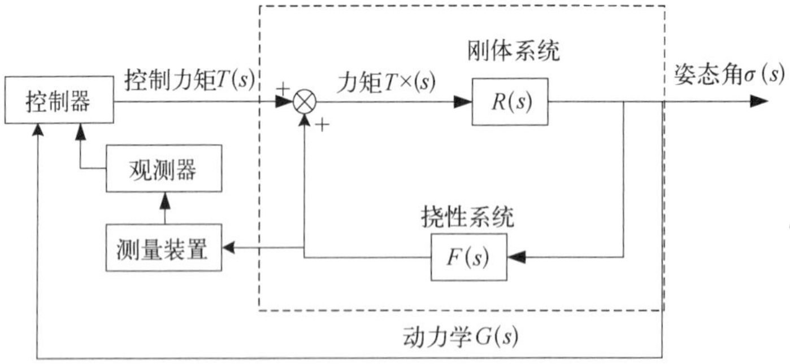


图 4-30　基于光学测量的航天器姿态机动与振动抑制协调控制系统原理框图

1. 基于光学测量的模态观测器设计

基于光学测量方法，可以直接获取挠性结构在各测点（光学标记点）位置的振动位移，根据各光学标记点的振动，利用模态矩阵可获取挠性附件的模态坐标信息；对于控制器中需要的模态速度等信息，可利用观测器获取得到。其系统构型如图 4-31 所示。

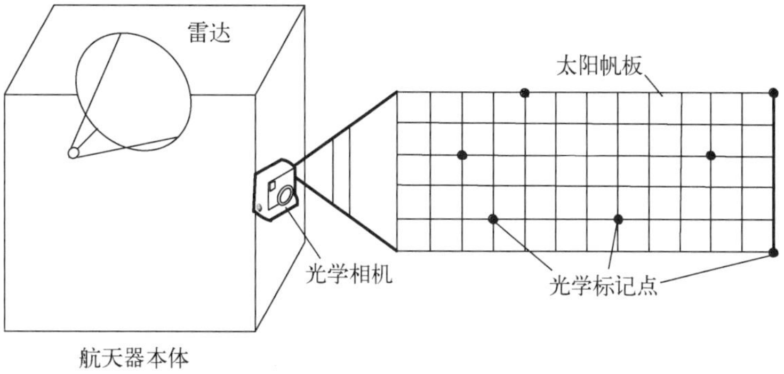


图 4 - 31　无接触式光学测量系统组成示意图

挠性附件的振动数学模型为

$$\ddot{\boldsymbol{\eta}} = \boldsymbol{u} + \Delta \boldsymbol{u} \tag{4-64}$$

式中，$\boldsymbol{\eta}$ 为系统位移(挠性附件模态坐标)；$\boldsymbol{u}$ 为系统输入；$\Delta\boldsymbol{u}$ 为系统的聚合扰动。

假定系统位移 $\boldsymbol{\eta}$ 和输入 $\boldsymbol{u}$ 可测，观测器的设计目标为：以 $\boldsymbol{\eta}$ 和 $\boldsymbol{u}$ 为输入，估计系统的聚合扰动 $\Delta\boldsymbol{u}$ 和速度 $\dot{\boldsymbol{\eta}}$。若记聚合扰动 $\Delta\boldsymbol{u}$ 和速度 $\dot{\boldsymbol{\eta}}$ 的观测量为 $\Delta\hat{\boldsymbol{u}}$ 和速度 $\hat{\dot{\boldsymbol{\eta}}}$，则观测器的设计目标为：在有限时间内使 $\Delta\hat{\boldsymbol{u}} \approx \Delta\boldsymbol{u}$，$\hat{\dot{\boldsymbol{\eta}}} \approx \dot{\boldsymbol{\eta}}$。

为便于观测器设计，将其写成独立的具有未知外干扰的一维动力学系统，其模型可以写为以下简洁形式：

$$\ddot{\boldsymbol{\eta}}_i = u(i) + \Delta u(i),\ i = 1,\ 2,\ \cdots,\ N \tag{4-65}$$

观测器针对每个通道进行设计，各通道的设计方法一致，因此定义新变量 $x$ 和 $u$ 来依次代表各阶模态坐标和输入。将式(4 - 65)转化为

$$\ddot{x} = u + \Delta u \tag{4-66}$$

写成如下所示的状态空间方程：

$$\begin{cases} \dot{x}_1 = x_2 \\ \dot{x}_2 = u + \Delta u \end{cases} \tag{4-67}$$

其中，

$$\begin{cases} x_1 = x \\ x_2 = \dot{x} \end{cases} \tag{4-68}$$

在此基础上，设计如下的高阶滑模观测器：

$$\begin{cases} \dot{\hat{x}}_1 = \chi_1 \\ \dot{\hat{x}}_2 = u + \Delta\hat{u} \\ \dot{\hat{x}}_3 = -\gamma_1 \operatorname{sgn}(\hat{x}_3 - \Delta\hat{u}) \end{cases} \tag{4-69}$$

其中，$\chi_1=\hat{x}_2-\gamma_3|\hat{x}_1-x_1|^{2/3}\mathrm{sgn}(\hat{x}_1-x_1)$；$\Delta\hat{u}=-\gamma_2|\hat{x}_2-\chi_1|^{1/2}\mathrm{sgn}(\hat{x}_2-\chi_1)+\hat{x}_3$；$\gamma_1>0$、$\gamma_2>0$ 和 $\gamma_3>0$ 为观测器参数。对于上式给出的高阶滑模观测器，假设系统状态 $x_1$ 和控制量 $u$ 有界并且可测，则通过选择合适的参数 $\gamma_1$、$\gamma_2$、$\gamma_3$ 可以使得状态观测值 $\hat{x}_1$、$\hat{x}_2$ 及扰动估计值 $\Delta\hat{u}$ 在有限时间内收敛到真实值。

2. 基于光学测量的控制器设计

由光学测量系统可测得各标记点的振动位移 $S_i(i=1,2,\cdots,n)$，再根据各标记点的模态阵 $N_i$，可得如下关系表达式：

$$\boldsymbol{S}=\boldsymbol{N}\boldsymbol{\eta} \tag{4-70}$$

式中，$\boldsymbol{N}=[N_1^{\mathrm{T}}\ \cdots\ N_n^{\mathrm{T}}]^{\mathrm{T}}$；$\boldsymbol{S}=[S_1^{\mathrm{T}}\ \cdots\ S_n^{\mathrm{T}}]^{\mathrm{T}}$。由此得挠性附件的模态坐标：

$$\boldsymbol{\eta}=(\boldsymbol{N}^{\mathrm{T}}\boldsymbol{N})^{-1}\boldsymbol{N}^{\mathrm{T}}\boldsymbol{S} \tag{4-71}$$

为了实现基于模态观测器的退步控制器设计，首先，根据光学测量的各标记点的振动位移求出各阶模态坐标；其次，基于模态观测器估计模态坐标速度；最后，根据姿态动力学和挠性附件动力学设计退步控制器。控制器如图 4-32 所示。

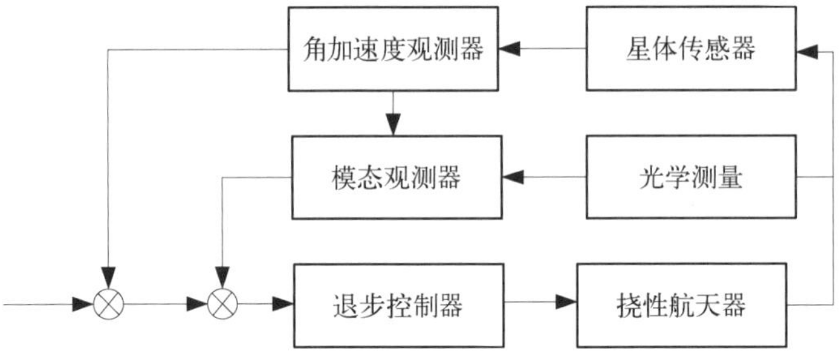


图 4-32　基于模态观测器的退步控制系统原理框图

采用四元数描述的航天器系统模型可以写成如下形式：

$$\begin{cases}\dot{\boldsymbol{q}}=\dfrac{1}{2}\boldsymbol{E}_q(\boldsymbol{q})\boldsymbol{\omega}\\(\boldsymbol{J}-\boldsymbol{H}\boldsymbol{H}^{\mathrm{T}})\dot{\boldsymbol{\omega}}=\boldsymbol{T}_{\mathrm{b}}-\boldsymbol{\omega}^{\times}\boldsymbol{J}\boldsymbol{\omega}+(\boldsymbol{H}\boldsymbol{C}_{\mathrm{fi}}-\boldsymbol{H}_{\Omega})\dot{\boldsymbol{\eta}}+\boldsymbol{H}\boldsymbol{K}_{\mathrm{fi}}\boldsymbol{\eta}\\\ddot{\boldsymbol{\eta}}+\boldsymbol{C}_{\mathrm{fi}}\dot{\boldsymbol{\eta}}+\boldsymbol{K}_{\mathrm{fi}}\boldsymbol{\eta}=-\boldsymbol{H}^{\mathrm{T}}\dot{\boldsymbol{\omega}}\end{cases} \tag{4-72}$$

式中，$\boldsymbol{H}$ 为转动耦合系数矩阵；$\boldsymbol{H}_{\Omega}$ 为速度相关耦合矩阵；$\boldsymbol{C}_{\mathrm{fi}}$ 为模态阻尼矩阵；$\boldsymbol{K}_{\mathrm{fi}}$ 为模态刚度矩阵。

取 Lyapunov 函数为

$$\begin{cases}V_3'=(1-q_4)^2+\boldsymbol{q}_{\mathrm{v}}^{\mathrm{T}}\boldsymbol{q}_{\mathrm{v}}+\dfrac{k}{2}\boldsymbol{\psi}^{\mathrm{T}}\boldsymbol{\psi}+\dfrac{k}{2}\boldsymbol{\eta}^{\mathrm{T}}\boldsymbol{K}_{\mathrm{fi}}\boldsymbol{\eta}\\\boldsymbol{\psi}=\boldsymbol{H}^{\mathrm{T}}\boldsymbol{\omega}+\dot{\boldsymbol{\eta}}\end{cases} \tag{4-73}$$

对上式求导可得

$$\begin{aligned}\dot{V}_3 &= -2\dot{q}_4 + k\boldsymbol{\psi}^{\mathrm{T}}\dot{\boldsymbol{\psi}} + k\boldsymbol{\eta}^{\mathrm{T}}\boldsymbol{K}_{\mathrm{fi}}\dot{\boldsymbol{\eta}} \\ &= \boldsymbol{q}_{\mathrm{v}}^{\mathrm{T}}\boldsymbol{\omega} + k(\boldsymbol{\omega}^{\mathrm{T}}\boldsymbol{H} + \dot{\boldsymbol{\eta}}^{\mathrm{T}})(-\boldsymbol{C}_{\mathrm{fi}}\dot{\boldsymbol{\eta}} - \boldsymbol{K}_{\mathrm{fi}}\boldsymbol{\eta}) + k\boldsymbol{q}_{\mathrm{fi}}^{\mathrm{T}}\boldsymbol{K}_{\mathrm{fi}}\dot{\boldsymbol{\eta}} \\ &= \boldsymbol{q}_{\mathrm{v}}^{\mathrm{T}}\boldsymbol{\omega} - k\boldsymbol{\omega}^{\mathrm{T}}\boldsymbol{H}(\boldsymbol{C}_{\mathrm{fi}}\dot{\boldsymbol{\eta}} + \boldsymbol{K}_{\mathrm{fi}}\boldsymbol{\eta}) - k\dot{\boldsymbol{\eta}}^{\mathrm{T}}(\boldsymbol{C}_{\mathrm{fi}}\dot{\boldsymbol{\eta}} + \boldsymbol{K}_{\mathrm{fi}}\boldsymbol{\eta}) + k\boldsymbol{\eta}^{\mathrm{T}}\boldsymbol{K}_{\mathrm{fi}}\dot{\boldsymbol{\eta}} \\ &= -k\dot{\boldsymbol{\eta}}^{\mathrm{T}}\boldsymbol{C}_{\mathrm{fi}}\dot{\boldsymbol{\eta}} + [\boldsymbol{q}_{\mathrm{v}}^{\mathrm{T}} - k(\dot{\boldsymbol{\eta}}^{\mathrm{T}}\boldsymbol{C}_{\mathrm{fi}} + \boldsymbol{\eta}^{\mathrm{T}}\boldsymbol{K}_{\mathrm{fi}})\boldsymbol{H}^{\mathrm{T}}]\boldsymbol{\omega}\end{aligned} \tag{4-74}$$

若设计期望角速度为

$$\begin{cases}\boldsymbol{\beta} = [\boldsymbol{q}_{\mathrm{v}} - k\boldsymbol{H}(\boldsymbol{C}_{\mathrm{fi}}\dot{\boldsymbol{\eta}} + \boldsymbol{K}_{\mathrm{fi}}\boldsymbol{\eta})] \\ \boldsymbol{\omega}_{\mathrm{d}} = -k_{\beta}\boldsymbol{\beta}\end{cases} \tag{4-75}$$

则有

$$\dot{V}_3 = -k\dot{\boldsymbol{\eta}}^{\mathrm{T}}\boldsymbol{C}_{\mathrm{fi}}\dot{\boldsymbol{\eta}} - k_{\beta}\boldsymbol{\beta}^{\mathrm{T}}\boldsymbol{\beta} \tag{4-76}$$

根据姿态动力学模型和期望角速度,可得

$$\begin{cases}(\boldsymbol{J} - \boldsymbol{H}\boldsymbol{H}^{\mathrm{T}})\dot{\boldsymbol{\omega}} = \boldsymbol{T}_{\mathrm{b}} - \boldsymbol{\omega}^{\times}\boldsymbol{J}\boldsymbol{\omega} + (\boldsymbol{H}\boldsymbol{C}_{\mathrm{fi}} - \boldsymbol{H}_{\Omega})\dot{\boldsymbol{\eta}} + \boldsymbol{H}\boldsymbol{K}_{\mathrm{fi}}\boldsymbol{\eta} \\ \boldsymbol{\omega}_{\mathrm{d}} = -k_{\beta}[\boldsymbol{q}_{\mathrm{v}} - k\boldsymbol{H}(\boldsymbol{C}_{\mathrm{fi}}\dot{\boldsymbol{\eta}} + \boldsymbol{K}_{\mathrm{fi}}\boldsymbol{\eta})]\end{cases} \tag{4-77}$$

若控制器满足以下关系式:

$$\dot{\boldsymbol{\omega}} - \dot{\boldsymbol{\omega}}_{\mathrm{d}} = -k_{\omega}(\boldsymbol{\omega} - \boldsymbol{\omega}_{\mathrm{d}}) \tag{4-78}$$

则设计的控制器具体形式为

$$\begin{aligned}\boldsymbol{T}_{\mathrm{b}} = {}&(\boldsymbol{J} - \boldsymbol{H}\boldsymbol{H}^{\mathrm{T}})[\dot{\boldsymbol{\omega}}_{\mathrm{d}} - k_{\omega}(\boldsymbol{\omega} - \boldsymbol{\omega}_{\mathrm{d}})] \\ &+ \boldsymbol{\omega}^{\times}\boldsymbol{J}\boldsymbol{\omega} - (\boldsymbol{H}\boldsymbol{C}_{\mathrm{fi}} - \boldsymbol{H}_{\Omega})\hat{\dot{\boldsymbol{\eta}}} - \boldsymbol{H}\boldsymbol{K}_{\mathrm{fi}}(\boldsymbol{N}^{\mathrm{T}}\boldsymbol{N})^{-1}\boldsymbol{N}^{\mathrm{T}}\boldsymbol{S}\end{aligned} \tag{4-79}$$

这里,$k$、$k_{\beta}$ 和 $k_{\omega}$ 是控制器设计参数。

3. 仿真实例

航天器本体和挠性附件的转动惯量分别为

$$\boldsymbol{J}_{\mathrm{b}} = \begin{bmatrix} 2\,188 & 0 & 0 \\ 0 & 2\,317 & 0 \\ 0 & 0 & 2\,829 \end{bmatrix}\mathrm{kg}\cdot\mathrm{m}^2,\ \boldsymbol{J}_{\mathrm{fi}} = \begin{bmatrix} 10.36 & -0.77 & 0 \\ -0.77 & 855.31 & 0 \\ 0 & 0 & 865.67 \end{bmatrix}\mathrm{kg}\cdot\mathrm{m}^2$$

挠性帆板的前六阶频率分别为 $\omega_{\mathrm{f1}} = 0.090\,8$ Hz, $\omega_{\mathrm{f2}} = 0.624\,0$ Hz, $\omega_{\mathrm{f3}} = 0.885\,2$ Hz, $\omega_{\mathrm{f4}} = 1.816\,6$ Hz, $\omega_{\mathrm{f5}} = 2.687\,6$ Hz, $\omega_{\mathrm{f6}} = 3.766\,5$ Hz。

初始姿态角为 $[1°, 0°, 1°]^{\mathrm{T}}$, 初始角速度为 $[0.1, 0.1, 0.1]^{\mathrm{T}}(°)/\mathrm{s}$, 期望姿态角为 $[10°, 5°, 10°]^{\mathrm{T}}$。

在仿真中,给标记点的振动位移光学测量值加入均值为零,均方差为 1 mm 的高斯白噪声，以模拟光学测量误差。基于模态观测器的退步控制器控制仿真结果如图4－33～图4－38所示，其中图4－33～图4－35给出了三种姿态角误差，图4－36～图4－38给出了前三阶模态坐标振动情况。

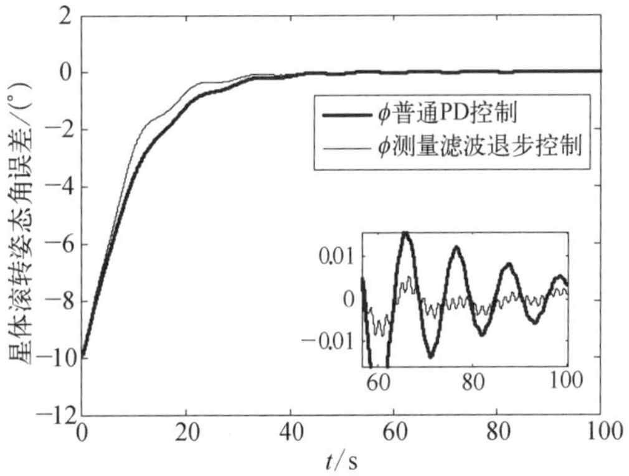


图4－33　航天器姿态的滚动角误差

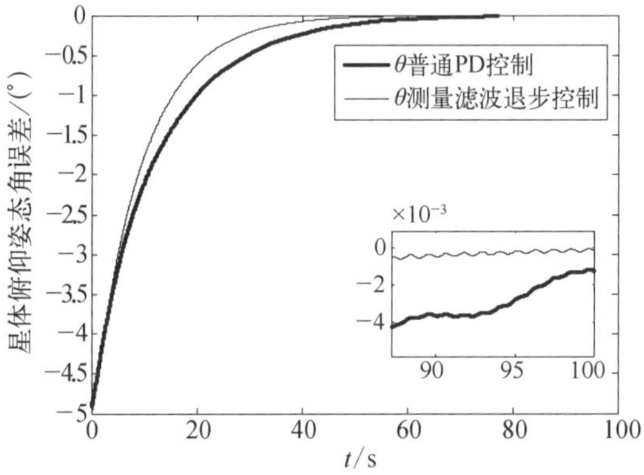


图4－34　航天器姿态的俯仰角误差

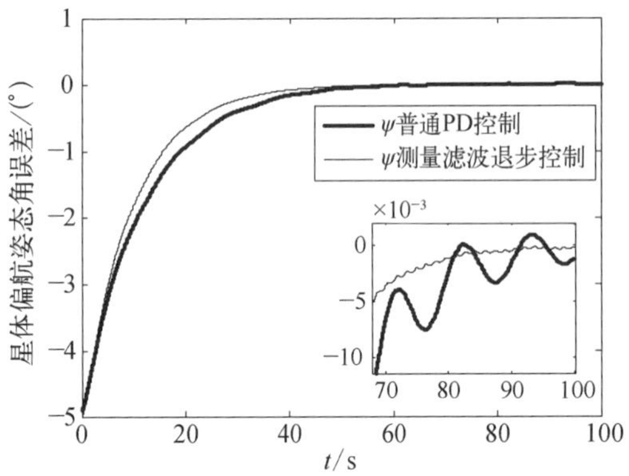


图4－35　航天器姿态的偏航角误差

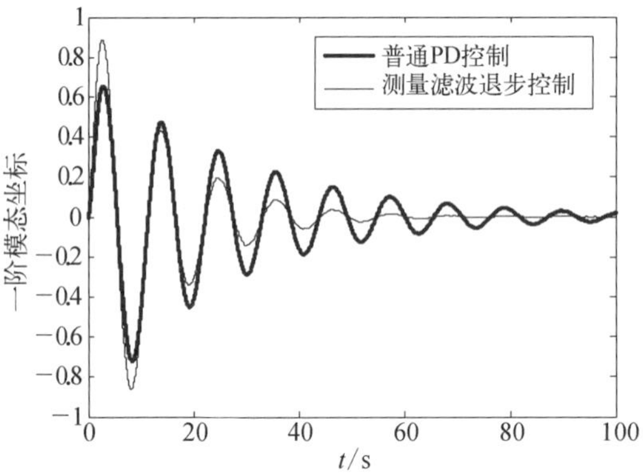


图4－36　挠性附件的一阶模态坐标

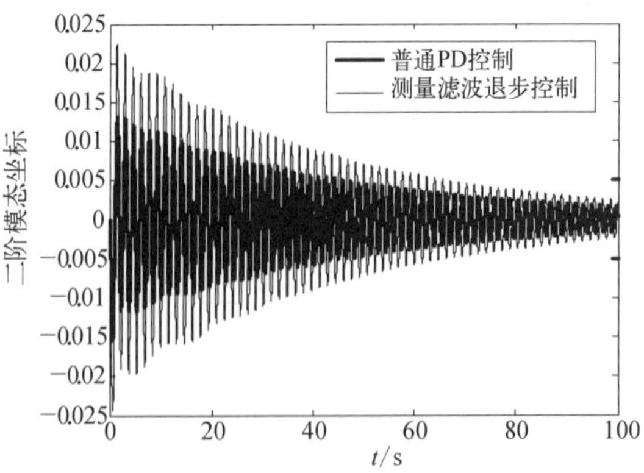


图4－37　挠性附件的二阶模态坐标

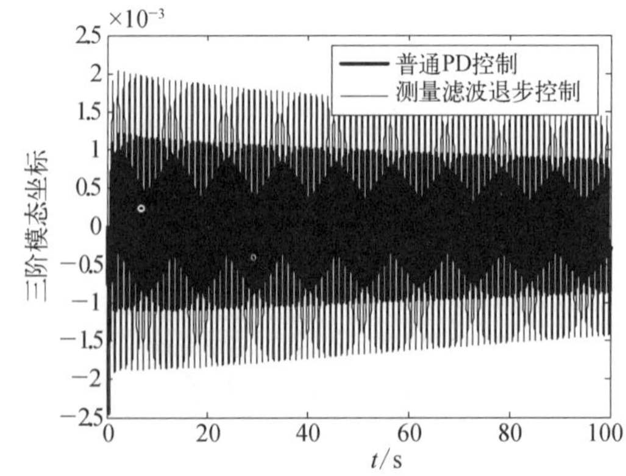


图4－38　挠性附件的三阶模态坐标

由仿真结果可以看出：考虑测量误差时，系统姿态控制精度仍高于普通的 PD 控制，说明了基于光学测量设计的控制器在存在测量误差的情况下，仍可以有效提高姿态控制系统的控制精度。

## 4.4　姿态机动与附件指向的复合控制方法

现代航天器安装了各种运动附件以满足不同的功能需求，如为了实现载荷数据的大规模快速下传，一般需要安装天线驱动机构驱动数传天线对地面站进行快速捕获和高精度跟踪；为了提高载荷的指向稳定性和敏捷性，载荷可安装在具有多轴运动能力的云台机构上。针对上述控制需求，一方面要对这些部件的指向过程进行规划以及扰动力矩补偿，降低附件运动对整星姿态稳定性的干扰；另一方面当整星进行敏捷机动时，这些部件不可避免地也会受到影响。因此，如何与星体的敏捷机动实现良好的协同，是附件跟踪与星体机动必须解决的控制问题。

### 4.4.1　附件敏捷指向规划

本节以双轴数传天线为例，研究星载多轴运动附件指向与整星姿态的协同控制方法。数传天线转角定义如图 4－39 所示。数传天线滚动轴（$X$ 轴）一般靠近星体安装，带动天线沿滚动方向进行运动，俯仰轴（$Y$ 轴）则安装在滚动轴上与反射面天线直接相连，带动天线沿俯仰方向运动。滚动轴和俯仰轴配合运动，即可完成天线对地面站的捕获和跟踪。

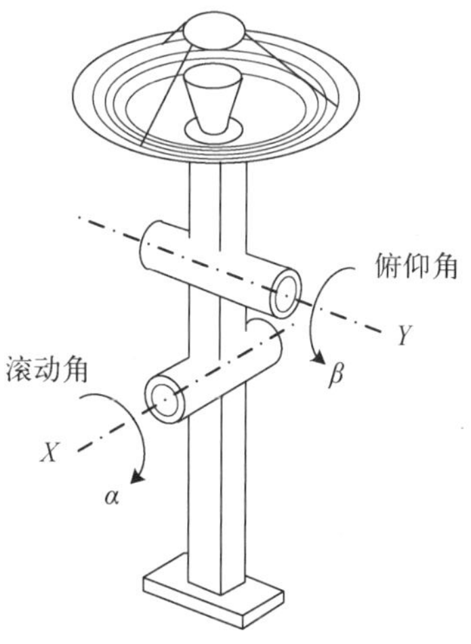


图 4－39　数传天线转角定义

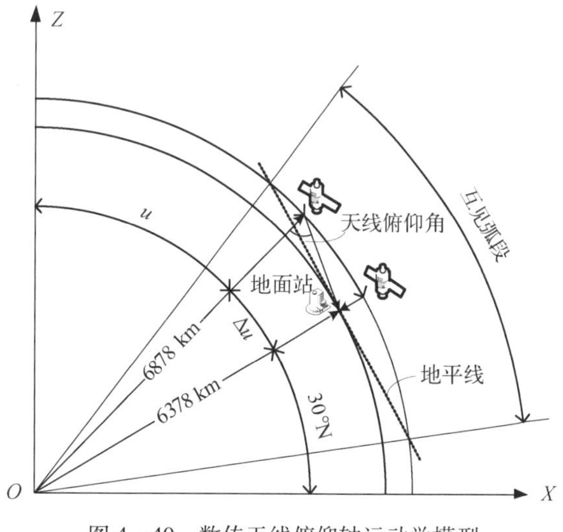


图 4－40　数传天线俯仰轴运动学模型

对于太阳同步轨道遥感卫星，一般定义天线滚动轴与整星滚动轴平行，用于消除地面目标在经度上的指向偏差；天线俯仰轴与整星俯仰轴平行，用于消除纬度上的指向偏差。以天线俯仰轴为例，低轨太阳同步轨道遥感卫星数传天线俯仰轴运动学模型如图 4－40 所示。

设 $u_0$ 为卫星轨道初始位置，$\omega_0$ 为轨道角速度，通过解三角形可计算卫星在各轨道幅角 $u=u_0+\omega_0 t$ 下，卫星相对地面站（地理纬度为 $\delta_g$）的角距 $\Delta u$ 为

$$\Delta u = u - \left(\frac{\pi}{2} - \delta_g\right)$$

而卫星与地面站的距离 $\Delta R$ 为

$$\Delta R = \sqrt{R_s^2 + R_e^2 - 2R_s R_e \cos\Delta u}$$

卫星天线对地面站的俯仰角 $\beta$ 为

$$\beta = \arcsin\frac{R_e \sin\Delta u}{\Delta R}$$

俯仰角速度 $\omega_\beta$ 为

$$\omega_\beta = \dot{\beta} = \frac{R_e\omega_0\Delta R^2\cos\Delta u - R_e^2\omega_0 R_s \sin^2\Delta u}{\Delta R^3\cos\beta} \tag{4-80}$$

以及地面站对卫星的地平仰角 $\mu$ 为

$$\mu = \arccos\frac{R_e^2 + \Delta R^2 - R_s^2}{2R_e\Delta R} - \frac{\pi}{2}$$

式中，$R_e$=6 378.145 km 为地球平均半径；$R_s$ 为卫星轨道半径。设卫星飞行高度为 500 km，则轨道半径 $R_s$=6 878.145 km，卫星轨道角速度 $\omega_0$=0.063 5 (°)/s。设地面站地理纬度 $\delta_g$=30°N，海拔 0 km，则天线相对地面站的俯仰角 $\beta$ 及其角速度 $\omega_\beta$，以及地面站相对卫星的仰角 $\mu$ 的时间曲线如图 4-41 与图 4-42 所示，当 $\mu$>0 时，数传天线与地面站处于互见弧段。

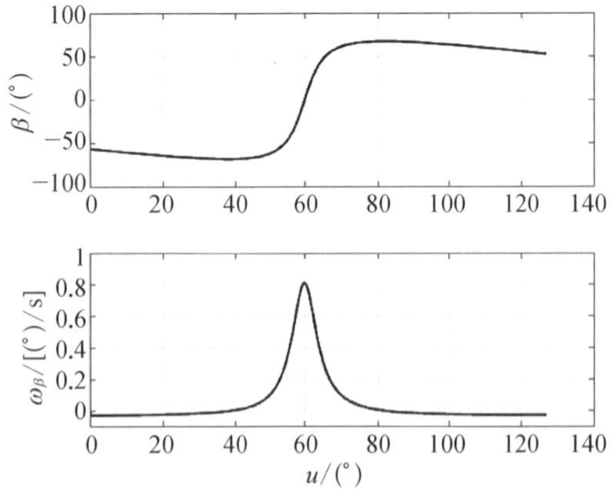


图 4-41　天线对地面站的俯仰角和角速度

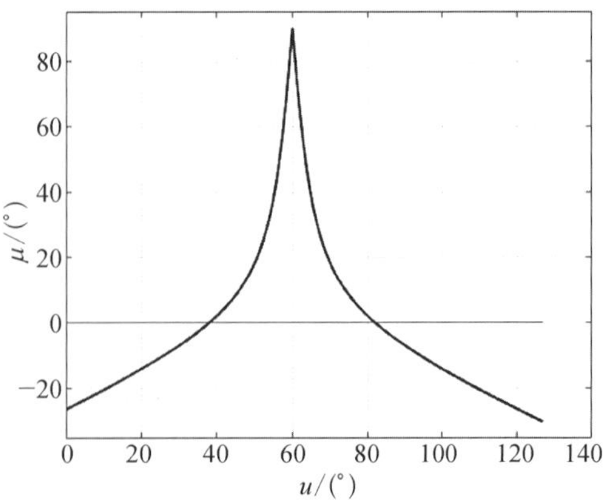


图 4-42　地面站对卫星的仰角

本小节所讨论的航天器附件跟踪控制是针对多轴附件的指向运动进行规划，其中附件指向运动由于是针对运动目标（地面站随地球的自转而运动）的捕获和跟踪，因此规划

路径的末端角度和角速度均为不确定量，而与指向到位时间有关，因而与第 2 章的路径规划有一定差别，需在其基础上进行一定的修正才能应用。对此，针对末端角度及角速度均具有时变约束的路径规划问题提出两种不同的规划方法，其中第一种规划方法（指令预处理方法）较为简洁，但只具有角度光滑性；第二种方法（迭代规划方法）较为复杂，但具有角度和角速度的光滑性，可针对光滑性和复杂性的要求进行选用。

1. 指令预处理规划方法

指令预处理方法（command pre-processing）是由文献[22]给出的一种运动目标捕获与跟踪控制方法。在该方法基础上，本节给出一种可根据指向误差进行参数自适应调整的改进型 CPP 规划方法，该方法已获得在轨应用[23]。

不失一般性，以天线俯仰角为例，定义当前周期根据目标相对位置计算的期望转角为 $\beta_r(t)$，天线前一周期期望转角为 $\beta_r^-(t)=\beta_r(t-\Delta t)$，天线实际指令转角为 $\beta_p(t)$，则天线运动规划流程如下。

首先，根据目标获得天线期望跟踪转角 $\beta_r(t)$，差分获得期望转角速度 $\omega_{ant,r}=\dfrac{\beta_r(t)-\beta_r^-(t)}{\Delta t}$ 及实际指令与期望转角偏差量 $e_r=\beta_r(t)-\beta_p(t)$。

其次，按照如下公式计算控制参数：

$$k_{ant}=k_{ant,0}+k_{ant,v}\cdot e^{-b|e_r|} \tag{4-81}$$

式中，取 $k_{ant,0}=0.1$；$k_{ant,v}=0.2$；$b=10$。

最后，天线的指令角速度及角加速度分别为

$$\omega_{ant}=\omega_{ant,r}+k_{ant}e_r \tag{4-82}$$

$$a_{ant}=\frac{\omega_{ant,r}-\omega_{ant,r}^-}{\Delta t} \tag{4-83}$$

式中，$\omega_{ant,r}^-$ 为前一周期的天线指令角速度。在工程应用中，一般根据天线控制能力对上述角加速度及角速度进行限幅处理。上述算法原理如图 4-43 所示。

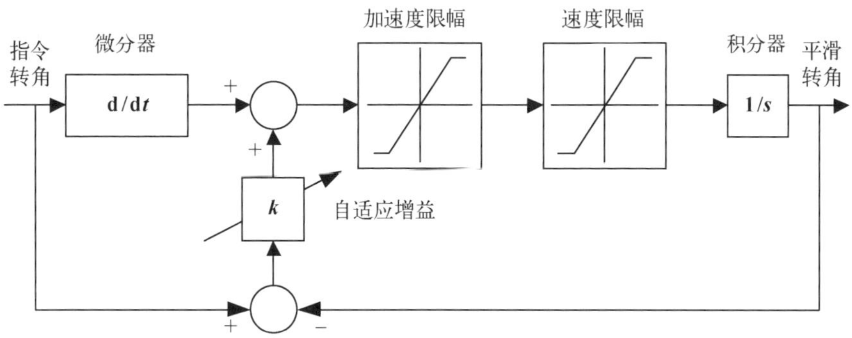


图 4-43 改进型指令预处理规划方法原理框图

以 10°和 180°指向偏差为例,最大角加速度≤0.15 (°) /s$^2$,最大角速度≤2.5 (°) /s,则按上述规划方法的结果如图 4-44 与图 4-45 所示。

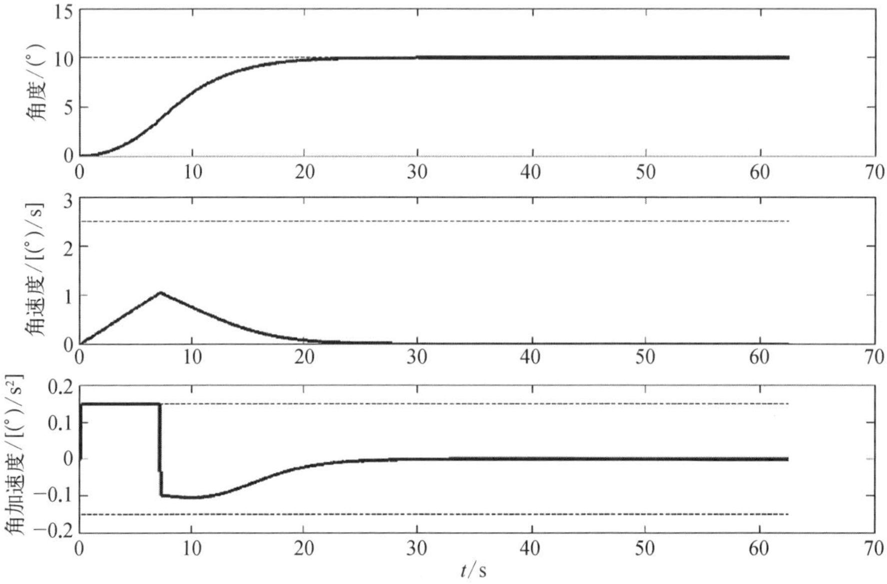


图 4-44　天线转角偏差为 10°时的规划角度、角速度和角加速度

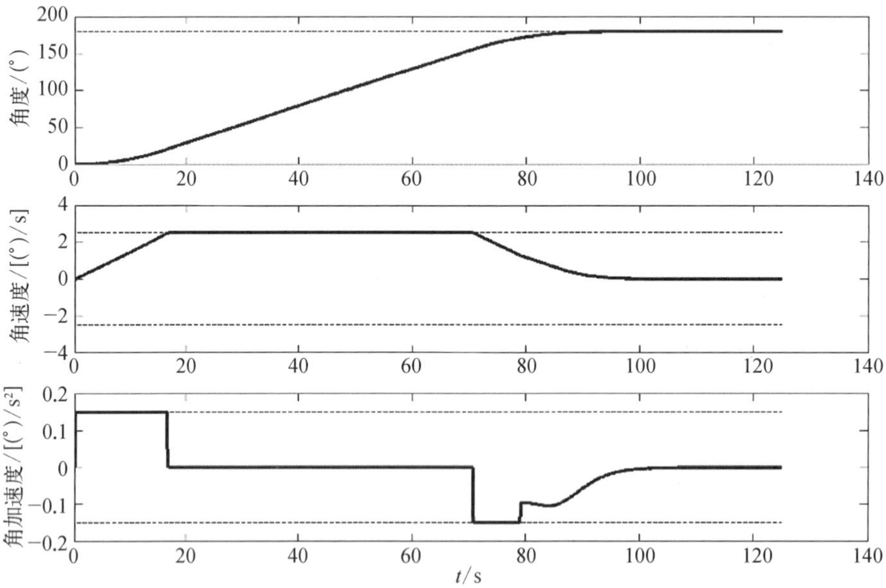


图 4-45　天线转角偏差为 180°时的规划角度、角速度和角加速度

假设轨道高度为 500 km 的太阳同步轨道卫星天线对经度为 100.0° W,纬度为 50.0°N,高程 167.0 m 的地面站进行捕获和跟踪。采用本节提出的指令预处理规划方法进行运动平滑,仿真结果如图 4-46 所示,可见该规划方法可对天线转角实现有效的平滑导引。

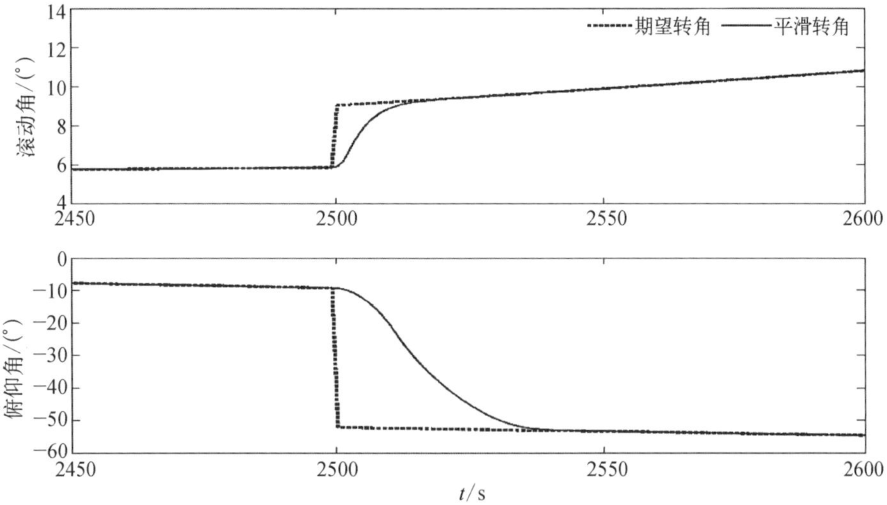


图 4-46　数传天线指令跟踪转角

2. 迭代规划方法

针对 CPP 规划中的角速度不够光滑的问题,本节提出一种迭代规划方法,可以使规划后的指令角速度达到全局光滑。以低轨卫星数传天线对地面站的捕获问题为例,考虑末端状态约束为时变的情况,迭代规划方法具体包括以下 4 个步骤[24]。

1) 机动过程规划

根据执行机构的响应特性选取一种适当的路径规划方法,如加加速度为正弦波、加速度为正弦波、加速度为三角波等路径规划方法,对机动过程进行初始规划。下面根据加加速曲线为正弦波的方法进行路径规划,设最大角加速度为 $a_{max}$,$t_m=t-t_0$ 为路径规划相对时间($t_0$ 为机动起始时刻),则 7 个阶段的加速度 $a_r=a_r(t_m)$ 如下述公式所示。

(1) $0\leqslant t_m\leqslant t_{sinacc}$:

$$a_r = a_{max}\sin(2\pi f t_m)$$

(2) $t_{sinacc} < t_m \leqslant t_{sinacc} + t_{conacc1}$:

$$a_r = a_{max}$$

(3) $t_{sinacc} + t_{conacc1} < t_m \leqslant t_{acc1}$:

$$a_r = a_{max} - a_{max}\sin[2\pi f(t_m - t_{sinacc} - t_{conacc1})]$$

(4) $t_{acc1} < t_m \leqslant t_{acc1} + t_{acc2}$:

$$a_r = 0$$

(5) $t_{acc1} + t_{acc2} < t_m \leqslant t_{acc1} + t_{acc2} + t_{sinacc}$:

$$a_r = -a_{max}\sin[2\pi f(t_m - t_{acc1} - t_{acc2})]$$

(6) $t_{acc1}+t_{acc2}+t_{sinacc}<t_m\leqslant t_{acc1}+t_{acc2}+t_{sinacc}+t_{conacc3}$:

$$a_r=-a_{max}$$

(7) $t_{acc1}+t_{acc2}+t_{sinacc}+t_{conacc3}<t_m\leqslant t_{acc1}+t_{acc2}+t_{acc3}$:

$$a_r=-a_{max}+a_{max}\sin[2\pi f(t_m-t_{acc1}-t_{acc2}-t_{sinacc}-t_{conacc3})]$$

(8) 其他:

$$a_r=0$$

其中,$t_{sinacc}$为加加速时间,由执行机构的响应特性确定;$f=0.25/t_{sinacc}$为正弦波的频率;$t_{conacc1}$为加速段的匀加速时间,$t_{conacc1}=\omega_{max}/a_{max}-t_{sinacc}$,$\omega_{max}$为最大规划角速度;$t_{conacc3}$为减速段的匀减速时间,$t_{conacc3}=(\omega_{max}-\omega_{tar})/a_{max}-t_{sinacc}$,$\omega_{tar}=\omega_\beta(t_0+t_{acc1}+t_{acc2}+t_{acc3})$为目标角速度[$\omega_\beta$的表达式见式(4-80)]。上述各时间确定后可以获得加速段时长$t_{acc1}=2t_{sinacc}+t_{conacc1}$和减速段时长$t_{acc3}=2t_{sinacc}+t_{conacc3}$;滑行段时长$t_{acc2}$为待求量,初值可设为0。各时间段的定义如图4-47所示。

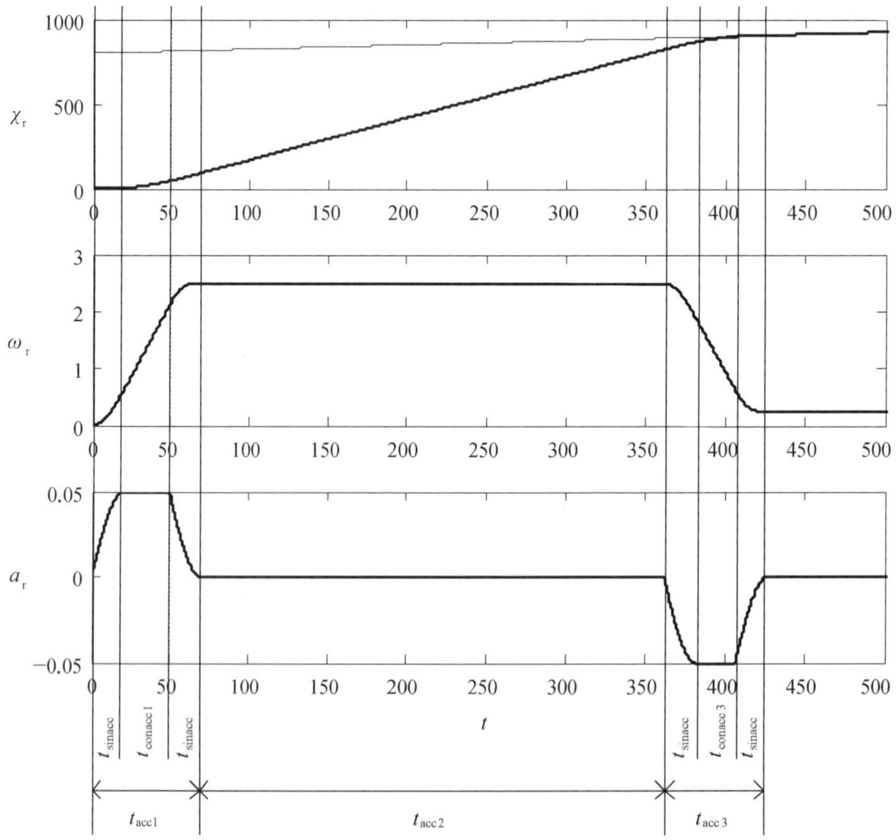


图4-47 加加速曲线采用正弦波时的路径规划示意图

2）预估机动结束时的角度和时间

根据规划的角加速度，通过积分法可以获得各时刻规划角速度 $\omega_r=\omega_r(t_m)$ 和规划角度$\chi_r=\chi_r(t_m)$。设初始条件 $\omega_r(0)\neq0$、$\chi_r(0)\neq0$，沿机动时间 $t_m\in[0,\ t_{acc1}+t_{acc2}+t_{acc3}]$ 的积分结果如下各式所示。

（1）$0\leqslant t_m\leqslant t_{sinacc}$：

$$\begin{cases}\omega_r=-\dfrac{a_{max}}{2\pi f}[\cos(2\pi f t_m)-1]+\omega_r(0)\\ \chi_r=-\dfrac{a_{max}}{2\pi f}\left[\dfrac{\sin(2\pi f t_m)}{2\pi f}-t_m\right]+\omega_r(0)t_m+\chi_r(0)\end{cases}$$

（2）$t_{sinacc}<t_m\leqslant t_{sinacc}+t_{conacc1}$：

$$\begin{cases}\omega_r=a_{max}(t_m-t_{sinacc})+\omega_r(t_{sinacc})\\ \chi_r=\dfrac{a_{max}}{2}(t_m-t_{sinacc})^2+\omega_r(t_{sinacc})(t_m-t_{sinacc})+\chi_r(t_{sinacc})\end{cases}$$

（3）$t_{sinacc}+t_{conacc1}<t_m\leqslant t_{acc1}$：

$$\begin{cases}\omega_r=a_{max}(t_m-t_{sinacc}-t_{conacc1})+\dfrac{a_{max}}{2\pi f}\{\cos[2\pi f(t_m-t_{sinacc}-t_{conacc1})]-1\}\\ \qquad+\omega_r(t_{sinacc}+t_{conacc1})\\ \chi_r=\dfrac{a_{max}(t_m-t_{sinacc}-t_{conacc1})^2}{2}+\dfrac{a_{max}}{2\pi f}\left\{\dfrac{1}{2\pi f}\sin[2\pi f(t_m-t_{sinacc}-t_{conacc1})]\right.\\ \qquad\left.-(t_m-t_{sinacc}-t_{conacc1})\right\}+\omega_r(t_{sinacc}+t_{conacc1})\cdot(t_m-t_{sinacc}-t_{conacc1})\\ \qquad+\chi_r(t_{sinacc}+t_{conacc1})\end{cases}$$

（4）$t_{acc1}<t_m\leqslant t_{acc1}+t_{acc2}$：

$$\begin{cases}\omega_r=\omega_{max}\\ \chi_r=\omega_{max}\cdot(t_m-t_{acc1})+\chi_r(t_{acc1})\end{cases}$$

（5）$t_{acc1}+t_{acc2}<t_m\leqslant t_{acc1}+t_{acc2}+t_{sinacc}$：

$$\begin{cases}\omega_r=\dfrac{a_{max}}{2\pi f}\{\cos[2\pi f(t_m-t_{acc1}-t_{acc2})]-1\}+\omega_r(t_{acc1}+t_{acc2})\\ \chi_r=\dfrac{a_{max}}{2\pi f}\left\{\dfrac{\sin[2\pi f(t_m-t_{acc1}-t_{acc2})]}{2\pi f}-(t_m-t_{acc1}-t_{acc2})\right\}\\ \qquad+\omega_r(t_{acc1}+t_{acc2})\cdot(t_m-t_{acc1}-t_{acc2})+\chi_r(t_{acc1}+t_{acc2})\end{cases}$$

(6) $t_{acc1}+t_{acc2}+t_{sinacc}<t_m\leqslant t_{acc1}+t_{acc2}+t_{sinacc}+t_{conacc3}$:

$$\begin{cases}\omega_r=-a_{max}(t_m-t_{acc1}-t_{acc2}-t_{sinacc})+\omega_r(t_{acc1}+t_{acc2}+t_{sinacc})\\ \chi_r=-\dfrac{a_{max}}{2}(t_m-t_{acc1}-t_{acc2}-t_{sinacc})^2+\omega_r(t_{acc1}+t_{acc2}+t_{sinacc})\\ \quad\cdot(t_m-t_{acc1}-t_{acc2}-t_{sinacc})+\chi_r(t_{acc1}+t_{acc2}+t_{sinacc})\end{cases}$$

(7) $t_{acc1}+t_{acc2}+t_{sinacc}+t_{conacc3}<t_m\leqslant t_{acc1}+t_{acc2}+t_{acc3}$:

$$\begin{cases}\omega_r=-a_{max}(t_m-t_{acc1}-t_{acc2}-t_{sinacc}-t_{conacc3})-\dfrac{a_{max}}{2\pi f}\{\cos[2\pi f(t_m-t_{acc1}\\ \quad-t_{acc2}-t_{sinacc}-t_{conacc3})]\}+\omega_r(t_{acc1}+t_{acc2}+t_{sinacc}+t_{conacc3})\\ \chi_r=-\dfrac{a_{max}}{2}(t_m-t_{acc1}-t_{acc2}-t_{sinacc}-t_{conacc3})^2\\ \quad-\dfrac{a_{max}}{2\pi f}\left\{\dfrac{1}{2\pi f}\sin[2\pi f(t_m-t_{acc1}-t_{acc2}-t_{sinacc}-t_{conacc3})]\right.\\ \quad\left.-(t_m-t_{acc1}-t_{acc2}-t_{sinacc}-t_{conacc3})\right\}\\ \quad+\omega_r(t_{acc1}+t_{acc2}+t_{sinacc}+t_{conacc3})(t_m-t_{acc1}-t_{acc2}-t_{sinacc}-t_{conacc3})\\ \quad+\chi_r(t_{acc1}+t_{acc2}+t_{sinacc}+t_{conacc3})\end{cases}$$

根据上述公式可求出机动完成后的姿态角$\chi_r(t_0+t_{acc1}+t_{acc2}+t_{acc3})$及机动结束时刻 $t=t_0+t_{acc1}+t_{acc2}+t_{acc3}$。

3) 校正

根据天线转角预估值$\chi_r(t_0+t_{acc1}+t_{acc2}+t_{acc3})$和转角实际值$\beta(t_0+t_{acc1}+t_{acc2}+t_{acc3})$的偏差进行校正,即

$$\Delta=\chi_r(t_0+t_{acc1}+t_{acc2}+t_{acc3})-\beta(t_0+t_{acc1}+t_{acc2}+t_{acc3})$$

从而确定新的滑行时间 $t_{acc2}=\Delta/\omega_{max}$,以及机动结束时刻 $t=t_0+t_{acc1}+t_{acc2}+t_{acc3}$,进而重新规划机动路径。

4) 迭代

按照上述步骤,经过“预估-校正”迭代,直至误差角 $\Delta$ 趋于零,获得滑行时间 $t_{acc2}$的稳定值。

上述算法的计算流程如图 4 - 48 所示。

根据上述步骤进行数值仿真,设卫星进入测控弧段($\mu>0$)时(仿真时刻 $t_0=598.72$ s)天线开始对地面站进行捕获。天线初始为静止状态,按最大角速度 $\omega_{max}=2.5$ (°)/s,最大角加速度 $a_{max}=0.2$ (°)/s$^2$,加加速时间 $t_{sinacc}=10$ s 对指向目标进行路径规划。经过 3

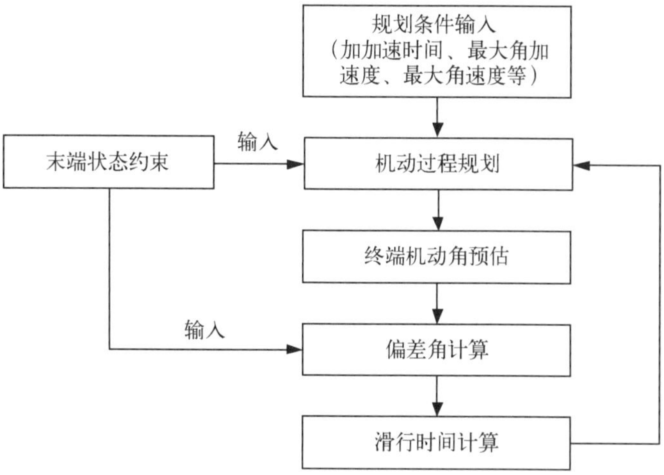


图 4-48　算法流程图

次预估-校正迭代，滑行时间 $t_{acc2}$ 收敛到 9.640 2 s，相对误差小于 0.000 1。由迭代结果获得的规划路径，天线经过 50 s 实现对地面站捕获，终端误差角小于 0.000 1°，误差角速度小于 $10^{-6}$(°)/s，天线平稳转入对地面站的跟踪阶段。仿真结果如图 4-49 与图 4-50 所示。

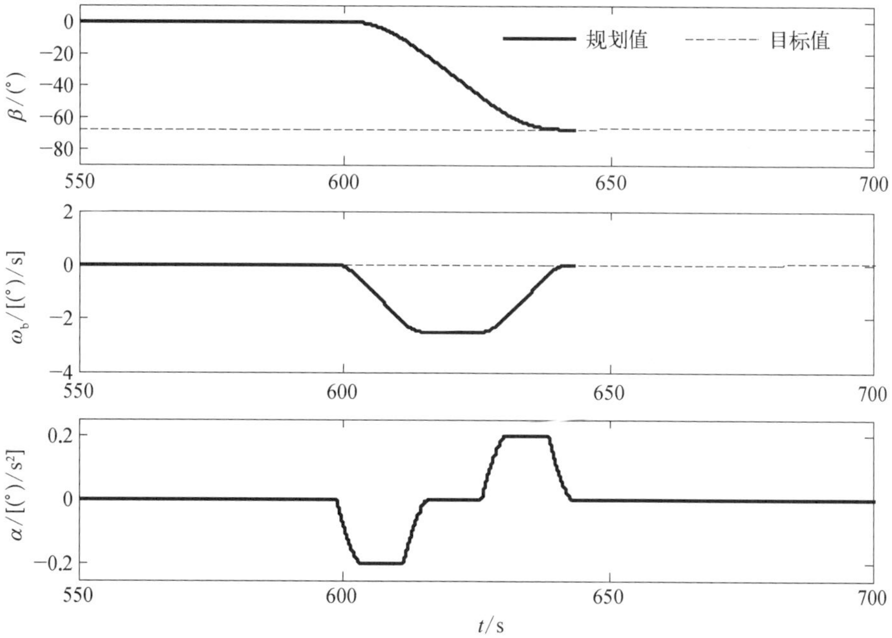


图 4-49　天线俯仰角指向路径规划

将上述规划方法推广应用于双轴天线指向控制时，其中一轴或两轴可能出现 $|\chi_r|>|\chi_m|$ 的情形，即应转角小于规划转角，导致滑行时间 $t_{acc2}<0$，迭代计算失败。针对该问题

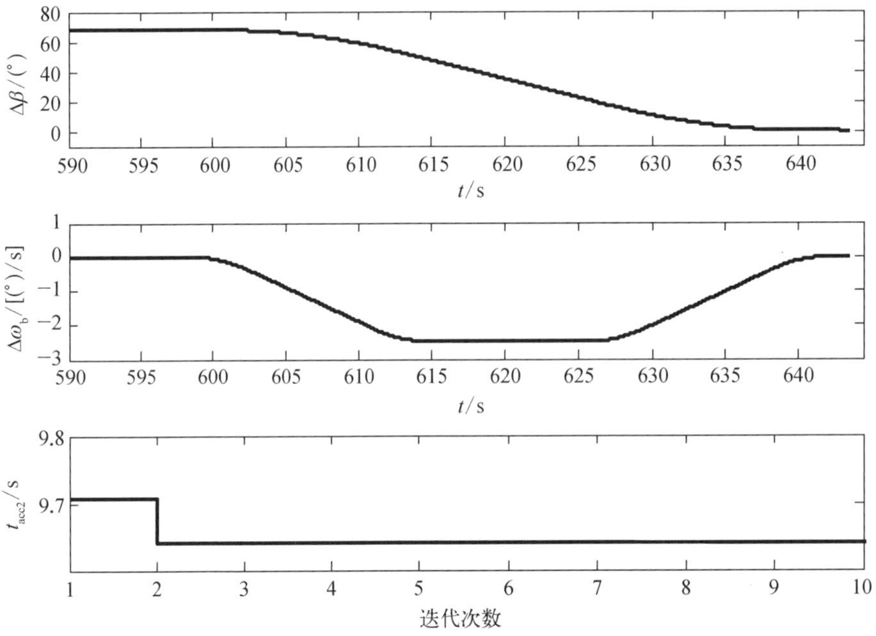


图 4－50　天线指向误差及迭代结果

可采取两种方法：一种方法是调整匀加速时间 $t_{\mathrm{conacc1}}$ 或匀减速时间 $t_{\mathrm{conacc3}}$，将规划转角减少到应转角，由于这两个时间调整范围有限，调整得过小会导致匀加速段和匀减速段消失，从而破坏规划后角速度的光滑性；另一种方法是根据规划转角为最大角速度和最大角加速度的线性函数的特性，通过适当缩小最大角速度和最大角加速度，从而整体减少末端时刻的规划转角，即

$$\chi_{\mathrm{r}}' = \left|\frac{\chi_{\mathrm{m}}}{\chi_{\mathrm{r}}}\right| \cdot \chi_{\mathrm{r}} = \chi_{\mathrm{m}} \Leftrightarrow \begin{cases} a'_{\max} = \gamma a_{\max} \\ \omega'_{\max} = \gamma \omega_{\max} \end{cases} \tag{4-84}$$

其中，

$$\gamma = \left|\frac{\chi_{\mathrm{m}}}{\chi_{\mathrm{r}}}\right|$$

通过上述处理可使得 $t_{\mathrm{acc2}}=0$（即滑行时间为零），从而重新开始迭代计算。

采用上述方法进行双轴天线指向规划仿真，取 $t_{\mathrm{sinacc}} = 2$ s，$a_{\max} = 0.2$ (°)/s$^2$，$\omega_{\max} = 2.5$ (°)/s，在此参数配置下即使滑行时间为零，最小规划转角超过 36°。仿真第 1 800 s 发出地面站捕获指令，此时天线两轴应转角不足 20°，均小于最小规划转角，因此必须缩减最大角加速度和最大角速度。完成 10 次迭代后，指向规划结果如图 4－51～图 4－53 所示，由图可知，规划时间与指令预处理规划（CPP 规划）基本相当，但是迭代规划角速度、角加速度更小，因此冲击更小，对整星姿态影响更小。

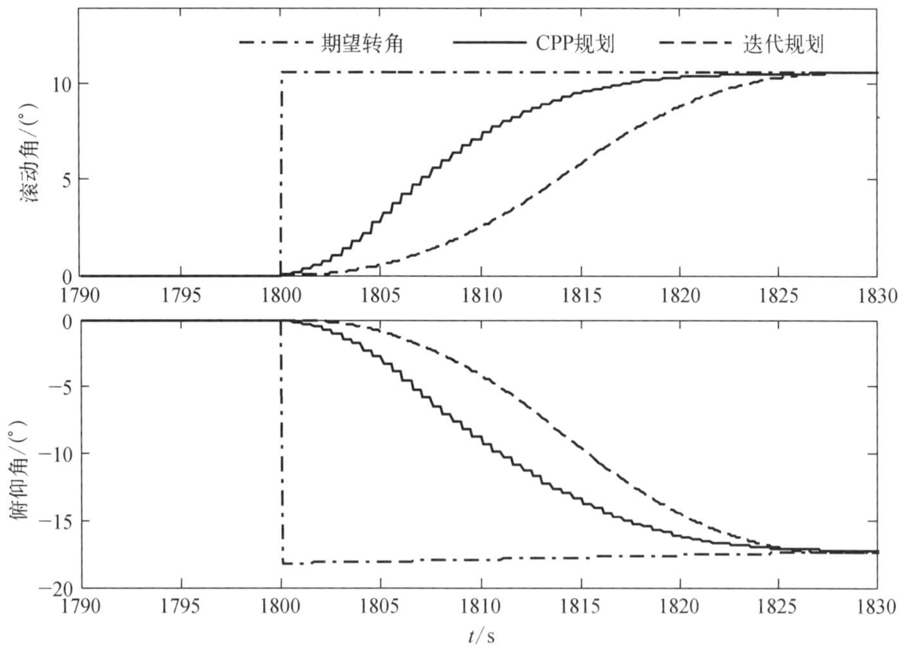


图 4－51　迭代规划与 CPP 规划对比

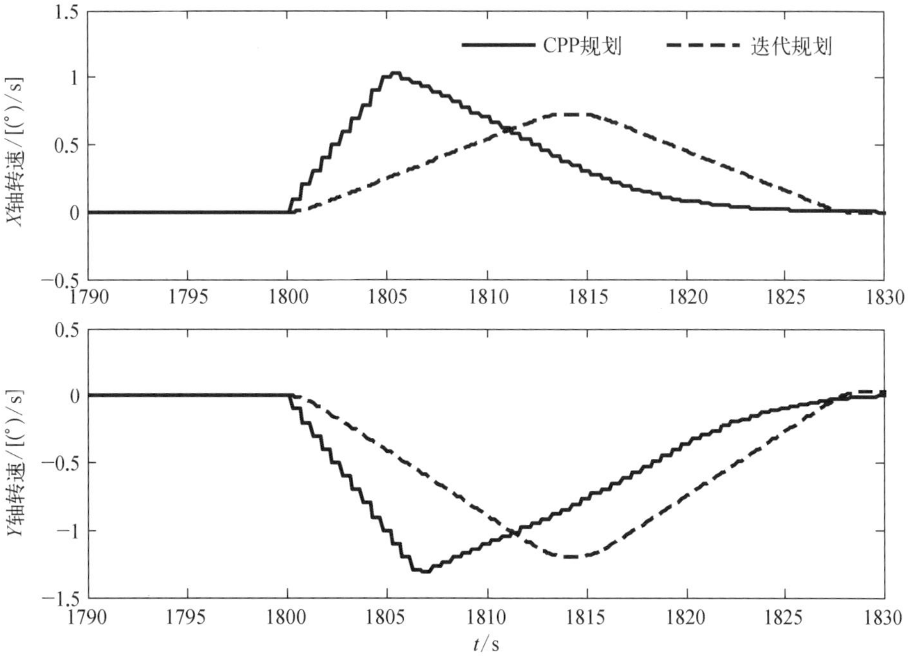


图 4－52　迭代规划与 CPP 规划两轴角速度对比

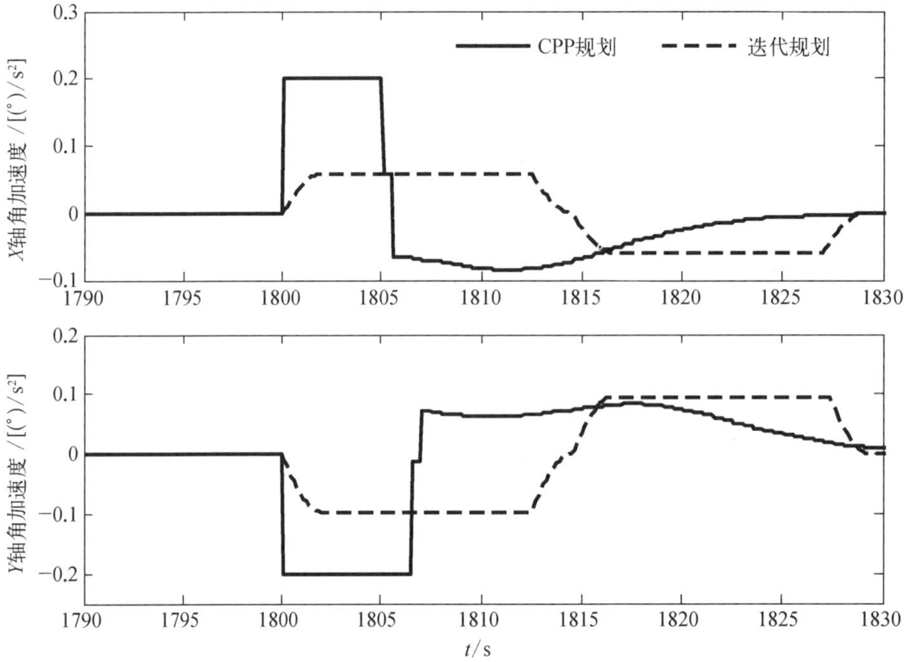


图 4-53 迭代规划与 CPP 规划两轴角加速度对比

### 4.4.2 运动补偿与力矩补偿

1. 运动补偿

一旦运动附件(如数传天线、云台相机等)锁定了目标,运动附件需对目标进行高精度凝视跟踪。然而,当整星进行快速机动时,将对附件指向产生不利影响,特别是当整星在加速机动过程中,附件指向误差会不断积累,若不加以补偿将超出跟踪精度的指标要求。

1) 运动补偿策略

针对上述问题,附件指向对整星机动时的运动补偿策略包括如下步骤。

首先,根据整星姿态运动角速度采用滑动平均等方法估计整星平均角加速度,进而根据角加速度、角速度预估下一控制周期的姿态角。设最近 $N$ 个控制周期内,整星相对于轨道坐标系的三轴姿态平均角加速度为 $\boldsymbol{a}_{\mathrm{m}}$,则未来一个周期内整星姿态机动角度近似为

$$\Delta\boldsymbol{\Phi} = \boldsymbol{\omega}_{\mathrm{bo}}\Delta\tau + \frac{1}{2}\boldsymbol{a}_{\mathrm{m}}\Delta\tau^2 \tag{4-85}$$

式中,$\boldsymbol{\omega}_{\mathrm{bo}}$ 为整星相对于轨道坐标系的姿态角速度;$\Delta\tau$ 为天线转动实际执行与指令发出时刻之间的滞后时间。

其次,根据姿态预估结果校正附件运动控制时的参考姿态矩阵。采用任一适当的欧

拉转序，设 $\Delta\boldsymbol{\Phi}$ 三个姿态角对应的姿态矩阵为 $\boldsymbol{C}_{\Delta}$，则校正后的参考姿态矩阵为

$$\boldsymbol{C}_{\mathrm{TO}} = \boldsymbol{C}_{\Delta}(\Delta\boldsymbol{\Phi})\boldsymbol{C}_{\mathrm{BO}} \tag{4-86}$$

式中，$\boldsymbol{C}_{\mathrm{BO}}$ 为当前时刻整星相对于轨道坐标系的姿态矩阵；$\boldsymbol{C}_{\mathrm{TO}}$ 为根据预估结果校正后的姿态矩阵。

最后，将 $\boldsymbol{C}_{\mathrm{TO}}$ 作为附件控制的参考坐标系引入附件指向路径规划中，最终获得校正后的附件指向规划路径。

2）验证

（1）仿真实例。假设星体初始控制模式为正常对地飞行，数传天线对地面站进行跟踪。仿真第 1 000 s，进行 32°侧摆机动。假设星上中央控制器从发出指令到天线驱动机构实际执行存在 0.58 s 的时延，由于未能精确获知，仅按 0.5 s 进行运动补偿。采用本节提出的运动补偿算法进行数值仿真，数传天线对整星姿态机动的指向补偿效果如图4－54～图 4－56 所示。

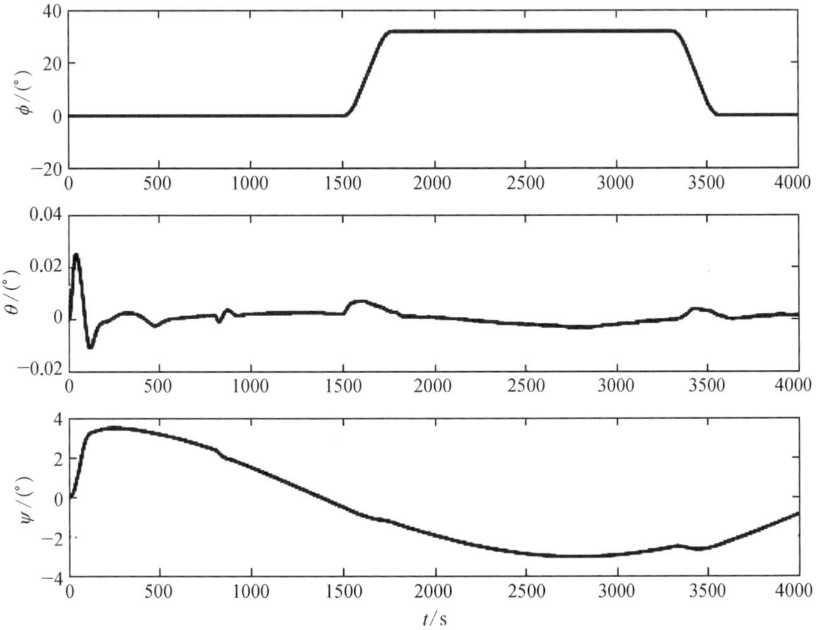


图 4－54　三轴姿态角

由仿真结果图 4－56 可见，当数传天线不进行运动指向补偿时，两轴转角与实际期望转角的误差较大，特别是在整星姿态进行侧摆的过程，误差快速增长，$\alpha$ 角误差最大可达 0.1°以上；在引入运动补偿后，转角误差降低一个量级以上，指向残差由时延不能精确确定引起。

（2）物理试验。假设敏捷成像卫星的数传天线安装在一根超过 5 m 的展开臂末端，当卫星进行快速机动时会对数传天线指向产生很大的影响。为了验证本节提出的指向校正方法的正确性，基于单轴气浮台和超大型花岗岩平台建立如图 4－57 所示的地面物理

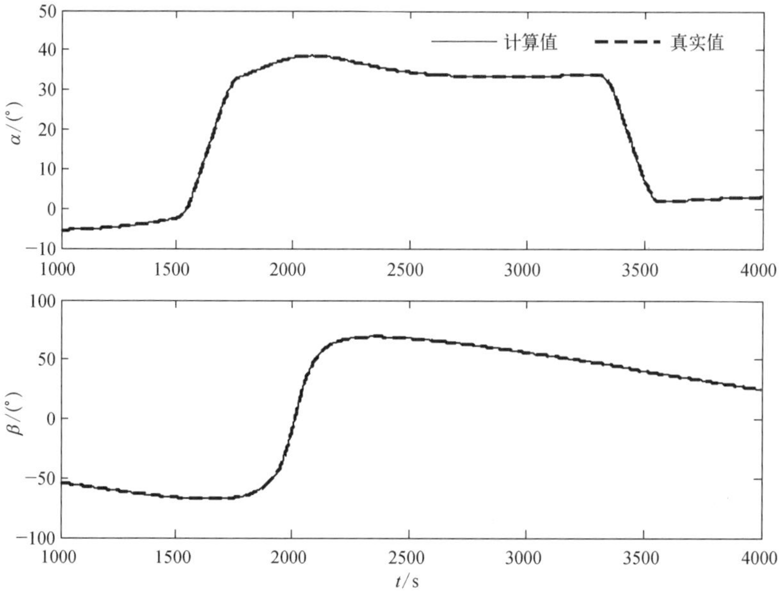


图 4-55　数传天线两轴转角

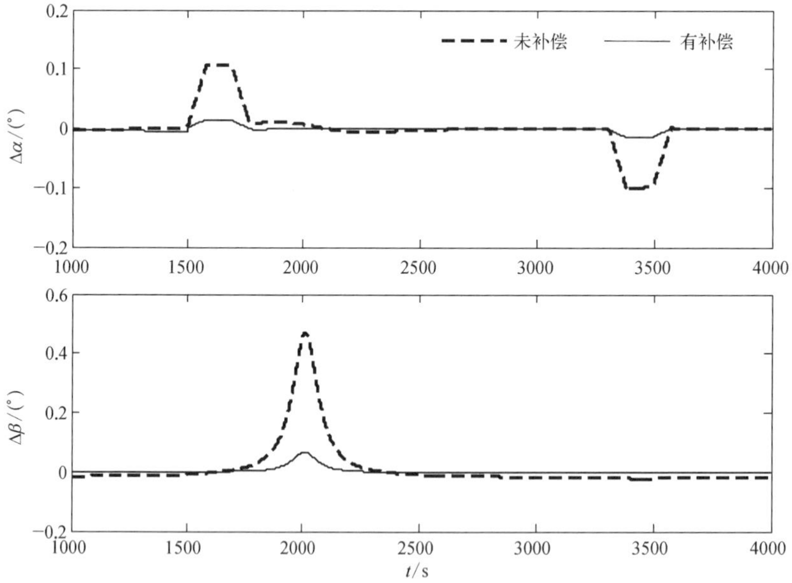


图 4-56　数传天线两轴转角误差

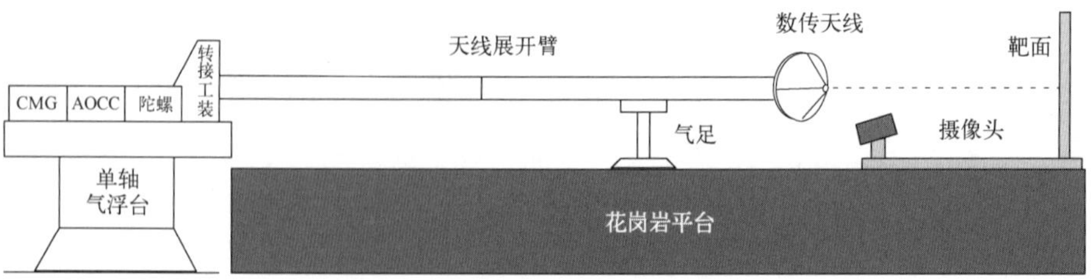


图 4-57　地面物理试验系统示意图

试验系统。单轴气浮台模拟整星姿态机动，通过转接工装与天线展开臂连接，天线展开臂采用纳米气足进行重力卸载。当气浮台台体进行姿态机动时，天线展开臂将发生牵连运动。当气浮台带动数传天线进行姿态机动时，天线驱动机构通过相应的指向运动补偿姿态运动的影响，以维持激光对靶标的定向跟踪。

由于试验场地所限，靶标位置不能设置在无限远处，气浮台的姿态运动会产生一个与距离有关的附加误差角 $\Delta\alpha$。通过求解如图 4－58 所示的两个三角形 $\triangle POB_1$ 和 $\triangle POB_2$ 的夹角关系，可对此附加误差角进行补偿，使物理试验与在轨情况相符。

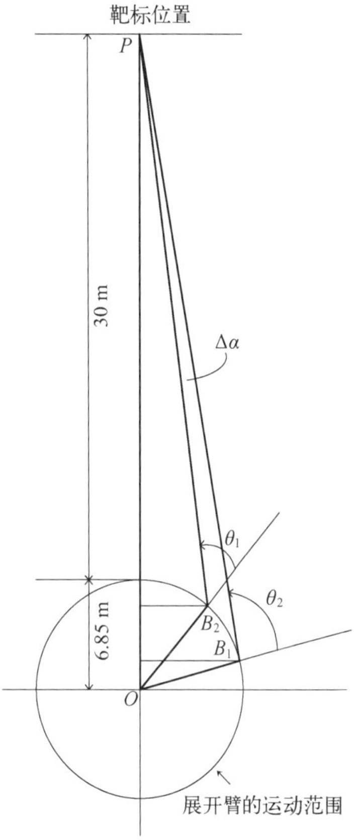

图 4－58　激光靶标的指向角

如图 4－59 与图 4－60 所示，考虑通信及执行机构的响应滞后，从指令角的发出到执行机构实际达到预定位置存在 0.6~0.9 s 的时延，本试验取平均值（0.8 s）作为天线指向补偿的时延参数。试验过程中，当不做指向补偿时，激光器无法指向靶标（完全脱靶），只有进行运动补偿后激光器才能保持对靶标的指向。通过激光指向靶点位置的测量，如表 4－4 所示，在点对点姿态机动时，最大指向误差小于 0.4°，在曲线跟踪时，最大指向误差小于 0.1°。

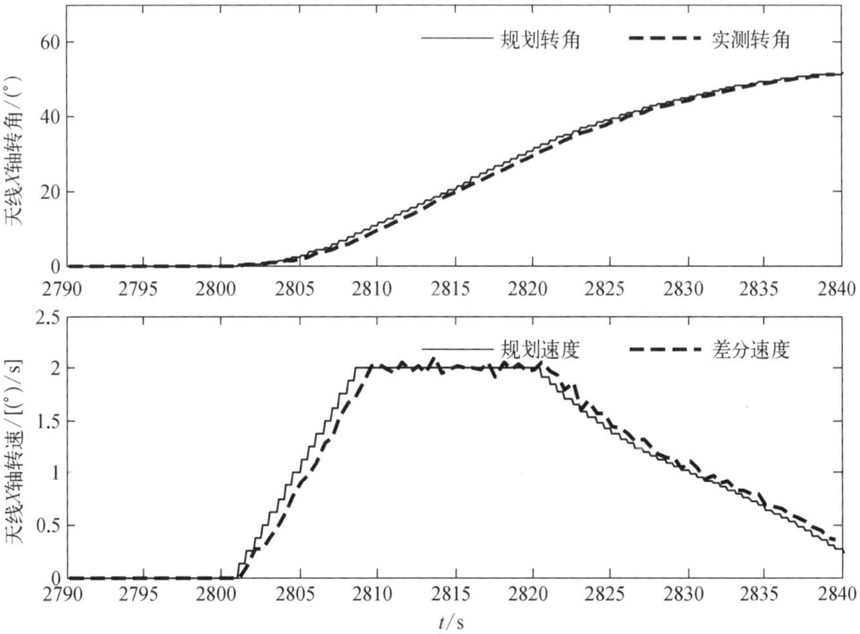

图 4－59　天线实测转角和转速

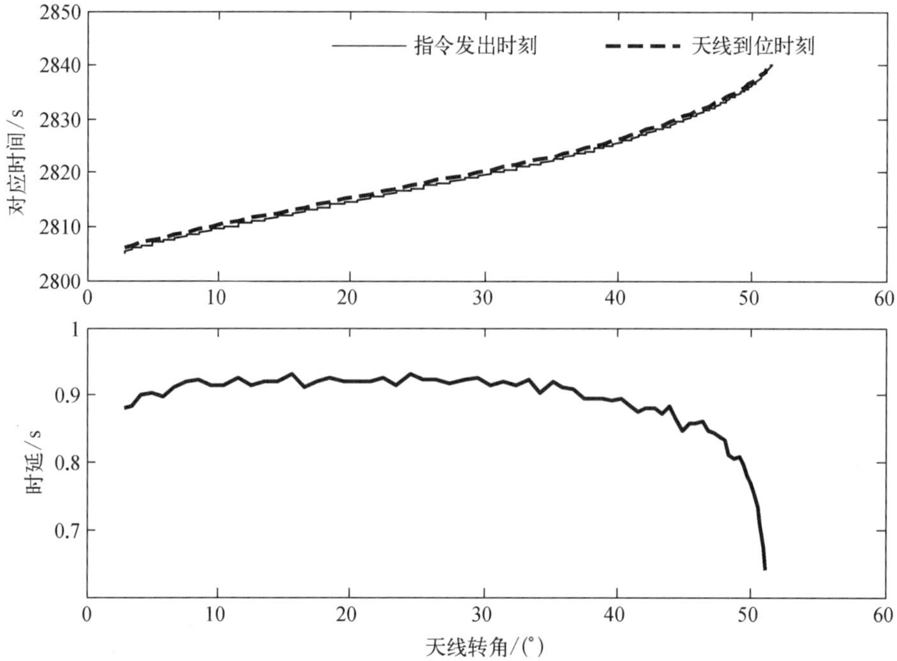


图 4-60　指令角发出到天线响应的时延

**表 4-4　天线指向精度测试结果**

| 试验工况 | 最大误差/(°) |
|---|---|
| 点对点姿态机动(加速) | 0.3 |
| 点对点姿态机动(匀速) | 0.1 |
| 点对点姿态机动(减速) | 0.4 |
| 曲线跟踪 | 0.1 |

2. 力矩补偿[25]

1) 基于动量矩定理的补偿力矩计算

假设控制计算机与转台系统的通讯间隔为 $\Delta t$,可根据在一个通讯间隔内附件(天线)转角指令计算出附件运动角动量变化量:

$$\Delta \boldsymbol{H}_{\mathrm{a}} = \boldsymbol{H}_{\mathrm{a}}(t + \Delta t) - \boldsymbol{H}_{\mathrm{a}}(t) \tag{4-87}$$

式中, $\boldsymbol{H}_{\mathrm{a}} = \boldsymbol{H}_{\mathrm{a1}} + \boldsymbol{H}_{\mathrm{a2}}$ 是天线在 $t$ 时刻相对于星体质心的总角动量,则控制系统对天线运动的力矩补偿量为

$$\boldsymbol{T}_{\mathrm{AntCmp}} = \frac{\Delta \boldsymbol{H}_{\mathrm{a}}}{\Delta t} \tag{4-88}$$

将上式引入姿态动力学方程:

$$\boldsymbol{J}\dot{\boldsymbol{\omega}} + \dot{\boldsymbol{H}}_{\mathrm{a}} = \boldsymbol{T}_{\mathrm{c}} + \boldsymbol{T}_{\mathrm{AntCmp}} \tag{4-89}$$

式中，$\boldsymbol{T}_{\mathrm{c}}$ 为反馈控制器输出的控制力矩，其目标是消除星体姿态偏差；$\boldsymbol{T}_{\mathrm{AntCmp}}$ 为天线补偿力矩，其目标是抑制天线运动带来的扰动影响。

如图 4-61 所示，设 $o$ 为系统质心和本体坐标系原点，$o_1$ 为天线第一铰链点，$o_2$ 为天线第二铰链点，$c_1$ 为天线 $\mathrm{A}_1$ 部分质心，$c_2$ 为天线 $\mathrm{A}_2$ 部分质心，$m_k$ 为本体 B 的质量元（$k \in \mathrm{B}$），$m_j$ 为天线 $\mathrm{A}_1$ 部分质量元（$j \in \mathrm{A}_1$），$m_i$ 为天线 $\mathrm{A}_2$ 部分质量元（$i \in \mathrm{A}_2$）。

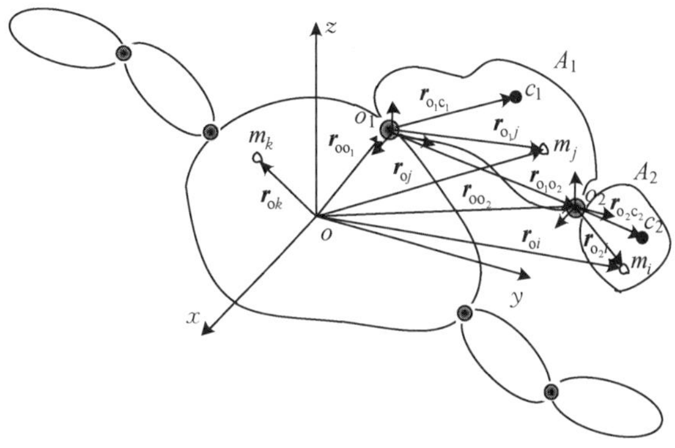


图 4-61　多体卫星系统动力学模型

星体姿态运动与天线指向运动满足如下假设：

（1）中心体为刚体且其角速度为 $\boldsymbol{\omega}$；

（2）中心体固联坐标系与天线 $\mathrm{A}_1$ 部分固联坐标系的转换矩阵为 $\boldsymbol{C}_{\mathrm{ba1}}$，天线在其固联坐标系的转动角速度为 $\boldsymbol{\omega}_1$，天线 $\mathrm{A}_2$ 部分定义类推；矢量从 $\mathrm{A}_1$ 部分转换到 $\mathrm{A}_2$ 部分的转换矩阵为 $\boldsymbol{C}_{\mathrm{a2a1}}$；

（3）假设天线质量相比中心体质量很小，附件的运动对系统质心位置影响可忽略。

根据角动量（动量矩）的定义，本体 B、运动关节 $\mathrm{A}_1$、$\mathrm{A}_2$ 相对于质心的角动量分别为

$$\boldsymbol{H}_{\mathrm{b}} = \sum_{k \in \mathrm{B}} \boldsymbol{r}_{\mathrm{o}k} \times m_k \boldsymbol{v}_k \tag{4-90}$$

$$\boldsymbol{H}_{\mathrm{a1}} = \sum_{j \in \mathrm{A}_1} \boldsymbol{r}_{\mathrm{o}j} \times m_j \boldsymbol{v}_j \tag{4-91}$$

$$\boldsymbol{H}_{\mathrm{a2}} = \sum_{i \in \mathrm{A}_2} \boldsymbol{r}_{\mathrm{o}i} \times m_i \boldsymbol{v}_i \tag{4-92}$$

其中，

$$\boldsymbol{v}_k = \frac{\mathrm{d}\boldsymbol{r}_{\mathrm{o}k}}{\mathrm{d}t},\ \boldsymbol{v}_j = \frac{\mathrm{d}\boldsymbol{r}_{\mathrm{o}j}}{\mathrm{d}t},\ \boldsymbol{v}_i = \frac{\mathrm{d}\boldsymbol{r}_{\mathrm{o}i}}{\mathrm{d}t}$$

是 $k \in \mathrm{B}$ 点、$j \in \mathrm{A}_1$ 点、$i \in \mathrm{A}_2$ 点的线速度。根据刚体假设，有

$$\frac{\mathrm{d}\boldsymbol{r}_{\mathrm{o}k}}{\mathrm{d}t} = \dot{\boldsymbol{r}}_{\mathrm{o}k} + \boldsymbol{\omega} \times \boldsymbol{r}_{\mathrm{o}k} = \boldsymbol{\omega} \times \boldsymbol{r}_{\mathrm{o}k} \tag{4-93}$$

所以，

$$\boldsymbol{H}_{\mathrm{b}} = \sum_{k \in \mathrm{B}} \boldsymbol{r}_{\mathrm{o}k} \times m_k (\boldsymbol{\omega} \times \boldsymbol{r}_{\mathrm{o}k}) = -\sum_{k \in \mathrm{B}} m_k \hat{\boldsymbol{r}}_{\mathrm{o}k} \cdot \hat{\boldsymbol{r}}_{\mathrm{o}k} \cdot \boldsymbol{\omega} = \boldsymbol{J}_{\mathrm{b}} \cdot \boldsymbol{\omega} \tag{4-94}$$

式中，$\hat{\boldsymbol{r}}_{\mathrm{o}k}$ 是矢量 $\boldsymbol{r}_{\mathrm{o}k}$ 的升张量；$\boldsymbol{J}_{\mathrm{b}}$ 是 B 的转动惯量张量，其表达式为

$$\boldsymbol{J}_{\mathrm{b}}=-\sum_{k\in\mathrm{B}}m_k\hat{\boldsymbol{r}}_{\mathrm{o}k}\cdot\hat{\boldsymbol{r}}_{\mathrm{o}k} \tag{4-95}$$

将上式投影到本体坐标系中可得

$$\boldsymbol{J}_{\mathrm{b}}=\sum_{k\in\mathrm{B}}m_k\tilde{\boldsymbol{r}}_{\mathrm{o}k}\tilde{\boldsymbol{r}}_{\mathrm{o}k}^{\mathrm{T}}=\sum_{k\in\mathrm{B}}m_k(\boldsymbol{r}_{\mathrm{o}k}^{\mathrm{T}}\boldsymbol{r}_{\mathrm{o}k}\boldsymbol{I}_{3\times3}-\boldsymbol{r}_{\mathrm{o}k}\boldsymbol{r}_{\mathrm{o}k}^{\mathrm{T}}) \tag{4-96}$$

式中，

$$\tilde{\boldsymbol{r}}_{\mathrm{o}k}=\begin{bmatrix}0 & -\boldsymbol{r}_{\mathrm{o}k,3} & \boldsymbol{r}_{\mathrm{o}k,2}\\ \boldsymbol{r}_{\mathrm{o}k,3} & 0 & -\boldsymbol{r}_{\mathrm{o}k,1}\\ -\boldsymbol{r}_{\mathrm{o}k,2} & \boldsymbol{r}_{\mathrm{o}k,1} & 0\end{bmatrix}$$

为向量 $\boldsymbol{r}_{\mathrm{o}k}$ 的反对称阵。3×3 反对称阵具有如下恒等式：

$$\tilde{\boldsymbol{r}}_{\mathrm{o}k}\tilde{\boldsymbol{r}}_{\mathrm{o}k}^{\mathrm{T}}=\boldsymbol{r}_{\mathrm{o}k}^{\mathrm{T}}\boldsymbol{r}_{\mathrm{o}k}\boldsymbol{I}_{3\times3}-\boldsymbol{r}_{\mathrm{o}k}\boldsymbol{r}_{\mathrm{o}k}^{\mathrm{T}} \tag{4-97}$$

式(4-96)表明，惯量矩阵具有两种表达形式，其中使用反对称的阵表达较为简洁，但矩阵相乘运算量较大；不使用反对称阵则较为繁琐，而运算量较小。同理，

$$\begin{aligned}\boldsymbol{H}_{\mathrm{a}1}&=\sum_{j\in\mathrm{A}_1}(\boldsymbol{r}_{\mathrm{oo}_1}+\boldsymbol{r}_{\mathrm{o}_1j})\times m_j[\boldsymbol{\omega}\times\boldsymbol{r}_{\mathrm{oo}_1}+(\boldsymbol{\omega}+\boldsymbol{\omega}_1)\times\boldsymbol{r}_{\mathrm{o}_1j}]\\&=\sum_{j\in\mathrm{A}_1}\boldsymbol{r}_{\mathrm{oo}_1}\times m_j(\boldsymbol{\omega}\times\boldsymbol{r}_{\mathrm{oo}_1})+\sum_{j\in\mathrm{A}_1}\boldsymbol{r}_{\mathrm{oo}_1}\times m_j(\boldsymbol{\omega}+\boldsymbol{\omega}_1)\times\boldsymbol{r}_{\mathrm{o}_1j}\\&\quad+\sum_{j\in\mathrm{A}_1}\boldsymbol{r}_{\mathrm{o}_1j}\times m_j(\boldsymbol{\omega}\times\boldsymbol{r}_{\mathrm{oo}_1})+\sum_{j\in\mathrm{A}_1}\boldsymbol{r}_{\mathrm{o}_1j}\times m_j(\boldsymbol{\omega}+\boldsymbol{\omega}_1)\times\boldsymbol{r}_{\mathrm{o}_1j}\\&=-m_1\hat{\boldsymbol{r}}_{\mathrm{oo}_1}\cdot\hat{\boldsymbol{r}}_{\mathrm{oo}_1}\cdot\boldsymbol{\omega}-\hat{\boldsymbol{r}}_{\mathrm{oo}_1}\cdot\hat{\boldsymbol{c}}_1\cdot(\boldsymbol{\omega}+\boldsymbol{\omega}_1)-\hat{\boldsymbol{c}}_1\cdot\hat{\boldsymbol{r}}_{\mathrm{oo}_1}\cdot\boldsymbol{\omega}+\boldsymbol{J}_1\cdot(\boldsymbol{\omega}+\boldsymbol{\omega}_1)\end{aligned} \tag{4-98}$$

整理得

$$\boldsymbol{H}_{\mathrm{a}1}=(-m_1\hat{\boldsymbol{r}}_{\mathrm{oo}_1}\cdot\hat{\boldsymbol{r}}_{\mathrm{oo}_1}-\hat{\boldsymbol{r}}_{\mathrm{oo}_1}\cdot\hat{\boldsymbol{c}}_1-\hat{\boldsymbol{c}}_1\cdot\hat{\boldsymbol{r}}_{\mathrm{oo}_1}+\boldsymbol{J}_1)\cdot\boldsymbol{\omega}+(-\hat{\boldsymbol{r}}_{\mathrm{oo}_1}\cdot\hat{\boldsymbol{c}}_1+\boldsymbol{J}_1)\cdot\boldsymbol{\omega}_1 \tag{4-99}$$

$$\begin{aligned}\boldsymbol{H}_{\mathrm{a}2}=&(-m_2\hat{\boldsymbol{r}}_{\mathrm{oo}_1}\cdot\hat{\boldsymbol{r}}_{\mathrm{oo}_1}-m_2\hat{\boldsymbol{r}}_{\mathrm{oo}_1}\cdot\hat{\boldsymbol{r}}_{\mathrm{o}_1\mathrm{o}_2}-\hat{\boldsymbol{r}}_{\mathrm{oo}_1}\cdot\hat{\boldsymbol{c}}_2-m_2\hat{\boldsymbol{r}}_{\mathrm{o}_1\mathrm{o}_2}\cdot\hat{\boldsymbol{r}}_{\mathrm{oo}_1}\\&-m_2\hat{\boldsymbol{r}}_{\mathrm{o}_1\mathrm{o}_2}\cdot\hat{\boldsymbol{r}}_{\mathrm{o}_1\mathrm{o}_2}-\hat{\boldsymbol{r}}_{\mathrm{o}_1\mathrm{o}_2}\cdot\hat{\boldsymbol{c}}_2-\hat{\boldsymbol{c}}_2\cdot\hat{\boldsymbol{r}}_{\mathrm{oo}_1}-\hat{\boldsymbol{c}}_2\cdot\hat{\boldsymbol{r}}_{\mathrm{o}_1\mathrm{o}_2}+\boldsymbol{J}_2)\cdot\boldsymbol{\omega}\\&+(-m_2\hat{\boldsymbol{r}}_{\mathrm{oo}_1}\cdot\hat{\boldsymbol{r}}_{\mathrm{o}_1\mathrm{o}_2}-\hat{\boldsymbol{r}}_{\mathrm{oo}_1}\cdot\hat{\boldsymbol{c}}_2-m_2\hat{\boldsymbol{r}}_{\mathrm{o}_1\mathrm{o}_2}\cdot\hat{\boldsymbol{r}}_{\mathrm{o}_1\mathrm{o}_2}-\hat{\boldsymbol{r}}_{\mathrm{o}_1\mathrm{o}_2}\cdot\hat{\boldsymbol{c}}_2-\hat{\boldsymbol{c}}_2\cdot\hat{\boldsymbol{r}}_{\mathrm{o}_1\mathrm{o}_2}+\boldsymbol{J}_2)\cdot\boldsymbol{\omega}_1\\&+(-\hat{\boldsymbol{r}}_{\mathrm{oo}_1}\cdot\hat{\boldsymbol{c}}_2-\hat{\boldsymbol{r}}_{\mathrm{o}_1\mathrm{o}_2}\cdot\hat{\boldsymbol{c}}_2+\boldsymbol{J}_2)\cdot\boldsymbol{\omega}_2\end{aligned} \tag{4-100}$$

设 $\boldsymbol{F}_{\mathrm{b}}$ 为卫星本体 B 的固连坐标系，$\boldsymbol{F}_{\mathrm{a}1}$ 为天线 $\mathrm{A}_1$ 部分的固连坐标系，$\boldsymbol{F}_{\mathrm{a}2}$ 为天线 $\mathrm{A}_2$ 部分的固连坐标系，并令

$$\begin{cases}\boldsymbol{F}_{\mathrm{b}}^{\mathrm{T}}\boldsymbol{r}_{\mathrm{oo}_1}=\boldsymbol{b}, & \boldsymbol{F}_{\mathrm{a}1}^{\mathrm{T}}\boldsymbol{r}_{\mathrm{o}_1\mathrm{o}_2}=\boldsymbol{b}_1\\ \boldsymbol{r}_{\mathrm{oo}_1}=\boldsymbol{F}_{\mathrm{b}}\boldsymbol{b}, & \boldsymbol{r}_{\mathrm{o}_1\mathrm{o}_2}=\boldsymbol{F}_{\mathrm{a}1}\boldsymbol{b}_1\end{cases}$$

将角动量表达式投影到本体坐标系：

$$\boldsymbol{H}_{\mathrm{b}} = \boldsymbol{F}_{\mathrm{b}}^{\mathrm{T}}\boldsymbol{J}_{\mathrm{b}}\mathrm{F}_{\mathrm{b}} \cdot \boldsymbol{F}_{\mathrm{b}}^{\mathrm{T}}\boldsymbol{\omega} = \boldsymbol{J}_{\mathrm{b}} \cdot \boldsymbol{\omega} \tag{4-101}$$

$$\begin{aligned}\boldsymbol{H}_{\mathrm{a1}} &= \boldsymbol{F}_{\mathrm{b}}^{\mathrm{T}}(-m_1\hat{\boldsymbol{r}}_{\mathrm{oo}_1}\cdot\hat{\boldsymbol{r}}_{\mathrm{oo}_1} - \hat{\boldsymbol{r}}_{\mathrm{oo}_1}\cdot\hat{\boldsymbol{c}}_1 - \hat{\boldsymbol{c}}_1\cdot\hat{\boldsymbol{r}}_{\mathrm{oo}_1} + \boldsymbol{J}_1)\cdot\boldsymbol{\omega} + \boldsymbol{F}_{\mathrm{b}}^{\mathrm{T}}(-\hat{\boldsymbol{r}}_{\mathrm{oo}_1}\cdot\hat{\boldsymbol{c}}_1 + \boldsymbol{J}_1)\cdot\boldsymbol{\omega}_1\\ &= (m_1\tilde{\boldsymbol{b}}\tilde{\boldsymbol{b}}^{\mathrm{T}} + \tilde{\boldsymbol{b}}\boldsymbol{C}_{\mathrm{ba}_1}\tilde{\boldsymbol{c}}_1^{\mathrm{T}}\boldsymbol{C}_{\mathrm{ba}_1}^{\mathrm{T}} + \boldsymbol{C}_{\mathrm{ba}_1}\tilde{\boldsymbol{c}}_1\boldsymbol{C}_{\mathrm{ba}_1}^{\mathrm{T}}\tilde{\boldsymbol{b}}^{\mathrm{T}} + \boldsymbol{C}_{\mathrm{ba}_1}\boldsymbol{J}_1\boldsymbol{C}_{\mathrm{ba}_1}^{\mathrm{T}})\boldsymbol{\omega}\\ &\quad + (\tilde{\boldsymbol{b}}\boldsymbol{C}_{\mathrm{ba}_1}\tilde{\boldsymbol{c}}_1^{\mathrm{T}} + \boldsymbol{C}_{\mathrm{ba}_1}\boldsymbol{J}_1)\boldsymbol{\omega}_1\end{aligned} \tag{4-102}$$

$$\begin{aligned}\boldsymbol{H}_{\mathrm{a2}} &= \boldsymbol{F}_{\mathrm{b}}^{\mathrm{T}}(-m_2\hat{\boldsymbol{r}}_{\mathrm{oo}_1}\cdot\hat{\boldsymbol{r}}_{\mathrm{oo}_1} - m_2\hat{\boldsymbol{r}}_{\mathrm{oo}_1}\cdot\hat{\boldsymbol{r}}_{\mathrm{o}_1\mathrm{o}_2} - \hat{\boldsymbol{r}}_{\mathrm{oo}_1}\cdot\hat{\boldsymbol{c}}_2 - m_2\hat{\boldsymbol{r}}_{\mathrm{o}_1\mathrm{o}_2}\cdot\hat{\boldsymbol{r}}_{\mathrm{oo}_1}\\ &\quad - m_2\hat{\boldsymbol{r}}_{\mathrm{o}_1\mathrm{o}_2}\cdot\hat{\boldsymbol{r}}_{\mathrm{o}_1\mathrm{o}_2} - \hat{\boldsymbol{r}}_{\mathrm{o}_1\mathrm{o}_2}\cdot\hat{\boldsymbol{c}}_2 - \hat{\boldsymbol{c}}_2\cdot\hat{\boldsymbol{r}}_{\mathrm{oo}_1} - \hat{\boldsymbol{c}}_2\cdot\hat{\boldsymbol{r}}_{\mathrm{o}_1\mathrm{o}_2} + \boldsymbol{J}_2)\cdot\boldsymbol{\omega}\\ &\quad + \boldsymbol{F}_{\mathrm{b}}^{\mathrm{T}}(-m_2\hat{\boldsymbol{r}}_{\mathrm{oo}_1}\cdot\hat{\boldsymbol{r}}_{\mathrm{o}_1\mathrm{o}_2} - \hat{\boldsymbol{r}}_{\mathrm{oo}_1}\cdot\hat{\boldsymbol{c}}_2 - m_2\hat{\boldsymbol{r}}_{\mathrm{o}_1\mathrm{o}_2}\cdot\hat{\boldsymbol{r}}_{\mathrm{o}_1\mathrm{o}_2} - \hat{\boldsymbol{r}}_{\mathrm{o}_1\mathrm{o}_2}\cdot\hat{\boldsymbol{c}}_2 - \hat{\boldsymbol{c}}_2\cdot\hat{\boldsymbol{r}}_{\mathrm{o}_1\mathrm{o}_2} + \boldsymbol{J}_2)\cdot\boldsymbol{\omega}_1\\ &\quad + \boldsymbol{F}_{\mathrm{b}}^{\mathrm{T}}(-\hat{\boldsymbol{r}}_{\mathrm{oo}_1}\cdot\hat{\boldsymbol{c}}_2 - \hat{\boldsymbol{r}}_{\mathrm{o}_1\mathrm{o}_2}\cdot\hat{\boldsymbol{c}}_2 + \boldsymbol{J}_2)\cdot\boldsymbol{\omega}_2\\ &= (m_2\tilde{\boldsymbol{b}}\tilde{\boldsymbol{b}}^{\mathrm{T}} + m_2\tilde{\boldsymbol{b}}\boldsymbol{C}_{\mathrm{ba}_1}\tilde{\boldsymbol{b}}_1^{\mathrm{T}}\boldsymbol{C}_{\mathrm{ba}_1}^{\mathrm{T}} + \tilde{\boldsymbol{b}}\boldsymbol{C}_{\mathrm{ba}_2}\tilde{\boldsymbol{c}}_2^{\mathrm{T}}\boldsymbol{C}_{\mathrm{ba}_2}^{\mathrm{T}}\\ &\quad + m_2\boldsymbol{C}_{\mathrm{ba}_1}\tilde{\boldsymbol{b}}_1\boldsymbol{C}_{\mathrm{ba}_1}^{\mathrm{T}}\tilde{\boldsymbol{b}}^{\mathrm{T}} + m_2\boldsymbol{C}_{\mathrm{ba}_1}\tilde{\boldsymbol{b}}_1\tilde{\boldsymbol{b}}_1^{\mathrm{T}}\boldsymbol{C}_{\mathrm{ba}_1}^{\mathrm{T}} + \boldsymbol{C}_{\mathrm{ba}_1}\tilde{\boldsymbol{b}}_1\boldsymbol{C}_{\mathrm{a}_1\mathrm{a}_2}\tilde{\boldsymbol{c}}_2^{\mathrm{T}}\boldsymbol{C}_{\mathrm{ba}_2}^{\mathrm{T}}\\ &\quad - \boldsymbol{C}_{\mathrm{ba}_2}\tilde{\boldsymbol{c}}_2\boldsymbol{C}_{\mathrm{ba}_2}^{\mathrm{T}}\tilde{\boldsymbol{b}}^{\mathrm{T}} - \boldsymbol{C}_{\mathrm{ba}_2}\tilde{\boldsymbol{c}}_2\boldsymbol{C}_{\mathrm{a}_2\mathrm{a}_1}\tilde{\boldsymbol{b}}_1^{\mathrm{T}}\boldsymbol{C}_{\mathrm{ba}_1}^{\mathrm{T}} + \boldsymbol{C}_{\mathrm{ba}_2}\boldsymbol{J}_2\boldsymbol{C}_{\mathrm{ba}_2}^{\mathrm{T}})\boldsymbol{\omega}\\ &\quad + (m_2\tilde{\boldsymbol{b}}\boldsymbol{C}_{\mathrm{ba}_1}\tilde{\boldsymbol{b}}_1^{\mathrm{T}} + \tilde{\boldsymbol{b}}\boldsymbol{C}_{\mathrm{ba}_2}\tilde{\boldsymbol{c}}_2^{\mathrm{T}}\boldsymbol{C}_{\mathrm{a}_1\mathrm{a}_2}^{\mathrm{T}} + m_2\boldsymbol{C}_{\mathrm{ba}_1}\tilde{\boldsymbol{b}}_1\tilde{\boldsymbol{b}}_1^{\mathrm{T}}\\ &\quad + \boldsymbol{C}_{\mathrm{ba}_1}\tilde{\boldsymbol{b}}_1\boldsymbol{C}_{\mathrm{a}_1\mathrm{a}_2}\tilde{\boldsymbol{c}}_2^{\mathrm{T}}\boldsymbol{C}_{\mathrm{a}_1\mathrm{a}_2}^{\mathrm{T}} + \boldsymbol{C}_{\mathrm{ba}_2}\tilde{\boldsymbol{c}}_2\boldsymbol{C}_{\mathrm{a}_1\mathrm{a}_2}^{\mathrm{T}}\tilde{\boldsymbol{b}}_1^{\mathrm{T}} + \boldsymbol{C}_{\mathrm{ba}_2}\boldsymbol{J}_2\boldsymbol{C}_{\mathrm{a}_1\mathrm{a}_2}^{\mathrm{T}})\boldsymbol{\omega}_1\\ &\quad + (\tilde{\boldsymbol{b}}\boldsymbol{C}_{\mathrm{ba}_2}\tilde{\boldsymbol{c}}_2^{\mathrm{T}} + \boldsymbol{C}_{\mathrm{ba}_1}\tilde{\boldsymbol{b}}_1\boldsymbol{C}_{\mathrm{a}_1\mathrm{a}_2}\tilde{\boldsymbol{c}}_2^{\mathrm{T}} + \boldsymbol{C}_{\mathrm{ba}_2}\boldsymbol{J}_2)\boldsymbol{\omega}_2\end{aligned} \tag{4-103}$$

由上述表达式可见，$\boldsymbol{H}_{\mathrm{a2}}$ 的表达式相比 $\boldsymbol{H}_{\mathrm{a1}}$ 繁琐得多。实际上，利用平行轴定理可简化 $\boldsymbol{H}_{\mathrm{a2}}$ 的表达式。设 $\boldsymbol{J}_{\mathrm{a20}}$ 为 $\mathrm{A}_2$部分相对质心 $\boldsymbol{c}_2$ 的转动惯量，那么根据平行轴定理[26]，有

$$\boldsymbol{J}_{\mathrm{a2}} = \boldsymbol{J}_{\mathrm{a20}} + m_2\tilde{\boldsymbol{r}}_{\mathrm{o}_2\mathrm{c}_2}\tilde{\boldsymbol{r}}_{\mathrm{o}_2\mathrm{c}_2}^{\mathrm{T}} \tag{4-104}$$

式中，$\boldsymbol{r}_{\mathrm{o}_2\mathrm{c}_2}$ 是旋转中心 $o_2$与质心 $c_2$的距离向量。设卫星姿态具有很高的稳定度，此时 $\omega\to 0$。将式(4－104)代入式(4－103)，并根据恒等式：

$$\widetilde{\boldsymbol{C}\boldsymbol{r}} = \boldsymbol{C}\tilde{\boldsymbol{r}}\boldsymbol{C}^{\mathrm{T}} \tag{4-105}$$

整理可得

$$\begin{aligned}\boldsymbol{H}_{\mathrm{a2}} &= (m_2\tilde{\boldsymbol{r}}_{\mathrm{oc}_2}\boldsymbol{C}_{\mathrm{ba}_1}\tilde{\boldsymbol{r}}_{\mathrm{o}_1\mathrm{c}_2}^{\mathrm{T}} + \boldsymbol{C}_{\mathrm{ba}_2}\boldsymbol{J}_{\mathrm{a20}}\boldsymbol{C}_{\mathrm{a}_1\mathrm{a}_2}^{\mathrm{T}})\boldsymbol{\omega}_1\\ &\quad + (\tilde{\boldsymbol{b}}\boldsymbol{C}_{\mathrm{ba}_2}\tilde{\boldsymbol{c}}_2^{\mathrm{T}} + \boldsymbol{C}_{\mathrm{ba}_1}\tilde{\boldsymbol{b}}_1\boldsymbol{C}_{\mathrm{a}_1\mathrm{a}_2}\tilde{\boldsymbol{c}}_2^{\mathrm{T}} + \boldsymbol{C}_{\mathrm{ba}_2}\boldsymbol{J}_2)\boldsymbol{\omega}_2\end{aligned} \tag{4-106}$$

式中，

$$\begin{cases}\boldsymbol{r}_{\mathrm{o}_1\mathrm{c}_2} = \boldsymbol{r}_{\mathrm{o}_1\mathrm{o}_2} + \boldsymbol{C}_{\mathrm{a}_1\mathrm{a}_2}\boldsymbol{r}_{\mathrm{o}_2\mathrm{c}_2} = \boldsymbol{b}_1 + \boldsymbol{C}_{\mathrm{a}_1\mathrm{a}_2}\boldsymbol{r}_{\mathrm{o}_2\mathrm{c}_2}\\ \boldsymbol{r}_{\mathrm{oc}_2} = \boldsymbol{r}_{\mathrm{oo}_1} + \boldsymbol{C}_{\mathrm{ba}_1}\boldsymbol{r}_{\mathrm{o}_1\mathrm{o}_2} + \boldsymbol{C}_{\mathrm{ba}_2}\boldsymbol{r}_{\mathrm{o}_2\mathrm{c}_2} = \boldsymbol{b} + \boldsymbol{C}_{\mathrm{ba}_1}\boldsymbol{b}_1 + \boldsymbol{C}_{\mathrm{ba}_2}\boldsymbol{r}_{\mathrm{o}_2\mathrm{c}_2}\end{cases} \tag{4-107}$$

2）基于离散观测器的扰动力矩估计

为了便于对前述基于动量矩定理推导的天线补偿力矩进行验证，进一步针对天线扰动力矩设计离散观测器对其进行直接的估计。不失一般性，不考虑附件挠性时的卫星俯仰轴姿态动力学可简化为

$$J\dot{\omega} = T_c + \tau_d \tag{4-108}$$

式中，$J$ 为卫星俯仰轴转动惯量；$\omega$ 为俯仰轴角速度；$T_c$为控制力矩；$\tau_d$为扰动力矩。

记 $\boldsymbol{x} = [x_1,\ x_2]^{\mathrm{T}} = [\tau_d,\ \omega]^{\mathrm{T}}$，$u = T_c$ 将惯量单位化后系统方程表示为

$$\begin{cases} \dot{\boldsymbol{x}} = \boldsymbol{A}\boldsymbol{x} + \boldsymbol{B}u \\ \boldsymbol{y} = \boldsymbol{C}\boldsymbol{x} \end{cases} \tag{4-109}$$

式中，$\boldsymbol{A} = \begin{bmatrix} 0 & 0 \\ 1 & 0 \end{bmatrix}$；$\boldsymbol{B} = \begin{bmatrix} 0 \\ 1 \end{bmatrix}$；$\boldsymbol{C} = [0 \quad 1]$。针对上述系统，设计一阶扰动观测器如下：

$$\begin{cases} \dot{w} = -lw - \dfrac{l}{J}T_c - l^2\omega \\ \hat{\tau}_d = J(w + l\omega) \end{cases} \tag{4-110}$$

式中，$l$ 为观测器的观测带宽；$w$ 为观测器状态变量。为了提高动态响应特性，可通过适当增大观测器带宽 $l$，但估计值可能引入不期望的挠性振动信息，为此可以引入陷波滤波器：

$$G_F = \frac{s^2/\omega_z^2 + 2\zeta_z\omega_z s + 1}{s^2/\omega_p^2 + 2\zeta_p\omega_p s + 1}$$

式中，频率 $\omega_z$、$\omega_p$ 满足 $\omega_z = \omega_p$；阻尼比 $\zeta_p > \zeta_z \geqslant 0$。

在星载计算机实现时，还需要对观测器进行离散化。方程重新表述如下：

$$\begin{cases} \dot{w} = -lw + u_o \\ y_o = w \end{cases} \tag{4-111}$$

式中，$u_o = -\dfrac{l}{J}\tau_c - l^2\omega$。取 $l = 1.257$ 和离散周期为 0.125 s，则离散化方程为

$$w(k+1) = f_{obs}w(k) + g_{obs}u_o(k) \tag{4-112}$$

式中，$f_{obs} = 0.854\,597\,2$；$g_{obs} = 0.115\,674\,4$，于是扰动力矩估计值 $\hat{\tau}_d$ 为

$$\hat{\tau}_d(k) = J[w(k+1) + l\omega(k)] \tag{4-113}$$

对于陷波滤波器，当参数取为 $\omega_z = \omega_p = 2.827$ rad/s，$\zeta_z = 0.25$，$\zeta_p = 0.8$，采用 Tustin 离散化方法可得

$$\begin{cases} x_{f1}(k+1)=f_{a1}x_{f2}(k)+\hat{\tau}_d \\ x_{f2}(k+1)=x_{f1}(k)+f_{a2}(k)x_{f2} \end{cases} \tag{4-114}$$

$$\hat{\tau}_{dcmp}(k)=f_{c1}x_{f1}(k+1)+f_{c2}x_{f2}(k+1)+f_d\hat{\tau}_d(k) \tag{4-115}$$

式中，$x_{f1}(k)$、$x_{f2}(k)$ 为离散滤波器状态变量；滤波器各参数分别为 $f_{a1}=-0.569\,684\,1$，$f_{a2}=1.474\,644\,8$，$f_{c1}=-0.218\,131\,1$，$f_{c2}=-0.089\,476\,46$；$f_d=0.852\,078\,9$，$\hat{\tau}_{dcmp}$ 为所求的扰动力矩补偿值。

3）物理试验

试验以高精度单轴气浮台作为星体姿态运动模拟器。单轴气浮台试验系统如图 4－62 所示，单轴气浮台通过陀螺、圆光栅测角装置进行姿态测量，通过动量轮进行姿态控制，台体姿态滤波和控制量计算由台上工控机完成，并与地面控制计算机通过无线网络实现试验数据下传和控制指令上传等操作。气浮台控制系统采样周期为 0.125 s，三浮陀螺量程为±2.5（°）/s，随机漂移 0.005（°）/h，测量带宽大于 8 Hz。天线两个转动轴分别由两台正交安装的步进电机驱动，其中，天线模拟件安装在 $Y$ 轴电机上，$Y$ 轴电机及其负载安装在 $X$ 轴电机上，两轴电机同时驱动实现天线的二维指向运动。天线转角由旋转变压器测量，转速由转角差分得到，以满足电机输出轴方向的右手法则为正转方向。

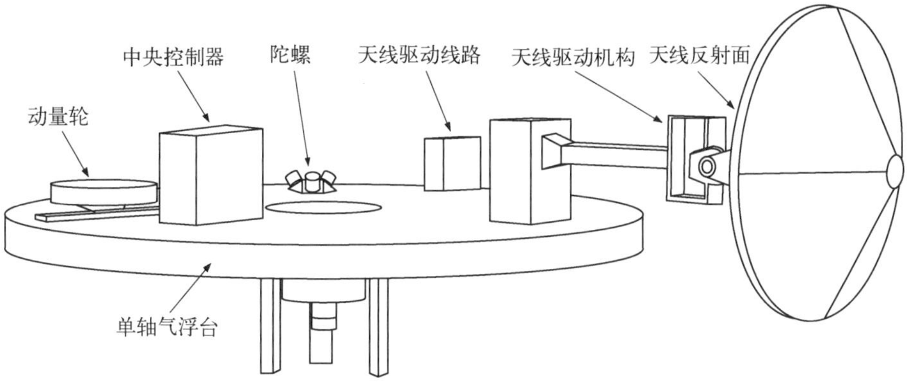

图 4－62　单轴气浮台试验系统

为了更好地演示和测量天线运动在不同控制及补偿策略下对卫星（气浮台）的姿态扰动影响，气浮台主要工作在高稳定度姿态控制下，而天线运动包括如下工况。

（1）天线平滑驱动（改进的 CPP 方法）。采用改进的 CPP 指令转角进行地面站的捕获和跟踪，测量台体的姿态稳定度。

（2）天线平滑驱动，台体控制引入基于动量矩定理计算的前馈力矩进行扰动补偿。天线按照平滑后的指令转角进行地面站的捕获和跟踪，同时台体控制系统引入基于动量矩定理计算的前馈力矩进行扰动补偿，测量台体的姿态稳定度。

（3）天线平滑驱动，台体控制引入扰动估计器的估计力矩进行扰动补偿。天线按照平滑后的指令转角进行地面站进行捕获和跟踪，同时台体控制系统引入扰动估计器的估计结果进行扰动补偿，测量台体的姿态稳定度。

针对上述三种工况，试验结果如图 4－63 与图 4－64 所示。当天线进行目标捕获时，天线运动对台体姿态稳定度影响较大。当台体姿态控制引入前馈力矩补偿后，天线运动的扰动影响基本消除了，台体在天线捕获及跟踪的整个试验过程基本保持平稳；当台体姿控系统引入估计力矩补偿后，台体初始扰动较不引入补偿时为大，这是由于扰动估计器初始阶段未能准确估计出天线扰动所致，当估计器跟踪上扰动力矩后，可实现大约 50%的扰动抑制效果。图 4－64 表明，理论计算得到的前馈补偿力矩与不依赖于动力学模型的扰动估计器在线估计得到的扰动力矩吻合，表明两类方法均能够准确获得天线扰动力矩。由于扰动估计器同时也会将气浮台的环境干扰力矩估计出来并叠加到天线运动产生的扰动力矩中，因此两类方法得到的扰动力矩幅值略有不同。

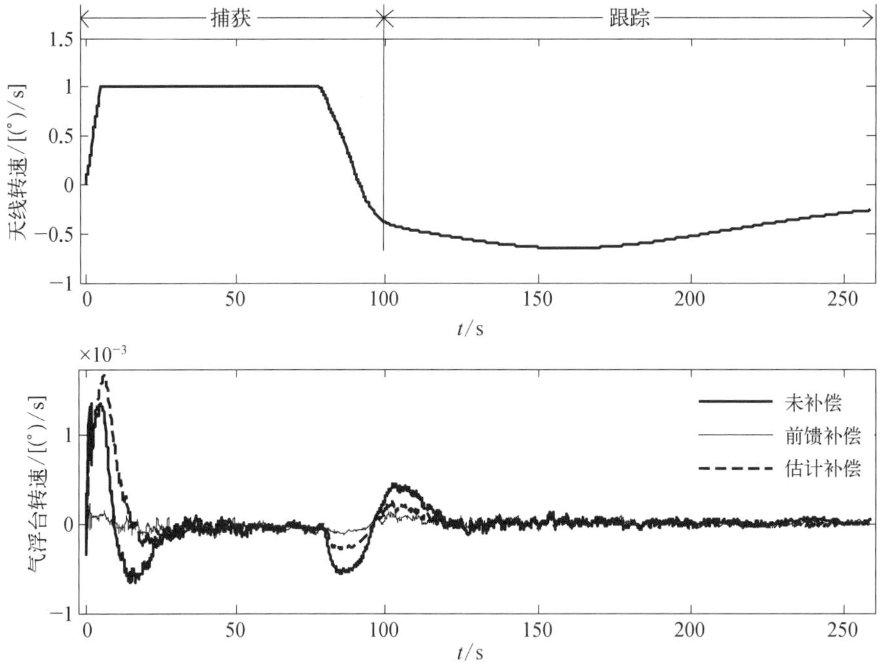


图 4－63　补偿效果对比

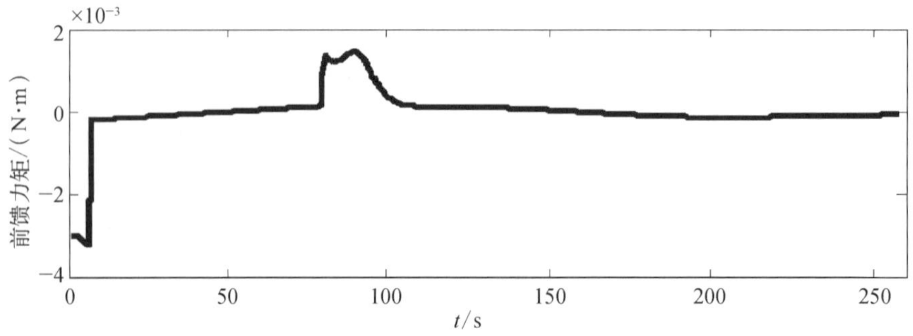

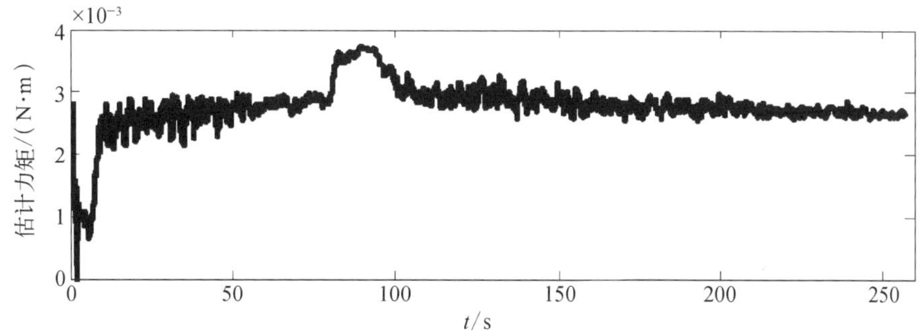


图 4－64　理论计算的前馈力矩与力矩估计获得的结果对比

4）在轨应用

采用本节提出的前馈力矩补偿方法，首先对天线运动进行规划，然后根据天线的质量参数计算天线运动引起的角动量时间变化率，得到天线的扰动力矩，从而在姿态控制闭环引入补偿力矩对其进行精确补偿。在轨飞行表明，这一方法完成了对天线运动的精确补偿，整星姿态在天线不同运动工况下基本消除了天线的扰动影响，如图 4－65~图 4－68 所示。

（1）工况一：地面站跟踪结束后，数传天线切换至另一地面站继续跟踪，如图 4－65 和图 4－66 所示。

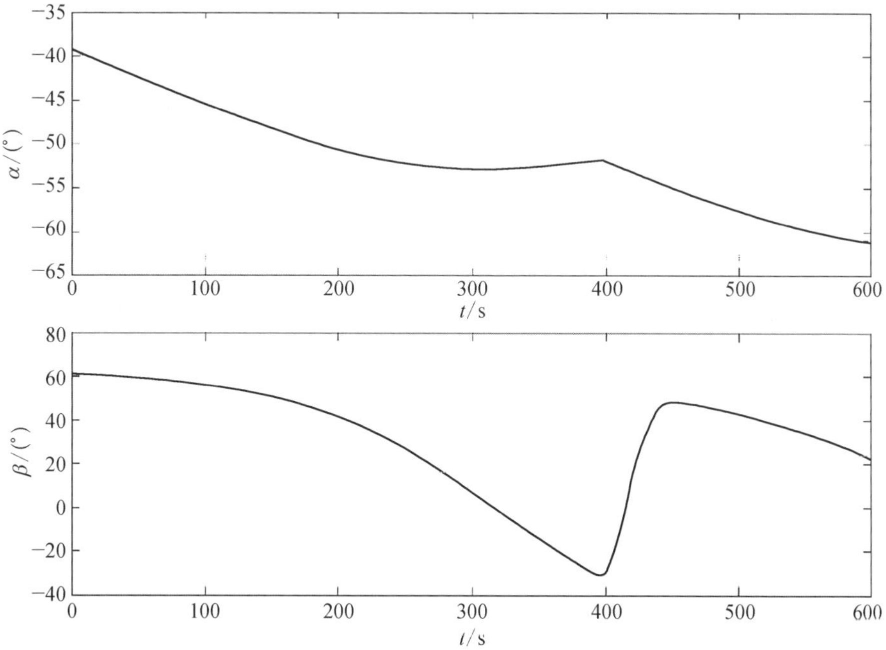


图 4－65　天线转角(切换地面站)

（2）工况二：数传天线保持对地面站跟踪，至卫星过顶时切换至另一地面站，如图 4－67 和图 4－68 所示。

由图 4－66 与图 4－68 来看，当引入天线扰动补偿后，整星姿态一直维持在

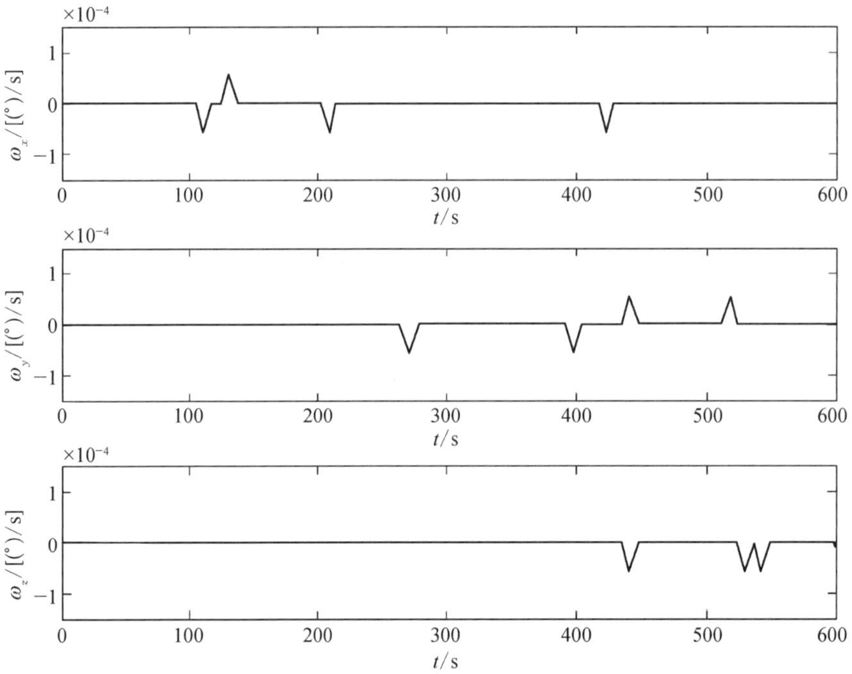


图 4-66　引入力矩补偿时的姿态角速度

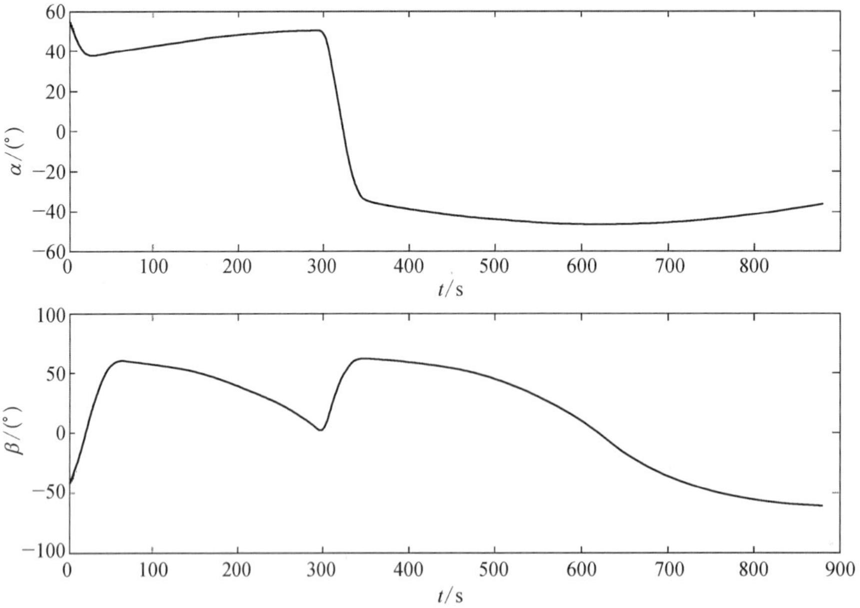


图 4-67　天线转角(过顶时切换地面站)

0.000 05 (°) /s的稳定度水平,基本消除了天线运动的扰动影响;当天线过顶时进行地面站切换,天线需在俯仰轴指向速度最大时改变指向,在此极端情况下,经过天线力矩补偿后,整星仍然能够维持 0.000 1 (°) /s 的稳定度水平。

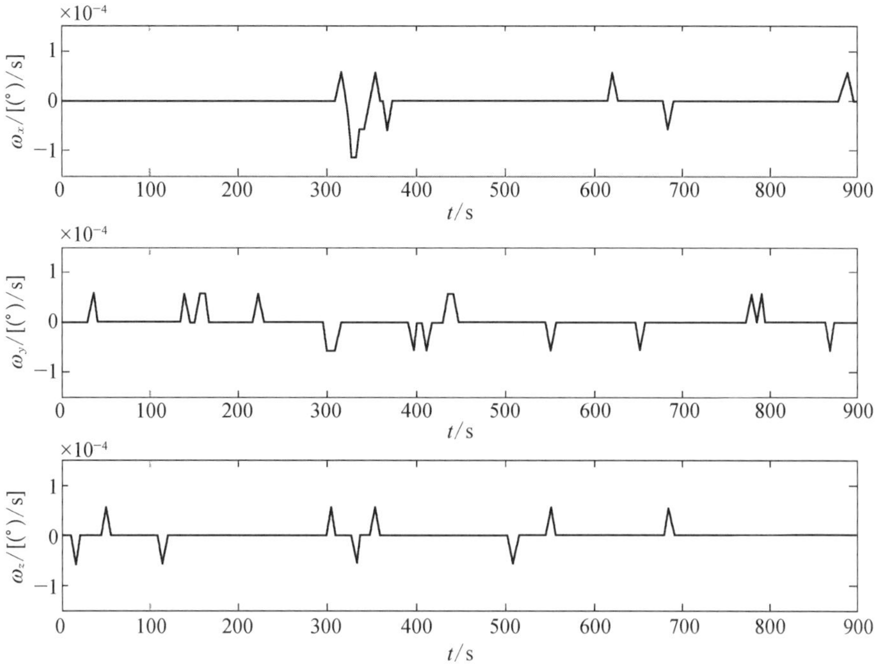


图 4－68　引入力矩补偿时的姿态角速度

## 4.5　面向航天器敏捷机动的陀螺误差标校与系统时延补偿

当整星姿态角速度较大时，星敏感器输出的姿态四元数精度大幅下降，此时，一般依赖陀螺角速度测量进行姿态外推，以实时获取星体机动姿态。然而，机动过程中的陀螺误差特性影响与在稳态控制时有较大不同，一些稳态控制下可以忽略的误差因素在姿态机动时会突出显现。为克服机动过程中姿态测量误差对机动性能的影响，对陀螺安装及刻度因子误差进行标定是敏捷卫星姿态控制面临的重要工程问题之一。此外，由于敏捷航天器姿态机动时角速度、角加速度大，姿态控制系统各环节时延成为制约高性能姿态机动控制的一大因素。

### 4.5.1　陀螺的全误差标定

陀螺存在安装误差、常值漂移和刻度因子误差等影响角速度测量精度的因素，其中陀螺安装参数虽然可以在地面精确标定，但是在航天器发射时的强烈振动及入轨之后的失重环境下仍会发生变化。因此对于定姿精度要求高的空间任务，或是仅依靠陀螺外推的姿态敏捷机动，必须对陀螺参数进行在轨标定[27]。

1. 非共面陀螺定姿误差建模

假设陀螺组件由三个非共面安装的陀螺 1、2、3 构成。以陀螺 1 为例，由于存在安装误差，标称安装矢量 $\bar{\boldsymbol{p}}_1$ 与真实安装矢量 $\boldsymbol{p}_1$ 之间存在小的夹角 $\beta_1$，相差一个安装误差矢量

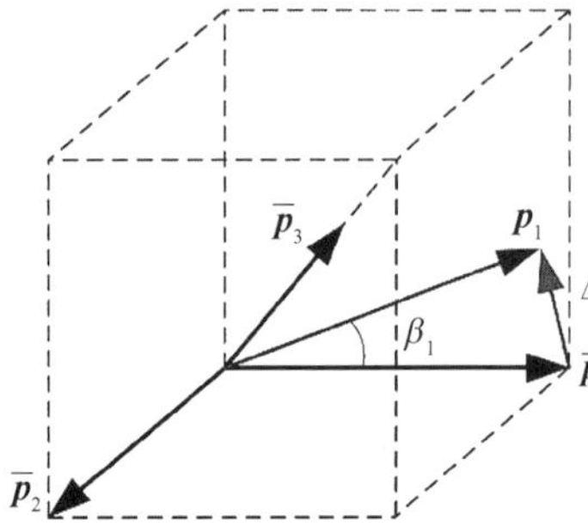


图 4－69 陀螺安装误差示意

$\Delta \boldsymbol{p}_1$，如图 4－69 所示。

由陀螺 1、2、3 在本体系标称安装矢量 $\bar{\boldsymbol{p}}_1$、$\bar{\boldsymbol{p}}_2$、$\bar{\boldsymbol{p}}_3$ 构成的陀螺组件标称安装矩阵为 $\overline{\boldsymbol{M}}=[\bar{\boldsymbol{p}}_1\quad \bar{\boldsymbol{p}}_2\quad \bar{\boldsymbol{p}}_3]^{\mathrm{T}}$。由于陀螺组件非共面，因此 $\overline{\boldsymbol{M}}$ 可逆。用下标 $i$ 表示第 $i$ 个陀螺。记陀螺 $i$ 安装误差矢量 $\Delta \boldsymbol{p}_i$ 在标称安装矢量 $\bar{\boldsymbol{p}}_1$、$\bar{\boldsymbol{p}}_2$、$\bar{\boldsymbol{p}}_3$ 上的分量为 $\Delta_{\mathrm{G}i1}$、$\Delta_{\mathrm{G}i2}$ 和 $\Delta_{\mathrm{G}i3}$。陀螺 1、2、3 真实安装矢量的精确计算公式如下：

$$\boldsymbol{p}_1=\overline{\boldsymbol{M}}^{-1}\begin{bmatrix}1+\Delta_{\mathrm{G}11}\\ \bar{\boldsymbol{p}}_2^{\mathrm{T}}\bar{\boldsymbol{p}}_1+\Delta_{\mathrm{G}12}\\ \bar{\boldsymbol{p}}_3^{\mathrm{T}}\bar{\boldsymbol{p}}_1+\Delta_{\mathrm{G}13}\end{bmatrix} \tag{4-116}$$

$$\boldsymbol{p}_2=\overline{\boldsymbol{M}}^{-1}\begin{bmatrix}\bar{\boldsymbol{p}}_1^{\mathrm{T}}\bar{\boldsymbol{p}}_2+\Delta_{\mathrm{G}21}\\ 1+\Delta_{\mathrm{G}22}\\ \bar{\boldsymbol{p}}_3^{\mathrm{T}}\bar{\boldsymbol{p}}_2+\Delta_{\mathrm{G}23}\end{bmatrix} \tag{4-117}$$

$$\boldsymbol{p}_3=\overline{\boldsymbol{M}}^{-1}\begin{bmatrix}\bar{\boldsymbol{p}}_1^{\mathrm{T}}\bar{\boldsymbol{p}}_3+\Delta_{\mathrm{G}31}\\ \bar{\boldsymbol{p}}_2^{\mathrm{T}}\bar{\boldsymbol{p}}_3+\Delta_{\mathrm{G}32}\\ 1+\Delta_{\mathrm{G}33}\end{bmatrix} \tag{4-118}$$

记三个陀螺的刻度因子误差为 $\Delta K_{\mathrm{G}i}$，常值漂移为 $\boldsymbol{b}$，测量噪声为 $\boldsymbol{n}_{\mathrm{G}}$，则陀螺组件测量的本体角速度误差可用下式表示：

$$\delta\boldsymbol{\omega}=\overline{\boldsymbol{M}}^{-1}\begin{bmatrix}(1+\Delta K_{\mathrm{G}1})\boldsymbol{p}_1^{\mathrm{T}}\\ (1+\Delta K_{\mathrm{G}2})\boldsymbol{p}_2^{\mathrm{T}}\\ (1+\Delta K_{\mathrm{G}3})\boldsymbol{p}_3^{\mathrm{T}}\end{bmatrix}\boldsymbol{\omega}+\overline{\boldsymbol{M}}^{-1}\boldsymbol{b}+\overline{\boldsymbol{M}}^{-1}\boldsymbol{n}_{\mathrm{G}}-\boldsymbol{\omega} \tag{4-119}$$

式中，$\boldsymbol{\omega}$ 为真实的本体角速度矢量。定义如下辅助变量：

$$\boldsymbol{S}=\begin{bmatrix}(1+\Delta K_{\mathrm{G}1})\boldsymbol{p}_1^{\mathrm{T}}\\ (1+\Delta K_{\mathrm{G}2})\boldsymbol{p}_2^{\mathrm{T}}\\ (1+\Delta K_{\mathrm{G}3})\boldsymbol{p}_3^{\mathrm{T}}\end{bmatrix}\overline{\boldsymbol{M}}^{\mathrm{T}}-\overline{\boldsymbol{M}}\overline{\boldsymbol{M}}^{\mathrm{T}}=\begin{bmatrix}s_{11} & s_{12} & s_{13}\\ s_{21} & s_{22} & s_{23}\\ s_{31} & s_{32} & s_{33}\end{bmatrix} \tag{4-120}$$

$$\boldsymbol{\Delta}_{\mathrm{G}}=[s_{11}\quad s_{12}\quad s_{13}\quad s_{21}\quad s_{22}\quad s_{23}\quad s_{31}\quad s_{32}\quad s_{33}]^{\mathrm{T}}$$

$$\boldsymbol{M}=\overline{\boldsymbol{M}}^{-1}\begin{bmatrix}\boldsymbol{\omega}^{\mathrm{T}}\overline{\boldsymbol{M}}^{-1} & & \\ & \boldsymbol{\omega}^{\mathrm{T}}\overline{\boldsymbol{M}}^{-1} & \\ & & \boldsymbol{\omega}^{\mathrm{T}}\overline{\boldsymbol{M}}^{-1}\end{bmatrix}$$

则式(4－119)可写为

$$\delta\boldsymbol{\omega} = \boldsymbol{M}\boldsymbol{\Delta}_{\mathrm{G}} + \overline{\boldsymbol{M}}^{-1}\boldsymbol{b} + \overline{\boldsymbol{M}}^{-1}\boldsymbol{n}_{\mathrm{G}} \tag{4-121}$$

由式(4－120)中的

$$\begin{cases} s_{11} = (1+\Delta K_{\mathrm{G1}})(1+\Delta_{\mathrm{G11}}) - 1 \\ s_{12} = (1+\Delta K_{\mathrm{G1}})(\bar{\boldsymbol{p}}_2^{\mathrm{T}}\bar{\boldsymbol{p}}_1 + \Delta_{\mathrm{G12}}) - \bar{\boldsymbol{p}}_1^{\mathrm{T}}\bar{\boldsymbol{p}}_2 \\ s_{13} = (1+\Delta K_{\mathrm{G1}})(\bar{\boldsymbol{p}}_3^{\mathrm{T}}\bar{\boldsymbol{p}}_1 + \Delta_{\mathrm{G13}}) - \bar{\boldsymbol{p}}_1^{\mathrm{T}}\bar{\boldsymbol{p}}_3 \\ s_{21} = (1+\Delta K_{\mathrm{G2}})(\bar{\boldsymbol{p}}_1^{\mathrm{T}}\bar{\boldsymbol{p}}_2 + \Delta_{\mathrm{G21}}) - \bar{\boldsymbol{p}}_2^{\mathrm{T}}\bar{\boldsymbol{p}}_1 \\ s_{22} = (1+\Delta K_{\mathrm{G2}})(1+\Delta_{\mathrm{G22}}) - 1 \\ s_{23} = (1+\Delta K_{\mathrm{G2}})(\bar{\boldsymbol{p}}_3^{\mathrm{T}}\bar{\boldsymbol{p}}_2 + \Delta_{\mathrm{G23}}) - \bar{\boldsymbol{p}}_2^{\mathrm{T}}\bar{\boldsymbol{p}}_3 \\ s_{31} = (1+\Delta K_{\mathrm{G3}})(\bar{\boldsymbol{p}}_1^{\mathrm{T}}\bar{\boldsymbol{p}}_3 + \Delta_{\mathrm{G31}}) - \bar{\boldsymbol{p}}_3^{\mathrm{T}}\bar{\boldsymbol{p}}_1 \\ s_{32} = (1+\Delta K_{\mathrm{G3}})(\bar{\boldsymbol{p}}_2^{\mathrm{T}}\bar{\boldsymbol{p}}_3 + \Delta_{\mathrm{G32}}) - \bar{\boldsymbol{p}}_3^{\mathrm{T}}\bar{\boldsymbol{p}}_2 \\ s_{33} = (1+\Delta K_{\mathrm{G3}})(1+\Delta_{\mathrm{G33}}) - 1 \end{cases} \tag{4-122}$$

可知,辅助变量 $\boldsymbol{\Delta}_{\mathrm{G}}$ 中各元素是陀螺刻度因子误差和安装误差的非线性组合。在小角度假设下,陀螺定姿误差 $\boldsymbol{\theta}$ 的传播方程为

$$\dot{\boldsymbol{\theta}} = -\tilde{\boldsymbol{\omega}}^{\times}\boldsymbol{\theta} - \delta\boldsymbol{\omega} \tag{4-123}$$

式中, $\tilde{\boldsymbol{\omega}}$ 为陀螺组件测量的本体角速度;上标“×”为反对称矩阵符号。将式(4－121)代入后,得到非共面陀螺定姿误差模型:

$$\dot{\boldsymbol{\theta}} = -\tilde{\boldsymbol{\omega}}^{\times}\boldsymbol{\theta} - \boldsymbol{M}\boldsymbol{\Delta}_{\mathrm{G}} - \overline{\boldsymbol{M}}^{-1}\boldsymbol{b} - \overline{\boldsymbol{M}}^{-1}\boldsymbol{n}_{\mathrm{G}} \tag{4-124}$$

2. 标校滤波器设计

为了提高标定算法的精度,滤波器实际估计的是陀螺常值漂移经过常规方法估计后的残差。这里为了简化表达仍然采用 $\boldsymbol{b}$ 来表示。陀螺常值漂移不稳定性建模为

$$\dot{\boldsymbol{b}} = \boldsymbol{\eta}_{\mathrm{G}} \tag{4-125}$$

式中, $\boldsymbol{\eta}_{\mathrm{G}}$ 为随机白噪声。取陀螺定姿误差 $\boldsymbol{\theta}$、辅助变量 $\boldsymbol{\Delta}_{\mathrm{G}}$ 和陀螺常值漂移 $\boldsymbol{b}$ 为状态变量 $\boldsymbol{X} = [\boldsymbol{\theta}^{\mathrm{T}}\quad \boldsymbol{\Delta}_{\mathrm{G}}^{\mathrm{T}}\quad \boldsymbol{b}^{\mathrm{T}}]^{\mathrm{T}}$。由式(4－124)和式(4－125)建立如下状态方程:

$$\dot{\boldsymbol{X}} = \begin{bmatrix} -\tilde{\boldsymbol{\omega}}^{\times} & -\boldsymbol{M} & -\overline{\boldsymbol{M}}^{-1} \\ \boldsymbol{0}_{9\times3} & \boldsymbol{0}_{9\times9} & \boldsymbol{0}_{9\times3} \\ \boldsymbol{0}_{3\times3} & \boldsymbol{0}_{3\times9} & \boldsymbol{0}_{3\times3} \end{bmatrix}\boldsymbol{X} + \begin{bmatrix} -\overline{\boldsymbol{M}}^{-1} & \boldsymbol{0}_{3\times3} \\ \boldsymbol{0}_{9\times3} & \boldsymbol{0}_{9\times3} \\ \boldsymbol{0}_{3\times3} & \boldsymbol{I}_{3\times3} \end{bmatrix}\begin{bmatrix} \boldsymbol{n}_{\mathrm{G}} \\ \boldsymbol{\eta}_{\mathrm{G}} \end{bmatrix} \tag{4-126}$$

将星敏感器测量的本体姿态与陀螺外推的姿态相比较,可得到陀螺定姿误差的测量值,其与真值满足如下关系:

$$\tilde{\boldsymbol{\theta}} = \boldsymbol{\theta} + \boldsymbol{C}_{\mathrm{SB}}^{\mathrm{T}} \boldsymbol{\eta}_{\mathrm{S}} \tag{4-127}$$

式中，$\boldsymbol{C}_{\mathrm{SB}}$ 为星敏感器相对卫星本体系的安装阵；$\boldsymbol{\eta}_{\mathrm{S}}$ 为星敏感器测量噪声，其方差阵为对角阵。若取 $\tilde{\boldsymbol{\theta}}$ 为滤波器的测量，则建立测量方程如下：

$$\boldsymbol{Z} = [\boldsymbol{I}_{3\times 3} \quad \boldsymbol{0}_{3\times 12}]\boldsymbol{X} + \boldsymbol{C}_{\mathrm{SB}}^{\mathrm{T}} \boldsymbol{\eta}_{\mathrm{S}} \tag{4-128}$$

为提高标定算法的稳定性，滤波器可采用 UDKF 实现[28]。UDKF 为了序贯处理测量更新，要求测量噪声方差阵为对角阵。为此，将式(4－128)两边左乘正交阵 $\boldsymbol{C}_{\mathrm{SB}}$，得到测量噪声方差阵为对角阵的新的测量方程：

$$\bar{\boldsymbol{Z}} = [\boldsymbol{C}_{\mathrm{SB}} \quad \boldsymbol{0}_{3\times 12}]\boldsymbol{X} + \boldsymbol{\eta}_{\mathrm{S}} \tag{4-129}$$

式中，$\bar{\boldsymbol{Z}} = \boldsymbol{C}_{\mathrm{SB}}\boldsymbol{Z}$。至此，实现测量噪声的解耦。

由于标定算法滤波器用到了陀螺组件标称安装矩阵 $\bar{\boldsymbol{M}}$ 的逆，因此要求陀螺组件为非共面安装，共面安装陀螺组件不能给出星体三轴角速度的完整信息。

3. 安装误差和刻度因子误差求解

陀螺安装误差和刻度因子误差并不能从滤波器直接估计得到，还需要从辅助变量 $\boldsymbol{\Delta}_{\mathrm{G}}$ 的估计值进一步求解。式(4－120)包含 9 个方程，而待求解的参数共有 12 个，因此不能得出唯一解，需要再增加约束条件。由式(4－120)得

$$\boldsymbol{S}(\bar{\boldsymbol{M}}^{\mathrm{T}})^{-1} + \bar{\boldsymbol{M}} = \begin{bmatrix} (1+\Delta K_{\mathrm{G1}})\boldsymbol{p}_1^{\mathrm{T}} \\ (1+\Delta K_{\mathrm{G2}})\boldsymbol{p}_2^{\mathrm{T}} \\ (1+\Delta K_{\mathrm{G3}})\boldsymbol{p}_3^{\mathrm{T}} \end{bmatrix} \tag{4-130}$$

记 $\boldsymbol{S}(\bar{\boldsymbol{M}}^{\mathrm{T}})^{-1} + \bar{\boldsymbol{M}}$ 的第 $i$ 行为 $\boldsymbol{e}_i$。在工程应用中，陀螺刻度因子误差是零附近的小量，因此 $1 + \Delta K_{\mathrm{G}i} > 0$。再结合陀螺安装矢量的模值为 1 的条件，即 $\|\boldsymbol{p}_i\| = 1$，则可得到陀螺刻度因子误差和真实安装矢量的求解公式如下：

$$\Delta K_{\mathrm{G}i} = \|\boldsymbol{e}_i\| - 1 \tag{4-131}$$

$$\boldsymbol{p}_i = \boldsymbol{e}_i^{\mathrm{T}} / \|\boldsymbol{e}_i\| \tag{4-132}$$

则陀螺安装误差矢量计算公式为

$$\Delta\boldsymbol{p}_i = \boldsymbol{p}_i - \bar{\boldsymbol{p}}_i \tag{4-133}$$

在实际应用中，地面精确标定后的陀螺安装误差角一般不会超过 0.1°。以陀螺 1 为例，当其安装误差角 $\beta_1$ 取 0.1°时，安装误差分量 $\Delta_{\mathrm{G11}}$ 约等于 $1.523 \times 10^{-6}$。可见，$\Delta_{\mathrm{G11}}$ 的数值非常小，因此可以忽略。同理 $\Delta_{\mathrm{G22}}$ 和 $\Delta_{\mathrm{G33}}$ 也可以忽略。此外，再忽略 $\Delta K_{\mathrm{G1}}\Delta_{\mathrm{G12}}$ 等二阶小量，则由式(4－122)可得陀螺安装误差和刻度因子误差的近似计算公式：

$$\begin{cases}\Delta K_{\mathrm{G1}} \approx s_{11} \\ \Delta_{\mathrm{G12}} \approx s_{12} - \Delta K_{\mathrm{G1}} \bar{\boldsymbol{p}}_2^{\mathrm{T}} \bar{\boldsymbol{p}}_1 \\ \Delta_{\mathrm{G13}} \approx s_{13} - \Delta K_{\mathrm{G1}} \bar{\boldsymbol{p}}_3^{\mathrm{T}} \bar{\boldsymbol{p}}_1 \\ \Delta_{\mathrm{G21}} \approx s_{21} - \Delta K_{\mathrm{G2}} \bar{\boldsymbol{p}}_2^{\mathrm{T}} \bar{\boldsymbol{p}}_1 \\ \Delta K_{\mathrm{G2}} \approx s_{22} \\ \Delta_{\mathrm{G23}} \approx s_{23} - \Delta K_{\mathrm{G2}} \bar{\boldsymbol{p}}_2^{\mathrm{T}} \bar{\boldsymbol{p}}_3 \\ \Delta_{\mathrm{G31}} \approx s_{31} - \Delta K_{\mathrm{G3}} \bar{\boldsymbol{p}}_3^{\mathrm{T}} \bar{\boldsymbol{p}}_1 \\ \Delta_{\mathrm{G32}} \approx s_{32} - \Delta K_{\mathrm{G3}} \bar{\boldsymbol{p}}_3^{\mathrm{T}} \bar{\boldsymbol{p}}_2 \\ \Delta K_{\mathrm{G3}} \approx s_{33}\end{cases} \tag{4-134}$$

当陀螺组件标称为正交安装时，$\bar{\boldsymbol{p}}_1$、$\bar{\boldsymbol{p}}_2$、$\bar{\boldsymbol{p}}_3$ 之间点乘等于零，则由式(4-134)得：

$$\boldsymbol{\Delta}_{\mathrm{G}} = [\Delta K_{\mathrm{G1}} \quad \Delta_{\mathrm{G12}} \quad \Delta_{\mathrm{G13}} \quad \cdots \quad \Delta_{\mathrm{G32}} \quad \Delta K_{\mathrm{G3}}]^{\mathrm{T}}$$

不失一般性，将 $\bar{\boldsymbol{M}}$ 取为单位阵，则状态方程(4-126)变为

$$\dot{\boldsymbol{X}} = \begin{bmatrix} -\tilde{\boldsymbol{\omega}}^{\times} & -\boldsymbol{M} & -\boldsymbol{I}_{3\times3} \\ \boldsymbol{0}_{9\times3} & \boldsymbol{0}_{9\times9} & \boldsymbol{0}_{9\times3} \\ \boldsymbol{0}_{3\times3} & \boldsymbol{0}_{3\times9} & \boldsymbol{0}_{3\times3} \end{bmatrix} \boldsymbol{X} + \begin{bmatrix} -\boldsymbol{I}_{3\times3} & \boldsymbol{0}_{3\times3} \\ \boldsymbol{0}_{9\times3} & \boldsymbol{0}_{9\times3} \\ \boldsymbol{0}_{3\times3} & \boldsymbol{I}_{3\times3} \end{bmatrix} \begin{bmatrix} \boldsymbol{n}_{\mathrm{G}} \\ \boldsymbol{\eta}_{\mathrm{G}} \end{bmatrix} \tag{4-135}$$

至此，滤波器的状态变量、状态方程和测量方程与文献[29]中的方法相同，证明文献[29]中的方法是本方法在陀螺组件为正交安装条件下的特例。

4. 仿真实例

仿真中设定星敏感器光轴指向误差 5″，横轴指向误差 30″；陀螺常值漂移为 0.1 (°)/h，角度随机游走系数为 0.003 (°)/$\mathrm{h}^{0.5}$，刻度因子相对误差为 0.1%，初始安装误差为 0.1°；陀螺 1 和 2 夹角为 90°，1 和 3 夹角为 54.7°，2 和 3 夹角为 54.7°。

陀螺组件在轨标定的匀角速度姿态机动过程共分为 4 段，依次为静止段、滚动机动段、偏航机动段和俯仰机动段，每段持续 600 s，共 2 400 s。第 2～4 段的单轴旋转角速度为0.1 (°)/s。

单次数学仿真的结果见图 4-70～图 4-72。陀螺安装误差标定结果曲线见图 4-70，前 3 个姿态机动段时标定误差较大，进入第 4 个姿态机动段时误差迅速减小并收敛。陀螺常值漂移标定结果曲线见图 4-71，在仿真前 20 s 标定误差变化幅度较大，然后迅速向真值附近收敛并保持到最后。陀螺刻度因子误差标定结果曲线见图 4-72，其变化特点类似安装误差标定结果曲线。在前 3 个姿态机动段，陀螺安装误差和刻度因子误差的标定误差并不一定随着姿态机动段数的增加而减小，但是在进入第 4 个姿态机动段后都会迅速减为最小，这与可观性分析结果一致。

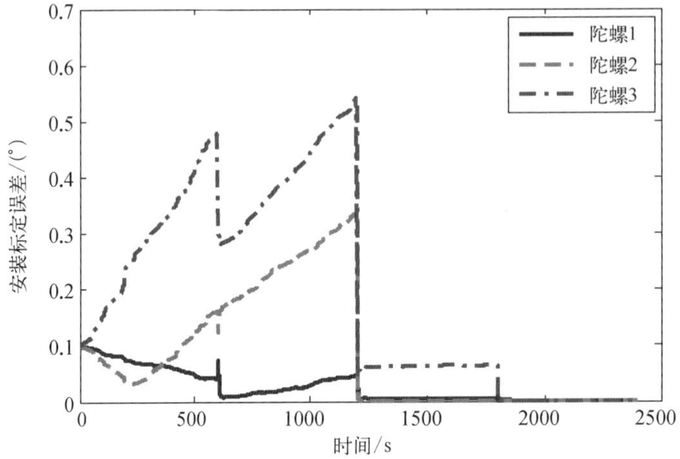


图 4-70　陀螺安装误差标定结果曲线

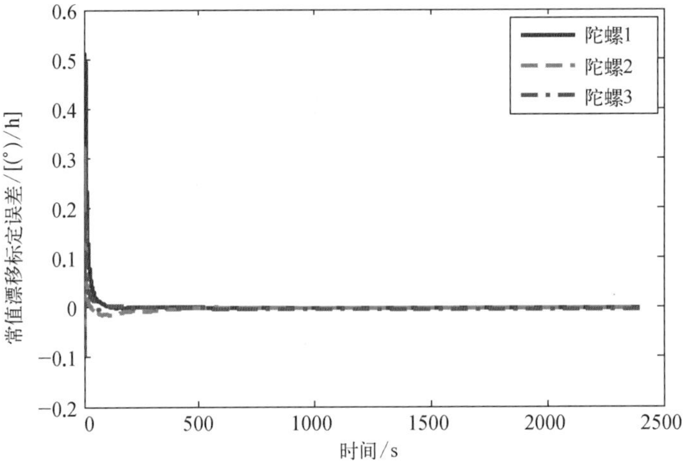


图 4-71　陀螺常值漂移标定结果曲线

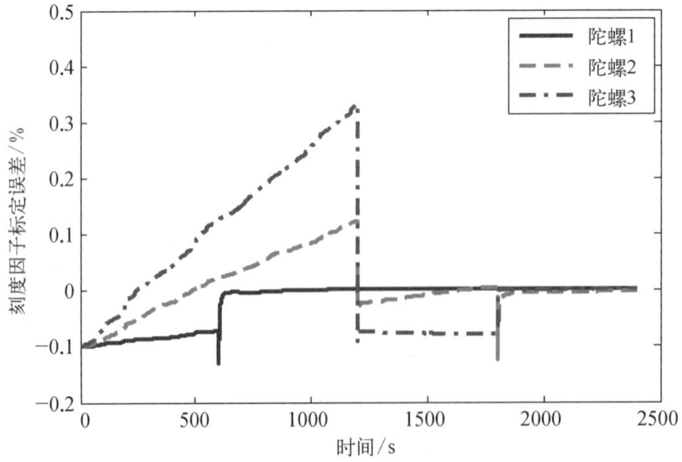


图 4-72　陀螺刻度因子误差标定结果曲线

按上述条件的随机打靶仿真 1 000 次的陀螺参数最大标定误差见表 4－5。陀螺安装误差最大标定误差为 0.002 14°，是初始误差的 2.14%。陀螺常值漂移最大标定误差为 0.009 66 (°) /h，是初始误差的 9.66%。陀螺刻度因子误差最大标定误差为 0.004 62%，是初始误差的 4.62%。以上数学仿真结果表明本方法有效。

**表 4－5　陀螺参数标定结果(安装偏差 0.1°)**

| 陀　螺 | 安装误差/(°) | 常值漂移/[(°)/h] | 刻度因子误差/% |
| --- | --- | --- | --- |
| 陀螺 1 | 0.002 00 | 0.006 33 | 0.002 94 |
| 陀螺 2 | 0.002 14 | 0.006 65 | 0.002 17 |
| 陀螺 3 | 0.001 19 | 0.009 66 | 0.004 62 |

将陀螺初始安装误差增大到 1°，其余条件同上，随机打靶仿真 1 000 次的陀螺参数最大标定误差见表 4－6。陀螺安装误差和刻度因子误差的最大标定误差相对表 4－5 增大一个量级，但是与表 4－5 工况的初始误差相比，减小了一个量级。因此，如果再进行一轮迭代标定，可将标定精度提高到优于表 4－5 结果的水平。陀螺常值漂移最大标定误差与表 4－5 相当。该结果说明陀螺初始安装误差增大，则陀螺安装误差和刻度因子误差的标定误差也会增大，而陀螺常值漂移标定误差无显著变化。

**表 4－6　陀螺参数标定结果(安装偏差 1°)**

| 陀　螺 | 安装误差/(°) | 常值漂移/[(°)/h] | 刻度因子误差/% |
| --- | --- | --- | --- |
| 陀螺 1 | 0.026 23 | 0.006 32 | 0.031 64 |
| 陀螺 2 | 0.021 11 | 0.006 81 | 0.032 02 |
| 陀螺 3 | 0.026 62 | 0.010 24 | 0.017 85 |

### 4.5.2　系统时延补偿

传统姿态控制方法侧重于航天器稳态控制中的时延预测与补偿，仍未涵盖敏捷航天器快速机动过程中对执行机构动态时延、敏感器测量时延及其补偿的需求。本小节针对航天器姿态敏捷机动过程中存在的执行机构迟滞、采样时延等问题[30, 31]，将时延特性纳入轨迹规划中，采用前馈和反馈相结合的复合控制方法提高航天器姿态敏捷机动及机动到位后的快速稳定能力。

1. 时延分类及其补偿

航天器快速姿态机动、目标跟踪等控制过程中，各类采样、执行等时延对控制误差有着显著的影响，其在系统中的主要分布如图 4－73 所示。

根据来源可将控制回路中的时延分为三类。

(1) 时延 A：执行时延。包含了姿态控制周期的采样保持效果，以及执行机构自身的

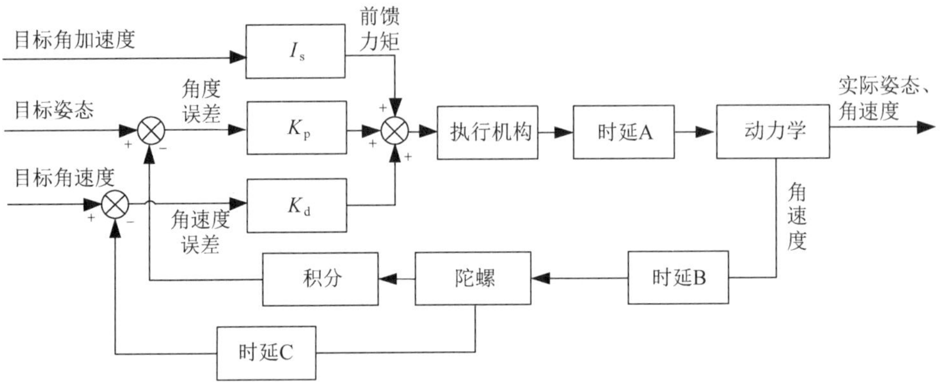


图 4-73 敏捷机动控制框图

时延两部分：① 采样保持，姿态控制周期为 $\Delta t$ 时，控制器输出的控制指令在 $\Delta t$ 时间内保持不变，采样保持环节的等效时延为 $\Delta t/2$；② 执行机构时延：由执行机构的动态响应特性引起。对于理想执行机构，其等效时延为 0。

(2) 时延 B：陀螺的采样时延。主要由陀螺的动态特性、通信时间、软件调用时序等引起。对于理想的陀螺及设计良好的调用时序，该时延接近 0。

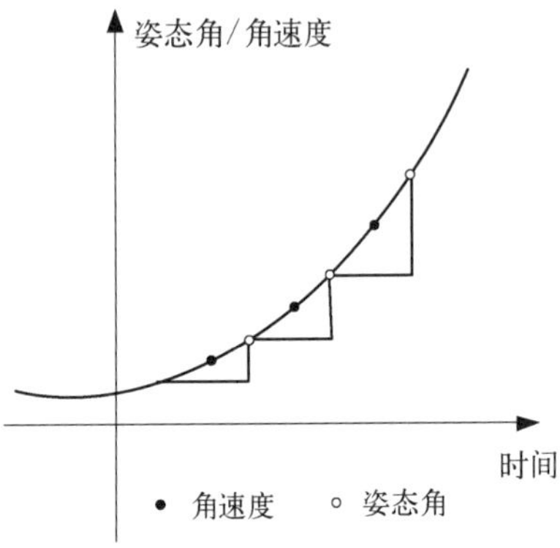


图 4-74 控制周期与姿态角、角速度测量示意图

(3) 时延 C：角速度计算的理论值与实际值之间的时延。每个控制周期开始进行陀螺数据采集时，拿到的是上个周期的陀螺增量。使用该增量积分计算姿态角时，得到的是最新时刻的姿态，因此姿态角理论上不存在时延。但使用该增量除以采样控制周期 $\Delta t$ 计算角速度时，得到的是上周期的平均角速度，因此角速度理论上存在 $\Delta t/2$ 的时延，如图 4-74 所示。

根据以上分析，在考虑控制周期 $\Delta t$、采用理想执行机构与理想陀螺的情况下，包括：

(1) 时延 A：$\tau_{s1}=\Delta t/2$；

(2) 时延 B：$\tau_{s2}=0$；

(3) 时延 C：$\tau_{s3}=\Delta t/2$。

进一步考虑控制力矩陀螺等执行机构输出时延 $\Delta t_{cmg}$、陀螺积分时延 $\Delta t_{gyro}$，包括：

(1) 时延 A：$\tau_{s1}=\Delta t/2+\Delta t_{cmg}$；

(2) 时延 B：$\tau_{s2}=\Delta t_{gyro}$；

(3) 时延 C：$\tau_{s3}=\Delta t/2$。

针对各项时延对机动过程控制误差的影响，可采取以下方法进行补偿。

(1) 时延 A、时延 B 的补偿。时延 A、时延 B 对控制性能的影响相同，可以采用两种方法进行补偿：① 将角速度、角度规划曲线同时推迟“时延 A+时延 B”；② 将角加速度规划曲线提前“时延 A+时延 B”。

(2) 时延 C 的补偿。时延 C 可以采用两种方法进行补偿：① 将角速度规划路径推迟时延 C；② 角速度超前补偿，即在角速度测量中补偿规划加速度×时延 C。

上述的三类时延，采用目标轨迹规划超前的方法进行补偿，计算补偿量的方法如下。

首先，计算无补偿时的航天器目标路径参数。

设航天器敏捷机动最大角加速度为 $a_{\max}$、最大角速度为 $\omega_{\max}$、机动角度为 $\theta$。采用 2.3.1 小节的正弦机动路径规划方法，对敏捷机动目标姿态 $\theta$ 进行规划：

匀加(减)速段时长 $t_a$：

$$t_a = \frac{\omega_{\max}}{2\pi a_{\max}}$$

匀速段时长 $t_c$：

$$t_c = \frac{\theta}{2\pi a_{\max} t_a} - t_a$$

总机动时间 $t_m$：

$$t_m = t_c + 2t_a$$

其次，计算无补偿时的航天器实时目标路径参数，即 $t$ 时刻航天器的目标角加速度、目标角速度和目标角度变化曲线。

目标角加速度 $a_r(t)$：

$$a_r(t) = \begin{cases} a_{\max}\sin[(\pi/t_a)t], & 0 \leqslant t \leqslant t_a \\ 0, & t_a < t \leqslant t_a + t_c \\ a_{\max}\sin[(\pi/t_a)(t - t_a)], & t_a + t_c < t \leqslant t_m \\ 0, & t > t_m \end{cases} \tag{4-136}$$

目标角速度 $\omega_r(t)$：

$$\omega_r(t) = \begin{cases} a_{\max}\dfrac{t_a}{\pi}\{1 - \cos[(\pi/t_a)t]\}, & 0 \leqslant t \leqslant t_a \\ 2a_{\max}\dfrac{t_a}{\pi}, & t_a < t \leqslant t_a + t_c \\ a_{\max}\dfrac{t_a}{\pi}\{1 - \cos[(\pi/t_a)(t - t_c)]\}, & t_a + t_c < t \leqslant t_m \\ 0, & t > t_m \end{cases} \tag{4-137}$$

目标姿态 $\theta_r(t)$：

$$\theta_{\mathrm{r}}(t)=\begin{cases}a_{\max}\dfrac{t_{\mathrm{a}}}{\pi}\left\{t-\dfrac{t_{\mathrm{a}}}{\pi}\sin[(\pi/t_{\mathrm{a}})t]\right\}, & 0\leqslant t\leqslant t_{\mathrm{a}}\\ 2a_{\max}\dfrac{t_{\mathrm{a}}}{\pi}t-a_{\max}\dfrac{t_{\mathrm{a}}^{2}}{\pi}, & t_{\mathrm{a}}<t\leqslant t_{\mathrm{a}}+t_{\mathrm{c}}\\ a_{\max}\dfrac{t_{\mathrm{a}}}{\pi}\left\{t-\dfrac{t_{\mathrm{a}}}{\pi}\sin[(\pi/t_{\mathrm{a}})(t-t_{\mathrm{c}})]\right\}, & t_{\mathrm{a}}+t_{\mathrm{c}}<t\leqslant t_{\mathrm{m}}\\ \theta, & t>t_{\mathrm{m}}\end{cases} \tag{4-138}$$

最后，获得姿态机动补偿量，具体补偿策略如下。

时延 A、时延 B 的补偿量：采用 $t+\tau_{s1}+\tau_{s2}$ 代替 $t$，代入式(4－136)计算航天器姿态机动补偿后的目标角加速度；

时延 C 的补偿量：采用 $t-\tau_{s3}$ 赋值给 $t$，代入式(4－137)计算航天器姿态机动补偿后的目标角速度。

2. 仿真实例

为了校验时延补偿控制方法的有效性以及时延补偿后的姿态控制性能，采用“PD+前馈控制”进行卫星姿态机动数学仿真，仿真参数汇总见表 4－7。

**表 4－7　仿真参数**

| 参数名称 | 参数数值 |
|---|---|
| 控制周期 | $\Delta t = 0.125$ s |
| 机动角度 | 25° |
| 角速度 | 6 (°)/s |
| 角加速度 | 3 (°)/s$^2$ |
| 机动控制带宽 | 0.1 Hz |
| 遥测采样率 | 0.125 s |
| 时延 A+时延 B | $\Delta t$ |
| 时延 C | $\Delta t/2$ |

1）未采取补偿措施

机动过程姿态及控制误差曲线如图 4－75 与图 4－76 所示。由仿真结果可知，虽然惯量装订值不存在误差，但机动过程中角速度仍存在一定的“超调”现象，角度控制误差最大值约 0.45°，角速度控制误差最大值约 0.45 (°)/s。规划到位后，达到 0.000 5 (°)/s 稳定度所需稳定时间约 13 s。

2）前馈与反馈的时延补偿效果

针对时延 A、B、C，分别按上述方法进行补偿，仿真曲线如图 4－77 与图 4－78 所示。由仿真结果可知，补偿后前馈力矩产生的姿态运动经敏感器测量后与规划路径吻合很好，闭环控制所需的调节量很小。机动过程中，角速度超调现象消失，角度控制误差小于

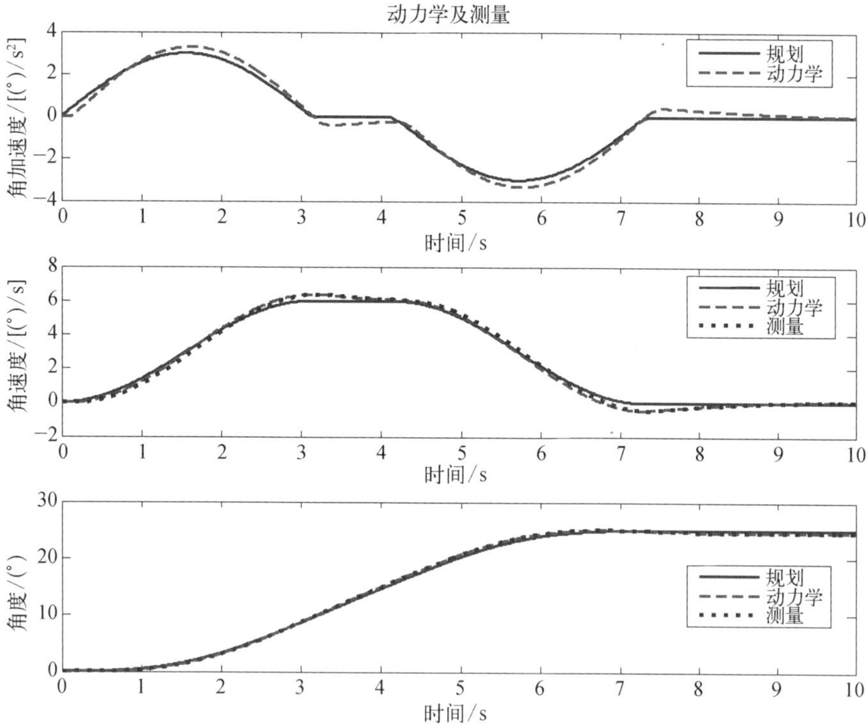


图 4－75　机动曲线

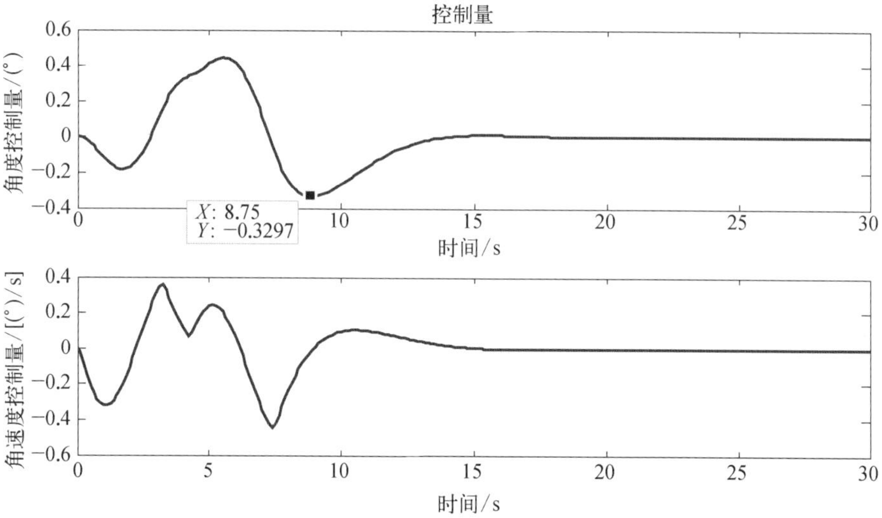


图 4－76　控制误差曲线

0.01°，角速度控制误差小于 0.03 (°)/s。卫星按规划路径机动到位后 1 s 内，角速度控制误差即小于 0.000 5 (°)/s。

综上分析可知，航天器在敏捷机动过程中，执行机构迟滞、采样时延、闭环控制时延等不确定因素，直接影响姿态敏捷机动后的快速稳定性能。通过分析各类不确定因素，设计

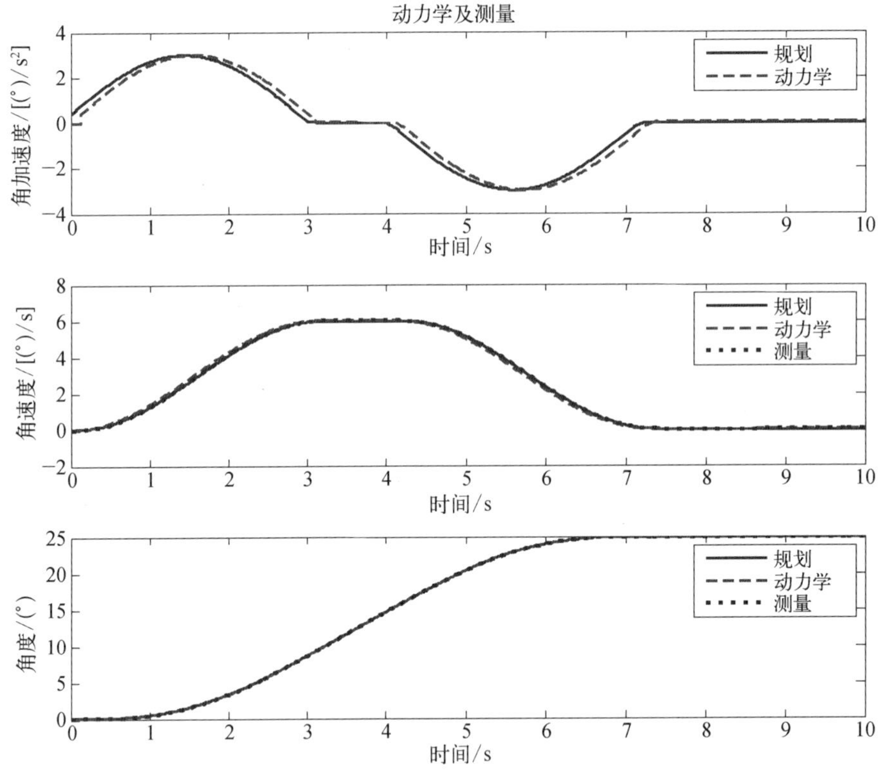


图 4-77　机动曲线

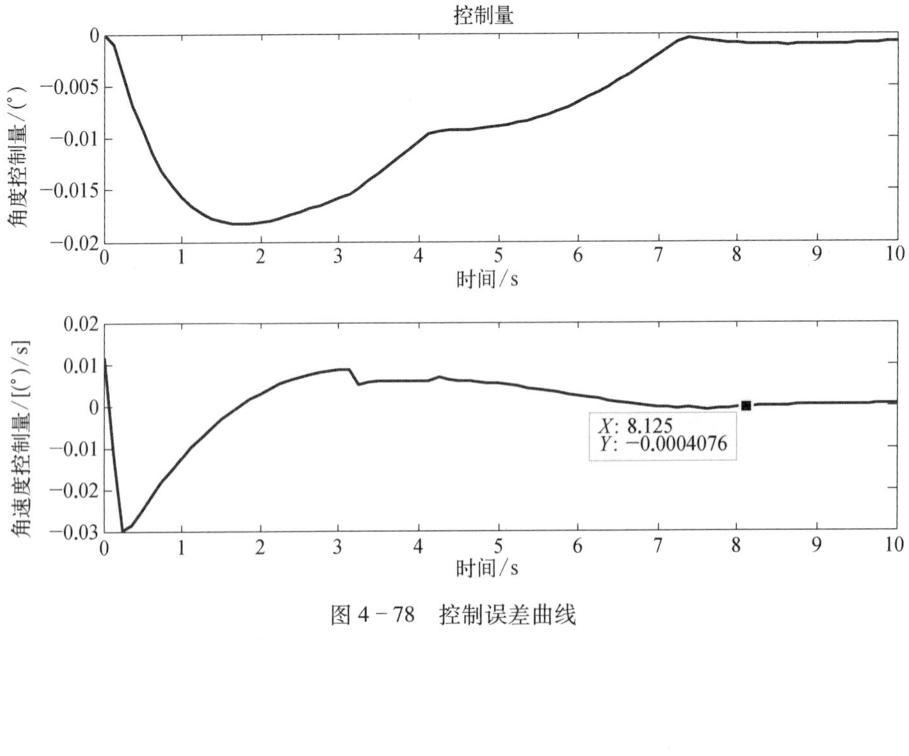


图 4-78　控制误差曲线

前馈补偿和反馈闭环控制相结合的复合控制方法，实现了航天器敏捷机动过程中对规划路径的稳定跟踪及姿态机动到位后的快速稳定。

## 参考文献


[1] 王淑一，魏春岭，刘其睿．敏捷卫星快速姿态机动方法研究[J]．空间控制技术与应用，2011，37(4)：36－40.

[2] 雷拥军，谈树萍，刘一武．一种航天器姿态快速机动及稳定控制[J]．中国空间科学技术，2010，30(5)：48－53.

[3] 祝佳，陶峰．敏捷成像卫星需求筹划系统应用探析[J]．电讯技术，2014，56(5)：508－516.

[4] 葛玉君，赵键，杨芳．高分辨率光学遥感卫星平台技术综述[J]．国际太空，2013(5)：2－8.

[5] SCRIVENER S L, THOMPSON R C. Survey of time-optimal attitude maneuvers[J]. Journal of Guidance, Control, and Dynamics, 1994, 17(2): 225－233.

[6] KARPENKO M, BHATT S, BEDROSSIAN N, et al. Flight implementation of pseudospectral optimal control for the TRACE space telescope[C]. Portland: AIAA Guidance, Navigation and Control Conference, AIAA, 2011: 11－18.

[7] BOYARKO G A, ROMANO M, YAKIMENKO O A. Time-optimal reorientation of a spacecraft using an inverse dynamics optimization method[J]. Journal of Guidance, Control and Dynamics, 2011, 34(4): 1197－1208.

[8] LI F, BAINUM P M. Numerical approach for solv-ing rigid spacecraft minimum time attitude maneu-vers[J]. Journal of Guidance, Control, and Dynamics, 1990, 13(1): 38－45.

[9] BILIMORIA K D, WEI B. Time-optimal three-axis reorientation of a rigid spacecraft[J]. Journal of Guidance, Control, and Dynamics, 1993, 16(3): 446－452.

[10] LEVSKII M V. Kinematically optimal spacecraft attitude control[J]. Journal of Computer and Systems Sciences International, 2015, 54(1): 116－132.

[11] 雍恩米，陈磊，唐国金．飞行器轨迹优化数值方法综述[J]．宇航学报，2008，29(2)：397－406.

[12] 胡松启，陈雨．伪谱法在飞行器轨迹优化中应用分析[J]．火箭推进，2014，40(5)：61－68.

[13] 解永春，雷拥军，郭建新．航天器动力学与控制[M]．北京：北京理工大学出版社，2018：374－379.

[14] 樊超，梁义涛，李伟，等．偏流角对空间相机影响研究[J]．电光与控制，2008，15(11)：76－79.

[15] 槐超，王文妍．InSAR 编队卫星波束同步姿态策略分析[J]．上海航天，2015，32(2)：22－27.

[16] WEI B, WEISS H, ARAPOSTATHIS A. Quaternion feedback regulator for spacecraft eigenaxis rotations[J]. Journal of Guidance Control and Dynamics, 1989, 12(3): 375－380.

[17] 张新伟，戴君，刘付强．敏捷遥感卫星工作模式研究[J]．航天器工程，2011，20(4)：32－38.

[18] 黄群东，杨芳，赵键．姿态对地指向不断变化成像时的偏流角分析[J]．宇航学报，2012，33(10)：1544－1551.

[19] 袁利，雷拥军，姚宁，等．具有 SGCMG 系统的挠性卫星姿态机动控制及验证[J]．宇航学报，2018，39(1)：43－51.

[20] 章仁为．卫星轨道姿态动力学与控制[M]．北京：北京航空航天大学出版社，1998.

[21] 孙羽佳，袁利，雷拥军．基于指令力矩螺旋式搜索的 SGCMG 奇异规避方法[J]．空间控制技术与应用，2016，42(6)：26－30.

[22] GAWRONSKI W, ALMASSY W T. Command preprocessor for radio telescopes and microwave antennas[J]. IEEE Antenna's and Propagation Magazine, 2002, 44(2): 30－37.

[23] 刘洁，王淑一，陆栋宁，等．高分七号卫星控制分系统设计及在轨验证[J]．航天器工程，2020，29(3)：

89 - 95.

[24] 陆栋宁,雷拥军,陈超,等.具有运动约束的姿态机动路径规划方法研究[C]//惯性技术与智能导航学术研讨会论文集.昆明,2019: 237 - 244.

[25] LEI Y J, LU D N, MU X G, et al. Modelling and mitigation of dual-axis antenna-induced disturbances on spacecraft[C]. Guangzhou: Proceedings of the 38th Chinese Control Conference, 2019: 3202 - 3207.

[26] 周衍柏.理论力学教程[M].北京: 高等教育出版社,2006.

[27] 张晓文,李骥.基于 UDKF 的非共面陀螺在轨自主标定方法[J].中国空间科学技术,2021,43(2).

[28] BIERMAN G J. Factorization methods for discrete sequential estimation[M]. Orlando: Academic Press, 1977.

[29] 李骥,张洪华,赵宇,等.嫦娥三号着陆器的陀螺在轨标定[J].中国科学: 技术科学,2014,44(6): 582 - 588.

[30] 关新,张科备,田科丰,等.一种控制力矩陀螺时延特性建模与补偿控制方法[P]. ZL201910889119.1,2020.

[31] 关新,张科备,田科丰.一种控制力矩陀螺动态响应时延特性闭环补偿方法[P]. ZL201910889151.X,2021.

# 第5章 敏捷航天器稳健设计的故障定位方法

## 5.1 概述

相对传统航天器而言,敏捷航天器对稳健设计中的故障定位提出了更高要求。首先,敏捷航天器频繁的姿态机动任务使敏感器、执行机构各部件长期工作在大范围、高动态及重负荷情况下,导致各部件故障发生概率均会显著增加,从而要求故障定位具备覆盖广的强适应性;其次,敏捷航天器具有在短时间内大角度姿态快速机动的能力,使得系统大部分时间工作在动态变化中,从而要求故障定位具备强时效性;此外,敏捷航天器对任务执行的实时性需求高,导致地面人工干预能力受限,从而要求故障定位具备强自主性;敏捷航天器工作模式复杂,模式变迁导致航天器特性及运行环境变化较大,为避免因故障误判断而引发任务中断,要求故障定位具备强鲁棒性。综上所述,敏捷航天器系统的稳健设计需同时考虑故障定位的强适应性、强时效性、强自主性及强鲁棒性。

针对敏捷航天器对故障定位提出的特殊需求,本章给出了一种多层级故障快速定位框架体系,在此基础上研究了适用于不同层级的故障定位方法,并对各类方法的有效性进行验证。

## 5.2 稳健设计的故障定位框架体系

为保障在轨任务期间稳健运行,与传统航天器相似,敏捷航天器控制系统一般需要通过多冗余敏感器、执行机构等部件配置及系统异构等可靠性设计手段,使得系统在满足安全性要求的情况下,具有一定的可靠度。为满足敏捷航天器对故障定位的特殊需求,基于敏捷航天器部件多冗余配置及系统异构设计,提出包括部件独立故障定位、同类部件故障定位、不同类部件故障定位、系统级故障检测和故障定位结果融合等 5 个层级的故障快速定位框架体系,如图 5-1 所示。

敏捷航天器故障定位框架体系中各层级的主要功能如下。

(1) 部件独立故障定位:仅根据单个部件自身的信息,利用专家知识、模型知识或数据,判断当前部件是否有故障发生。

(2) 同类部件故障定位:基于多个同类部件的信息,通过局部信息融合和一致性判

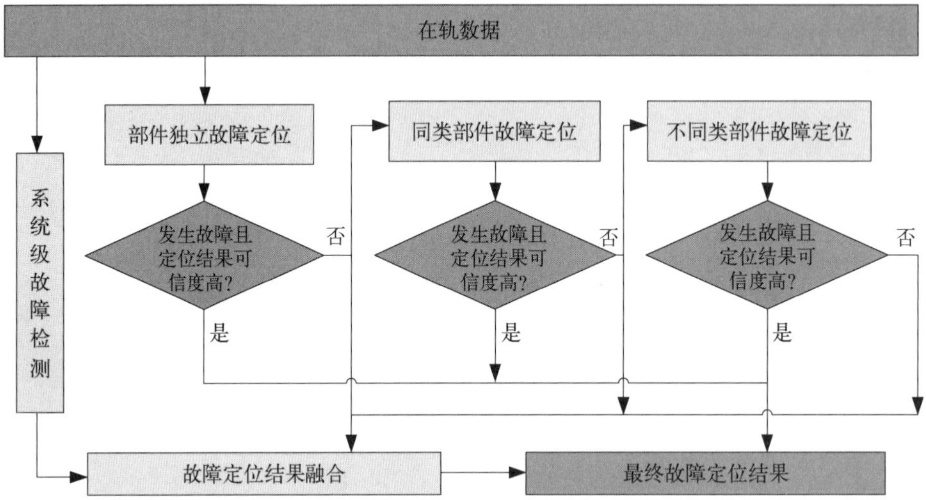


图 5-1　敏捷航天器故障定位框架

断,实现部件的故障定位。

(3) 不同类部件故障定位: 基于多个不同类部件的信息、动力学和运动学模型,通过全局信息融合和推断检验,实现部件的故障定位。

(4) 系统级故障检测: 通过对系统关键性能参数(如力矩超差参数、姿态超差参数等)的阈值检验与监测,实现系统级故障检测。

(5) 故障定位结果融合: 若上述 4 个部分中有多个能够判断到故障发生但定位结果可信度不高时,基于故障定位方法对故障的敏感度,将各故障定位结果进行综合分析和有效融合,给出最终的故障定位结果。

利用上述故障定位框架体系得到的最终故障定位结果主要包括三种情况: ① 无故障发生;② 发生故障且准确定位;③ 检测到故障但不能准确定位。上述结果将作为部件重构、系统重组、安全模式乃至欠配置运行的依据。

本节提出的多层级故障快速定位体系,除了可在航天器系统上自主实施外,还具有下列特点。

(1) 保证了故障定位的覆盖性。对于敏捷航天器包含的各类部件,有些部件自身的测点较为丰富,因此采用部件独立故障定位即可实现准确定位,而有些部件由于自身测点较少,只能通过同类部件或不同类部件,甚至系统级故障检测才能判断出故障发生。本节提出的多层级故障定位框架体系通过不同层级刻画及多层级有机构建,从而有效地覆盖不同部件,保证了故障定位覆盖广的强适应性。

(2) 保证了故障定位的时效性。在故障定位过程中,首先进行部件独立故障定位,当判断出故障发生且定位结果可信度高时,免除了后续的同类部件故障定位、不同类部件故障定位和故障定位结果融合步骤,直接将该结果传输给故障快速恢复单元进行后续操作,保证了故障定位的时效性。

(3) 保证了故障定位的自主性。考虑到敏捷航天器资源受限问题,在分析占用机时和存储空间的基础上，从工程易于实现的角度提出各层级的故障定位方法，在满足资源约束的前提下，使故障定位功能完全由敏捷航天器的星载计算机完成，保证了故障定位的自主性。

(4) 保证了故障定位的鲁棒性。在故障定位过程中，当任何层级判断出故障发生但定位结果可信度不高时，都会启动故障定位结果融合，通过各故障定位结果的综合分析和多信息融合，减小误诊概率，达到了提高故障定位鲁棒性的目的。

与其他航天器相同，敏捷航天器控制系统包括敏感器、控制器和执行机构。为了适应敏捷航天器的高精度姿态确定需求，星敏感器是敏捷航天器控制系统不可或缺的姿态敏感器，通过对比测量得到的恒星在本体系的矢量方向和由星表提供的恒星在惯性系中的矢量方向，来确定敏捷航天器相对惯性空间的姿态。而为了适应敏捷航天器大角度姿态快速机动需求，陀螺作为敏捷航天器控制系统核心的姿态敏感器，可直接测量敏捷航天器相对于惯性系的角速度，且在星敏感器工作无法适应场合下预估航天器姿态，从而提供系统实时控制所需的完备高精度姿态信息，其可靠性直接影响整个敏捷航天器系统的工作状态及性能。CMG 与大力矩动量轮(飞轮)，能够满足大/小型敏捷航天器对力矩的连续、精确需求输出，因此成为目前敏捷航天器高性能执行机构的必选。

鉴上所述，本章的稳健性相关设计及研究介绍中具体针对的部件对象以星敏感器、陀螺、CMG 和动量轮这 4 类敏捷航天器的核心部件为主，其他类型部件在不同层级的故障定位方法中将不作为本章讨论的重点。

后续各节分别对部件独立故障定位方法、同类部件故障定位方法、不同类部件故障定位方法、系统级故障检测方法和故障定位结果融合方法进行详细地阐述。

## 5.3 部件独立故障定位方法

由于认知水平有限，敏捷航天器中有些部件只有一些专家知识可用于故障定位，而有些部件则可以建立定性模型用于故障定位。除了专家知识和模型知识外，部件积累的大量历史数据也可用于故障定位。目前适用于部件独立故障定位的方法很多，考虑敏捷航天器资源约束问题及从工程易于实现的角度，本节给出了基于专家知识的故障定位方法、基于模型知识的故障定位方法和基于数据的故障定位方法。

### 5.3.1 基于专家知识的故障定位方法

敏捷航天器控制系统在研制、测试和在轨运行中难免发生故障，随着对故障认识的不断加深，目前已积累了大量关于故障征兆及定位的经验与知识[1]。充分利用已有的专家经验与知识实现故障定位，对敏捷航天器稳健设计具有重要意义。

为了充分利用专家经验知识进行故障定位，在对数据进行预处理(如模拟量与部件状态之间的转换、不同测试量间关联关系的提取、测试量均值方差等统计量的计算等)的基础上，首先需要将这些经验知识描述成计算机能够识别的表示方式，形成知识库；然后再

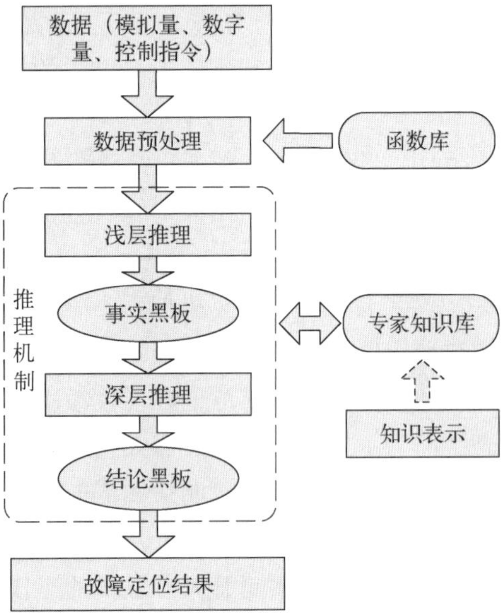


图 5－2　基于专家知识的故障定位框架

基于专家知识实现故障的定位推理，消解推理中可能出现的冲突，最终给出定位结果。基于专家知识的故障定位框架如图 5－2 所示。

1. 基于扩展故障树的知识表示方法

建立专家知识库首先需要研究合适的知识表示方法，能否合理地表示和组织知识是关系到推理效率和故障定位能力的关键。基于专家知识的故障定位中一切推理和定位都是围绕知识开展的，知识表示方法是构建专家知识库的核心。

在敏捷航天器故障定位中，从测点到征兆提取、从征兆到规则的定位过程都是实时动态的，即需要用实时动态的专家知识完成，这需要解决时变知识的表达问题，如测量量的持续变化、事件发生的先后顺序、事实的持续性等。实际上，定位专家系统与扩展故障树具有密切联系，扩展故障树的顶事件对应于定位专家系统要分析解决的任务，其底事件对应专家系统的推理结果，而故障树由顶到底的层次和逻辑关系对应专家系统的推理过程。若将扩展故障树分析方法与专家系统有机结合，则既可发挥专家系统的故障定位快速有效的特点，又能利用扩展故障树分析法增强定位知识的获取能力，从而有效地解决知识获取的瓶颈问题。

1）基于扩展故障树的知识提取方法

对于敏捷航天器这一类复杂系统的故障定位，简单的故障描述是不够的，因此，在实际中往往采用扩展故障树对其进行故障定位。扩展故障树的特点是在传统故障树结构的基础上附加了故障现象的描述、故障的检测方式或方法、定位建议等信息，即在扩展故障树中包含了更多的专家知识。其中，扩展故障树中的故障现象描述反映了一个事件或一种故障模式下系统表现出的故障现象，这些现象是专家系统进行推理的根据，构成了知识库中规则的前件；故障的检测方式或方法属于故障模式判别的辅助描述部分，指出系统的检测方法；扩展故障树中的故障结论描述说明了故障树事件对应的系统故障，是定位专家系统推理的结果，即定位专家系统知识库中规则的结论；扩展故障树的中间事件对应了专家系统的中间结论，在推理机制中，它既是浅层推理得到的结论，又是深层推理时用到的前提条件。

基于上述分析，可采用图 5－3 所示的方法实现由扩展故障树到专家系统故障定位知识的提取，具体步骤如下：

（1）根据系统设计、运行流程图、技术规范等航天器的技术资料和专家经验知识，选择故障树的顶事件，确定边界条件，并由顶事件逐层展开建立故障树；

（2）在故障树中增加故障现象的描述、故障的检测方式或方法、定位建议和处理策略

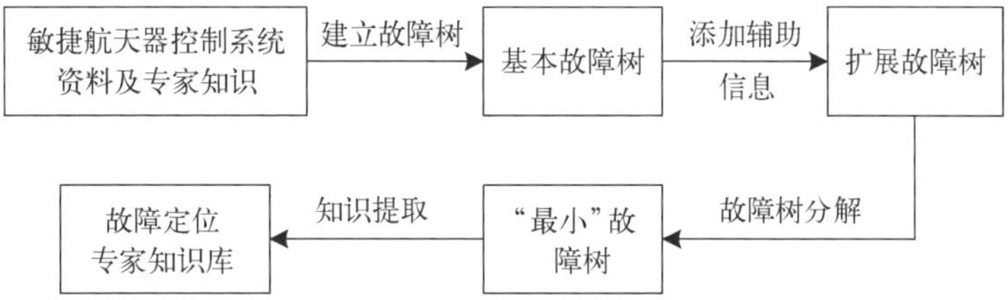


图 5-3　基于扩展故障树的敏捷航天器故障知识提取过程

等辅助信息，将其扩展为扩展故障树；

(3) 为了便于知识提取，通过割集和路集分析，将扩展故障树分解成一组只含一个逻辑门（"与门"和"或门"）的"最小"故障树；

(4) 将上述"最小"故障树转换成定位知识库中的一条或多条产生式规则：一个"与门"相当于一条规则；一个"或门"转化的规则条数与或门输入事件数相等。

2) 基于扩展故障树的规范化知识表示方法

根据基于扩展故障树获取专家知识的特点，敏捷航天器故障定位专家系统的知识表示方法适合设计为产生式规则表示法。本节给出的敏捷航天器故障定位专家知识主要通过测点表、征兆表、规则表和结论表来表示，该表示方法具有模块性好、易于扩展、通用性好、便于维护的优点。

测点表、征兆表、规则表和结论表之间的关系是：首先基于测点表如表 5-1 所示，寻找表 5-2 中各数据的测点编号，利用测点编号在征兆表中查找数据对应的征兆编号；考虑到征兆编号对应规则表中的前提编号，利用规则表得到结论编号，进而根据结论表得到故障定位结论。

(1) 测点表。测点表用于描述测试内容，如电机电流、轴承温度等都可看作一个测点，包括数值量和状态量等，其结构如表 5-1 所示。

**表 5-1　测点表结构**

| 测点编号 | 测点类型 | 测点脚注 |
| --- | --- | --- |

(2) 征兆表。征兆表用于描述设备非正常工作时各测点的状态，对应于扩展故障树故障现象描述部分的内容，其结构如表 5-2 所示。其中，测试项目用于指定对敏捷航天器哪些部件或分系统进行何种功能测试，测试项目不同所对应的故障现象也不同。测点编号给出与该征兆有关的各个测点的编号值；处理函数字段是在需要对测试数据进行特征提取时由函数库调用的函数名称。故障现象用于描述系统非正常工作时表现出来的状态。

**表 5-2　征兆表结构**

| 征兆编号 | 测试项目 | 测点编号 | 处理函数 | 故障现象 | 征兆脚注 |
| --- | --- | --- | --- | --- | --- |

(3) 规则表。规则表由"最小"故障树转换成的产生式规则构成，用于定位推理，其结构如表 5-3 所示。其中，前提编号主要对应于征兆表的征兆编号，在扩展故障树存在

中间结点的情况下，会出现征兆编号和结论编号（此为中间结论，对应于扩展故障树的中间结点）相结合作为新前提定位新故障的情形。结论编号对应于结论表的结论编号，根据该编号可结合结论表给出故障位置、危害程度及解决策略等定位结果。优先系数用于推理前对规则的排序，下节将给出基于扩展故障树的优先系数计算方法。

**表 5-3 规则表结构**

| 规则编号 | 前提编号 | 结论编号 | 优先系数 | 规则脚注 |
|---|---|---|---|---|

（4）结论表。结论表用于描述诊断结论，包括定位结论、故障等级、对系统影响和处理策略等字段，其结构如表 5-4 所示。其中定位结论对应于扩展故障树的中间结点或根结点；对系统影响和处理策略字段对应于扩展故障树的定位建议和处理策略等辅助信息；后续检测字段在定位结论为扩展故障树中的中间结点时，用于提示用户还需进一步进行哪些检测。

**表 5-4 结论表结构**

| 结论编号 | 定位结论 | 后续检测 | 故障等级 | 对系统影响 | 处理策略 | 结论脚注 |
|---|---|---|---|---|---|---|

表 5-1~表 5-4 中的所有脚注都是为了知识记录的可读性和推理的透明性定义的。上述四表结构可用于描述敏捷航天器常见的典型故障。

3）基于扩展故障树的定位优先系数计算

表 5-3 中优先系数用于故障定位推理前对规则的排序。将规则按照优先系数由高到低排序，能够实现扩展故障树中发生概率大、结构重要度高、对系统危害严重的故障的优先定位，可分为基本事件的优先系数和中间事件的优先系数。

（1）基本事件的优先系数计算。假设专家知识库的规则表中共有 $m$ 条规则，扩展故障树共有 $n$ 个基本事件和 $k$ 个中间事件。对于规则 $i$ 的结论对应于扩展故障树中第 $j$ 个基本事件 $x_j$ 的情况（$i=1, 2, \cdots, n$; $j=1, 2, \cdots, k$），优先系数可由下式计算：

$$P_i = q_j I_\Phi(j) h_j \tag{5-1}$$

式中，$P_i$ 为规则 $i$ 的优先系数；$q_j$ 为第 $j$ 个基本事件 $x_j$ 的发生概率，即 $q_j = E\{x_j\}$；$h_j$ 为基本事件 $x_j$ 对系统的危害系数，可分为 4 级，其取值如表 5-5 所示。

**表 5-5 危害系数 $h_j$ 取值**

| $h_j$ | 对系统危害程度 |
|---|---|
| 4 | 系统功能完全丧失，导致航天器毁坏的灾难性故障 |
| 3 | 导致航天器损伤、任务失败的严重故障 |
| 2 | 导致不能完全完成系统规定的功能，任务降级的一般故障 |
| 1 | 对系统功能实现无显著影响，但会导致任务延误的轻微故障 |

$I_{\Phi}(j)$ 为基本事件 $x_j$ 的结构重要度,可由下式计算:

$$I_{\Phi}(j)=\frac{1}{2^{n-1}}n_j \tag{5-2}$$

式中, $n_j$ 为基本事件 $x_j$ 的临近状态数。

(2) 中间事件的优先系数计算。对于规则对应结论为故障树中间事件的情况,优先系数可由下式计算:

$$P_i=q_j'I_{\Phi}'(j)h_j \tag{5-3}$$

式中, $q_j'$ 为第 $j$ 个中间事件 $G_j$ 的发生概率; $i=1, 2, \cdots, m$; $j=1, 2, \cdots, k$。

设中间事件 $G_j$ 下逻辑门的输入包括 $r$ 个基本事件 $x_j=(x_{j_1}, x_{j_2}, \cdots, x_{j_r})$ 和 $s$ 个中间事件,若逻辑门为“与门”,则下列等式成立:

$$q_j'=\prod_{i=1}^{r}q_{j_i}\prod_{i=1}^{s}q_{j_i}' \tag{5-4}$$

若逻辑门为“或门”,则下列等式成立:

$$q_j'=\sum_{i=1}^{r}q_{j_i}\sum_{i=1}^{s}q_{j_i}' \tag{5-5}$$

$I_{\Phi}'(j)$ 为中间事件 $G_j$ 的结构重要度,可由下式计算:

$$I_{\Phi}'(j)=\frac{1}{2^{n-j_r}}n_j' \tag{5-6}$$

其中,

$$n_j'=\sum_{\{x\mid\varphi_j(x_j)=1\}}\{\Phi[x\mid\varphi_j(x_j)=1]-\Phi[x\mid\varphi_j(x_j)=0]\} \tag{5-7}$$

式中, $x=(x_1, x_2, \cdots, x_n)$ 为所有基本事件; $\Phi(\cdot)$ 为顶事件状态函数,即

$$\Phi(x)=\begin{cases}1 & \text{顶事件发生}\\0 & \text{顶事件不发生}\end{cases} \tag{5-8}$$

$\varphi_j(x_j)$ 为中间事件 $G_j$ 的状态函数,即

$$\varphi_j(x_j)=\begin{cases}1 & \text{第}\,j\,\text{个中间事件发生}\\0 & \text{第}\,j\,\text{个中间事件不发生}\end{cases} \tag{5-9}$$

$h_j$ 为中间事件 $G_j$ 对系统的危害系数,其值可由表 5-5 确定。

2. 推理机制

在基于专家知识的故障定位中,构建推理机制,需要设计以下功能: 黑板,它具备信息资源发布、共享、记录的功能;知识冲突判断,解决知识规则调用的问题;推理策略,即推

理的方式，解决推理的流程。

1）黑板

在问题求解时，总是要记录有关求解的过程和求解的结果，一方面是为了有效地展开求解过程，另一方面是为了给解释模块提供完备的推理、解释信息。因此需要建立一个完整的真值维持系统，其最重要的部分就是黑板结构。

推理历史树记录每一个任务的问题求解过程，树上的每一个节点含有关于该节点的所有推理信息，包括推理目标、相关的黑板、子父节点、建立节点的原因、节点值与来源及节点推理失败原因等信息。

敏捷航天器是一个多任务系统，要求不同的任务在问题求解过程中能相互协调，特别要求一个任务能引用其他任务求解得到的一些全局变量的值，为此要建立一个全局数据区，以存放全局信息。这个全局数据区中要包含一些关于任务调度的控制信息及有关系统推理状态的信息。此全局数据区中的信息随着推理状态的变化而变化，此全局数据区即为全局黑板。而每个任务在推理中也会产生一些局部事实，并形成该任务的推理历史树，这些信息是该任务私有的，为此还要建立一个与该任务对应的局部黑板。在黑板结构中包含当前推理任务、推理节点、推理历史树的根入口、父黑板和子黑板及变量值与状态。

2）知识冲突判断

知识冲突判断是解决如何在多条可用知识中合理地选择一条知识的问题，尤其对于敏捷航天器状态变化大的情况更为突出。一条知识是否可用取决于该知识条件部分同问题求解的当前数据内容的匹配程度，即使匹配，知识的最终选择和运用还要由推理策略确定。为避免求解时间消耗过大，知识检索和选择中出现组合爆炸，宜采用简单直观的冲突判断策略，并辅助启发信息组合使用。冲突判断策略将可用的多条知识排序，即对知识赋予一定的优先级，并在之后的使用中不断调整优先级。在故障定位中，出现知识冲突，就可以先使用优先级高的知识，如果出现优先级相同的情况，按照知识在知识库中的排列顺序选用。

采用这种策略，需要不断地修正知识库中的知识次序，可根据以下原则进行知识次序修改。

(1) 专一性：如果一条知识比另一条知识更具体，即一条知识的条件部分是另一条知识条件的弱化，则前者具有更高的优先级。

(2) 互斥性：如果两条规则相互排斥且同时均可匹配，则这两条知识均不可用。

(3) 结论的危害性：定位结果具有不同的危害性，危害性高的故障希望能最先得到定位，因此与危害性高的故障相关的知识，其优先级也相对较高。

3）推理策略

本节提出基于定位优先系数的推理策略，它是在敏捷航天器故障快速定位前，对载入的规则按故障的发生概率、重要度和危害程度进行重新排序，使发生概率大、结构上重要和对敏捷航天器危害程度大的故障首先得到定位。规则排序的依据是规则表中的优先系数字段，按系数由大到小排序。故障定位时，推理机制按照排序后的规则顺序进行规则匹配。

对应于扩展故障树中包含中间事件的情况，在敏捷航天器故障定位的推理过程中，规则所使用的前提常为其他规则推理获得的结论。此时，单纯对规则库进行同级遍历可能使得部分规则无法匹配成功。为此，本节给出了浅层推理与深层推理相结合的推理策略。

浅层推理负责规则中事实前件部分的匹配，推理过程如图 5－4 所示。深层推理负责规则中结论前件部分的匹配，其核心在于当且仅当没有规则匹配成功，即不产生新推理结论的时候，推理过程才结束，流程如图 5－5 所示。其中，ruleNo 为推理过程的中间数组，用于存放事实前件匹配成功而结论前件没有匹配成功的规则编号。浅层推理与深层推理相结合的推理策略不仅满足了知识库建造的方便性和推理的遍历性要求，也保证了推理过程的精确性和严密性。

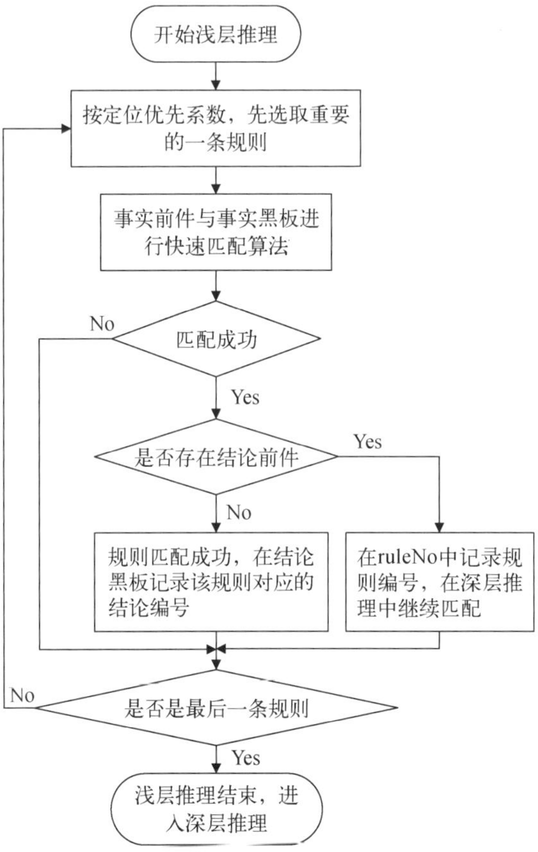


图 5－4　基于专家知识的浅层推理流程图

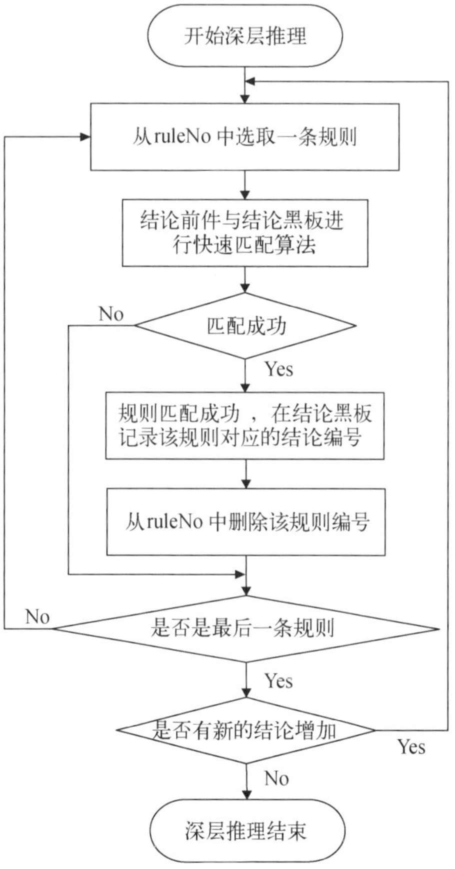


图 5－5　基于专家知识的深层推理流程图

3. 仿真实例

CMG 通过改变角动量矢量方向产生陀螺力矩，能够获得较大的控制力矩输出，从而快速改变航天器姿态，目前 CMG 已在敏捷航天器控制系统中获得了广泛应用。CMG 包括机构和线路两部分,根据故障定位需求进一步将机构分为:高速组件、低速组件和连接支架。其中,高速组件的作用是通过高速旋转的质量产生角动量,包括壳体、轮体、高速电机、轴承等;低速组件的作用是通过驱动低速框架转动带动安装在连接支架上的高速组件旋转,改变高速组件角动量的矢量方向,从而输出力矩;连接支架为机构的结构部分,用于固定和支撑高速组件和低速组件,实现输出力矩的传递。根据上述部件划分方法得到 CMG 的组成框图见图 5-6。

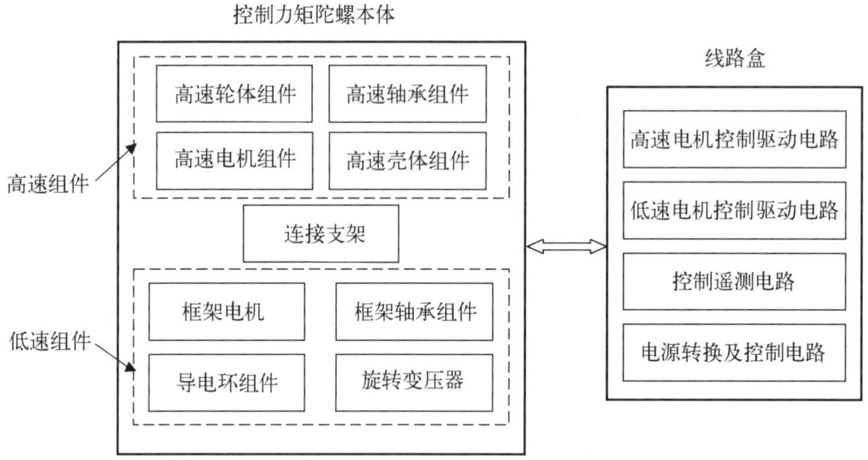


图 5-6　CMG 组成框图

CMG 高速组件是高速旋转的活动部件,长期在轨运行且由于敏捷机动受较大陀螺力矩影响容易发生故障导致转速异常,下面以在轨发生过的高速组件转速降低故障为例,说明基于专家知识的故障定位方法。中国某卫星的 CMG 曾出现高速组件电流上升且存在较大波动、转速迅速下降的情况,转子转速下降到设计阈值后,CMG 高速组件断电,滑行时间明显小于正常滑行时间。随后,又对高速组件进行了重启操作,发现重启时间明显长于正常的升速时间。利用专家知识,以 CMG 高速组件转速降低为顶事件进行故障树分析,得到如图 5-7 所示的故障树。结合割集和路集分析,可将故障树进行简化,再补充故障现象描述、故障检测方法等辅助内容,形成扩展故障树如图 5-8 所示。其中,基本事件与相应的故障现象、检测方法如表 5-6 所示。

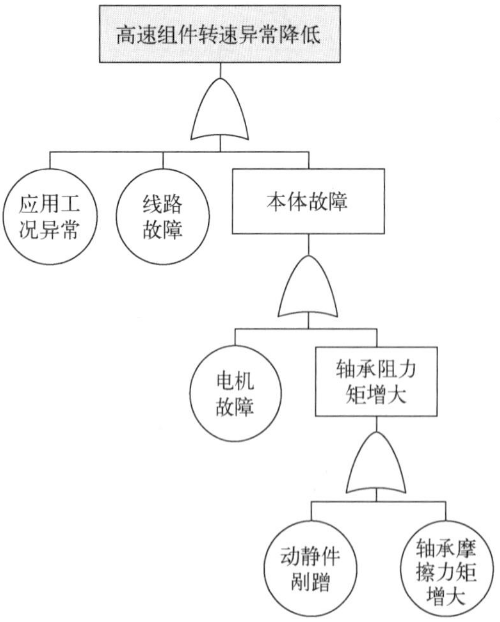


图 5-7　CMG 高速组件转速异常降低的故障树

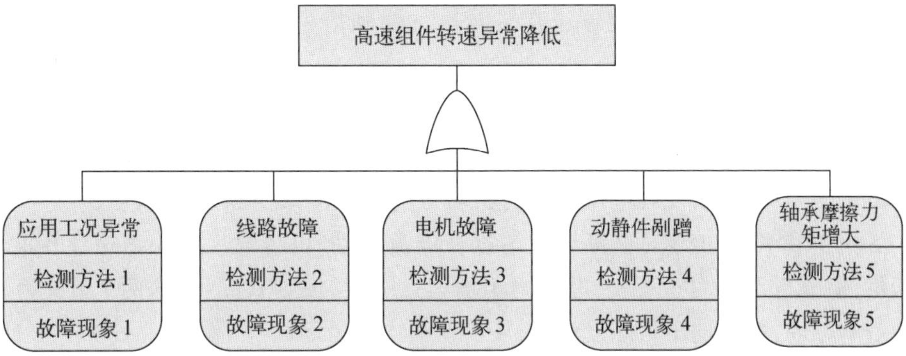


图 5-8　CMG 高速组件转速异常降低的扩展故障树

**表 5-6　扩展故障树中基本事件与相应的检测方法和现象**

| 代　号 | 含　义 |
|---|---|
| 检测方法 1 | 根据敏捷航天器角速度、CMG 框架角速度指令计算输出力矩和陀螺力矩，判断是否处于正常运行工况 |
| 检测方法 2 | 根据线路模拟量遥测和自检状态判断线路是否运行正常 |
| 检测方法 3 | 根据电流遥测、转速、启动时间和摩擦力矩等参数计算驱动力矩，与正常状态比较判断驱动力矩是否正常 |
| 检测方法 4 | 如果阻力矩为常量，则可能存在持续剐蹭；如果阻力矩波动，则可能存在断续剐蹭 |
| 检测方法 5 | 根据电流遥测、转速、滑行时间等参数计算轴承的摩擦力矩，与正常状态比较判断摩擦力矩是否增大 |
| 故障现象 1 | CMG 输出力矩或陀螺力矩超出设计值 |
| 故障现象 2 | 模拟量超出设计值或自检状态异常 |
| 故障现象 3 | 驱动力矩异常增大或减小 |
| 故障现象 4 | 阻力矩显著增大或存在波动 |
| 故障现象 5 | 轴承摩擦力矩增大 |

图 5-8 所示的故障树已为“最小”故障树，可直接转换成如下 6 条产生式规则：

a. IF(CMG 输出力矩正常)AND(CMG 陀螺力矩正常)，THEN(CMG 运行工况正常)；

b. IF(CMG 线路模拟量遥测正常)AND(CMG 线路自检状态正常)，THEN(CMG 线路正常)；

c. IF(CMG 电机驱动力矩异常)，THEN(CMG 电机故障)；

d. IF(CMG 摩擦力矩增大)，THEN(可能存在动静件连续剐蹭)；

e. IF(CMG 摩擦力矩波动)，THEN(可能存在动静件断续剐蹭)；

f. IF(CMG 摩擦力矩增大)，THEN(可能存在轴承摩擦力矩增大故障)。

利用上述 6 条规则对高速组件转速降低故障进行分析：

(1) 在 CMG 发生故障时，敏捷航天器的最大角速度低于机动阈值，CMG 的输出力矩和受到的陀螺力矩均小于设计值，根据规则 a 得到 CMG 运行工况正常的结论；

(2) 故障前后 CMG 线路能够正常接收执行控制指令,模拟量遥测和自检状态均正常,根据规则 b 得到 CMG 线路正常的结论;

(3) 根据重启试验,高速转子转速逐渐升高,最后达到标称转速并保持,说明电机可以正常提供驱动力矩,进一步根据 CMG 的滑行时间计算摩擦力矩,再结合 CMG 的启动过程计算电机的驱动力矩,发现电机提供的驱动力矩正常,因此规则 c 不满足;

(4) 由于 CMG 高速组件在断电之前存在电流波动,可计算出摩擦力矩存在波动,规则 e 满足;但滑行和重启过程中,摩擦力矩增大且平稳,规则 d 满足,这两个规则互斥,根据冲突消解原理,两者均不可能发生;

(5) 根据计算出来的摩擦力矩可以发现规则 f 满足。

因此,根据专家知识、CMG 的在轨数据和故障表现,通过推理得到最终故障定位结果为轴承摩擦力矩增大故障。

### 5.3.2 基于模型知识的故障定位方法

敏捷航天器控制系统虽然复杂,但在部件与部件之间、功能模块与功能模块之间仍具有较为明确的信息接口,通过系统设计及 FMEA,设计人员逐步积累了故障模式对测点的影响,以及故障影响在功能模块、部件内的传播关系。因此除了 5.3.1 小节利用专家知识实现部件的独立故障定位外,还可以利用上述信息,再结合部件的结构模型,通过分析故障与测点的模型知识来实现部件的故障定位。

1. 基于相关性模型的故障定位

基于模型知识的故障定位方法的基础问题之一是建立能够反映故障与测点之间关联关系的定性模型,即故障与测点之间的相关性模型。而多信号流图模型通过对系统部件的信息流向和测点进行分析判断,在部件结构模型的基础上描述故障与测点之间的关联关系,非常适合描述敏捷航天器中各部件的模型知识。本节主要利用多信号流图技术获得故障与测点的相关性模型,在此基础上,通过将敏捷航天器在轨运行数据与相关性模型进行对比分析,实现部件的故障定位。

1) 多信号流图模型

多信号流图模型主要包括[2]:功能模块集合 $C(\text{component}) = \{c_1, c_2, \cdots, c_w\}$;信号集合 $S(\text{signal}) = \{s_1, s_2, \cdots, s_L\}$;测试集合 $T(\text{test}) = \{t_1, t_2, \cdots, t_N\}$;测试点集合 $TP(\text{test point}) = \{TP_1, TP_2, \cdots, TP_P\}$。

多信号流图模型为 $DG = \{C, TP, E\}$,其中 $E$ 表示系统结构连接关系的有向边,描述了信号和功能的传播方向。

2) 多信号流图模型的构建

多信号流图模型构建过程分为 5 个步骤:

步骤一:构建系统的结构模型、原理图或概念框图;

步骤二:针对每个功能模块,标识输入和故障对输出的影响关系,若有影响则两者之间存在一条连线,否则无连线;

步骤三：标识功能模块之间输入和输出的连接关系；

步骤四：根据遥测参数表，将测点添加到多信号流图模型中；

步骤五：根据实际情形调整模型，并验证模型的有效性。

3）故障与测点相关性模型的构建

故障与测点相关性模型 $\boldsymbol{D}_{m\times n}$ 如下所示：

$$\boldsymbol{D}_{m\times n}=\begin{bmatrix} d_{11} & d_{12} & \cdots & d_{1n} \\ d_{21} & d_{22} & \cdots & d_{2n} \\ \vdots & \vdots & \ddots & \vdots \\ d_{m1} & d_{m2} & \cdots & d_{mn} \end{bmatrix} \tag{5-10}$$

式中，行向量为部件故障，列向量为测点，当故障 $f_i$ 与测点 $s_j$ 存在影响关系时，则 $d_{ij}$ 为 1，否则为 0（$i=1,\ \cdots,\ m$；$j=1,\ \cdots,\ n$；$m$ 为故障个数；$n$ 为测点个数）。

故障与测点相关性模型的构建过程分为 2 个步骤：

步骤一：以故障为行，以测点为列，构建式（5－10）所示关联矩阵；

步骤二：根据建立的多信号流图模型，依据下式设置关联矩阵中的各元素：

$$d_{ij}=\begin{cases}1, & \text{故障 } i \text{ 到测点 } j \text{ 存在路径} \\ 0, & \text{故障 } i \text{ 到测点 } j \text{ 不存在路径}\end{cases} \tag{5-11}$$

4）基于相关性模型的故障定位步骤

利用构建的相关性模型进行故障定位分为 3 个步骤：

步骤一：对于测点 $s_j$，利用下列逻辑得到第 $j$ 个残差标志位：

$$F_j=\begin{cases}1, & r_j > r_{\mathrm{th}} \\ 0, & r_j \leqslant r_{\mathrm{th}}\end{cases} \tag{5-12}$$

式中，$r_j$ 表示测点 $s_j$ 的输出；$r_{\mathrm{th}}$ 表示测点 $s_j$ 输出的阈值；$F_j$ 表示第 $j$ 个残差标志位。

步骤二：依据 $D_{m\times n}$ 中测点排列顺序，依次对各测点执行步骤一，得到残差标志位 $F$；

步骤三：将残差标志位 $F$ 和故障与测点相关性模型中的每一行依次进行比对，比对成功的行对应的故障模式即为故障定位结果。

2. 相关性模型与二叉树相结合的故障定位

由于相关性模型只是描述了故障是否对测点有影响这种“0”或“1”的定性模型知识，因此相关性模型中存在多种故障模式对应的行元素完全相同的现象，导致利用基于相关性模型的故障定位方法得到的结果较为粗略、故障定位能力有限，多数情况下会给出由多个故障组成的模糊组，很难满足敏捷航天器故障快速恢复的要求。针对模糊组，本节采用二叉树方法将部件数据的一些定量信息加入故障定位过程中，提高故障定位的准确率[3]。

二叉树方法主要是对基于相关性模型故障定位中得到的模糊组，进行更深入的定位。

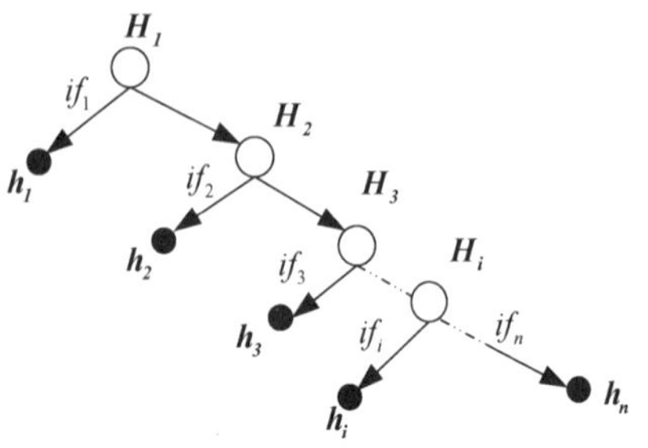


图 5－9　二叉树方法原理图

如图 5－9 所示，二叉树是由根节点［$\boldsymbol{H}_i(i=1, 2, \cdots, n-1)$］和叶节点［$\boldsymbol{h}_i(i=1, 2, \cdots, n)$］组成，在分支处直接加入故障征兆的条件［$if_i(i=1, 2, \cdots, n)$］进行故障定位。根节点是非终止节点，可以进一步分解出叶节点，而叶节点是终止节点，分支处是唯一分解出叶节点的条件。

针对利用相关性模型得到的模糊组，基于二叉树的故障定位步骤如下：

（1）对模糊组进行优先级排序，对于复杂的部件，模糊组可能非常多，因此需要对模糊组进行优先级排序，故障发生概率高或严酷度较大的模糊组优先进一步定位；

（2）针对需要分离的模糊组，明确每个故障模式的故障征兆；

（3）对故障征兆进行量化编码，用程序化语言来描述；

（4）利用二叉树的方法进行分离。以故障征兆相异作为分支的条件，以子根节点或叶节点为故障征兆对应的故障模式，构建二叉树，利用建立的二叉树对模糊组包含的故障进行分离，给出故障定位结果。

3. 仿真实例

动量轮可作为小型敏捷航天器的执行机构，本节以动量轮为对象，对基于模型知识的故障定位方法进行说明。

动量轮组件由动量轮和动量轮线路盒组成，对其进一步进行功能模块划分，可将动量轮分为轮体、轴承和电机 3 个功能模块[4]，将动量轮线路盒分为前级电源变换、加速/减速器、电流控制器、换向开关和逻辑、力矩方向变换逻辑和驱动级等 6 个功能模块。线路中各功能模块组成及其相互关系如图 5－10 所示。动量轮测点信息、故障模式和故障模式与测点的关联矩阵如表 5－7、表 5－8 和表 5－9 所示。

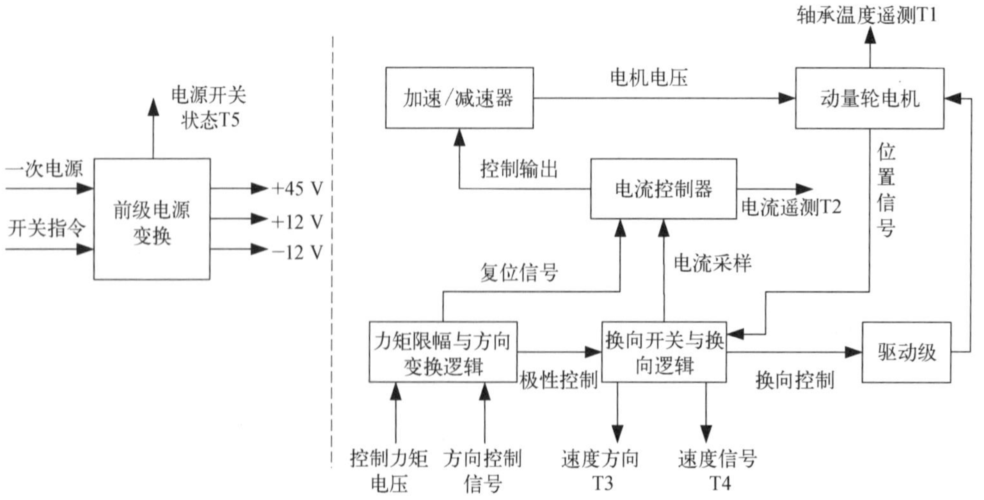


图 5－10　动量轮线路盒的各模块之间的关系

**表 5－7　动量轮测点信息**

| 测点 | $T_1$ | $T_2$ | $T_3$ | $T_4$ | $T_5$ |
|---|---|---|---|---|---|
| 名称 | 轴温 | 电机电流 | 速度方向 | 速度信号 | 开关状态 |

**表 5－8　动量轮主要故障模式**

<table>
<tr><th colspan="2">功能模块</th><th>故 障 模 式</th><th>故　障　征　兆</th></tr>
<tr><td colspan="2">轮体组件</td><td>壳体破裂故障 $f_1$</td><td>电机电流 $T_2$ 短期急剧增大，轴承温度 $T_1$ 升高，航天器姿态出现波动</td></tr>
<tr><td colspan="2">轴承组件</td><td>轴承供油异常故障 $f_2$</td><td>电机电流 $T_2$ 升高，轴承温度 $T_1$ 升高，产生相同的控制力矩需要施加更大的控制电压</td></tr>
<tr><td colspan="2" rowspan="2">电机组件</td><td>电机力矩输出异常故障 $f_3$</td><td>转速 $T_4$ 非正常下降、电机电流 $T_2$ 增大，航天器姿态异常</td></tr>
<tr><td>电机霍尔器件故障 $f_4$</td><td>电机转速 $T_4$ 下降，测速频率脉冲异常</td></tr>
<tr><td rowspan="11">动量轮线路</td><td>前级电源变换</td><td>前置级的过流保护电路故障 $f_5$</td><td>过流保护电路误触发后，会引起动量轮断电，使动量轮处于暂时失效状态</td></tr>
<tr><td rowspan="2">力矩限幅与方向变换逻辑</td><td>力矩限幅功能失效故障 $f_6$</td><td>出现力矩限幅功能完全失效的故障后，无论 AOCC 施加何种控制电压，动量轮的转速 $T_4$ 都不会随之变化，电机电流遥测 $T_2$ 和轴承温度遥测 $T_1$ 也基本无变化</td></tr>
<tr><td>力矩方向变换逻辑故障 $f_7$</td><td>动量轮转速方向 $T_3$ 与期望值相反，姿态控制极性相反。由于无法向电流控制器输出复位信号，因此转速 $T_4$ 频繁抖动，电机电流 $T_2$ 出现跳点</td></tr>
<tr><td rowspan="5">换向开关与换向逻辑</td><td>电机位置信号采集故障 $f_8$</td><td>无法正确输出换向信号，引起动量轮转速 $T_4$ 异常</td></tr>
<tr><td>极性控制信号采集故障 $f_9$</td><td>动量轮转速方向 $T_3$ 与期望值相反</td></tr>
<tr><td>测速脉冲信号输出异常故障 $f_{10}$</td><td>动量轮无转速 $T_4$ 输出或转速 $T_4$ 出现异常跳动</td></tr>
<tr><td>电流采样异常故障 $f_{11}$</td><td>动量轮电机电流遥测 $T_2$ 无输出，动量轮转速 $T_4$ 控制不正常，无法稳定在所需要的目标转速上</td></tr>
<tr><td>电流控制器输出异常故障 $f_{12}$</td><td>无法实施动量轮升速或减速，使转速 $T_4$ 无法按期望值变化</td></tr>
<tr><td rowspan="2">加速/减速器模块</td><td>减速器脉宽调制输出异常 $f_{13}$</td><td>无法实施动量轮升速或减速，使转速 $T_4$ 无法按期望值变化</td></tr>
<tr><td>减速器输出电机电流异常 $f_{14}$</td><td>动量轮电机电流遥测 $T_2$ 无输出，转速 $T_4$ 不正常，无法稳定在所需要的目标转速上</td></tr>
<tr><td>驱动级</td><td>驱动级放大功能失效故障 $f_{15}$</td><td>无法向动量轮电机换向开关输出信号，引起电机控制异常，无法产生所需要的转速 $T_4$ 和角动量</td></tr>
</table>

**表 5-9　动量轮故障模式与测点的关联矩阵**

| | $T_1$ | $T_2$ | $T_3$ | $T_4$ | $T_5$ |
|---|---|---|---|---|---|
| $f_1$ | 1 | 1 | 0 | 0 | 0 |
| $f_2$ | 1 | 1 | 0 | 0 | 0 |
| $f_3$ | 0 | 1 | 0 | 1 | 0 |
| $f_4$ | 0 | 0 | 0 | 1 | 0 |
| $f_5$ | 0 | 1 | 1 | 1 | 1 |
| $f_6$ | 1 | 1 | 0 | 1 | 0 |
| $f_7$ | 0 | 1 | 1 | 1 | 0 |
| $f_8$ | 0 | 0 | 1 | 1 | 0 |
| $f_9$ | 0 | 0 | 1 | 0 | 0 |
| $f_{10}$ | 0 | 0 | 0 | 1 | 0 |
| $f_{11}$ | 0 | 1 | 0 | 1 | 0 |
| $f_{12}$ | 0 | 0 | 0 | 1 | 0 |
| $f_{13}$ | 0 | 0 | 0 | 1 | 0 |
| $f_{14}$ | 0 | 1 | 0 | 1 | 0 |
| $f_{15}$ | 0 | 0 | 1 | 1 | 0 |

根据动量轮故障模式与测点的关联矩阵可知，在进行故障定位过程中，能够准确定位的故障模式是$f_5$、$f_6$、$f_7$、$f_9$，模糊组是$\{f_1, f_2\}$、$\{f_3, f_{11}, f_{14}\}$、$\{f_4, f_{10}, f_{12}, f_{13}\}$、$\{f_8, f_{15}\}$。对于得到的模型组，需要进一步利用二叉树进行故障定位。

基于二叉树的故障定位过程如图 5-11 所示，涉及的故障征兆编码见表 5-10，表中$C_i(i=1、2、4)$表示第 $i$ 个测点的常数值，$\hat{T}_i(i=1、2、4)$是对应测点的预估值，可通过卡尔曼滑块窗口等估计方法得到，$\varepsilon_i(i=1、2、4)$是对应每个测点最大允许的偏差量。

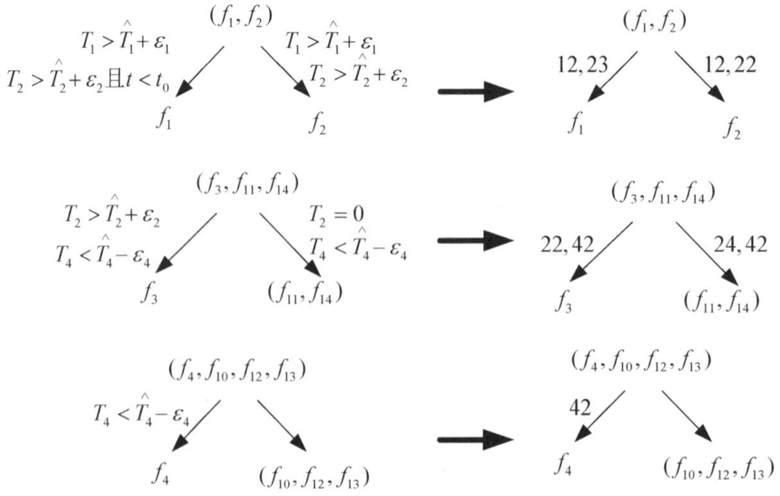


图 5-11　基于二叉树的故障定位过程

**表 5-10　动量轮故障征兆量化编码**

| $T_1$ | | | $T_2$ | | $T_3$ |
|---|---|---|---|---|---|
| 11 | $T_1 = C_1$ | 21 | $T_2 = C_2$ | 41 | $T_4 = C_4$ |
| 12 | $T_1 > \hat{T}_1 + \varepsilon_1$ | 22 | $T_2 > \hat{T}_2 + \varepsilon_2$ | 42 | $T_4 < \hat{T}_4 - \varepsilon_4$ |
| — | | 23 | $T_2 > \hat{T}_2 + \varepsilon_2$ 且 $t < t_0$ | — | |
| | | 24 | $T_2 = 0$ | | |

利用二叉树的故障定位方法进一步分析后可知,能够准确定位的故障模式是 $f_1$、$f_2$、$f_3$、$f_4$、$f_5$、$f_6$、$f_7$、$f_9$,模糊组是 $\{f_{11}, f_{14}\}$、$\{f_{10}, f_{12}, f_{13}\}$、$\{f_8, f_{15}\}$。

### 5.3.3　基于数据的故障定位方法

现有的部件独立故障定位方法一般采用专家知识或模型知识,利用当拍或几拍的数据进行故障定位,而敏捷航天器在研制和在轨飞行阶段都积累了大量数据,蕴含了丰富的故障特征,但在现有方法中都没有得到充分利用,导致大量有用信息的浪费,可能造成漏诊或误诊。

作为基于专家知识和模型知识故障定位方法的有效补充,本节提出基于数据的故障定位方法。以 CMG 为例,综合考虑 CMG 的多维数据,如高速转速、框架角速度、电机电流、轴承温度、框架角等,采用 $t$-分布随机邻域嵌入($t$-SNE)对多维遥测数据进行特征提取;在此基础上,提出基于数据的部件独立故障定位步骤,利用多维参数之间的隐性联系,实现部件的故障定位[5]。

1. *方法原理及实现*

在给出基于数据的故障定位方法前,首先对 $t$-SNE 和 $K$-means 算法进行介绍。$t$-SNE 是通过数据在高维空间和低维空间的概率分布尽可能相似来实现故障特征提取[6],具体过程为:首先,构建一个高维数据之间的概率分布,使相似数据之间的条件概率更高,而不相似数据之间的条件概率较低;其次,在低维空间中构建数据点的概率分布,使高维空间和低维空间的概率分布之间尽可能相似,使用 KL 散度来度量两个分布之间的相似性。

$K$-means 算法是一种经典的聚类算法,主要将数据样本按照相似度聚集到 $K$ 个聚簇当中,最终达到簇内相似度高,簇间相似度低[7]。具体过程为:首先随机初始化 $K$ 个样本作为 $K$ 个簇初始质心;然后将所有样本指派到最相似的簇,重新计算每个簇的质心;重复上述指派过程直到满足停止条件。通常采用平方误差准则及最大迭代次数限制作为停止条件。

基于数据的部件独立故障定位包括离线设计过程和在线应用过程,其中离线设计过程以训练数据为对象,采用 $t$-SNE 进行特征提取,在此基础上,利用 $K$-means 算法将训练数据特征分为 $K$ 类(主要包括中心位置和范围),即获得故障定位模型;在线应用过程则以在轨数据为对象,采用 $t$-SNE 进行特征提取,在此基础上,根据离线设计过程中得到的各类中心位置计算当前在轨数据所属的类别,即可实现故障定位。值得一提的是,离线设计过程中采用的训练数据可以是地面测试数据或仿真数据，也可以是其他敏捷航天器或当前敏捷航天器的在轨历史数据。

基于数据的部件独立故障定位的离线设计步骤如下。

步骤一：对部件的正常数据和故障数据进行归一化处理，构建样本矩阵 $\boldsymbol{X} \in \boldsymbol{R}^{n\times m}$，其中 $n$ 表示部件的样本个数，$m$ 表示部件的变量个数。

步骤二：计算样本矩阵 $\boldsymbol{X}$ 中两两样本之间的欧氏距离，依据下式得到条件概率 $p_{ij}$：

$$p_{ij} = \frac{\exp[-\|x_i - x_j\|^2/(2\lambda^2)]}{\sum_{k\neq l}\exp[-\|x_k - x_l\|^2/(2\lambda^2)]}$$

式中，条件概率 $p_{ij}$ 描述了样本 $x_i$ 和 $x_j$ 之间的相似度，代表高维空间中 $x_i$ 选择 $x_j$ 作为近邻的概率；$\lambda$ 为相应高斯函数的方差参数。

步骤三：选取 $n$ 个 $d$ 维向量 $\boldsymbol{X}' = \{x'_1, x'_2, \cdots, x'_d\}$ 作为样本 $\boldsymbol{X}$ 对应的低维空间数据，依据下式计算联合概率 $q_{ij}$：

$$q_{ij} = \frac{(1 + \|x'_i - x'_j\|^2)^{-1}}{\sum_{k\neq l}(1 + \|x'_k - x'_l\|^2)^{-1}}$$

式中，联合概率 $q_{ij}$ 描述了样本 $x'_i$ 和 $x'_j$ 之间的相似度。

步骤四：依据下式计算梯度，最小化其损失函数 $C(\boldsymbol{X}') = \sum_{i,j} p_{ij}\lg\frac{p_{ij}}{q_{ij}}$：

$$\frac{C(\boldsymbol{X}')}{x'_i} = 4\sum_j (p_{ij} - q_{ij})(x'_i - x'_j)(1 + \|x'_i - x'_j\|^2)^{-1}$$

步骤五：通过梯度下降法将 $x'_i(t-1)$ 更新为 $x'_i(t)$。

步骤六：判断收敛条件是否满足，若满足则转步骤七，否则重复执行步骤三。

步骤七：从 $\boldsymbol{X}'$ 中随机选择 $K$ 个类的初始聚类中心。

步骤八：对 $\boldsymbol{X}'$ 中的任意样本，计算其到 $K$ 个中心位置的距离，并将该样本归到相似性最大的中心所在的类。

步骤九：利用均值法更新 $K$ 个聚类的中心值。

步骤十：对于所有的 $K$ 个聚类中心，若利用步骤八和步骤九迭代更新后，满足平方误差准则或达到最大迭代次数，则迭代结束，否则继续迭代。

基于数据的部件独立故障定位的在线应用步骤如下。

步骤一：利用离线设计过程中得到的归一化参数，对在轨数据进行归一化处理。

步骤二：依据离线设计过程中的步骤一~步骤六得到样本特征。

步骤三：判断样本特征到各类中心位置的距离，获知当前在轨数据的所属类别，进而实现部件的故障定位。

2. 仿真实例

利用 CMG 在轨数据对提出的基于数据的故障定位方法进行仿真验证。考虑 CMG 正常数据、高速与低速两种故障数据，经过归一化和等比缩放等预处理后得到的 CMG 数据如图 5－12 所示，主要包括高速转速、低速框架角速度、高速电机电流遥测、低速电机电流遥测、高速轴承温度遥测和低速轴承温度遥测共六种数据。图中，0～1 000 s 表示正常数据，100 1～2 000 s 表示高速故障的数据，2 001～3 000 s 表示低速故障的数据。

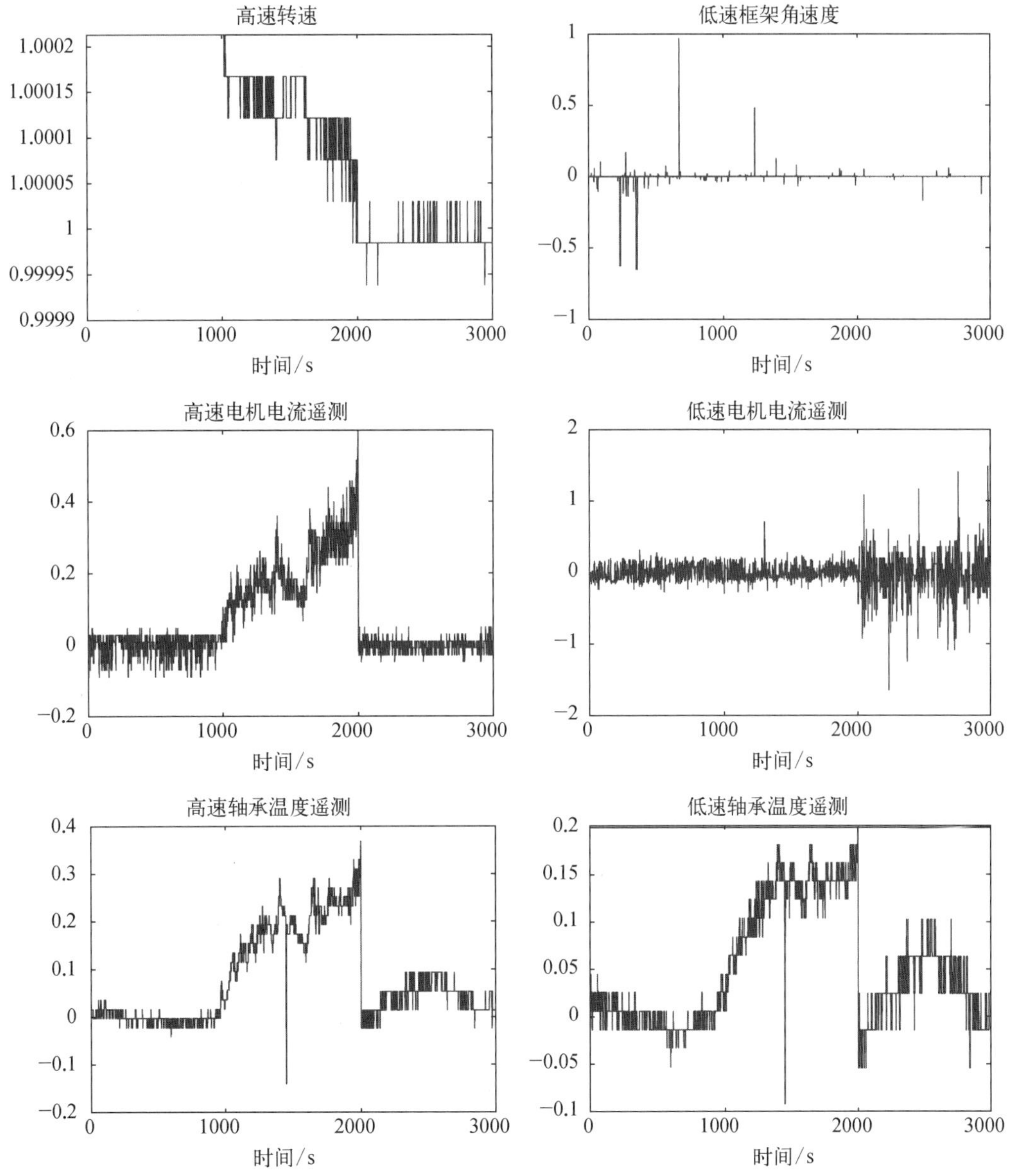


图 5－12　预处理后的 CMG 故障数据

基于数据的故障定位结果如图 5－13 和图 5－14 所示。图 5－13 给出了基于 $t$－SNE 的故障特征提取结果(其中,圆点为正常数据,星号为高速故障数据,圆形为低速故障数据),在特征提取过程中采用四种方式来描述距离,分别是相关系数(correlation)、汉明距离(hamming)、雅卡尔指数(jaccard)和标准化欧氏距离(seuclidean),通过对比分析可知,采用汉明距离 hamming 和雅卡尔指数 jaccard 进行特征提取效果较好。基于汉明距离 hamming 计算得到的特征数据,采用所提出的故障定位步骤得到的结果如图5－14 所示(其中,圆点为正常数据,星号为高速故障数据,圆形为低速故障数据),$K$－means 算法中主要采用四种方式来描述距离,分别是布洛克距离(cityblock)、夹角余弦(cosine)、欧氏距离平方(sqeuclidean)和相关系数(correlation),取得的故障定位准确率如表 5－11 所示。

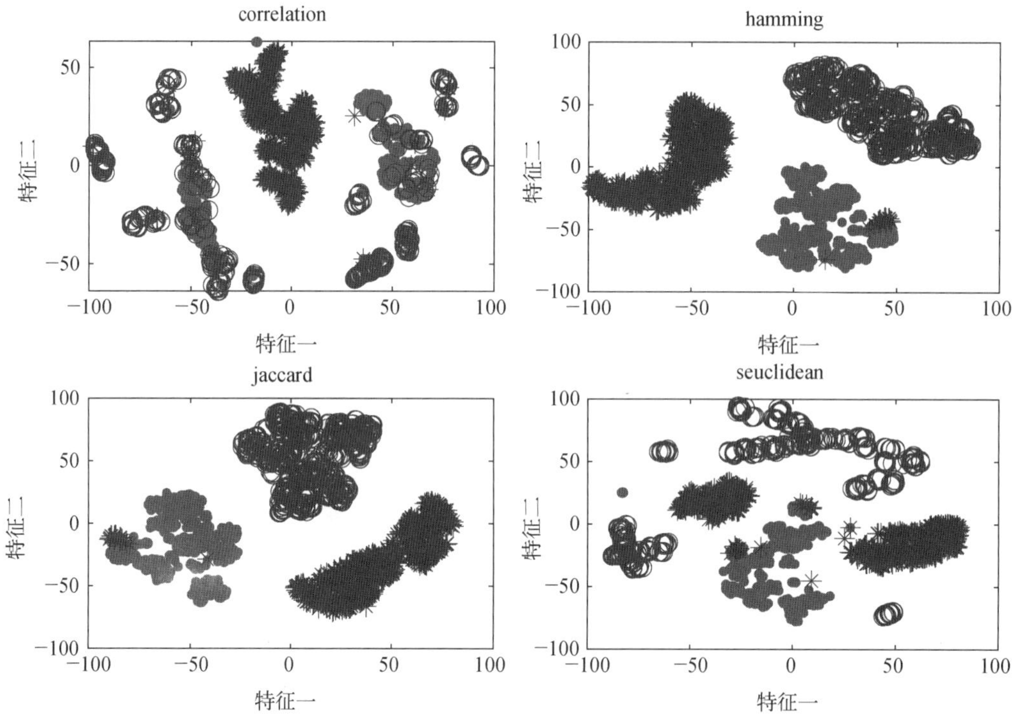


图 5－13　基于 $t$－SNE 的故障特征提取结果

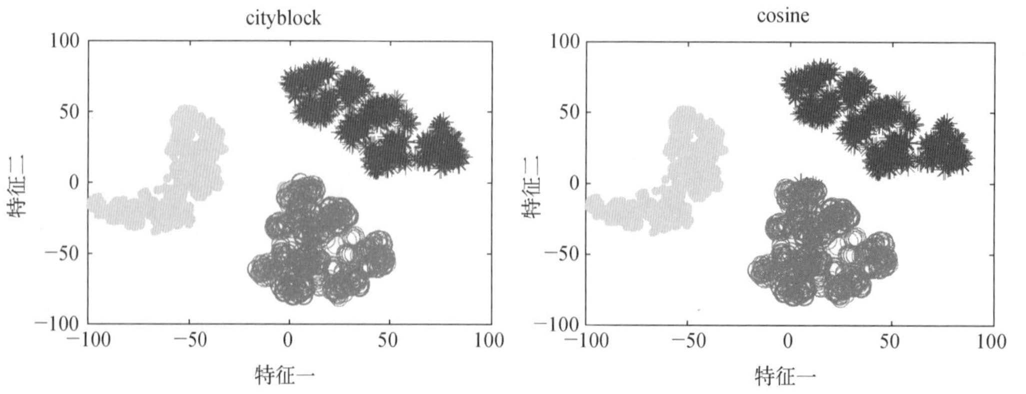

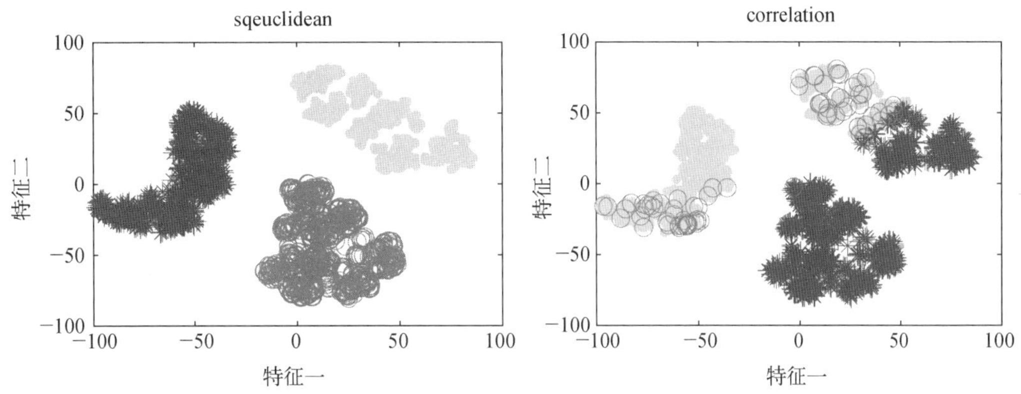


图 5－14　基于 $K$－means 算法的故障定位结果

**表 5－11　基于数据的故障定位准确率**

| 距离计算方法 | cityblock | cosine | sqeuclidean | correlation |
| --- | --- | --- | --- | --- |
| 准确率 | 98.43% | 98.6% | 99.13% | 97.67% |

基于上述分析可知，提出的基于数据的故障定位方法能够实现 CMG 故障的准确定位。

## 5.4　同类部件故障定位方法

5.3 节都是围绕单个部件进行的故障定位，而一般敏捷航天器由于其高价值属性，控制系统都会配置具有多通道冗余结构的敏感器和执行机构组件。组件由相同类型的多个部件组成，各部件输出之间存在一定的解析冗余关系，因此本节根据敏捷航天器核心部件陀螺与 CMG 组件的局部信息，分别给出了利用其各通道间信息的内在一致性进行故障定位的方法。

### 5.4.1　基于平衡方程等价性的陀螺组件故障定位方法

理论上，3 个不共面的陀螺可测量得到航天器三轴角速度，但在工程实现中为了保证系统的可靠性及陀螺故障定位的需要，一般配置一定冗余度的陀螺，为了准确定位故障陀螺并保证其中一个陀螺故障后仍具备较高的可靠性，通常采用 5 个陀螺测量数据进行故障定位。本小节给出了一种基于平衡方程的冗余陀螺故障定位方法，并对该方法的特点及阈值参数选取等问题进行介绍。

1. 陀螺故障定位平衡方程

对于任意 3 个不共面的 4 陀螺组，从其中选择 3 个陀螺可解算出一组星体三轴角速度，将该角速度在另一陀螺测量敏感轴的投影与该陀螺测量作差所形成的等式称为陀螺平衡方程，对应差的幅值称为平衡方程的误差。该误差大小可反映 4 陀螺组中是否存在故障。由上可知，4 陀螺组（各陀螺编号以 $i$、$j$、$k$、$l$ 标记）可建立如下 4 个不同的平衡方程：

$$\varepsilon_{ijkl} = | k_{ijkl,i}\Delta g_i + k_{ijkl,j}\Delta g_j + k_{ijkl,k}\Delta g_k - \Delta g_l | \tag{5-13}$$

$$\varepsilon_{ijlk} = | k_{ijlk,i}\Delta g_i + k_{ijlk,j}\Delta g_j + k_{ijlk,l}\Delta g_l - \Delta g_k | \tag{5-14}$$

$$\varepsilon_{ilkj} = | k_{ilkj,i}\Delta g_i + k_{ilkj,l}\Delta g_l + k_{ilkj,k}\Delta g_k - \Delta g_j | \tag{5-15}$$

$$\varepsilon_{jkli} = | k_{jkli,l}\Delta g_l + k_{jkli,j}\Delta g_j + k_{jkli,k}\Delta g_k - \Delta g_i | \tag{5-16}$$

式中，$\Delta g_i$、$\Delta g_j$、$\Delta g_k$、$\Delta g_l$ 分别表示陀螺 $i$、$j$、$k$、$l$ 在固定时间间隔内输出的角度增量，$\varepsilon_{ijkl}$ 表示陀螺 $l$ 测量与由陀螺 $i$、$j$、$k$ 测量解算角速度在其测量敏感轴投影作差所形成的平衡方程的误差，变量 $\varepsilon_{ijlk}$、$\varepsilon_{ilkj}$ 与 $\varepsilon_{jkli}$ 表示的物理意义由 $\varepsilon_{ijkl}$ 的含义类推；系数 $k_{\cdot,\cdot}$ 为与解算星体角速度所用 3 陀螺组合安装相关的常数，称其为对应平衡方程的系数，不同 3 陀螺组合所对应的系数也不一样。

假设陀螺测量正常输出误差幅值为 $\Delta g_{\max}$，以式(5-13)所示方程为例，为避免误诊断陀螺则平衡方程的故障判定阈值 $\varepsilon_{\max}$ 需满足：

$$\varepsilon_{\max} > \sup(\varepsilon_{ijkl}) = (| k_{ijkl,i} | + | k_{ijkl,j} | + | k_{ijkl,k} | + 1)\Delta g_{\max} \tag{5-17}$$

同时，为了通过平衡方程误差检测出故障陀螺，平衡方程的故障判断阈值需满足：

$$\varepsilon_{\max} < \min(| k_{ijkl,i} |, | k_{ijkl,j} |, | k_{ijkl,k} |, 1)\Delta g_{\max} \tag{5-18}$$

由于 $\sup(\varepsilon_{ijkl}) > \min(| k_{ijkl,i} |, | k_{ijkl,j} |, | k_{ijkl,k} |, 1)\Delta g_{\max}$，若采取唯一平衡方程阈值 $\varepsilon_{\max}$ 对陀螺是否为正常进行故障定位，则无法避免陀螺故障误诊或漏诊的情况，因此对陀螺判定为正常与判定为故障的阈值分开设计，且满足判定为故障的阈值大于判定为正常的阈值，两阈值之间区域为不确定状态，即存在陀螺被误判断的可能，后续给出两个阈值设计方法，以尽量减小两阈值之间的不确定状态区域。

2. 基于平衡方程等价性的陀螺故障检测及定位方法

由前文分析可知，当平衡方程出现有些系数过小，使得所选取的平衡方程对故障陀螺的测量误差不敏感，进而导致平衡方程判断不准确。因此在陀螺故障定位选取式(5-13)~式(5-16)中的不同平衡方程时，由于各式对应的误差大小不一样，从而故障判定阈值选取应根据特定的平衡方程进行具体考虑。为避免陀螺出现误诊或漏诊，可采用等价性平衡方程的陀螺组件故障定位方法。根据陀螺测量为星体角速度在其测量敏感轴上的投影原理可知，当不考虑陀螺测量误差时，$\varepsilon_{ijkl}$、$\varepsilon_{ijlk}$、$\varepsilon_{ilkj}$ 与 $\varepsilon_{jkli}$ 之间存在着固定比例关系，故称式(5-13)~式(5-16)中 4 个平衡方程互为等价的。

基于平衡方程等价性的陀螺组件故障定位方法的原理是：利用 5 个陀螺 $i$、$j$、$k$、$l$、$m$ 组成$\{i、j、k、l\}$、$\{i、j、k、m\}$、$\{i、j、l、m\}$、$\{i、k、l、m\}$、$\{j、k、l、m\}$共 5 组平衡方程，为了保证故障定位的鲁棒性，根据各组平衡方程的情况对各个陀螺记分，分值最低的陀螺诊断为故障。

步骤一：根据四个陀螺 $i$、$j$、$k$、$l$ 的输出 $\Delta g_i$、$\Delta g_j$、$\Delta g_k$ 和 $\Delta g_l$ 构建下列的平衡方程：

$$\varepsilon_{ijkl} = | \boldsymbol{k}_{ijkl} \cdot \Delta \boldsymbol{G}_{ijkl} | \tag{5-19}$$

式中，$\Delta \boldsymbol{G}_{ijkl} = [\Delta g_i \quad \Delta g_j \quad \Delta g_k \quad \Delta g_l]^{\mathrm{T}}$；$\boldsymbol{k}_{ijkl} = [\boldsymbol{O}_{gl}^{\mathrm{T}} \cdot \boldsymbol{A}_{ijk} \quad -1]$，$\boldsymbol{A}_{ijk} = \begin{bmatrix} \boldsymbol{O}_{gi}^{\mathrm{T}} \\ \boldsymbol{O}_{gj}^{\mathrm{T}} \\ \boldsymbol{O}_{gk}^{\mathrm{T}} \end{bmatrix}^{-1}$；$\boldsymbol{O}_{gi}$、$\boldsymbol{O}_{gj}$、$\boldsymbol{O}_{gk}$ 和 $\boldsymbol{O}_{gl}$ 为陀螺 $i$、$j$、$k$、$l$ 的测量敏感器轴单位向量。

步骤二：根据平衡方程的情况，为了保证陀螺组件故障定位的可靠性，依据下列规则对各个陀螺打分：

（1）当 $\varepsilon_{ijkl} < k_{ijkl\_\mathrm{sum}} \times \delta_{\mathrm{gelim1}}$ 时，检测为该 4 陀螺组中无故障，给陀螺 $i$、$j$、$k$、$l$ 加分；

（2）当 $\varepsilon_{ijkl} > k_{ijkl\_\mathrm{sum}} \times \delta_{\mathrm{gelim2}}$ 时，检测为该 4 陀螺组中有故障，给陀螺 $i$、$j$、$k$、$l$ 减分。

其中，$k_{ijkl\_\mathrm{sum}} = |k_{ijkl1}| + |k_{ijkl2}| + |k_{ijkl3}| + 1$，$\delta_{\mathrm{gelim1}}$、$\delta_{\mathrm{gelim2}}$ 为设定的加分和减分阈值，且 $\delta_{\mathrm{gelim2}} > \delta_{\mathrm{gelim1}}$。

步骤三：对于 4 陀螺组合：$\{i,j,k,m\}$、$\{i,j,l,m\}$、$\{i,k,l,m\}$、$\{j,k,l,m\}$，重复步骤一和步骤二，得到各陀螺的记分。

遍历上述各步骤，当出现陀螺记分下降时，则最低分陀螺可判定为其测量数据异常，为保证系统运行的平稳性及安全性，此时该陀螺测量数据不能引入控制系统。另外，为了体现判定对故障一定程度的鲁棒性，以避免短期出现数据异常而判定为故障导致的部件频繁切换重组，在工程上可依据记分从高到低对陀螺 $i$、$j$、$k$、$l$、$m$ 进行排序，经历一定时间后当记分最低的两陀螺分值之差大于设定值时才判定最小记分对应的陀螺为故障。

结合实际工程情况，不妨仅考虑在短时间内仅出现单个陀螺故障的情况。设正常情况下各陀螺测量误差幅值均不超过特定量 $b_{\mathrm{norm}}$，有如下关系式：

$$|k_{ijkl,i}\Delta g_i + k_{ijkl,j}\Delta g_j + k_{ijkl,k}\Delta g_k - \Delta g_l| \leqslant (|k_{ijkl,i}| + |k_{ijkl,j}| + |k_{ijkl,k}| + 1)\delta_{\mathrm{gelim1}} \tag{5-20}$$

定义陀螺 $i$、$j$、$k$、$l$ 组合平衡方程的误差放大倍数为

$$k_{\mathrm{g\,max}\_ijkl} = \frac{k_{ijkl\_\mathrm{sum}}}{k_{ijkl\_\mathrm{min}}} \tag{5-21}$$

式中，$k_{ijkl\_\mathrm{min}}$ 为 $k_{ijkl}$ 中绝对值最小的元素；$k_{\mathrm{g\,max}\_ijkl}$ 用于确定故障定位的阈值。

对于 5 陀螺 $i$、$j$、$k$、$l$、$m$ 的安装构型可得所有平衡方程中最大的放大倍数为

$$k_{\mathrm{g\,max}} = \max(k_{\mathrm{g\,max}\_ijkl}, k_{\mathrm{g\,max}\_ijkm}, k_{\mathrm{g\,max}\_ijlm}, k_{\mathrm{g\,max}\_iklm}, k_{\mathrm{g\,max}\_jklm}) \tag{5-22}$$

由式(5－20)可知，当选取加分阈值 $\delta_{\mathrm{gelim1}} \geqslant b_{\mathrm{norm}}$，该算法对于所有陀螺测量偏差量均小于下限值 $\delta_{\mathrm{gelim1}}$ 时，系统可判定各陀螺均正常；当任一陀螺测量偏差量大于上限 $(b_{\mathrm{norm}} + \delta_{\mathrm{gelim2}}) \times k_{\mathrm{g\,max}}$ 时，则系统一定能够判定陀螺故障并可定位；当某一陀螺测量偏差量在下限 $\delta_{\mathrm{gelim1}}$ 和上限 $(b_{\mathrm{norm}} + \delta_{\mathrm{gelim2}})k_{\mathrm{g\,max}}$ 之间时，系统有可能判定为故障也有可能判定为无故障，故该偏差量范围称之为陀螺定位的模糊区。一般根据敏捷航天器指标要求设计模糊区范围。

3. 仿真实例

考虑沿卫星 $Z$ 轴圆锥面均匀分布的 9 个陀螺，其中半锥角为 54°44′08″(54.735 6°)，

如图 5 - 15 所示。

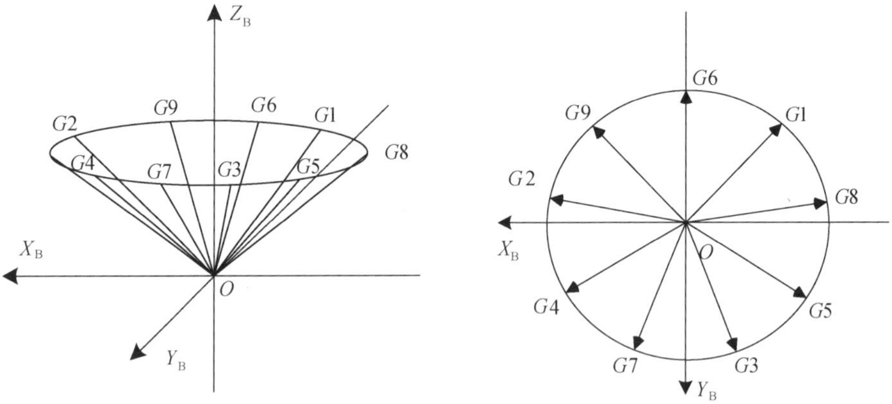


图 5 - 15　陀螺安装示意图

针对上述陀螺安装构型，可以求出所有陀螺组合中所有平衡方程中最大放大倍数 $k_{g\ max}$ = 16.58，对于给定的正常陀螺常漂值及选定的加、减分阈值，陀螺定位模糊区的测量偏差值上、下限分析结果如表 5 - 12 所示。

**表 5 - 12　加减分阈值选取与定位模糊区的关系**

| 陀螺构型最大放大倍数 | 正常陀螺常漂 /[(°)/h] | 加分阈值和减分阈值 /[(°)/h] | | 定位结果 /[(°)/h] | |
|---|---|---|---|---|---|
| $k_{g\ max}$ | $b_{norm}$ | $\delta_{gelim1}$ | $\delta_{gelim2}$ | 下限 | 上限 |
| 16.58 | 3.0 | 6.0 | 7.0 | 6.0 | 166 |
| | 3.0 | 6.0 | 10.0 | 6.0 | 212 |
| | 6.0 | 10.0 | 11.0 | 10.0 | 282 |
| | 6.0 | 10.0 | 15.0 | 10.0 | 348 |

设定一个陀螺为故障输出，由其与其他陀螺组成的任意 5 陀螺组遍历进行平衡方程故障定位，则存在 $C_8^4$ = 70 组工况。如表 5 - 12 中所列，当正常陀螺常漂最大值为 $b_{norm}$ = 3.0 (°)/h 时，对于加、减分阈值分别为 $\delta_{gelim1}$ = 6.0 (°)/h 与 $\delta_{gelim2}$ = 7.0 (°)/h 情况，所有陀螺测量偏差值小于 6.0 (°)/h 时一定判定无陀螺故障，当偏差值大于 166.0 (°)/h 时一定能判定陀螺故障并定位。以常值漂移值增大的方式引入测量偏差量设定故障陀螺进行遍历验证，异常的测量偏差值涵盖 3~300 (°)/h，诊断定位工况组数结果如图 5 - 16 所示。从图中可知：当所有陀螺测量偏差值小于 6.0 (°)/h 时，70 组工况均能判定陀螺正常；当设定故障陀螺常漂由 6.0 (°)/h 逐步增加时，故障定位的组数逐步增加；当偏差值大于 150.0 (°)/h 时，70 组工况均能判定陀螺故障并定位。

以在轨运行应用仿真为例，对于前述陀螺安装构型选取加、减分阈值 $\delta_{gelim1}$ = 20 (°)/h 与 $\delta_{gelim2}$ = 30 (°)/h，初始陀螺 1~6 使用，陀螺故障记分范围限定为-130~130 分，初值均

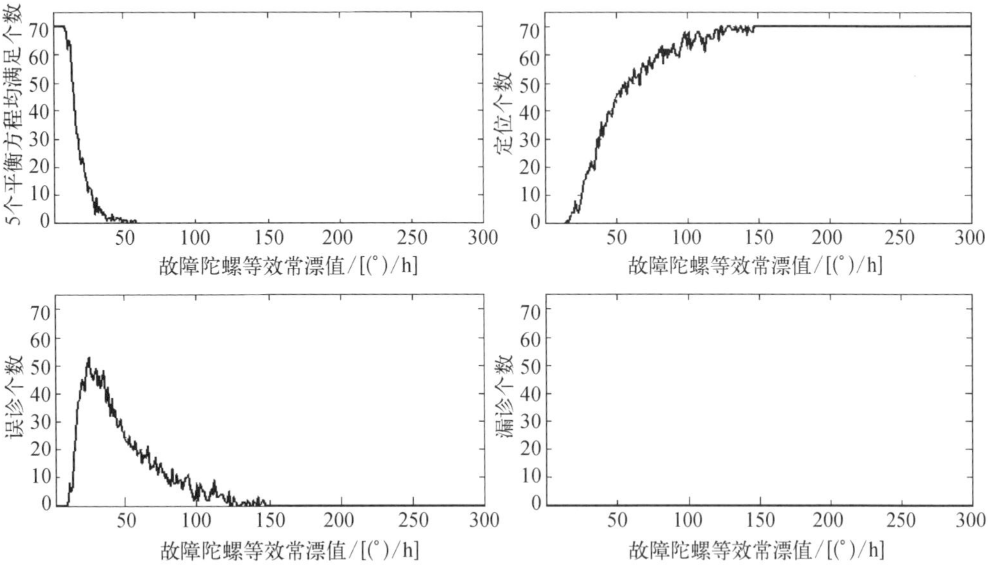


图 5-16　所有工况下的陀螺定位统计结果

设定为 130。选择陀螺 1~5 进行基于平衡方程等价性的陀螺组件故障诊断定位，诊断周期为 0.125 s。在星时 3 000 s 时设置陀螺 4 输出角度增量为饱和值，故障定位结果如图 5-17 和图 5-18 所示。仿真结果表明：当陀螺 4 输出故障时，各个陀螺的故障记分开始下降，其中陀螺 4 的记分最低，4.5 s 时陀螺 4 的故障记分变为-103，其他陀螺故障记分均为-4，由此可得故障定位结果为陀螺 4，将其从陀螺定位组中剔除。

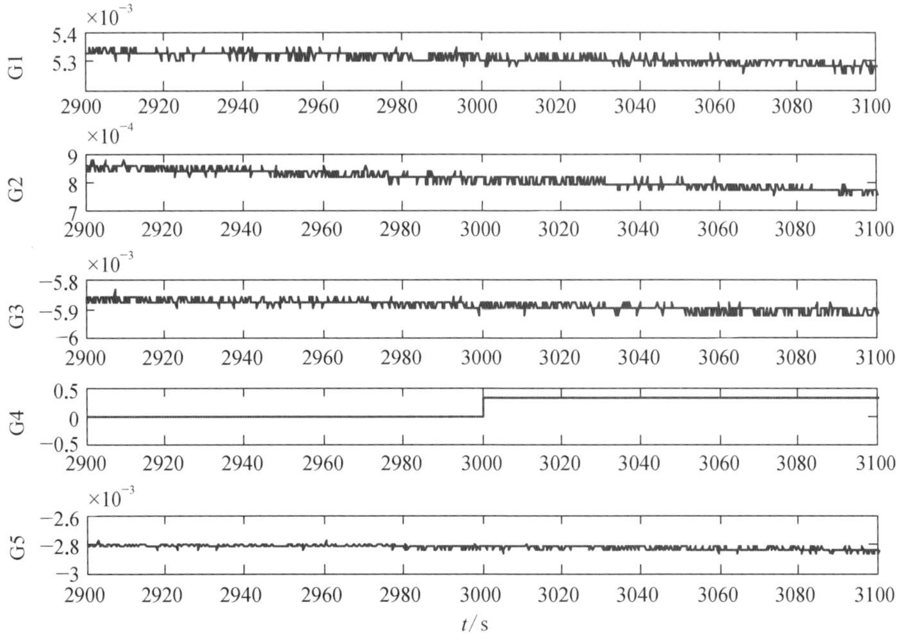


图 5-17　故障定位周期内陀螺输出的角度增量

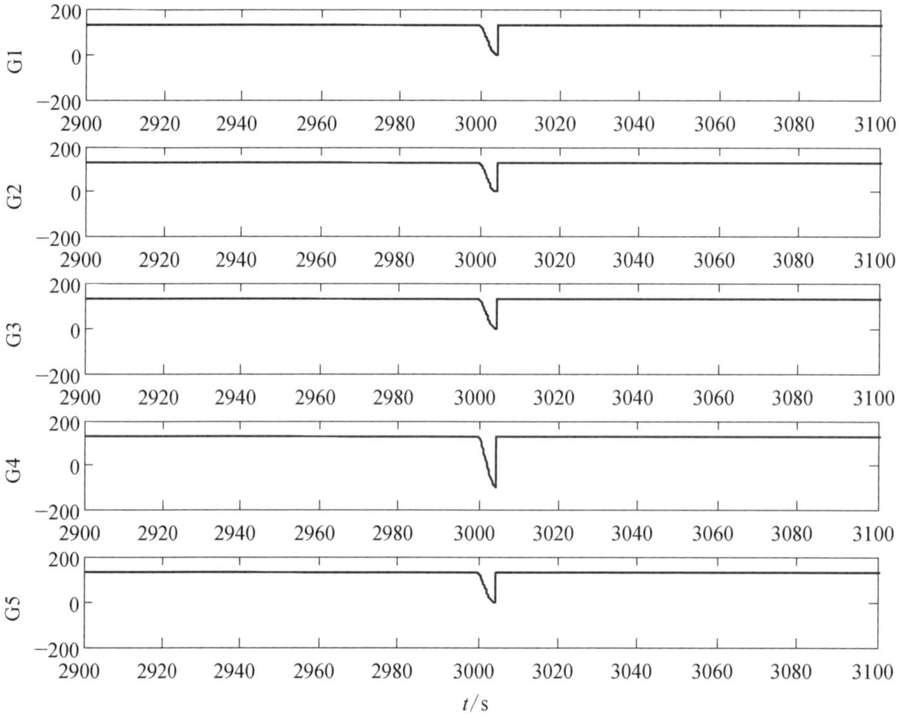


图 5－18　陀螺故障定位记分

## 5.4.2　基于奇偶空间的 CMG 组件故障定位方法

基于奇偶空间的控制力矩陀螺组件故障定位主要利用各 CMG 的输出来检验 CMG 组件内部冗余关系的一致性，进而实现 CMG 的故障检测与定位。

1. *方法原理及实现*

根据 CMG 组件的工作原理得到下列关系[8]：

$$\boldsymbol{T}_{\mathrm{c}}(t)=\dot{\boldsymbol{H}}(t)=\boldsymbol{C}\dot{\boldsymbol{\delta}}(t) \tag{5-23}$$

式中，$\boldsymbol{T}_{\mathrm{c}}(t)\in\mathbf{R}^{3\times1}$ 表示 CMG 组件的期望控制力矩；$\boldsymbol{H}(t)\in\mathbf{R}^{3\times1}$ 表示 CMG 组件的合成角动量；$\boldsymbol{C}=\boldsymbol{A}\sin(\boldsymbol{\delta})-\boldsymbol{B}\cos(\boldsymbol{\delta})$ 为 CMG 的雅克比矩阵，雅克比矩阵中各参数含义见 3.3.1 小节；$\dot{\boldsymbol{\delta}}(t)\in\mathbf{R}^{n\times1}$ 为 CMG 组件的框架角速度，$n$ 为 CMG 组件中包含的 CMG 个数。

根据上式可得

$$\dot{\boldsymbol{\delta}}(t)=\boldsymbol{D}\boldsymbol{T}_{\mathrm{c}}(t) \tag{5-24}$$

式中，$\boldsymbol{D}=\boldsymbol{C}^{\mathrm{T}}(\boldsymbol{\delta})\left[\boldsymbol{C}(\boldsymbol{\delta})\boldsymbol{C}^{\mathrm{T}}(\boldsymbol{\delta})\right]^{-1}$。

考虑 CMG 的故障 $\boldsymbol{f}_{\mathrm{c}}$ 和测量噪声 $\boldsymbol{\varepsilon}_{\mathrm{c}}$，得

$$\dot{\boldsymbol{\delta}}(t)=\boldsymbol{D}\boldsymbol{T}_{\mathrm{c}}(t)+\boldsymbol{f}_{\mathrm{c}}(t)+\boldsymbol{\varepsilon}_{\mathrm{c}}(t) \tag{5-25}$$

设计 CMG 组件故障定位的残差 $\boldsymbol{R}_{\mathrm{e}}\in\mathbf{R}^{n}$ 为

$$\boldsymbol{R}_{\mathrm{e}}(t)=\boldsymbol{D}_{\mathrm{p}}^{\mathrm{T}}\dot{\boldsymbol{\delta}}(t)=\boldsymbol{D}_{\mathrm{p}}^{\mathrm{T}}[\boldsymbol{D}\boldsymbol{T}_{\mathrm{c}}(t)+f_{\mathrm{c}}(t)+\boldsymbol{\varepsilon}_{\mathrm{c}}(t)] \tag{5-26}$$

该残差也称为奇偶空间,其中 $\boldsymbol{D}_{\mathrm{p}}^{\mathrm{T}}$ 满足下列条件:

$$\begin{aligned}\boldsymbol{D}_{\mathrm{p}}^{\mathrm{T}}\boldsymbol{D}&=\boldsymbol{0}_{n\times 3}\\ \boldsymbol{D}_{\mathrm{p}}^{\mathrm{T}}\boldsymbol{D}_{\mathrm{p}}&=\boldsymbol{I}_{n\times n}\end{aligned} \tag{5-27}$$

在无故障情况下,由 $\boldsymbol{D}_{\mathrm{p}}^{\mathrm{T}}\boldsymbol{D}=\boldsymbol{0}$ 可知残差 $\boldsymbol{R}_{\mathrm{e}}(t)=\boldsymbol{D}_{\mathrm{p}}^{\mathrm{T}}\boldsymbol{\varepsilon}_{\mathrm{c}}(t)$,选取残差阈值 $R_{\mathrm{th}}=\|\boldsymbol{D}_{\mathrm{p}}^{\mathrm{T}}\boldsymbol{\varepsilon}_{\mathrm{c}}(t)\|_{\infty}$,利用下列逻辑可以实现 CMG 组件的故障检测:

$$\begin{aligned}\|R_{\mathrm{e}}(t)\|&\leqslant R_{\mathrm{th}}\rightarrow\text{无故障发生}\\ \|R_{\mathrm{e}}(t)\|&>R_{\mathrm{th}}\rightarrow\text{有故障发生}\end{aligned} \tag{5-28}$$

考虑故障得到的残差如下:

$$\boldsymbol{R}_{\mathrm{e}}(t)=\boldsymbol{D}_{\mathrm{p}}^{\mathrm{T}}[\boldsymbol{f}_{\mathrm{c}}(t)+\boldsymbol{\varepsilon}_{\mathrm{c}}(t)] \tag{5-29}$$

假定 $\boldsymbol{D}_{\mathrm{p}}^{\mathrm{T}}=\begin{pmatrix}d_{11}&d_{12}&\cdots&d_{1n}\\d_{21}&d_{22}&\cdots&d_{2n}\\\vdots&\vdots&\ddots&\vdots\\d_{n1}&d_{n2}&\cdots&d_{nn}\end{pmatrix}$ 和 $\boldsymbol{f}_{\mathrm{c}}(t)=\begin{bmatrix}f_1(t)\\f_2(t)\\\vdots\\f_n(t)\end{bmatrix}$,将其代入上述残差,得

$$\boldsymbol{R}_{\mathrm{e}}(t)=\begin{pmatrix}d_{11}&d_{12}&\cdots&d_{1n}\\d_{21}&d_{22}&\cdots&d_{2n}\\\vdots&\vdots&\ddots&\vdots\\d_{n1}&d_{n2}&\cdots&d_{nn}\end{pmatrix}\left(\begin{bmatrix}f_1(t)\\f_2(t)\\\vdots\\f_n(t)\end{bmatrix}+\boldsymbol{\varepsilon}_{\mathrm{c}}(t)\right) \tag{5-30}$$

若第 $i$ 个部件发生故障时,即 $f_1=f_2=\cdots=0$,$f_i\neq 0$,则残差 $\boldsymbol{R}_{\mathrm{e}}(t)$ 为

$$\boldsymbol{R}_{\mathrm{e}}(t)=\begin{bmatrix}d_{1i}\\d_{2i}\\\vdots\\d_{ni}\end{bmatrix}f_i(t)+\begin{pmatrix}d_{11}&d_{12}&\cdots&d_{1n}\\d_{21}&d_{22}&\cdots&d_{2n}\\\vdots&\vdots&\ddots&\vdots\\d_{n1}&d_{n2}&\cdots&d_{nn}\end{pmatrix}\boldsymbol{\varepsilon}_{\mathrm{c}}(t) \tag{5-31}$$

由上可知,此时的 $\boldsymbol{R}_{\mathrm{e}}(t)$ 与列向量 $\begin{bmatrix}d_{1i}\\d_{2i}\\\vdots\\d_{ni}\end{bmatrix}$ 方向一致,通过逐个判断残差 $\boldsymbol{R}_{\mathrm{e}}(t)$ 与 $\boldsymbol{D}_{\mathrm{p}}^{\mathrm{T}}$ 中各列向量方向接近,即可实现 CMG 故障定位。

基于上述分析,提出 CMG 组件的故障定位步骤如下。

步骤一:根据 CMG 框架角测量值,构建 CMG 组件的雅克比矩阵 $\boldsymbol{C}$。

步骤二:根据 CMG 组件的 Jacobi 矩阵 $\boldsymbol{C}$ 求取 $\boldsymbol{D}_{\mathrm{p}}^{\mathrm{T}}$:

$$\boldsymbol{D}_{\mathrm{p}}^{\mathrm{T}} = I_{n\times n} - \boldsymbol{C}^{\mathrm{T}}(\boldsymbol{\delta})\left[\boldsymbol{C}(\boldsymbol{\delta})\boldsymbol{C}^{\mathrm{T}}(\boldsymbol{\delta})\right]^{-1}\boldsymbol{C}(\boldsymbol{\delta}) \tag{5-32}$$

步骤三：构建故障定位残差 $\boldsymbol{R}_{\mathrm{e}} = \boldsymbol{D}_{\mathrm{p}}^{\mathrm{T}}\dot{\boldsymbol{\delta}}(t)$，利用式(5-28)所示逻辑判断是否有故障发生,若有故障发生,则转入步骤三,否则重复步骤一。

步骤四：寻找与残差方向一致的 $\boldsymbol{D}_{\mathrm{p}}^{\mathrm{T}}$ 列向量,确定发生故障的 CMG：

对于 $\boldsymbol{D}_{\mathrm{p}}^{\mathrm{T}}$ 的第 $i$ 个列向量 $\boldsymbol{D}_{\mathrm{p},i}^{\mathrm{T}}$，逐个执行下列操作：

$$ACos_i = \frac{\boldsymbol{R}_{\mathrm{e}}(t)\cdot\boldsymbol{D}_{\mathrm{p},i}^{\mathrm{T}}}{\|\boldsymbol{R}_{\mathrm{e}}(t)\|\ \|\boldsymbol{D}_{\mathrm{p},i}^{\mathrm{T}}\|}\ (i=1,\ 2,\ \cdots,\ n) \tag{5-33}$$

寻找最大的 $ACos_i$，此时的 $i$ 即为发生故障的 CMG 编号。

2. 仿真实例

针对配置有 5 个 CMG 的敏捷航天器,考虑低速框架角速度常值偏差增大和随机偏差增大两种故障情况,分别给出 CMG 的故障定位结果。

本节考虑的两种故障如下。

（1）CMG2 常值偏差增大故障：

$$\dot{\delta}_{\mathrm{d,real}}(t) = \dot{\delta}(t) + \nabla\dot{\delta}_{\mathrm{d}}(t) \tag{5-34}$$

式中，$\dot{\delta}_{\mathrm{d,real}}(t)$ 表示实际输入给 CMG 的框架角指令；$\dot{\delta}(t)$ 表示计算得到的 CMG 框架角指令；$\nabla\dot{\delta}_{\mathrm{d}}(t) = 1.5\ (^\circ)/\mathrm{s}$。

在 2 000 s CMG2 发生常值偏差增大故障时,各 CMG 的框架角如图 5-19 所示。根据设计的残差得到的故障检测曲线和故障定位曲线分别如图 5-20 和图 5-21 所示,由此可知,当 $R_{\mathrm{th}} = 0.005$ 时,残差曲线超阈值,能够检测到故障发生,进一步分析得到 CMG2 对应的故障定位曲线接近 1,所以认为 CMG2 发生故障。

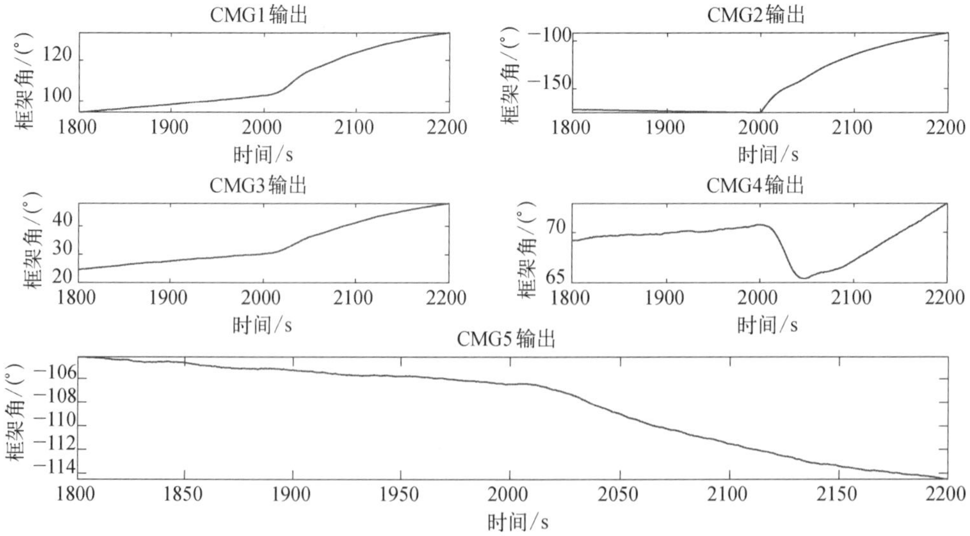


图 5-19　CMG2 常值偏差增大故障时的 CMG 的框架角曲线

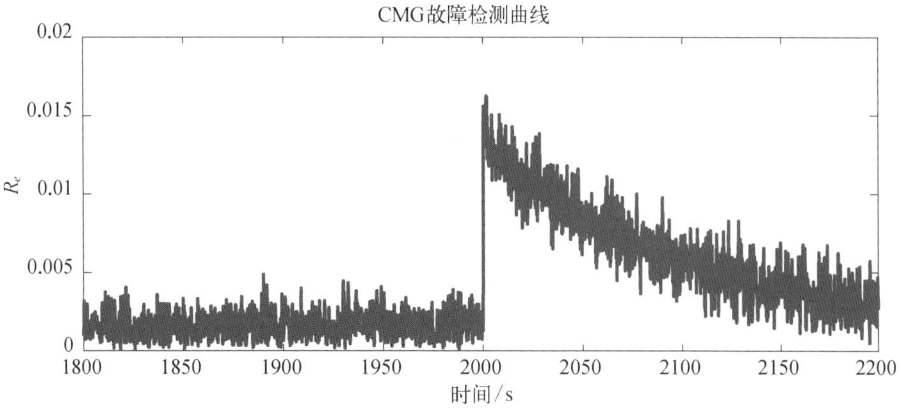


图 5－20　CMG2 常值偏差增大故障时的故障检测曲线

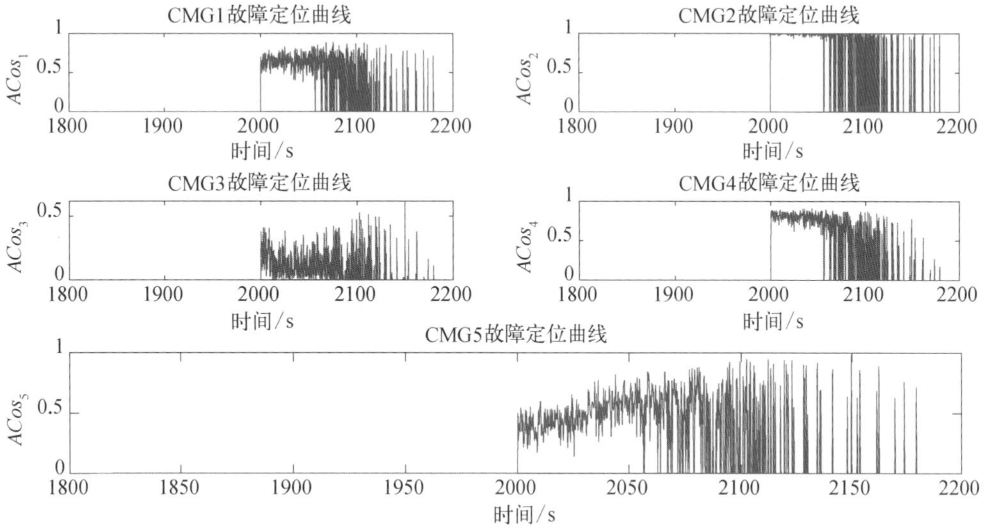


图 5－21　CMG2 常值偏差增大故障时的故障定位曲线

（2）CMG3 随机偏差增大故障：

$$\dot{\delta}_{d,\text{real}}(t)=\dot{\delta}(t)+\text{rand}(0,1) \tag{5-35}$$

式中，rand(0,1) 表示均值为 0、方差为 1 的随机数。

在 2 000 s CMG3 发生随机偏差增大故障时，各 CMG 的框架角如图 5－22 所示。根据设计的残差得到的故障检测曲线和故障定位曲线分别如图 5－23 和图 5－24 所示，由此可知，当 $R_{\text{th}}=0.005$ 时，残差曲线超阈值，能够检测到故障发生，进一步分析得到 CMG3 对应的故障定位曲线接近 1，所以认为 CMG3 发生故障。

从上述分析可知，本节提出的 CMG 组件故障定位方法能够实现 CMG 故障的准确检测与定位。

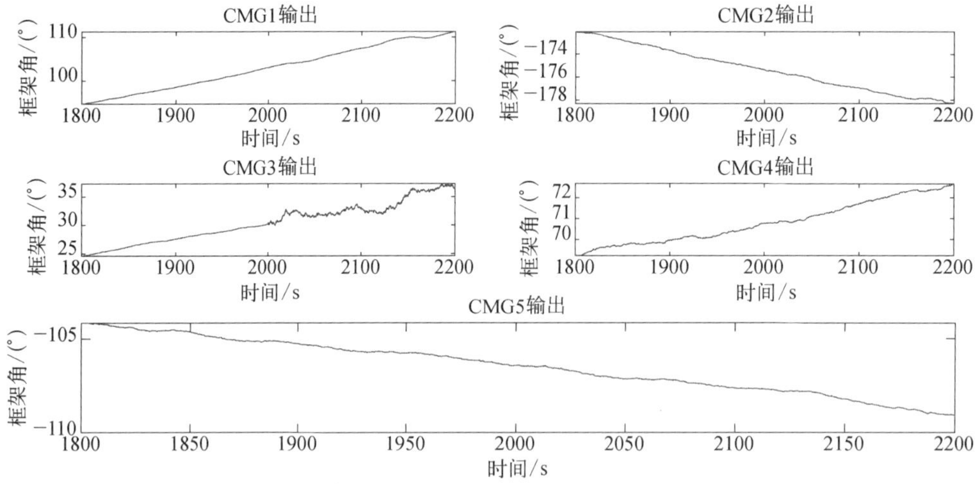


图 5-22　CMG3 随机偏差增大故障时的各 CMG 的框架角曲线

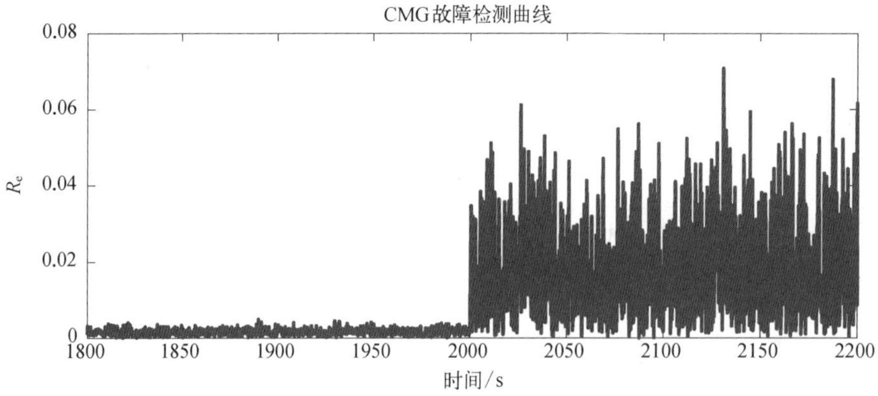


图 5-23　CMG3 随机偏差增大故障时的故障检测曲线

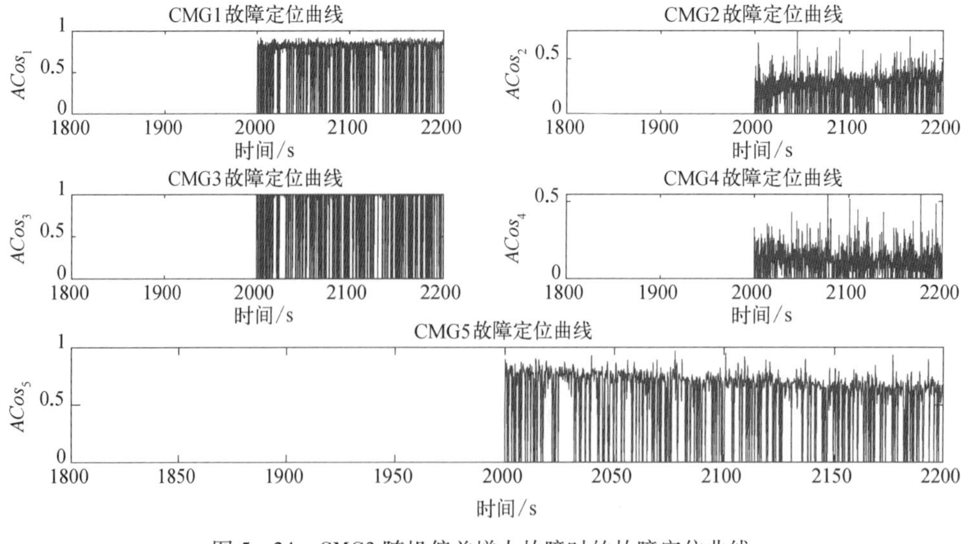


图 5-24　CMG3 随机偏差增大故障时的故障定位曲线

## 5.5　不同类部件故障定位方法

当部件独立故障定位和同类部件故障定位不具备条件时，可利用不同类部件之间的冗余关系进行故障定位。敏捷航天器不同类敏感器之间以运动学为纽带存在冗余关系，敏感器与执行机构之间以动力学为纽带存在冗余关系，本节主要利用这些冗余关系，通过分析运动学和动力学相关的全局信息一致性来进行故障定位，包括基于运动学模型的不同类敏感器间的故障定位和基于动力学模型的敏感器与执行机构的故障定位。

### 5.5.1　基于运动学模型的故障定位方法

本节主要基于运动学模型，利用不同类敏感器之间的全局信息进行故障定位，下面分别给出基于陀螺输出的星敏感器故障定位方法和地球敏感器、太阳敏感器与陀螺的联合故障定位方法。

1. 星敏感器故障定位

针对由 3 个陀螺和 2 个星敏感器组成的姿态控制系统，利用星敏感器与陀螺输出的解析冗余关系，通过设计两个滤波器实现对不同星敏感器的故障定位。基于陀螺和目标星敏感器的输出值，采用线性最小均方差估计器得到包含目标星敏感器故障信息的残差；以无故障情况下残差的统计方差为基础得到阈值，通过判断残差评价值是否超过相应的阈值，实现对目标星敏感器故障的检测；分别将两个星敏感器作为目标星敏感器，综合两个故障检测结果实现故障的定位[9]。

1）问题描述

敏捷航天器姿态运动学模型如下：

$$\dot{\boldsymbol{q}} = \frac{1}{2}\boldsymbol{E}_{\mathrm{q}}(\boldsymbol{q})\boldsymbol{\omega} \tag{5-36}$$

式中，$\boldsymbol{q} = [q_1 \quad q_2 \quad q_3 \quad q_4]^{\mathrm{T}}$ 表示本体坐标系相对惯性坐标系的四元数；$\boldsymbol{\omega} = [\omega_1 \quad \omega_2 \quad \omega_3]^{\mathrm{T}}$ 表示本体系相对惯性系的角速度在本体系中的分量，矢量 $\boldsymbol{\omega}$ 可看作实部为 0 的四元数。

在小角度下，对式(5-36)按控制周期 $\Delta t$ 进行一阶离散化，得到姿态运动学的双线性离散时间模型为

$$\boldsymbol{q}_{\mathrm{e}}(k+1) = \boldsymbol{A}_0(k)\boldsymbol{q}_{\mathrm{e}}(k) + \sum_{i=1}^{3}\omega_i(k)\boldsymbol{A}_i(k)\boldsymbol{q}_{\mathrm{e}}(k) \tag{5-37}$$

式中，误差四元数 $\boldsymbol{q}_{\mathrm{e}} = \boldsymbol{q}^{-1} \otimes \boldsymbol{q}_{\mathrm{r}}$ 表示参考坐标系相对本体系的姿态，$\boldsymbol{q}_{\mathrm{r}}$ 表示敏捷航天器的参考姿态，可由轨迹规划获得，本节以对地定向参考系为例。

$$\boldsymbol{A}_0(k)=\begin{bmatrix}1 & 0 & \omega_0(k)\Delta t/2 & 0\\ 0 & 1 & 0 & \omega_0(k)\Delta t/2\\ -\omega_0(k)\Delta t/2 & 0 & 1 & 0\\ 0 & -\omega_0(k)\Delta t/2 & 0 & 1\end{bmatrix}$$

$$\boldsymbol{A}_1(k)=\frac{\Delta t}{2}\begin{bmatrix}0 & 1 & 0 & 0\\ -1 & 0 & 0 & 0\\ 0 & 0 & 0 & 1\\ 0 & 0 & -1 & 0\end{bmatrix}$$

$$\boldsymbol{A}_2(k)=\frac{\Delta t}{2}\begin{bmatrix}0 & 0 & 1 & 0\\ 0 & 0 & 0 & -1\\ -1 & 0 & 0 & 0\\ 0 & 1 & 0 & 0\end{bmatrix},\ \boldsymbol{A}_3(k)=\frac{\Delta t}{2}\begin{bmatrix}0 & 0 & 0 & 1\\ 0 & 0 & 1 & 0\\ 0 & -1 & 0 & 0\\ -1 & 0 & 0 & 0\end{bmatrix}$$

式中，$\omega_0$ 为轨道角速度。

三正交陀螺测量模型为

$$\boldsymbol{\omega}_{\mathrm{g}}=\boldsymbol{\omega}+\boldsymbol{n}_{\mathrm{a}} \tag{5-38}$$

式中，$\boldsymbol{\omega}_{\mathrm{g}}=[\omega_{\mathrm{g},1}\quad \omega_{\mathrm{g},2}\quad \omega_{\mathrm{g},3}]^{\mathrm{T}}$；$\boldsymbol{n}_{\mathrm{a}}$ 为零均值高斯白噪声，方差阵记为 $\boldsymbol{\sigma}_{\mathrm{a}}^2$。

假定星敏感器识别的恒星沿其光轴方向，记 $\boldsymbol{s}_i$ 为识别的恒星方向单位矢量在惯性系中的分量，则星敏感器的测量模型为

$$\boldsymbol{q}_{\mathrm{s}}=\frac{\boldsymbol{q}^{-1}\otimes\boldsymbol{s}_i\otimes\boldsymbol{q}+\boldsymbol{n}_{\mathrm{s}}}{\|\boldsymbol{q}^{-1}\otimes\boldsymbol{s}_i\otimes\boldsymbol{q}+\boldsymbol{n}_{\mathrm{s}}\|} \tag{5-39}$$

式中，$\boldsymbol{n}_{\mathrm{s}}$ 为零均值高斯白噪声，方差阵记为 $\boldsymbol{\sigma}_{\mathrm{s}}^2$。

将式(5-39)改写成误差四元数 $\boldsymbol{q}_{\mathrm{e}}$ 的形式：

$$\boldsymbol{q}_{\mathrm{s}}(k)=\boldsymbol{C}(k)\boldsymbol{q}_{\mathrm{e}}+\boldsymbol{n}_{\mathrm{s}} \tag{5-40}$$

式中，$\boldsymbol{C}(k)=\begin{bmatrix}s_{\mathrm{r}1} & 0 & 2s_{\mathrm{r}3} & -2s_{\mathrm{r}2}\\ s_{\mathrm{r}2} & -2s_{\mathrm{r}3} & 0 & 2s_{\mathrm{r}1}\\ s_{\mathrm{r}3} & 2s_{\mathrm{r}2} & -2s_{\mathrm{r}1} & 0\end{bmatrix}$，$[s_{\mathrm{r}1}\quad s_{\mathrm{r}2}\quad s_{\mathrm{r}3}]^{\mathrm{T}}=\tilde{\boldsymbol{q}}_{\mathrm{r}}\otimes\boldsymbol{s}_{\mathrm{i}}\otimes\boldsymbol{q}_{\mathrm{r}}$ 为识别的恒星方向单位矢量在轨道参考系中的分量。

星敏感器的测量偏差增大故障模型和测量精度下降故障模型分别表示如下：

$$\begin{aligned}\boldsymbol{q}_{\mathrm{s}}^{ab}&=\frac{\boldsymbol{q}^{-1}\otimes\boldsymbol{s}_{\mathrm{i}}\otimes\boldsymbol{q}+\boldsymbol{f}_{\mathrm{s}}+\boldsymbol{n}_{\mathrm{s}}}{\|\boldsymbol{q}^{-1}\otimes\boldsymbol{s}_{\mathrm{i}}\otimes\boldsymbol{q}+\boldsymbol{f}_{\mathrm{s}}+\boldsymbol{n}_{\mathrm{s}}\|},\ t\in[t_{\mathrm{f}},\ \infty)\\ \boldsymbol{q}_{\mathrm{s}}^{in}&=\frac{\boldsymbol{q}^{-1}\otimes\boldsymbol{s}_{\mathrm{i}}\otimes\boldsymbol{q}+[1-e^{-\alpha(t-t_{\mathrm{f}})}]\boldsymbol{F}_{\mathrm{s}}\cdot\boldsymbol{n}_{\mathrm{s}}}{\|\boldsymbol{q}^{-1}\otimes\boldsymbol{s}_{\mathrm{i}}\otimes\boldsymbol{q}+[1-e^{-\alpha(t-t_{\mathrm{f}})}]\boldsymbol{F}_{\mathrm{s}}\cdot\boldsymbol{n}_{\mathrm{s}}\|},\ t\in[t_{\mathrm{f}},\infty)\end{aligned} \tag{5-41}$$

式中，$\boldsymbol{f}_{\mathrm{s}}$ 表示故障偏差值，且满足关系 $(\boldsymbol{q}^{-1}\otimes\boldsymbol{s}_{\mathrm{i}}\otimes\boldsymbol{q})\times\boldsymbol{f}_{\mathrm{s}}\neq\boldsymbol{0}$；$\boldsymbol{F}_{\mathrm{s}}$ 表示噪声变化幅值的对角矩阵；$\alpha$ 表示噪声变化的速度因子；$t_{\mathrm{f}}$ 表示故障开始时刻。

根据陀螺输出的角速度 $\boldsymbol{\omega}_{\mathrm{g}}$，星敏感器 1 得到滚动角为 $\boldsymbol{q}_{\mathrm{s}}^{\mathrm{r}}$，星敏感器 2 得到俯仰角为 $\boldsymbol{q}_{\mathrm{s}}^{\mathrm{p}}$ 及式(5－36)、式(5－38)和式(5－40)，设计残差生成器，使生成的残差只对某一方向星敏感器故障敏感，进而通过判断残差评价值是否超过检测阈值来确定该星敏感器是否发生故障。

2）基于线性最小均方差估计的故障定位方法

本节主要根据奉献观测器的思想[10]，实现星敏感器的故障隔离。

记 $\boldsymbol{x}=\boldsymbol{q}_{\mathrm{e}}$，$\boldsymbol{u}=\boldsymbol{\omega}_{\mathrm{g}}$，$\boldsymbol{y}=\boldsymbol{q}_{s}$，由式(5－37)、式(5－38)和式(5－39)可知

$$\begin{cases}\boldsymbol{x}(k+1)=\boldsymbol{A}(k)\boldsymbol{x}(k)+\sum_{i=1}^{3}n_{\mathrm{a}i}\boldsymbol{A}_{i}(k)\boldsymbol{x}(k)\\ \boldsymbol{y}(k)=\boldsymbol{C}(k)\boldsymbol{x}(k)+\boldsymbol{n}_{\mathrm{s}}(k)+\boldsymbol{f}(k)\end{cases}\tag{5-42}$$

式中，$\boldsymbol{f}$ 为故障向量；$\boldsymbol{n}_{\mathrm{a}}=[-n_{\mathrm{a1}}\quad -n_{\mathrm{a2}}\quad -n_{\mathrm{a3}}]^{\mathrm{T}}$，与 $\boldsymbol{n}_{\mathrm{s}}$ 相互独立；$\boldsymbol{A}(k)=\boldsymbol{A}_{0}(k)+\sum_{i=1}^{3}\omega_{\mathrm{g},i}(k)\boldsymbol{A}_{i}(k)$。

设计下列线性最小均方差估计器[11]：

$$\begin{aligned}
&\hat{\boldsymbol{x}}(k\mid k)=\hat{\boldsymbol{x}}(k\mid k-1)+\boldsymbol{P}(k)\boldsymbol{C}^{\mathrm{T}}(k)\boldsymbol{M}^{-1}(k)[\boldsymbol{y}(k)-\boldsymbol{C}(k)\hat{\boldsymbol{x}}(k\mid k-1)]\\
&\hat{\boldsymbol{x}}(k+1\mid k)=\boldsymbol{A}(k)\hat{\boldsymbol{x}}(k\mid k)\\
&\boldsymbol{M}(k)=\boldsymbol{C}(k)\boldsymbol{P}(k)C^{\mathrm{T}}(k)+\boldsymbol{\sigma}_{\mathrm{s}}^{2}(k)\\
&\boldsymbol{Q}(k+1)=\boldsymbol{A}(k)\boldsymbol{Q}(k)\boldsymbol{A}^{\mathrm{T}}(k)+\sum_{i=1}^{3}\sigma_{\mathrm{a}i}^{2}(k)\boldsymbol{A}_{i}(k)\boldsymbol{Q}(k)\boldsymbol{A}_{i}^{\mathrm{T}}(k)\\
&\boldsymbol{P}(k+1)=\boldsymbol{A}(k)\boldsymbol{P}(k)\boldsymbol{A}^{\mathrm{T}}(k)+\sum_{i=1}^{3}\sigma_{\mathrm{a}i}^{2}(k)\boldsymbol{A}_{i}(k)\boldsymbol{Q}(k)\boldsymbol{A}_{i}^{\mathrm{T}}(k)\\
&\qquad-\boldsymbol{A}(k)\boldsymbol{P}(k)\boldsymbol{C}^{\mathrm{T}}(k)[\boldsymbol{C}(k)\boldsymbol{P}(k)\boldsymbol{C}^{\mathrm{T}}(k)\\
&\qquad+\boldsymbol{\sigma}_{\mathrm{s}}^{2}(k)]^{-1}[\boldsymbol{A}(k)\boldsymbol{P}(k)\boldsymbol{C}^{\mathrm{T}}(k)]^{\mathrm{T}}
\end{aligned}\tag{5-43}$$

式中，$\hat{\boldsymbol{x}}(0\mid -1)=E\{\boldsymbol{x}_{0}\}=\bar{x}_{0}$；$\boldsymbol{Q}(0)=E\{\boldsymbol{x}_{0}\boldsymbol{x}_{0}^{\mathrm{T}}\}=\boldsymbol{Q}_{0}$；$\boldsymbol{P}(0)=\boldsymbol{P}_{0}=\boldsymbol{Q}_{0}-\bar{\boldsymbol{x}}_{0}\bar{\boldsymbol{x}}_{0}^{\mathrm{T}}$；$\boldsymbol{x}_{0}$、$\boldsymbol{n}_{\mathrm{a}}$ 与 $\boldsymbol{n}_{\mathrm{s}}$ 相互独立，$E\{\cdot\}$ 表示数学期望。

设计下列形式的残差：

$$\boldsymbol{r}(k)=\boldsymbol{y}(k)-\boldsymbol{C}(k)\hat{\boldsymbol{x}}(k\mid k-1)\tag{5-44}$$

得到的状态估计误差如下：

$$\boldsymbol{x}_e(k) = \boldsymbol{x}(k) - \hat{\boldsymbol{x}}(k \mid k) \tag{5-45}$$

进而得

$$\boldsymbol{r}(k) = \boldsymbol{C}(k)\boldsymbol{A}(k)\boldsymbol{x}_e(k-1) + \boldsymbol{f}(k) \tag{5-46}$$

$$\boldsymbol{x}_e(k) = [\boldsymbol{A}(k) + \boldsymbol{K}(k)\boldsymbol{C}(k)\boldsymbol{A}(k)]\boldsymbol{x}_e(k-1) + \boldsymbol{K}(k)\boldsymbol{f}(k) \tag{5-47}$$

$$\boldsymbol{x}_e(k) = \boldsymbol{A}(k)\boldsymbol{x}_e(k-1) + \boldsymbol{K}(k)\boldsymbol{r}(k) \tag{5-48}$$

式中，$\boldsymbol{K}(k) = \boldsymbol{P}(k)\boldsymbol{C}^{\mathrm{T}}(k)\boldsymbol{M}^{-1}(k)$ 为估计器的增益阵。

采用下列逻辑实现星敏感器的故障定位：

$$\begin{aligned} J_r(k) < J_{th} &\rightarrow \text{无故障发生} \\ J_r(k) \geqslant J_{th} &\rightarrow \text{有故障发生} \end{aligned} \tag{5-49}$$

式中，$J_r(k) = \| r(k) \|_2$；$J_{th} = n \cdot \sqrt{\mathrm{tr}[\boldsymbol{C}(k)\boldsymbol{P}(k)\boldsymbol{C}^{\mathrm{T}}(k) + \sigma_s^2(k)]}$，$n$ 为常数，一般取3~5，$\mathrm{tr}(\boldsymbol{A})$ 表示矩阵 $\boldsymbol{A}$ 的迹。

3）仿真实例

考虑的敏捷航天器相关仿真参数如表 5-13 所示，动力学与控制相关参数见文献[12]。

**表 5-13　敏捷航天器故障仿真参数**

| | |
|---|---|
| 仿真步长 $\Delta t$/s | 0.1 |
| 轨道角速度（大小）$\omega_0$/(rad/s) | 0.001 |
| 陀螺测量噪声标准差 $\boldsymbol{\sigma}_a$/(rad/s) | diag{$10^{-6}$,$10^{-6}$,$10^{-6}$}［约 0.2 (°)/h, 1$\sigma$］ |
| 陀螺角速度随机游走噪声标准差 $\boldsymbol{\sigma}_b$/(rad/s$^{3/2}$) | diag{$3\times10^{-8}$,$3\times10^{-8}$,$3\times10^{-8}$} |
| 星敏感器测量噪声标准差 $\boldsymbol{\sigma}_s$/rad | diag{$10^{-5}$,$10^{-5}$,$10^{-5}$}（约 2″,1$\sigma$） |
| 星敏感器故障参数 | $\|\boldsymbol{f}_s\| = 10^{-4}$rad，$t_f$ = 100 s，$\boldsymbol{F}_s$ = diag{10, 10, 10}，$\alpha$ = 0.01s$^{-1}$ |

根据提出的星敏感器故障定位方法，分别设计了滚动轴估计器和俯仰轴估计器，进而得到只对滚动轴故障敏感的残差和只对俯仰轴故障敏感的残差。

当 100 s 注入星敏感器 1 常值偏差增大故障和测量精度降低故障时，各残差评价函数分别如图 5-25 和图 5-26 所示，可以看出根据滚动轴估计器得到的残差评价值超阈值，对注入的两种故障较为敏感，而根据俯仰轴估计器得到的残差没有变化。

当 100 s 注入星敏感器 2 常值偏差增大故障和测量精度降低故障时，各残差评价

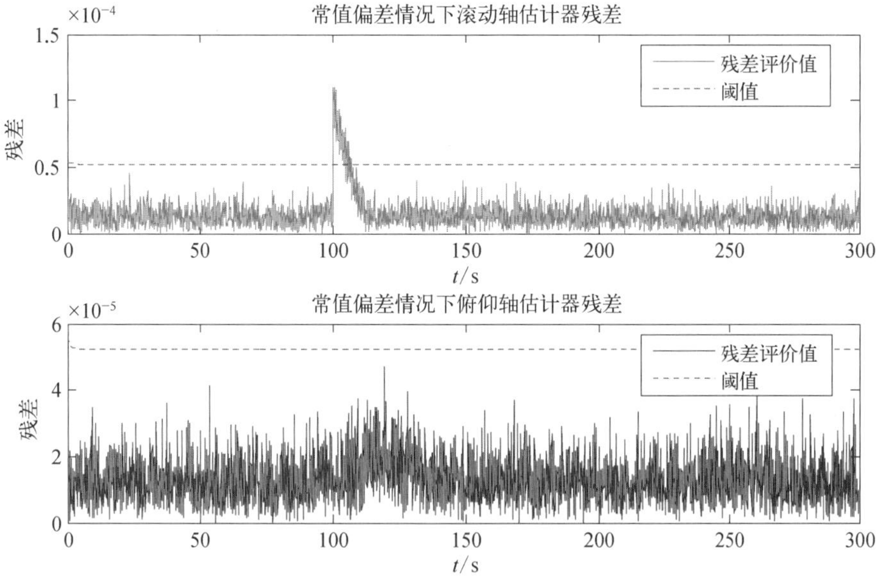


图 5－25　星敏感器 1 常值偏差故障的残差曲线

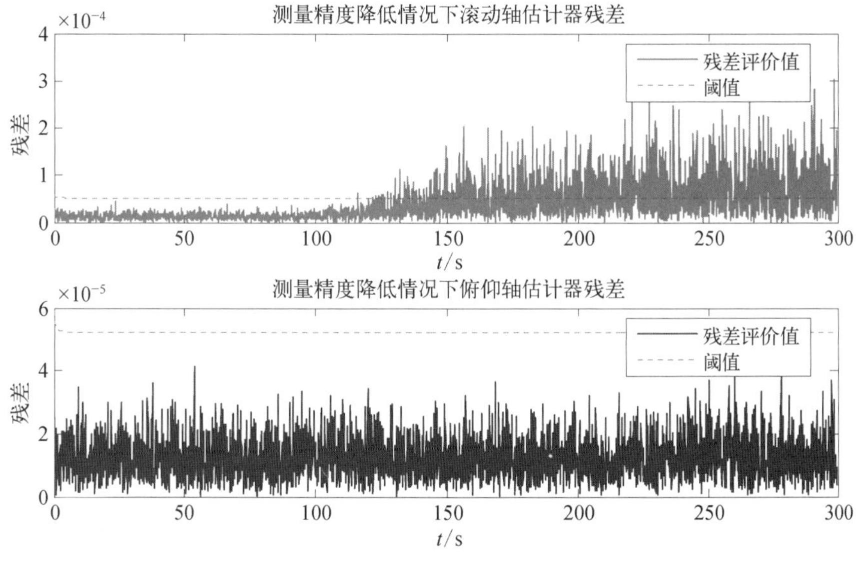


图 5－26　星敏感器 1 测量精度降低故障的残差曲线

函数分别如图 5－27 和图 5－28 所示,可以看出只有根据俯仰轴估计器得到的残差评价值超阈值,对注入的两种故障较为敏感,而根据滚动轴估计器得到的残差没有变化。

通过上述分析可知,本节提出的星敏感器故障定位方法能够准确识别星敏感器的故障。

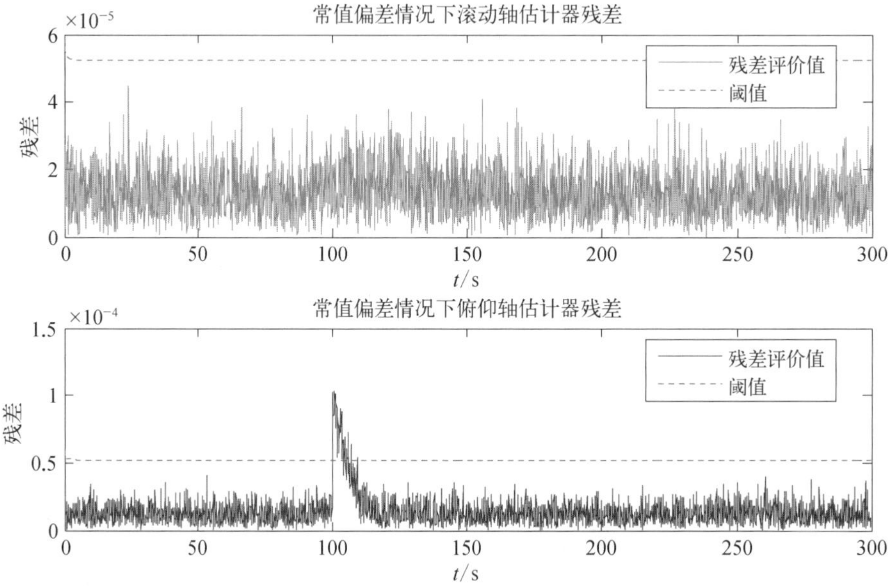


图 5－27　星敏感器 2 常值偏差故障的残差曲线

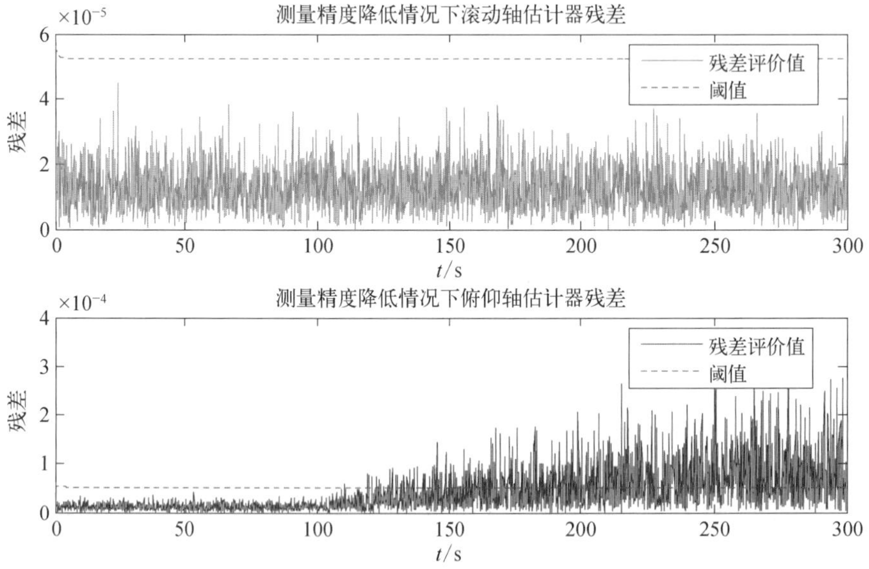


图 5－28　星敏感器 2 测量精度降低故障的残差曲线

2. 地球敏感器、太阳敏感器与陀螺的联合故障定位

特殊情况下，敏捷航天器敏感器配置可能会降级为地球敏感器、太阳敏感器与陀螺相结合的形式。本节针对由 3 个陀螺、2 个地球敏感器和 1 个太阳敏感器组成的姿态控制系统（配置情况如表 5－14 所示），基于该配置给出系统运动学方程以及各类敏感器的测量模型，然后将敏感器子系统看作以陀螺输出为输入，以地球敏感器和太阳敏感

器输出为输出的虚拟系统，在此基础上，根据敏捷航天器控制系统的不同轴向，设计不同功能的观测器，提出相应的故障定位逻辑，实现地球敏感器、太阳敏感器与陀螺的联合故障定位[13]。

表 5-14　姿态控制系统配置情况

| 部　件 | 个数 | 安装情况 |
|---|---|---|
| 地球敏感器 | 2 | 滚动轴与俯仰轴各一个 |
| 太阳敏感器 | 1 | 安装矩阵 $\boldsymbol{C}_{SSB}$ |
| 陀螺 | 3 | 安装矩阵 $\boldsymbol{R}$ |

1）问题描述

敏捷航天器控制系统是一个典型的闭环控制系统，具体结构如图 5-29 所示，本节主要针对图中标黑部分研究故障定位方法。图中，$\omega_x$、$\omega_y$、$\omega_z$ 为敏捷航天器转动角速度 $\omega$ 沿本体轴的分量，$\varphi$、$\theta$、$\psi$ 为欧拉角，$\Delta g_1$、$\Delta g_2$、$\Delta g_3$ 为陀螺的测量输出，$\varphi_h$ 和 $\theta_h$ 为地球敏感器的测量输出，$\varphi_{ss}$ 为太阳敏感器的输出，$u_x$、$u_y$、$u_z$ 为三轴期望输出力矩，$q_r$ 或 $\varphi_r$、$\theta_r$、$\psi_r$ 为期望输入，$u_{r,x}$、$u_{r,y}$、$u_{r,z}$ 为执行机构实际的输出力矩。

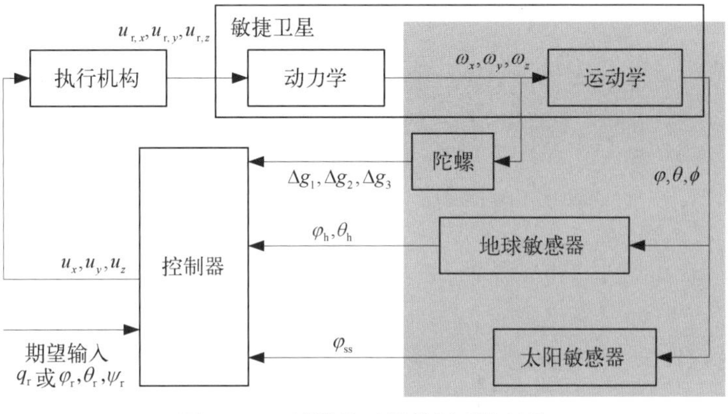


图 5-29　敏捷航天器控制系统结构

当航天器处于对地定向状态时，小角度近似的姿态运动学方程为

$$
\begin{cases}
\omega_x(t) = \dot{\varphi}(t) - \omega_0\psi(t) \\
\omega_y(t) = \dot{\theta}(t) - \omega_0 \\
\omega_z(t) = \dot{\psi}(t) + \omega_0\varphi(t)
\end{cases}
\tag{5-50}
$$

式中，$\omega_x(t)$、$\omega_y(t)$、$\omega_z(t)$ 为敏捷航天器角速度 $\omega$ 沿本体轴的分量；$\varphi(t)$、$\theta(t)$、$\psi(t)$ 为欧拉角；$\omega_0$ 为轨道角速度。

地球敏感器测量模型为

$$\varphi_h(t) = \varphi(t) + N_{\varphi h}(t)$$

$$\theta_{h}(t)=\theta(t)+N_{\theta h}(t) \tag{5-51}$$

式中，$\varphi_{h}(t)$ 和 $\theta_{h}(t)$ 为测量输出；$N_{\varphi h}(t)$ 和 $N_{\theta h}(t)$ 为测量噪声。

陀螺测量模型为

$$\begin{bmatrix}\Delta g_{1}(t)\\ \Delta g_{2}(t)\\ \Delta g_{3}(t)\end{bmatrix}=\left(\boldsymbol{R}\begin{bmatrix}\omega_{x}(t)\\ \omega_{y}(t)\\ \omega_{z}(t)\end{bmatrix}\right)+\begin{bmatrix}d_{x}(t)+b_{x}(t)\\ d_{y}(t)+b_{y}(t)\\ d_{z}(t)+b_{z}(t)\end{bmatrix} \tag{5-52}$$

式中，$\Delta g_{i}(t)$ 为陀螺测量输出 ($i=1,2,3$)；$d_{j}(t)$ 为指数相关漂移项 $\left[\dot{d}_{j}(t)=-\dfrac{1}{\tau_{j}}d_{j}(t)\right]$；$b_{j}(t)$ 为常值漂移项 ($j=x, y, z$)。

太阳敏感器测量模型为

$$\varphi_{ss}(t)=\arctan\left(\frac{\boldsymbol{S}_{SSY}(t)}{\boldsymbol{S}_{SSZ}(t)}\right) \tag{5-53}$$

式中，

$$\boldsymbol{S}_{SSY}(t)=[S_{BX}\quad S_{BY}\quad S_{BZ}]\boldsymbol{C}_{BO}(t)\begin{bmatrix}S_{OX}(t)\\ S_{OY}(t)\\ S_{OZ}(t)\end{bmatrix}$$

$$\boldsymbol{S}_{SSZ}(t)=[S_{CX}\quad S_{CY}\quad S_{CZ}]\boldsymbol{C}_{BO}(t)\begin{bmatrix}S_{OX}(t)\\ S_{OY}(t)\\ S_{OZ}(t)\end{bmatrix}$$

$$\boldsymbol{C}_{BO}(t)=\begin{bmatrix}\cos\varphi(t) & 0 & -\sin\varphi(t)\\ 0 & 1 & 0\\ \sin\varphi(t) & 0 & \cos\varphi(t)\end{bmatrix}\begin{bmatrix}1 & 0 & 0\\ 0 & \cos\theta(t) & \sin\theta(t)\\ 0 & -\sin\theta(t) & \cos\theta(t)\end{bmatrix}\begin{bmatrix}\cos\psi(t) & \sin\psi(t) & 0\\ -\sin\psi(t) & \cos\psi(t) & 0\\ 0 & 0 & 1\end{bmatrix}$$

$\varphi_{ss}(t)$ 为太阳敏感器测量输出；$S_{Bi}$ 与 $S_{Ci}$ 为太阳敏感器安装矩阵 $\boldsymbol{C}_{SSB}$ 相关参数 ($i=X, Y, Z$)，$\boldsymbol{C}_{SSB}=\begin{bmatrix}S_{AX} & S_{AY} & S_{AZ}\\ S_{BX} & S_{BY} & S_{BZ}\\ S_{CX} & S_{CY} & S_{CZ}\end{bmatrix}$；$\boldsymbol{S}_{O}(t)=\begin{bmatrix}S_{OX}(t)\\ S_{OY}(t)\\ S_{OZ}(t)\end{bmatrix}$ 为太阳方向矢量 $\boldsymbol{S}$ 在轨道坐标系统中的表示。

由于上述太阳敏感器的测量模型为非线性形式，为了保证故障定位方法简单有效，本节采用双矢量定姿结果 $\varphi_{sh}(t)$、$\theta_{sh}(t)$ 和 $\psi_{sh}(t)$ 进行故障定位，该结果和太阳敏感器与地球敏感器的输出都相关，双矢量定姿模型表述为

$$
\begin{aligned}
\varphi_{sh}(t) &= \varphi(t) + N_{\varphi sh}(t) \\
\theta_{sh}(t) &= \theta(t) + N_{\theta sh}(t) \\
\psi_{sh}(t) &= \psi(t) + N_{\psi sh}(t)
\end{aligned} \tag{5-54}
$$

式中，$N_{\varphi sh}(t)$、$N_{\theta sh}(t)$、$N_{\psi sh}(t)$为定姿误差。

2）虚拟敏感器测量系统

由于根据陀螺输出和式（5－52），可推导出敏捷航天器的三轴角速度 $\omega_x$、$\omega_y$、$\omega_z$，在此基础上，利用式（5－50）、式（5－51）和式（5－53）即可得到地球敏感器和太阳敏感器输出，因此敏感器子系统可看作以陀螺输出为输入，以地球敏感器和太阳敏感器输出为输出的虚拟系统，如图 5－30 所示。将陀螺输出 $\Delta g_1$、$\Delta g_2$、$\Delta g_3$ 计算得到的 $\omega_x$、$\omega_y$、$\omega_z$，替换式（5－50）中的 $\omega_x$、$\omega_y$、$\omega_z$，得到欧拉角 $\varphi$、$\theta$、$\psi$，进而利用式（5－51）和式（5－53）即可得到地球敏感器和太阳敏感器的输出，即为图 5－30 中的 $\varphi'_h$、$\theta'_h$、$\varphi'_{ss}$。本节提出的观测器是基于虚拟系统而设计，但代入观测器的不是虚拟系统获得的地球敏感器和太阳敏感器的输出，而是真实系统的地球敏感器和太阳敏感器输出。

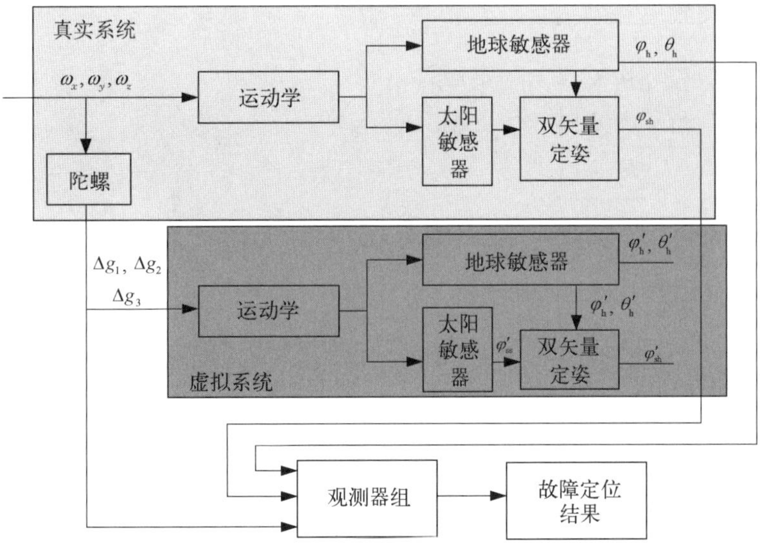


图 5－30　基于虚拟系统的观测器设计

3）基于观测器的故障定位方法

基于上述设计思路，针对敏捷航天器控制系统的敏感器子系统，设计 3 个观测器，实现不同类敏感器的故障定位。

（1）观测器 1 的设计。敏捷航天器控制系统的俯仰轴和滚动轴与偏航轴是解耦的，因此观测器 1 只考虑俯仰轴相关陀螺和地球敏感器，并基于俯仰轴虚拟系统模型进行设计。

综合考虑式（5－50）～式（5－52），得到俯仰轴虚拟系统模型为

$$\begin{cases}\begin{bmatrix}\dot{\theta}(t)\\ \dot{d}_y(t)\\ \dot{b}_y(t)\end{bmatrix}=\begin{bmatrix}0 & -1 & -1\\ 0 & -\dfrac{1}{\tau_y} & 0\\ 0 & 0 & 0\end{bmatrix}\begin{bmatrix}\theta(t)\\ d_y(t)\\ b_y(t)\end{bmatrix}+\begin{bmatrix}\omega_0(t)+\Delta\bar{g}_2(t)\\ 0\\ 0\end{bmatrix}\\ \theta'_{\mathrm{h}}(t)=[1\quad 0\quad 0]\begin{bmatrix}\theta(t)\\ d_y(t)\\ b_y(t)\end{bmatrix}+N_{\theta\mathrm{h}}(t)\end{cases} \tag{5-55}$$

式中，$\begin{bmatrix}\Delta\bar{g}_1(t)\\ \Delta\bar{g}_2(t)\\ \Delta\bar{g}_3(t)\end{bmatrix}=\boldsymbol{R}^{-1}\begin{bmatrix}\Delta g_1(t)\\ \Delta g_2(t)\\ \Delta g_3(t)\end{bmatrix}$。

离散化处理后得

$$\begin{cases}\underbrace{\begin{bmatrix}\theta(k+1)\\ d_y(k+1)\\ b_y(k+1)\end{bmatrix}}_{\boldsymbol{x}_{\mathrm{p}}(k+1)}=\underbrace{\begin{bmatrix}1 & -\Delta t & -\Delta t\\ 0 & 1-\dfrac{1}{\tau_y}\Delta t & 0\\ 0 & 0 & 1\end{bmatrix}}_{\boldsymbol{A}_{\mathrm{p}}}\underbrace{\begin{bmatrix}\theta(k)\\ d_y(k)\\ b_y(k)\end{bmatrix}}_{\boldsymbol{x}_{\mathrm{p}}(k)}+\underbrace{\begin{bmatrix}\Delta t\\ 0\\ 0\end{bmatrix}}_{\boldsymbol{B}_{\mathrm{p}}}[\omega_0(k)+\Delta\bar{g}_2(k)]\\ \underbrace{\theta'_{\mathrm{h}}(k)}_{\boldsymbol{y}_{\mathrm{p}}(k)}=\underbrace{[1\quad 0\quad 0]}_{\boldsymbol{C}_p}\underbrace{\begin{bmatrix}\theta(k)\\ d_y(k)\\ b_y(k)\end{bmatrix}}_{\boldsymbol{x}_{\mathrm{p}}(k)}+N_{\theta\mathrm{h}}(k)\end{cases} \tag{5-56}$$

针对上式所示模型，得到的观测器 1 形式为

$$\begin{cases}\hat{\boldsymbol{x}}_{\mathrm{p}}(k+1)=\boldsymbol{A}_{\mathrm{p}}\hat{\boldsymbol{x}}_{\mathrm{p}}(k)+\boldsymbol{B}_{\mathrm{p}}[\omega_0(k)+\Delta\bar{g}_2(k)]+\boldsymbol{L}_{\mathrm{p}}[\theta_{\mathrm{h}}(k)-\hat{\boldsymbol{y}}_{\mathrm{p}}(k)]\\ \hat{\boldsymbol{y}}_{\mathrm{p}}(k)=\boldsymbol{C}_{\mathrm{p}}\hat{\boldsymbol{x}}_{\mathrm{p}}(k)\end{cases} \tag{5-57}$$

（2）观测器 2 的设计。观测器 2 考虑滚动轴和偏航轴相关陀螺、地球敏感器及双矢量定姿结果，并基于滚动轴–偏航轴虚拟系统模型进行设计。

综合考虑式(5-50)~式(5-54)，得到滚动轴–偏航轴虚拟系统模型为

$$\begin{bmatrix}\dot{\varphi}(t)\\ \dot{\psi}(t)\\ \dot{d}_x(t)\\ \dot{b}_x(t)\\ \dot{d}_z(t)\\ \dot{b}_z(t)\end{bmatrix}=\begin{bmatrix}0 & \omega_0 & -1 & -1 & 0 & 0\\ -\omega_0 & 0 & 0 & 0 & -1 & -1\\ 0 & 0 & -\dfrac{1}{\tau_x} & 0 & 0 & 0\\ 0 & 0 & 0 & 0 & 0 & 0\\ 0 & 0 & 0 & 0 & -\dfrac{1}{\tau_z} & 0\\ 0 & 0 & 0 & 0 & 0 & 0\end{bmatrix}\begin{bmatrix}\varphi(t)\\ \psi(t)\\ d_x(t)\\ b_x(t)\\ d_z(t)\\ b_z(t)\end{bmatrix}+\begin{bmatrix}\Delta\bar{g}_1(t)\\ \Delta\bar{g}_3(t)\\ 0\\ 0\\ 0\\ 0\end{bmatrix}$$

$$\begin{bmatrix}\varphi'_{\mathrm{h}}(t)\\ \psi'_{\mathrm{sh}}(t)\end{bmatrix}=\begin{bmatrix}1&0&0&0&0&0\\0&1&0&0&0&0\end{bmatrix}\begin{bmatrix}\varphi(t) & \psi(t) & d_x(t) & b_x(t) & d_z(t) & b_z(t)\end{bmatrix}^{\mathrm{T}}+\begin{bmatrix}N_{\varphi\mathrm{h}}(t)\\ N_{\psi\mathrm{sh}}(t)\end{bmatrix} \tag{5-58}$$

离散化处理后得

$$\begin{cases}\underbrace{\begin{bmatrix}\varphi(k+1)\\ \psi(k+1)\\ d_x(k+1)\\ b_x(k+1)\\ d_z(k+1)\\ b_z(k+1)\end{bmatrix}}_{\boldsymbol{x}_{ry,1}(k+1)}=\underbrace{\begin{bmatrix}1 & \omega_0\Delta t & -\Delta t & -\Delta t & 0 & 0\\ -\omega_0\Delta t & 1 & 0 & 0 & -\Delta t & -\Delta t\\ 0 & 0 & 1-\dfrac{1}{\tau_x}\Delta t & 0 & 0 & 0\\ 0 & 0 & 0 & 1 & 0 & 0\\ 0 & 0 & 0 & 0 & 1-\dfrac{1}{\tau_z}\Delta t & 0\\ 0 & 0 & 0 & 0 & 0 & 1\end{bmatrix}}_{\boldsymbol{A}_{ry}}\underbrace{\begin{bmatrix}\varphi(k)\\ \psi(k)\\ d_x(k)\\ b_x(k)\\ d_z(k)\\ b_z(k)\end{bmatrix}}_{\boldsymbol{x}_{ry,1}(k)}\\ \qquad +\underbrace{\begin{bmatrix}\Delta t & 0\\ 0 & \Delta t\\ 0&0\\0&0\\0&0\\0&0\end{bmatrix}}_{\boldsymbol{B}_{ry}}\begin{bmatrix}\Delta\bar{g}_1(k)\\ \Delta\bar{g}_3(k)\end{bmatrix}\\ \underbrace{\begin{bmatrix}\varphi'_{\mathrm{h}}(k)\\ \psi'_{\mathrm{sh}}(k)\end{bmatrix}}_{\boldsymbol{y}_{ry,1}(k)}=\underbrace{\begin{bmatrix}1&0&0&0&0&0\\0&1&0&0&0&0\end{bmatrix}}_{\boldsymbol{C}_{ry}}\underbrace{\begin{bmatrix}\varphi(k) & \psi(k) & d_x(k) & b_x(k) & d_z(k) & b_z(k)\end{bmatrix}^{\mathrm{T}}}_{\boldsymbol{x}_{ry,1}(k)}\\ \qquad +\begin{bmatrix}N_{\varphi\mathrm{h}}(k)\\ N_{\psi\mathrm{sh}}(k)\end{bmatrix}\end{cases} \tag{5-59}$$

针对上式所示模型，得到的观测器 2 形式为

$$\begin{cases}\hat{\boldsymbol{x}}_{ry,1}(k+1)=\boldsymbol{A}_{ry}\hat{\boldsymbol{x}}_{ry,1}(k)+\boldsymbol{B}_{ry}\begin{bmatrix}\Delta\bar{g}_1(k)\\ \Delta\bar{g}_3(k)\end{bmatrix}+\boldsymbol{L}_{ry,1}\left[\begin{bmatrix}\varphi_{\mathrm{h}}(k)\\ \psi_{\mathrm{sh}}(k)\end{bmatrix}-\hat{\boldsymbol{y}}_{ry,1}(k)\right]\\ \hat{\boldsymbol{y}}_{ry,1}(k)=\boldsymbol{C}_{ry}\hat{\boldsymbol{x}}_{ry,1}(k)\end{cases} \tag{5-60}$$

（3）观测器 3 的设计。对于利用观测器 2 设计的残差，由于红外地球敏感器故障和太阳敏感器故障都会导致该残差超出阈值，因此当这两个部件的故障发生时不能进行准确定位，所以还需要设计仅利用红外地球敏感器输出 $\varphi'_{\mathrm{h}}(k)$ 的观测器 3。观测器 3 同样基于滚动轴-偏航轴虚拟系统模型进行设计，只是考虑的虚拟系统模型中的输出方程有些

许不同，具有如下形式：

$$\underbrace{\varphi_{\mathrm{h}}'(k)}_{y_{ry,2}(k)}=\underbrace{[1\quad 0\quad 0\quad 0\quad 0\quad 0]}_{C'_{ry}}\underbrace{[\varphi(k)\quad \psi(k)\quad d_x(k)\quad b_x(k)\quad d_z(k)\quad b_z(k)]^{\mathrm{T}}}_{x_{ry,2}(k)} \tag{5-61}$$

设计的观测器 3 的具体形式为

$$\begin{cases}\hat{\boldsymbol{x}}_{ry,2}(k+1)=\boldsymbol{A}_{ry}\hat{\boldsymbol{x}}_{ry,2}(k)+\boldsymbol{B}_{ry}\begin{bmatrix}\Delta\bar{g}_1(k)\\ \Delta\bar{g}_3(k)\end{bmatrix}+\boldsymbol{L}_{ry,2}[\varphi_{\mathrm{h}}(k)-\hat{\boldsymbol{y}}_{ry,2}(k)]\\ \hat{\boldsymbol{y}}_{ry,2}(k)=\boldsymbol{C}'_{ry}\hat{\boldsymbol{x}}_{ry,2}(k)\end{cases} \tag{5-62}$$

（4）故障定位逻辑。根据设计的 3 个观测器，得到下列 6 个残差，具有如下形式：

$$\begin{aligned}r_1(k)&=\theta_{\mathrm{h}}(k)-\hat{y}_{\mathrm{p}}(k)\\ r_2(k)&=\psi_{sh}(k)-\hat{y}_{ry,1,2}(k)\\ r_3(k)&=\varphi_{\mathrm{h}}(k)-\hat{y}_{ry,2}(k)\\ r_4(k)&=\hat{x}_{ry,1,4}(k)\\ r_5(k)&=\hat{x}_{\mathrm{p},3}(k)\\ r_6(k)&=\hat{x}_{ry,1,6}(k)\end{aligned} \tag{5-63}$$

式中，$\hat{y}_{ry,1,2}$ 表示 $\hat{y}_{ry,1}$ 的第 2 个元素；$\hat{x}_{ry,1,4}(k)$ 表示 $\hat{\boldsymbol{x}}_{ry,1}(k)$ 的第 4 个元素；$\hat{x}_{p,3}(k)$ 表示 $\hat{\boldsymbol{x}}_p(k)$ 的第 3 个元素；$\hat{x}_{ry,1,6}(k)$ 表示 $\hat{\boldsymbol{x}}_{ry,1}(k)$ 的第 6 个元素。

依据设计的残差，利用式(5－64)进行设置（$i=1,2,\cdots,6$），在此基础上，采用表 5－15 所示的故障定位逻辑进行不同类敏感器的故障检测与定位(×表示 0 或 1，主要取决于陀螺的安装矩阵)。

$$r_i'(k)=\begin{cases}1, & |r_i(k)|>r_{i\_\mathrm{th}}\\ 0, & |r_i(k)|\leqslant r_{i\_\mathrm{th}}\end{cases} \tag{5-64}$$

**表 5－15　故障定位逻辑**

| $r_1'(k)$ | $r_2'(k)$ | $r_3'(k)$ | $r_4'(k)$ | $r_5'(k)$ | $r_6'(k)$ | 故障定位结果 |
|---|---|---|---|---|---|---|
| 0 | 0 | 0 | 0 | 0 | 0 | 正常 |
| × | × | × | 1 | 0 | 0 | 陀螺 1 |
| × | × | × | 0 | 1 | 0 | 陀螺 2 |
| × | × | × | 0 | 0 | 1 | 陀螺 3 |
| 0 | 1 | 1 | 1 | 1 | 1 | $X$ 轴地球敏感器 |
| 1 | 1 | 0 | 1 | 1 | 1 | $Y$ 轴地球敏感器 |
| 0 | 1 | 0 | 1 | 1 | 1 | 太阳敏感器 |

（5）观测器参数设计。为了便于进行观测器参数设计，将图 5－30 转化为图5－31 所示形式，图中 $\Delta g_{1,i}$、$\Delta g_{2,i}$、$\Delta g_{3,i}$ 表示没有叠加故障的陀螺输出，$f_{\mathrm{Gyro}}$、$f_{\mathrm{Es}}$、$f_{\mathrm{Ss}}$ 分别为陀螺、地球敏感器和太阳敏感器的故障。图 5－31 的简化系统能够将观测器所需要的输入与输出统一到一个模型中，简化系统与实际系统、虚拟系统的关系如表5－16 所示。

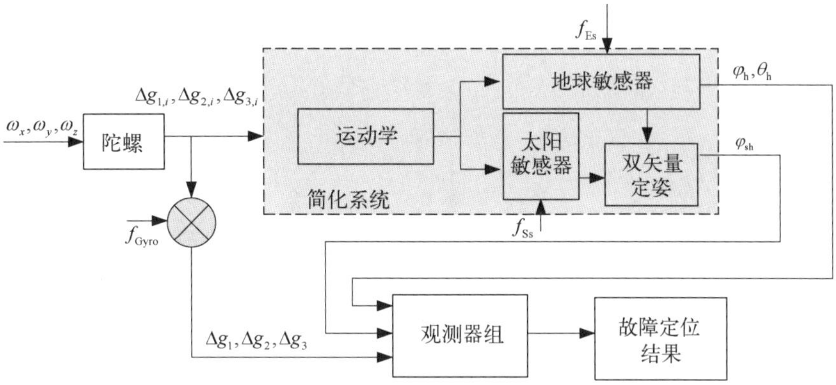


图 5－31　基于简化系统的观测器设计

**表 5－16　简化系统与真实系统、虚拟系统的关系**

| | 与真实系统的关系 | 与虚拟系统的关系 |
|---|---|---|
| 正常情况 | 具有相同的输出 | 等价，具有相同的输入与输出 |
| 地球敏感器或太阳敏感器故障 | | 等价，具有相同的输入与输出 |
| 陀螺故障 | | 简化系统输入为叠加故障之前的陀螺输出，该值为未知量，虚拟系统的输入为陀螺的实际输出 |

下面以观测器 2 为例说明观测器参数的设计过程。考虑地球敏感器和太阳敏感器故障后，简化系统的滚动-偏航轴模型为

$$\begin{cases}\boldsymbol{x}_{ry,1}(k+1)=\boldsymbol{A}_{ry}\boldsymbol{x}_{ry,1}(k)+\boldsymbol{B}_{ry}\begin{bmatrix}\Delta\bar{g}_{1,i}(k)\\ \Delta\bar{g}_{2,i}(k)\end{bmatrix}\\ \boldsymbol{y}_{ry,1}(k)=\boldsymbol{C}_{ry}\boldsymbol{x}_{ry,1}(k)+\boldsymbol{E}_{s,ry}\boldsymbol{f}_{s,ry}(k)\end{cases}\tag{5-65}$$

式中，$\boldsymbol{E}_{s,ry}=\begin{bmatrix}1&0\\1&1\end{bmatrix}$；$\boldsymbol{f}_{s,ry}(k)=\begin{bmatrix}f_{\mathrm{Es},1}(k)\\ f_{\mathrm{Ss}}(k)\end{bmatrix}$，$f_{\mathrm{Es},1}(k)$ 为滚动轴地球敏感器的故障，$f_{\mathrm{Ss}}(k)$ 为太阳敏感器的故障。值得一提的是，当陀螺发生故障时，$\begin{bmatrix}\Delta\bar{g}_{1,i}(k)\\ \Delta\bar{g}_{2,i}(k)\end{bmatrix}$ 为未知量。

将 $\Delta\bar{g}_1(k)=\Delta\bar{g}_{1,i}(k)+f_{\mathrm{Gyro},1}(k)$ 和 $\Delta\bar{g}_3(k)=\Delta\bar{g}_{3,i}(k)+f_{\mathrm{Gyro},3}(k)$ 代入式（5－60）状态观测器，得

$$\begin{cases}\hat{\boldsymbol{x}}_{ry,1}(k+1)=\boldsymbol{A}_{ry}\hat{\boldsymbol{x}}_{ry,1}(k)+\boldsymbol{B}_{ry}\left\{\begin{bmatrix}\Delta\bar{g}_{1,i}(k)\\ \Delta\bar{g}_{3,i}(k)\end{bmatrix}+\begin{bmatrix}f_{\mathrm{Gyro},1}(k)\\ f_{\mathrm{Gyro},3}(k)\end{bmatrix}\right\}\\ \qquad+\boldsymbol{L}_{ry,1}[\boldsymbol{y}_{ry,1}(k)-\hat{\boldsymbol{y}}_{ry,1}(k)]\\ \hat{\boldsymbol{y}}_{ry,1}(k)=\boldsymbol{C}_{ry}\hat{\boldsymbol{x}}_{ry,1}(k)\end{cases} \tag{5-66}$$

定义状态估计误差为：$\boldsymbol{e}_{ry,f}(k+1)=\boldsymbol{x}_{ry,1}(k+1)-\hat{\boldsymbol{x}}_{ry,1}(k+1)$，根据式(5－65)和式(5－66)可得

$$\boldsymbol{e}_{ry,f}(k)=(\boldsymbol{A}_{ry}-\boldsymbol{L}_{ry,1}\boldsymbol{C}_{ry})^{k}\boldsymbol{e}_{ry,f}(0)-\sum_{i=0}^{k-1}(\boldsymbol{A}_{ry}-\boldsymbol{L}_{ry,1}\boldsymbol{C}_{ry})^{i}$$
$$\left\{\boldsymbol{E}_{s,ry}\boldsymbol{f}_{s,ry}(0)+\boldsymbol{B}_{ry}\begin{bmatrix}f_{\mathrm{Gyro},1}(0)\\ f_{\mathrm{Gyro},3}(0)\end{bmatrix}\right\}$$

由上可知，当 $\boldsymbol{A}_{ry}-\boldsymbol{L}_{ry,1}\boldsymbol{C}_{ry}$ 的所有特征值均位于单位圆内时，式(5－66)所示观测器稳定。

4）仿真实例

根据提出的地球敏感器、太阳敏感器与陀螺的联合故障定位方法，设计如式(5－63)所的 6 个残差，分别考虑地球敏感器、太阳敏感器和陀螺的三种故障，通过分析各残差曲线变化情况验证所提方法的有效性。

(1) $X$ 轴地球敏感器发生常偏增大故障：

$$\varphi_{h}=\begin{cases}\varphi_{\mathrm{h,normal}}, & t<t_{f}\\ \varphi_{\mathrm{h,normal}}+b_{\mathrm{bias}}, & t\geqslant t_{f}\end{cases} \tag{5-67}$$

式中，$\varphi_{\mathrm{h,normal}}$ 表示地球敏感器的正常输出；$b_{\mathrm{bias}}$ 为故障情况下的常值偏差；$t_f$ 为故障发生时间，6 个残差曲线如图 5－32 所示。从图中可以看出，残差 $r_2(k)$、$r_3(k)$、$r_4(k)$、$r_5(k)$、$r_6(k)$ 超出阈值，根据式(5－63)得到 $r_2'(k)=1$，$r_3'(k)=1$，$r_4'(k)=1$，$r_5'(k)=1$，$r_6'(k)=1$，根据表 5－15 所示的故障定位逻辑可知，$X$ 轴地球敏感器发生故障。

(2) 太阳敏感器发生输出封死故障：

$$\varphi_{ss}=\begin{cases}\varphi_{\mathrm{ss,normal}}, & t<t_{f}\\ \varphi_{\mathrm{ss,locking}}, & t\geqslant t_{f}\end{cases} \tag{5-68}$$

式中，$\varphi_{\mathrm{ss,normal}}$ 表示太阳敏感器的正常输出；$\varphi_{\mathrm{ss,locking}}$ 为太阳敏感器输出封死值，6 个残差曲线如图 5－33 所示。从图中可以看出，残差 $r_2(k)$、$r_4(k)$、$r_5(k)$、$r_6(k)$ 超出阈值，根据式(5－63)得到 $r_2'(k)=1$，$r_4'(k)=1$，$r_5'(k)=1$，$r_6'(k)=1$，根据表 5－15 所示的故障定位逻辑可知，太阳敏感器发生故障。

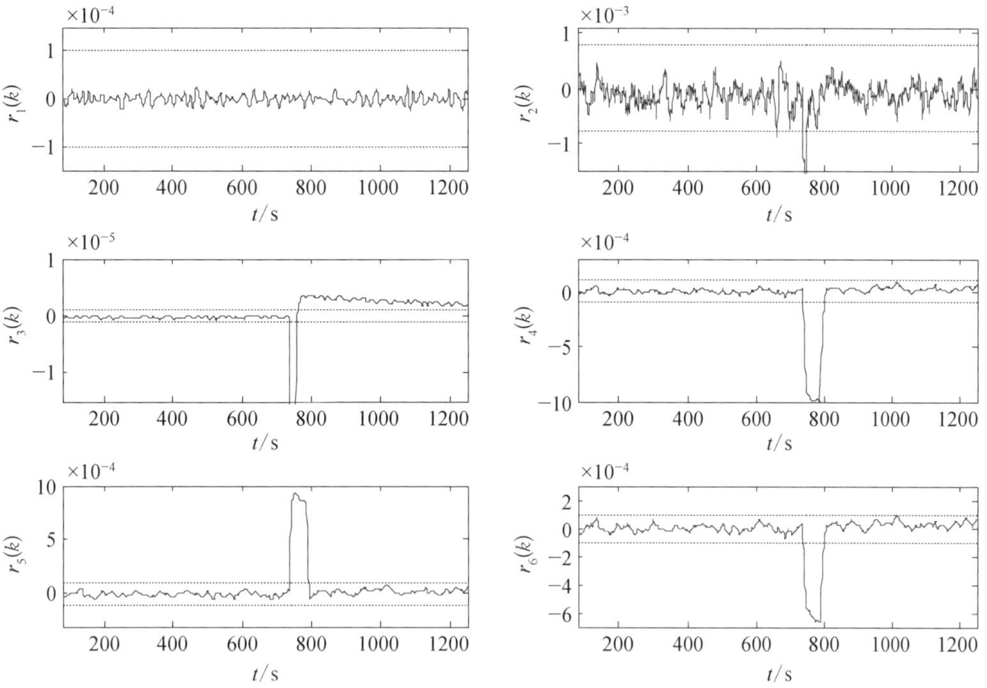


图 5-32　$X$ 轴地球敏感器常偏增大故障定位结果

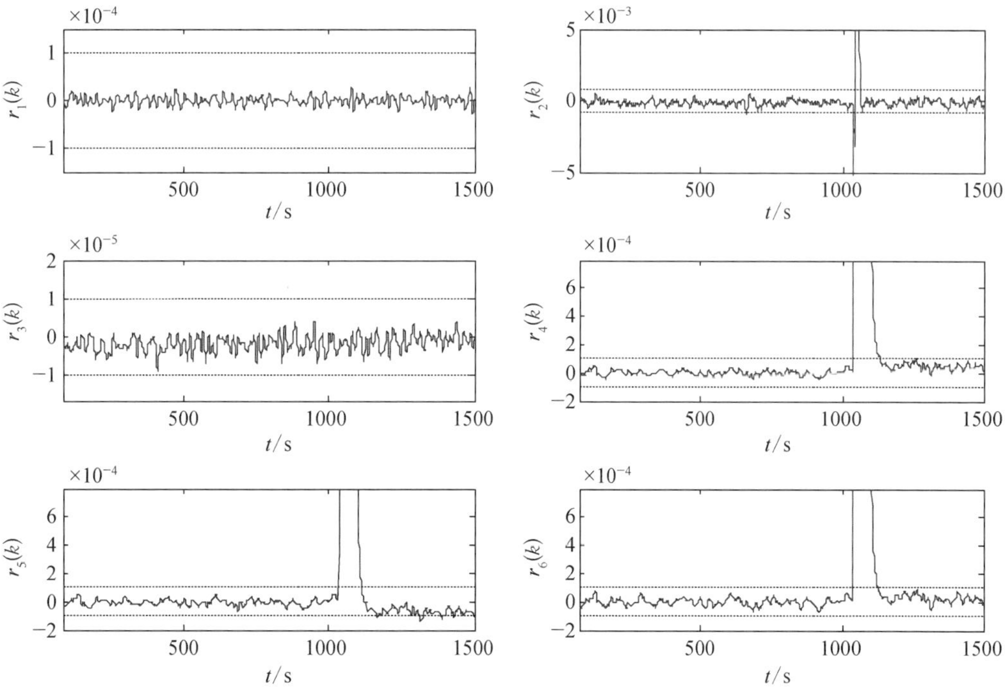


图 5-33　太阳敏感器输出封死故障定位结果

(3) 陀螺 2 发生常值偏差增大故障:

$$y_2 = \begin{cases} y_{2,\text{normal}}, & t < t_f \\ y_{2,\text{normal}} + b_{\text{bias}}, & t \geqslant t_f \end{cases} \tag{5-69}$$

式中,其中 $y_{2,\text{normal}}$ 是陀螺的正常输出; $b_{\text{bias}}$ 为故障情况下的常值偏差,6 个残差曲线如图 5-34 所示。从图中可以看出,残差 $r_3(k)$、$r_5(k)$ 超出阈值,根据式(5-63)得到 $r_3'(k)=1$,$r_5'(k)=1$,根据表 5-15 所示的故障定位逻辑可知,陀螺 2 发生故障。

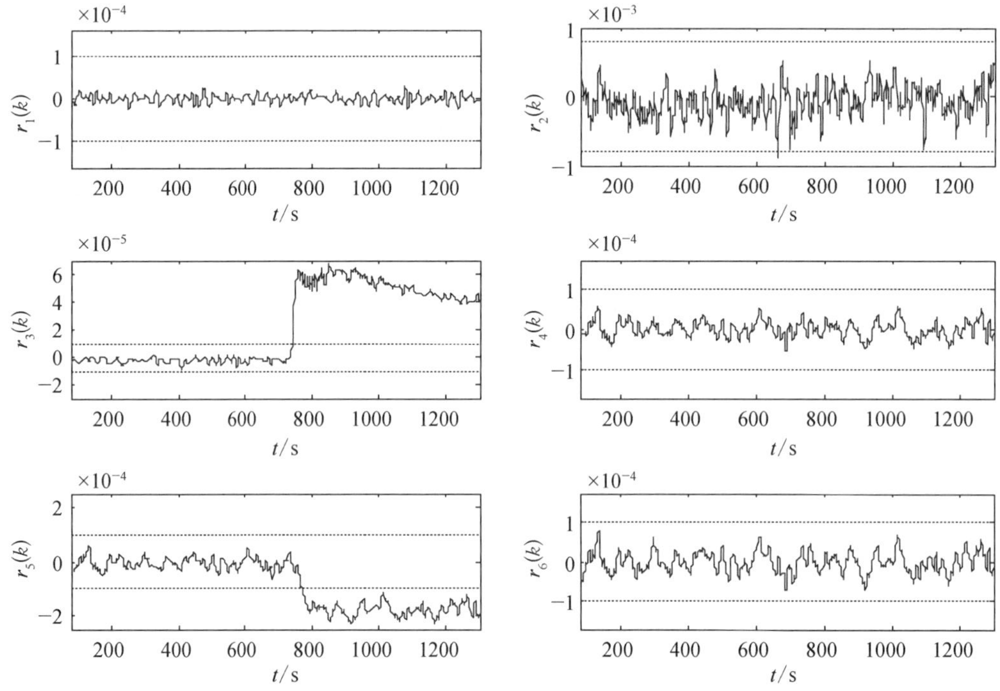


图 5-34 陀螺 2 常值偏差增大故障定位结果

通过上述分析可知,本节提出的地球敏感器、太阳敏感器与陀螺的联合故障定位方法能够实现故障的准确定位。

### 5.5.2 基于动力学模型的故障定位方法

本节主要基于动力学模型,利用敏感器与执行机构之间的全局信息进行故障定位。考虑执行机构故障和环境干扰,构建敏捷航天器控制系统故障模型,设计鲁棒滑模观测器,给出故障有效因子的自适应更新率,实现执行机构故障的准确定位。

1. 问题描述

敏捷航天器控制系统的姿态动力学模型如下:

$$\boldsymbol{J}\dot{\boldsymbol{\omega}}(t) = -\boldsymbol{\omega}(t)^{\times}\boldsymbol{J}\boldsymbol{\omega}(t) + \boldsymbol{u}(t) + \boldsymbol{d}(t)$$

式中，$\boldsymbol{\omega}(t)$ 为本体坐标系相对于惯性坐标系的角速度；$\boldsymbol{J} \in \mathbf{R}^{3\times 3}$ 为转动惯量矩阵，$\boldsymbol{u}(t) = [u_1(t), u_2(t), u_3(t)]^{\mathrm{T}}$ 为控制力矩；$\boldsymbol{d}(t)$ 为有界干扰力矩。

将执行机构失效故障建模为乘性因子形式，则故障情况下敏捷航天器姿态动力学模型为

$$\boldsymbol{J}\dot{\boldsymbol{\omega}}(t) = -\boldsymbol{\omega}(t)^{\times}\boldsymbol{J}\boldsymbol{\omega}(t) + \boldsymbol{U}(t)\boldsymbol{\beta}(t) + \boldsymbol{d}(t) \tag{5-70}$$

式中，$U(t) = \mathrm{diag}(u_1(t), u_2(t), u_3(t))$；$\boldsymbol{\beta}(t) = [\beta_1(t), \beta_2(t), \beta_3(t)]^{\mathrm{T}}$ 表示有效因子，$0 \leqslant \beta_i(t)(i = 1, 2, 3) \leqslant 1$，$\beta_i(t) = 1$ 表示第 $i$ 个执行机构未出现故障，$0 < \beta_i(t) < 1$ 表示第 $i$ 个执行机构部分失效但仍在工作，$\beta_i(t) = 0$ 表示第 $i$ 个执行机构完全失效。

通过对敏捷航天器控制系统建立观测器，利用观测器输出与实际系统输出获得残差评价函数，并在考虑干扰及不确定的情况下，建立残差估计阈值，当评价函数低于阈值时，表明无故障产生；相反，当评价函数高于阈值时，则表明发生故障，从而达到故障定位的目的。

2. 滑模观测器的设计

定理：针对式(5－70)所示的系统，设计如下观测器：

$$\boldsymbol{J}\dot{\hat{\boldsymbol{\omega}}}(t) = -\hat{\boldsymbol{\omega}}(t)^{\times}\boldsymbol{J}\hat{\boldsymbol{\omega}}(t) + \boldsymbol{U}(t)\hat{\beta}(t) + \boldsymbol{L}(\boldsymbol{\omega}(t) - \hat{\boldsymbol{\omega}}(t)) \tag{5-71}$$

式中，$\hat{\boldsymbol{\omega}}(t)$ 为 $\boldsymbol{\omega}(t)$ 的估计值；$\hat{\boldsymbol{\beta}}(t)$ 为有效因子 $\boldsymbol{\beta}(t)$ 的估计值；$\boldsymbol{L} \in \boldsymbol{R}^{3\times 3}$ 为正定矩阵。

有效因子自适应更新率为

$$\dot{\hat{\boldsymbol{\beta}}}(t) = \gamma\boldsymbol{U}(t)^{\mathrm{T}}(\boldsymbol{J}^{-1})^{\mathrm{T}}\boldsymbol{P}\tilde{\boldsymbol{\omega}}(t) - \gamma\delta_s\hat{\boldsymbol{\beta}}(t) \tag{5-72}$$

残差评价函数：

$$J_r(t) = \left[\int_0^t r^{\mathrm{T}}(t)r(t)\,\mathrm{d}t\right]^{\frac{1}{2}} \tag{5-73}$$

采用下列故障定位逻辑，实现敏捷航天器执行机构的故障定位：

$$\begin{aligned} &\| J_r(t) \| < J_{\mathrm{th}} \rightarrow \text{无故障发生} \\ &\| J_r(t) \| \geqslant J_{\mathrm{th}} \rightarrow \text{有故障发生} \end{aligned} \tag{5-74}$$

式中，$J_{\mathrm{th}}$ 为残差评价函数的上界：

$$J_{\mathrm{th}} = \left[\int_0^t \left(\frac{k\bar{d}\,\|\boldsymbol{J}^{-1}\|}{\lambda - k\gamma_1\|\boldsymbol{J}^{-1}\|} + \left(k\varepsilon - \frac{k\bar{d}\,\|\boldsymbol{J}^{-1}\|}{\lambda - k\gamma_1\|\boldsymbol{J}^{-1}\|}\right)\mathrm{e}^{-(\lambda - k\gamma_1\|\boldsymbol{J}^{-1}\|)\tau}\right)^2 \mathrm{d}\tau\right]^{\frac{1}{2}} \tag{5-75}$$

证明：

首先给出下列假设和引理：

假设 1：对于外界干扰力矩 $\boldsymbol{d}(t) = [d_1(t), d_2(t), d_3(t)]^{\mathrm{T}}$，存在 $\bar{d} > 0$，使得 $\| d \| \leqslant \bar{d}$，其中 $\bar{d}$ 为有界常数。

假设 2：存在常数 $\varepsilon$，使得 $\|\tilde{\omega}(0)\| = \|\omega(0)\| \leqslant \varepsilon$。

引理 1：如果 $\boldsymbol{\Lambda}$ 是一个稳定矩阵，那么存在正数 $k$ 及 $\lambda$，使得 $\|\mathrm{e}^{\Lambda t}\| \leqslant k\mathrm{e}^{-\lambda t}$。

引理 2：针对 $f(\boldsymbol{\omega}(t)) = -\boldsymbol{\omega}(t)^{\times}\boldsymbol{J}\boldsymbol{\omega}(t)$，存在关于 $\omega$ 的 Lipschitz 常数 $\gamma_1$，使得

$$\|f(\boldsymbol{\omega}) - f(\hat{\boldsymbol{\omega}})\| \leqslant \gamma_1(\|\boldsymbol{\omega} - \hat{\boldsymbol{\omega}}\|)$$

定义状态估计误差 $\tilde{\boldsymbol{\omega}}(t) = \boldsymbol{\omega}(t) - \hat{\boldsymbol{\omega}}(t)$，故障估计误差 $\tilde{\boldsymbol{\beta}}(t) = \boldsymbol{\beta}(t) - \hat{\boldsymbol{\beta}}(t)$，结合式(5－70)和式(5－71)得

$$\begin{aligned}\boldsymbol{J}\dot{\tilde{\boldsymbol{\omega}}}(t) = &-\boldsymbol{\omega}(t)^{\times}\boldsymbol{J}\boldsymbol{\omega}(t) + \hat{\boldsymbol{\omega}}(t)^{\times}\boldsymbol{J}\hat{\boldsymbol{\omega}}(t) + \boldsymbol{U}(t)\boldsymbol{\beta}(t)\\ &- \boldsymbol{U}(t)\hat{\boldsymbol{\beta}}(t) + \boldsymbol{d}(t) - \boldsymbol{L}(\boldsymbol{\omega}(t) - \hat{\boldsymbol{\omega}}(t))\end{aligned} \tag{5-76}$$

令 $f(\boldsymbol{\omega}) = -\boldsymbol{\omega}(t)^{\times}\boldsymbol{J}\boldsymbol{\omega}(t)$，$f(\hat{\boldsymbol{\omega}}) = -\hat{\boldsymbol{\omega}}(t)^{\times}\boldsymbol{J}\hat{\boldsymbol{\omega}}(t)$，上式转化为

$$\boldsymbol{J}\dot{\tilde{\boldsymbol{\omega}}}(t) = \boldsymbol{f}(\boldsymbol{\omega}) - \boldsymbol{f}(\hat{\boldsymbol{\omega}}) + \boldsymbol{U}(t)\tilde{\boldsymbol{\beta}}(t) + \boldsymbol{d}(t) - \boldsymbol{L}\tilde{\boldsymbol{\omega}}(t) \tag{5-77}$$

在未发生故障时，满足 $t < t_f$（$t_f$ 为执行机构故障发生时刻），$\beta = 1$，$\hat{\beta} = 1$，可得 $\tilde{\beta} = 0$，此时式(5－76)所示的状态估计误差动态系统转化为

$$\dot{\tilde{\boldsymbol{\omega}}}(t) = -\boldsymbol{J}^{-1}\boldsymbol{L}\tilde{\boldsymbol{\omega}}(t) + \boldsymbol{J}^{-1}[\boldsymbol{f}(\omega) - \boldsymbol{f}(\hat{\omega}) + \boldsymbol{d}(t)] \tag{5-78}$$

定义残差信号为 $r(t) = \tilde{\boldsymbol{\omega}}(t)$，下面给出残差估计阈值 $J_{\mathrm{th}}$ 的确定过程。

由式(5－78)可以得

$$\tilde{\boldsymbol{\omega}}(t) = \mathrm{e}^{-\boldsymbol{J}^{-1}\boldsymbol{L}t}\tilde{\boldsymbol{\omega}}(0) + \boldsymbol{J}^{-1}\int_0^t \mathrm{e}^{-\boldsymbol{J}^{-1}\boldsymbol{L}(t-\tau)}[\boldsymbol{f}(\omega) - \boldsymbol{f}(\hat{\boldsymbol{\omega}}) + \boldsymbol{d}(t)]\mathrm{d}\tau \tag{5-79}$$

由此可知：

$$\begin{aligned}\|\tilde{\boldsymbol{\omega}}(t)\| \leqslant &\|e^{-\boldsymbol{J}^{-1}\boldsymbol{L}t}\|\|\tilde{\boldsymbol{\omega}}(0)\| + \|\boldsymbol{J}^{-1}\|\int_0^t[\|\mathrm{e}^{-\boldsymbol{J}^{-1}\boldsymbol{L}(t-\tau)}\\ &(\|\boldsymbol{f}(\omega) - \boldsymbol{f}(\hat{\omega})\| + \|\boldsymbol{d}(t)\|)\|]\mathrm{d}\tau\end{aligned} \tag{5-80}$$

根据假设和引理可知，下列不等式：

$$\begin{aligned}\|\tilde{\boldsymbol{\omega}}(t)\| \leqslant &\|e^{-\boldsymbol{J}^{-1}\boldsymbol{L}t}\|\|\tilde{\boldsymbol{\omega}}(0)\| + \|\boldsymbol{J}^{-1}\|\int_0^t[\|\mathrm{e}^{-\boldsymbol{J}^{-1}\boldsymbol{L}(t-\tau)}\\ &(\|\boldsymbol{f}(\omega) - \boldsymbol{f}(\hat{\omega})\| + \|\boldsymbol{d}(t)\|)\|]\mathrm{d}\tau\\ \leqslant &\varepsilon\|\mathrm{e}^{-\boldsymbol{J}^{-1}\boldsymbol{L}t}\| + \gamma_1\|\boldsymbol{J}^{-1}\|\int_0^t\|\mathrm{e}^{-\boldsymbol{J}^{-1}\boldsymbol{L}(t-\tau)}\|\\ &\|\boldsymbol{\omega} - \hat{\boldsymbol{\omega}}\|\mathrm{d}\tau + \bar{d}\|\boldsymbol{J}^{-1}\|\int_0^t\|\mathrm{e}^{-\boldsymbol{J}^{-1}\boldsymbol{L}(t-\tau)}\|\mathrm{d}\tau\\ \leqslant &k\varepsilon\mathrm{e}^{-\lambda t} + k\gamma_1\|\boldsymbol{J}^{-1}\|\int_0^t\mathrm{e}^{-\lambda(t-\tau)}\|\tilde{\boldsymbol{\omega}}\|\mathrm{d}\tau + \frac{k\bar{d}\|\boldsymbol{J}^{-1}\|}{\lambda}(1 - \mathrm{e}^{-\lambda t})\end{aligned} \tag{5-81}$$

利用 Bellman－Gronwall 引理得[14]

$$\|\tilde{\boldsymbol{\omega}}(t)\| \leqslant \frac{k\bar{d}\|\boldsymbol{J}^{-1}\|}{\lambda - k\gamma_1\|\boldsymbol{J}^{-1}\|} + \left(k\varepsilon - \frac{k\bar{d}\|\boldsymbol{J}^{-1}\|}{\lambda - k\gamma_1\|\boldsymbol{J}^{-1}\|}\right)\mathrm{e}^{-(\lambda - k\gamma_1\|\boldsymbol{J}^{-1}\|)t} \tag{5-82}$$

由此可得，残差评价阈值 $J_{\mathrm{th}}$ 为

$$J_{th} = \left[\int_0^t \left(\frac{k\bar{d}\|\boldsymbol{J}^{-1}\|}{\lambda - k\gamma_1\|\boldsymbol{J}^{-1}\|} + \left(k\varepsilon - \frac{k\bar{d}\|\boldsymbol{J}^{-1}\|}{\lambda - k\gamma_1\|\boldsymbol{J}^{-1}\|}\right)\mathrm{e}^{-(\lambda - k\gamma_1\|\boldsymbol{J}^{-1}\|)\tau}\right)^2 \mathrm{d}\tau\right]^{\frac{1}{2}}$$

因此，考虑式(5－70)描述的故障影响下的敏捷航天器姿态动力学模型，设计式(5－71)所示的滑模观测器与式(5－74)所示的残差评价函数，当残差评价函数 $J_r(t)$ 超出阈值 $J_{\mathrm{th}}$ 时，则认为敏捷航天器发生故障。

3. 仿真实例

考虑的敏捷航天器转动惯量为 $\boldsymbol{J} = \begin{bmatrix} 20 & 1.2 & 0.9 \\ 1.2 & 17 & 1.4 \\ 0.9 & 1.4 & 15 \end{bmatrix}$，外界扰动力矩 $d_1 = A_0(3\cos\omega_0 t + 1)$，$d_2 = A_0(1.5\sin\omega_0 t + 3\cos\omega_0 t)$，$d_3 = A_0(3\sin\omega_0 t + 1)$，其中 $A_0 = 1.5 \times 10^{-5}\ \mathrm{N \cdot m}$。敏捷航天器姿态初值为 $\boldsymbol{\omega}(0) = [0\ 0\ 0]^{\mathrm{T}}\ \mathrm{rad/s}$。

根据提出的基于动力学的故障定位方法，设计滑模观测器，相关参数选取为 $\boldsymbol{\beta}(0) = [0\ 0\ 0]^{\mathrm{T}}$，$\hat{\boldsymbol{\omega}}(0) = \boldsymbol{\omega}(0)$，$\boldsymbol{L} = \begin{bmatrix} 1 & 2 & -5 \\ 6 & 8 & 4 \\ 7 & -8 & 9 \end{bmatrix}$，$\boldsymbol{P} = \begin{bmatrix} 1 & 2 & -3 \\ 2 & 5 & 1 \\ -3 & 1 & 2 \end{bmatrix}$，$k = 0.000\,95$，$\lambda = 0.000\,1$，$\gamma = 0.042$，$\gamma_1 = 0.1$，$\delta_s = 1$，$\varepsilon = 0.001$。

无故障时仿真结果分别如图 5－35 和图 5－36 所示，从仿真结果可知，在没有故障发生时，残差评价函数始终小于设定的故障检测阈值，没有检测到故障发生，同时执行机构的有效因子一直保持为 1。

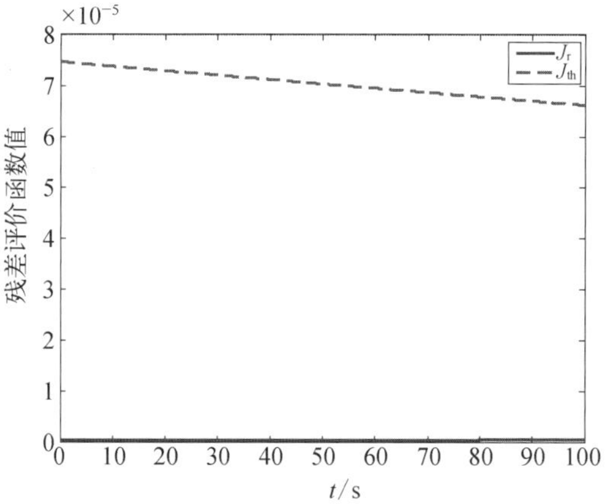


图 5－35　无故障时评价函数

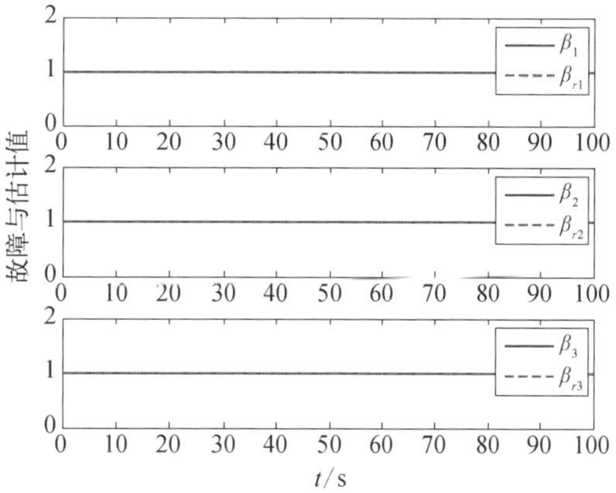


图 5－36　无故障时估计的有效因子

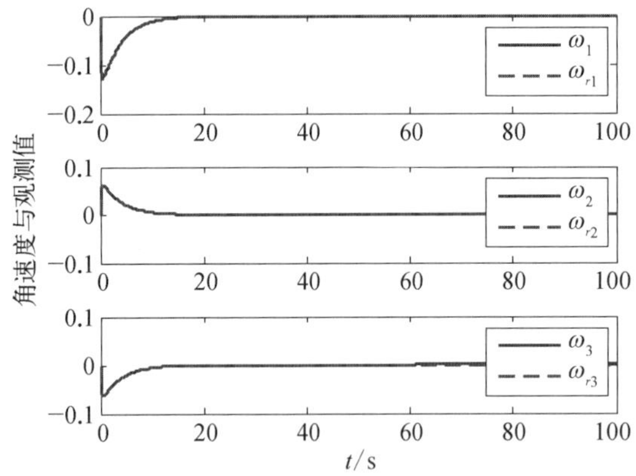


图 5-37 角速度及观测值仿真结果

当$t > 13$ s 时，设置$\beta = [0.5\quad 0.5\quad 0.5]^{\mathrm{T}}$，注入敏捷航天器动量轮失效故障，根据设计的滑模观测器得到的故障定位结果如图 5-37 和图 5-38 所示。在执行机构发生故障时，由图 5-37 可知滑模观测器能够精确估计角速度，观测误差精度达到$10^{-5}$；从图 5-38 可知残差评价函数超出了故障检测阈值，即设计的滑模观测器能够检测到故障发生，而且估计得到$\hat{\beta} = [0.5\quad 0.5\quad 0.5]^{\mathrm{T}}$。

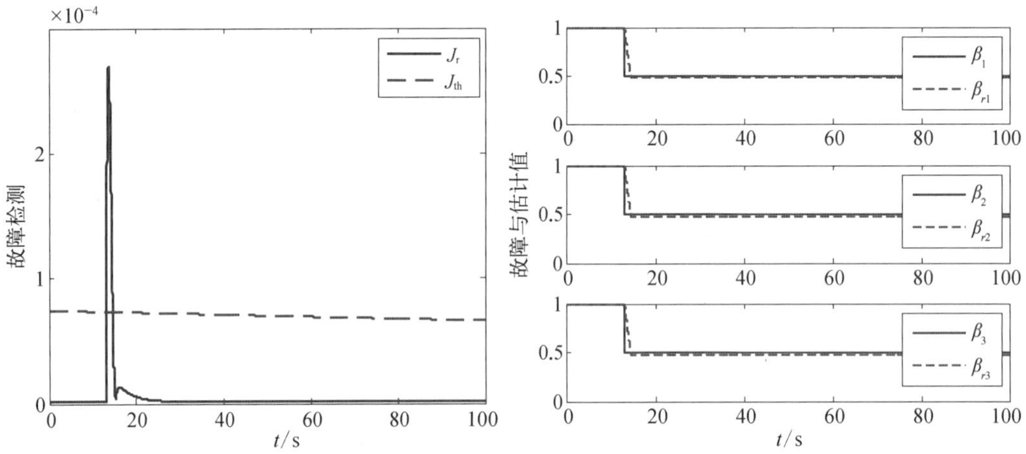


图 5-38 故障发生时评价函数及故障估计结果

从上述分析可知，本节提出的基于动力学的故障定位方法能够在很短时间内实现对故障的准确定位与估计。

## 5.6 系统级故障检测方法

敏捷航天器在轨运行过程中，为了杜绝因故障漏诊导致敏捷航天器结构/机构损坏、任务中断、功能失效，甚至危及能源、燃料安全的严重灾难后果发生，提出了系统级故障检测。它与故障定位框架体系中的其他各部分并行运行，在其他各部分未能检测到故障这种危险情况下，通过监测姿态超差、喷气超差或能源安全等发现异常，是保证敏捷航天器稳健运行的底线。

系统级故障检测主要包括力矩超差判断、姿态超差判断、能源安全监测。

(1) 力矩超差判断。当任意轴的控制力矩绝对值连续一定时间超出阈值时，或当一段时间内的总喷气时间超过某个限值时，认为敏捷航天器发生故障。力矩超差判断不仅针对敏感器输出故障,也针对由于执行机构故障导致的超差[15]。

(2) 姿态超差判断。当敏捷航天器某一轴的姿态角或姿态角速度超过设定的阈值,或姿态基准敏感器(星敏感器、地球敏感器和太阳敏感器等)无效,且超差或无效时间已超过最长允许时间时,或姿态持续振荡发散等现象发生,认为敏捷航天器发生故障。

(3) 能源安全监测。一般通过辅助敏感器对能源安全进行监测,如通过帆板上的模拟太阳敏感器监视帆板对日跟踪超差,或通过 0-1 太阳敏感器/数字太阳敏感器监视对日方位是否正常,当太阳敏感器长时间不见太阳或整星能源过低时,认为敏捷航天器发生故障。

系统级故障检测结果一般用于安全模式进入条件的判断。

## 5.7 故障定位结果融合方法

在敏捷航天器中,为了保证故障定位功能能够覆盖所有关键部件,使用了各种类型的故障定位方法,这导致相同部件可能会用到不同的方法,即故障定位功能存在冗余。而各故障定位方法由于基本原理和所用信息的不同,针对相同的部件可能会得到有差异甚至相悖的故障定位结果,如何对各故障定位结果进行有效融合,通过取长补短提高故障定位的准确性,是本节需要解决的问题[16]。

假定考虑的故障定位方法为 $M$ 个,部件为 $N$ 个,各故障定位方法得到的故障定位结果为 $r_{j,i}$,其中 $r_{j,i} \in \{0, 1\}$ $(j=1, 2, \cdots, M;\ i=1, 2, \cdots, N)$, $r_{j,i}=1$ 表示故障定位方法 $j$ 认为部件 $i$ 发生故障。

当部件 $s$ 发生故障时,基于各故障定位结果 $r_{j,i}$,故障定位结果融合单元依据下式计算错误率:

$$\text{SErrFusion} = \sum_{\substack{q=0 \\ q \neq s}}^{N} P(I_0 = q \mid H_s) P(H_s) \tag{5-83}$$

式中, $P(H_s)$ 表示部件 $s$ 发生故障的概率; $P(I_0 = q \mid H_s)$ 表示当部件 $s$ 发生故障时故障定位结果融合单元认为部件 $q$ 发生故障的概率 $(q = 1, 2, \cdots, N;\ q \neq s)$。

考虑所有部件的故障情况,得到故障定位结果融合单元的总错误率为

$$\text{ErrFusion} = \sum_{s=0}^{N} \sum_{\substack{q=0 \\ q \neq s}}^{N} P(I_0 = q \mid H_s) P(H_s) \tag{5-84}$$

因此故障定位结果融合的目的是:根据各故障定位方法给出的结果,采用有效的融合算法,使获得的最终故障定位结果保证总错误率 ErrFusion 最小。

根据文献[17]可知,保证 $\text{ErrFusion} = \sum_{s=0}^{N} \sum_{\substack{q=0 \\ q \neq s}}^{N} P(I_0 = q \mid H_s) P(H_s)$ 最小,等价于保证 $\text{AccFusion\_}s = P(H_s) P(I_0 = 1 \mid H_s) P(I_0 = 2 \mid H_s) \cdots P(I_0 = N \mid H_s)$ 最大,即

$$I_0 = \arg\max_{H_s} P(H_s)P(I_1 \mid H_s)P(I_2 \mid H_s)\cdots P(I_M \mid H_s) \tag{5-85}$$

式中，$P(I_k \mid H_s)$ 表示当部件 $s$ 发生故障时，故障定位方法 $k$ 获得当前故障定位结果 $r_{k,s}$ 的概率，$k = 1, 2, \cdots, M$。

因此，在故障定位结果融合过程中，需要已知下列信息：

（1）每个部件的故障发生概率 $P(H_s)$，该值一般在部件 FMEA 中有说明；

（2）当部件 $s$ 发生故障时，故障定位方法 $k$ 得到当前故障定位结果的概率 $P(I_k \mid H_s)$。该值主要通过数学仿真方式获得，如在敏捷航天器数学仿真系统中注入 $n$ 次部件 $s$ 的故障，若故障定位方法 $k$ 认为部件 $i$ 故障发生的次数为 $m$，则 $P(I_k = i \mid H_s) = \dfrac{m}{n}$。

当上述信息都不可知时，则将每个故障发生概率设置为相同，并按下列规则设置 $P(I_k = i \mid H_s)$，则本节提出的故障定位结果融合方法退化为投票表决法：

（1）当 $i = s$ 时，$P(I_k = i \mid H_s) = 1$；

（2）当 $i \neq s$ 时，$P(I_k = i \mid H_s) = 0$。

根据上述分析，得到故障定位结果融合步骤如下。

步骤一：针对每个部件故障 $s$（$s = 1, 2, \cdots, N$），根据各故障定位方法给出的结果 $r_{j,i}$、部件故障发生概率 $P(H_s)$ 和故障定位方法 $k$，得到当前故障定位结果的概率 $P(I_k \mid H_s)$，计算 $\text{AccFusion\_}s = P(H_s)P(H_s)P(I_1 \mid H_s)P(I_2 \mid H_s)\cdots P(I_M \mid H_s)$。

步骤二：将获得的 $N$ 个值 AccFusion_1，AccFusion_2，…，AccFusion_$N$ 进行比较，最大值对应的部件即为发生故障的部件。

通过故障定位结果融合，使敏捷航天器故障定位的准确率得到进一步提升。

## 参考文献


[1] 王南华，倪行震，李丹，等. 卫星控制系统地面实时故障定位专家系统 SCRDES[J]. 航天控制，1991，9(3)：37-44.

[2] DEB S, PATTIPATI K R, RAGHAVA V. Multi-signal flow graphs: a novel approach for system testability analysis and fault diagnosis[C]. Anaheim: Proceedings of IEEE AUTOTESTCON, 1994.

[3] 王振西，刘成瑞，张强，等. 基于多信号流图和改进 BHS-树的陀螺可诊断性研究[J]. 空间控制技术与应用，2012，38(4)：1-5.

[4] 刘文静，王南华，邢琰. 基于 DM 分解技术的传感器优化配置研究[C]. 厦门：第二十三届全国空间探测学术交流会，2010.

[5] Liu W J, Yuan L, Wang S Y. Research on fault diagnosis method of control moment gyroscope on K-means algorithm[C]. Shengyang: 39th Chinese Control Conference, 2020.

[6] KITAZONO J, GROZAVU N, ROGOVSCHI N, et al. T-distributed stochastic neighbor embedding with inhomogeneous degrees of freedom[J]. Lecture Notes in Computer Science, 2016, Part Ⅲ, LNCS9949: 119-128.

[7] ZHAO W L, DENG C H, NGO C W. K-means: a revisit[J]. Neurocomputing, 2018, 291(24):

195 - 206

[ 8 ] 冯烨,刘良栋,胡军.基于奇偶向量法的控制力矩陀螺系统故障诊断[C].宜昌：全国第十三届空间及运动体控制技术学术年会,2008.

[ 9 ] 袁泉,何英姿,邢琰,等.基于线性最小均方差估计的星敏感器故障诊断[J].空间控制技术与应用,2013,39(2)：30 - 35.

[10] 江耿丰,邢琰,王南华.利用奉献观测器诊断红外地球敏感器故障的新方法[J].航天控制,2017,25(3)：38 - 42.

[11] COSTA O, BENITES G. Linear minimum mean square filter for discrete-time linear systems with Markov jumps and multiplicative noises[J]. Automatica, 2011, 47(3): 466 - 476.

[12] SIDI M. Spacecraft dynamics and control: a practical engineering approach[M]. Cambridge: Cambridge University Press, 1997: 152 - 160.

[13] YUAN L, WANG S Y, LIU W J, et al. Sensor fault diagnosis scheme design for spacecraft attitude control system[C]. Xiamen: 2019 CAA Symposim on Fault Detection, Supervision and Supervision and Safety for Technical Processes, 2019.

[14] SHAHRIARI-KAHKESHI M, SHEIKHOLESLAN F, ASKARI J. Adaptive fault detection and estimation scheme for a class of uncertain nonlinear systems[J]. Nonlinear Dynamics, 2015, 79: 2623 - 2637.

[15] 刘良栋,李果.航天器控制技术进展[J].控制工程,2001(5)：1 - 9.

[16] LIU W L, TENG B Y. Application of weighted evidence theory in the space-earth fault diagnosis result fusion of spacecraft [C]. Guilin: 12th World Congress on Intelligent Control and Automation (WCICA), 2016.

[17] LIU B, JEREMIC A, WONG K M. Optimal distributed detection of multiple hypotheses using blind algorithm[J]. IEEE Transactions on Aerospace and Electronic Systems, 2011, 47(1): 317 - 331.

# 第6章 敏捷航天器稳健设计的安全性策略及控制方法

## 6.1 概述

NASA 在其标准 NPR 8715.3[1] 中规定,“安全性”需求有两类:确定类安全性需求和风险类安全性需求。确定类安全性需求是行动或性能阈值的定性或定量定义,与使命任务相关的设计、系统或相应活动必须满足这个阈值要求,以保证这些设计、系统或活动是安全的。对那些标识为“安全关键”的部件,允许系统在出现一个或多个故障时仍满足需求或简化系统功能性要求保证其处于安全状态。简单来说,确定类安全性需求通过各类故障诊断、故障定位、部件重组及系统重构等技术可解决。而风险类安全性需求是在确定置信水平下尽量将损失概率降低,需要辨别和排除危险,降低危险带来事故发生的可能性,或在可接受水平上降低危险及其引发相应事故的影响。风险类安全性需求在航天器控制系统的设计中演化为:以安全为目标,核心是采用系统思维识别故障,在规避风险与降低成本间进行权衡,改变或降低任务目标是安全性需求的最后一级,在实现层面上以安全模式设计为主。

本章以维护敏捷航天器的安全性、欠配置下的稳健运行为目标,针对由未知故障导致的整星能源和/或结构损坏等“风险类安全性”问题,第 6.2 节提出稳健系统的安全性设计策略,确保敏捷航天器能快速安全规避重大危险情况。当敏捷航天器受到多重“关键”部件故障影响,如陀螺、控制力矩陀螺或推力器等多个故障,或系统出现未知异常超出了敏感器测量范围或执行机构施控能力时,控制系统将处于欠测量或欠驱动状态,第 6.3 节给出了敏捷航天器关键部件欠配置下的姿态控制方法,通过适当降低控制系统性能,提升在轨长期的稳健运行能力。

## 6.2 稳健系统的安全性设计策略

控制系统设计过程中,当由第 5 章介绍的多层次故障快速定位体系判定为航天器出现姿态异常、帆板对日异常、燃料消耗过多、能源过低等非预期异常、触及系统容忍失效的底线时,从稳健系统角度,为保证航天器的能源安全、结构安全及燃料安全,需要设计完整的安全性策略,使得航天器处于对日/对目标定向或无控的状态,该类状态被定义为安全模式。

### 6.2.1 安全模式的总体设计

安全模式根据系统是否主动实施控制动作划分为如下两类模式。

(1) 停控模式：航天器处于暂时无控的一种工作模式，一般用于配置推力器的航天器无法完成角速度控制或对日/对目标定向姿态控制时，通过禁止推力器和其他执行机构工作的方式进行异常处置，避免故障危害进一步恶化与扩散。

(2) 全姿态捕获模式：航天器从未知的或者停控的初始状态，达到飞行任务所期望姿态的过程，通过航天器特定轴对日、对地或对目标定向，保证航天器能源安全，一般用于航天器出现姿态基准丢失、帆板无法对日或对目标定向、航天器保正常稳定运行的自主处置手段均无效等异常场合。

根据停控模式设计初衷，停控模式的进入条件一般分为如下两类。

(1) 对于配置陀螺组件且陀螺测量量程足够大的航天器，在判定陀螺无故障的前提下，陀螺角速度测量作为进入停控模式的判据，即角速度大小推知将对航天器结构造成损坏的潜在风险。

(2) 对于陀螺测量量程受限，或无法确定陀螺故障与星载控制算法是否失效等异常时，将姿态控制推力器喷气累计量作为进入停控模式的判据，即通过喷气累计量推断航天器的角速度是否接近损坏航天器结构的条件。

停控模式的处理方法以停止对航天器施加主动控制力和力矩为主要方式，一般来说应同时停止推力器工作以及角动量交换装置工作，对非必要使用部件和载荷进行关机处理以减少整星能源消耗，在有条件的情况下，通过帆板上的太阳敏感器测量驱动帆板指向太阳以增加整星能源的供给。停控的目的是在危险未能排除情况下，将航天器安全性风险控制在一定范围之内，为地面辅助干预争取时机。停控模式处理相对简单，这里重点介绍全姿态捕获方法。

全姿态捕获模式是保证航天器能源安全的最常见的一种安全模式。一般敏捷航天器除了配置必需的陀螺、星敏感器、CMG、磁力矩器和推力器以外，还可能配置磁强计、太阳敏感器、地球敏感器等，用于系统异常后的全姿态捕获控制。全姿态捕获主要分为太阳-地球捕获和地球-地球捕获两种方式[2]。太阳-地球捕获方式首先使得航天器特定轴实现对日定向，在保证整星能源供应的前提下择机搜捕地球，重建航天器姿态基准。地球-地球捕获方式为直接实现地球捕获，并在恢复为对地三轴稳定运行状态过程中重建航天器姿态基准。转入全姿态捕获后往往会改变正常控制所用敏感器和执行机构，而替换为低精度高可靠部件，如粗太阳敏感器、地球敏感器等。一般在太阳敏感器工作正常情况下首选太阳-地球捕获方式，若太阳敏感器故障或无太阳敏感器配置则选用基于地球敏感器或星敏感器测量信息的地球-地球捕获方式。

全姿态捕获模式进入条件一般为检测出系统级故障后系统自主转入。为尽量避免航天器转入全姿态捕获模式影响载荷业务运行，一般对进入条件有较严格的判断，5.6 节给出的力矩超差、姿态超差、能源安全监测等条件确认，需要进行连续、长时间的判断，当上述状态持续的时间达到危及整星能源安全时则自主转入。此外，当地面管控系统监测出航天器姿态异常且星上未能自主处置时，也可由地面指令强制航天器进入全姿态捕获模式。

根据航天器控制系统配置，以对地定向卫星为例，全姿态捕获模式实现方式包括如下。

（1）利用太阳敏感器和地球敏感器的太阳-地球捕获方式：根据太阳敏感器的信息，完成卫星某特定轴对日定向，使卫星获得充足能源；然后择机在适当的轨道位置，根据地球敏感器获取地心矢量信息，进而恢复卫星对地定向运行状态。

（2）利用星敏感器的太阳-地球捕获方式：根据星敏感器测量信息，结合太阳星历计算，获取卫星对日定向的姿态偏差，通过姿态调整实现星体特定轴对日定向，使卫星获得充足的能源；然后择机基于星敏感器测量并结合轨道信息确定卫星三轴对地姿态，通过控制实现卫星对地定向三轴稳定状态的建立。

（3）利用地球敏感器的地球-地球捕获方式：通过地球敏感器测量进行星体姿态调整以实现卫星当地的地平捕获，然后在维持固定偏航角下的对地指向稳定飞行过程中，基于陀螺在滚动与俯仰方向的角速度测量实现偏航角估计，当获取星体三轴姿态后即可转入三轴稳定对地运行状态。

（4）利用星敏感器的地球-地球捕获方式：通过姿态机动，使星敏感器实现全天球姿态捕获，基于星敏感器的惯性姿态测量信息，结合卫星轨道参数，确定卫星三轴姿态，通过姿态调整实现由任意姿态恢复至三轴稳定对地运行姿态。

综合上述，不同捕获方式，全姿态捕获模式的实现流程如图 6-1 所示。

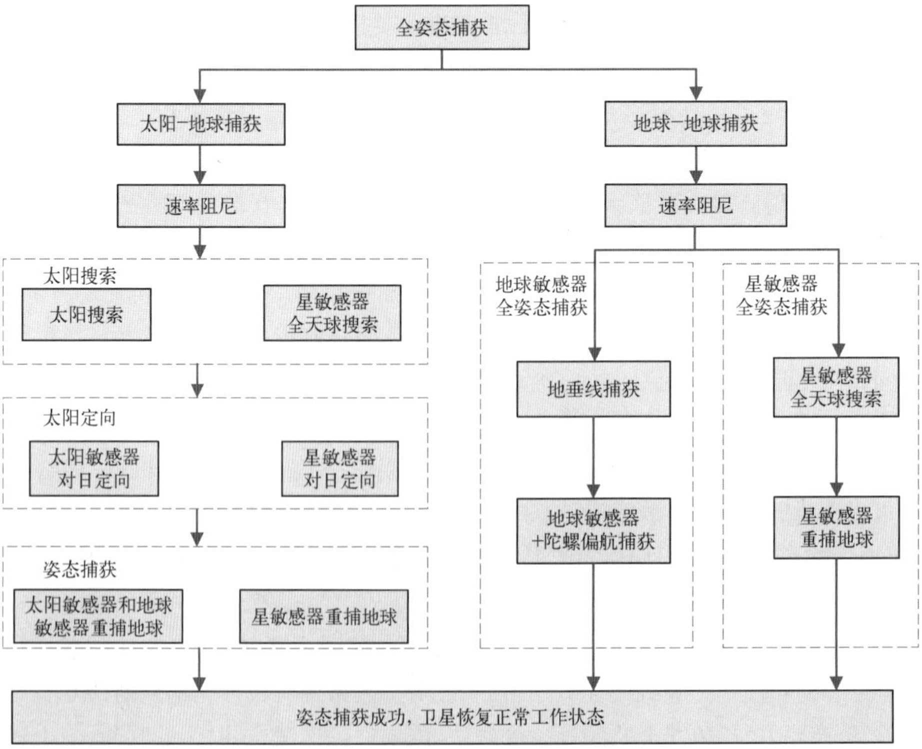


图 6-1　全姿态捕获模式流程图

利用太阳敏感器和地球敏感器的太阳–地球捕获方式工作流程划分为：速率阻尼、太阳搜索、太阳敏感器的对日定向、太阳敏感器和地球敏感器的重捕地球四个阶段。

利用星敏感器的太阳–地球捕获方式工作流程划分为：速率阻尼、星敏感器全天球搜索、星敏感器对日定向、星敏感器重捕地球四个阶段。

利用地球敏感器的地球–地球捕获方式工作流程划分为：速率阻尼、地垂线捕获、地球敏感器+陀螺偏航捕获三个阶段。

利用星敏感器的地球–地球捕获方式工作流程划分为：速率阻尼、星敏感器全天球搜索和星敏感器重捕地球三个阶段。

### 6.2.2　全姿态捕获的逻辑设计

按照上述流程，给出各阶段的逻辑设计如下。

速率阻尼阶段：快速消除航天器进入全姿态捕获模式时的初始角速度。该阶段一般利用陀螺测量信息和执行机构进行阻尼控制，姿态确定采用陀螺预估，当星体角速度持续较小后转入太阳搜索阶段。需要注意的是，当采用喷气控制进行速率阻尼时，为保证控制的安全性，一般对角速度加以判断，若角速度持续过大可转入另外一类安全模式——停控模式。

太阳搜索阶段：以适当的方向和转速转动星体，使太阳敏感器能够见到太阳或者星敏感器出现有效测量。此阶段一般利用陀螺测量信息和执行机构进行姿态控制。在太阳敏感器或者星敏感器无有效测量时，姿态确定采用陀螺预估；根据不同的太阳敏感器及对日定向要求，设计相应搜索逻辑：如具有数字式太阳敏感器配置的航天器，利用数字太阳敏感器的监视码信息进行太阳搜索判断；具有“0－1”式太阳敏感器和数字式太阳敏感器配置的卫星，利用“0－1”太阳确定太阳在航天器本体下的大致方位，再设置航天器捕获角速度进行太阳搜索，直至太阳出现在数字太阳敏感器的视场内。太阳搜索的角速度根据航天器配置，综合考虑陀螺量程、搜索时间要求及推力器/角动量交换装置能力等因素进行综合确定。当定向用敏感器实现对日指向控制后，转入太阳定向阶段。

对日定向阶段：根据采用的敏感器不同，分为太阳敏感器对日定向方式和星敏感器对日定向方式。太阳敏感器对日定向方式是根据太阳敏感器输出的太阳方位信息，控制卫星特定轴指向太阳，满足卫星能源对姿态的要求：在轨道阳照区根据太阳敏感器和陀螺测量信息，实现太阳定向控制；在轨道阴影区，根据陀螺测量预估姿态维持惯性姿态保持控制；星敏感器对日定向方式是根据星敏感器测量的惯性姿态，结合太阳星历计算，控制航天器特定轴指向太阳，满足整星能源对姿态控制的需求。一般在对日定向阶段的合适弧段，由地面指令转入姿态捕获阶段。

姿态捕获阶段：根据采用的敏感器不同，分为太阳敏感器+地球敏感器的姿态捕获方式和星敏感器重捕地球方式。太阳敏感器+地球敏感器姿态捕获方式是根据地球敏感器和太阳敏感器测量,结合轨道信息,采用双矢量定姿获得对地三轴姿态;星敏感器重捕地球方式是根据星敏感器测量的惯性姿态和轨道信息确定三轴姿态。完成姿态确定后,利用执行机构实现对地姿态指向控制。

地垂线捕获阶段:基于地球敏感器测量获取地心矢量信息。由于对日姿态与对地姿态的差异,往往需要从对日定向姿态绕本体轴多次转动使得地球敏感器可用,从而获得滚动和俯仰姿态;过程中通过执行机构进行姿态机动和地心矢量的指向控制。

地球敏感器偏航捕获阶段:确定偏航姿态并完成对地定向控制。在地垂线捕获过程中使得航天器偏航轴对准地心方向,根据轨道运动角速度在滚动轴和俯仰轴的投影关系,即可计算得到偏航姿态角(此处为轨道角速率);当确定偏航姿态后,利用执行机构实现三轴对地指向控制。

星敏感器全天球搜索阶段:提供星敏感器天区捕获及正常工作所需条件,利用其测量获得航天器在惯性系的姿态。考虑到星敏感器可能受到地气光或太阳光干扰无有效输出的情况,一般通过绕本体轴的多次、慢速转动直至星敏感器输出有效测量信息;过程中通过执行机构进行绕本体轴的机动控制。

星敏感器重捕地球捕获阶段:基于星敏感器输出惯性姿态,结合轨道信息,获取航天器对地定向的三轴姿态,利用执行机构进行姿态机动,实现星体特定轴对地的姿态指向控制。

### 6.2.3 全姿态捕获的控制设计

全姿态捕获模式的控制方式根据航天器执行机构配置不同有较大差别,主要分为有推力器和无推力器两类。

对配置姿控推力器的敏捷航天器,最常见的全姿态捕获方式是采用喷气控制。喷气控制律一般采用相平面法或伪速率控制器[2],实现速率阻尼、太阳搜索及对日定向、姿态捕获阶段的姿态控制。由于速率阻尼阶段的控制目标是消除航天器角速度,一般不对姿态角进行控制,而其他阶段均需要将姿态角和角速度信息作为控制量输入实现三轴姿态的控制。

全姿态捕获无推力器控制方式较多,如表 6-1 所示。配置磁强计和磁力矩器的航天器[3],通过磁强计测量、磁力矩的控制,实现星体特定轴对日定向或对目标定向,如欧洲的 GOCE 卫星、中国的 TS-1 微小卫星;配置磁强计、磁力矩器和一个动量轮的航天器[4],通过磁力矩器实现角速度的阻尼控制和动量轮启动控制,之后采取磁力矩器与动量轮联合控制方式,实现卫星特定轴对日定向或对目标定向,如中国的新技术试验卫星;部分构型特殊的航天器[5],利用重力梯度力矩作用,实现对目标捕获,如中国的高分三号卫星;部分航天器配置的角动量交换装置能力足够时,也可仅利用角动量交换装置实现卫星特定轴对日定向或对目标定向,如美国的太阳动力天文台。

**表 6-1　全姿态捕获无推力器控制方式**

| 控制方式 | 部件配置 | 应用实例 |
|---|---|---|
| 磁强计测量、磁力矩的控制方式 | 磁强计和磁力矩器 | 欧洲 GOCE 卫星、中国 TS-1 微小卫星 |
| 磁力矩器实现角速度的阻尼控制和动量轮启动控制,之后采取磁力矩器与动量轮联合控制方式 | 磁强计、磁力矩器、一个动量轮 | 中国新技术试验卫星 |
| 采用动量轮结合重力梯度力矩方式 | 陀螺、磁力矩器、三轴动量轮 | 中国高分三号卫星 |
| 动量轮控制姿态,推力器对动量轮角动量卸载方式 | 4 个动量轮、8 个推力器 | 美国太阳动力天文台 |

无推力器的全姿态捕获控制方法适用于航天器初始角速度较小的情况。基于角动量交换装置实现全姿态捕获时,一般需要保证角动量交换装置具备足够容量,能够吸收航天器速率阻尼所需角动量。阻尼完成后,利用角动量交换装置与星体间的动量交换实现太阳搜索阶段所需的角速度;太阳定向、地球捕获阶段采用 PD 等控制律,基于角动量交换装置实现对日或对地定向控制。考虑处于对日定向阶段时间较长,为避免环境干扰力矩形成的角动量累积,超出角动量交换装置提供的能力,一般在对日定向中进行磁卸载或者喷气卸载[6]。基于磁力矩器的全姿态捕获控制,其阻尼和捕获控制时间相对喷气和角动量交换装置控制的时间要长,如风云一号 B 卫星[7]利用磁力矩器的抢救工作持续了 75 天之久。磁阻尼和捕获方法一般应用于小卫星,几个轨道周期可完成阻尼及捕获控制全过程。

本节以磁力矩器为例说明全姿态捕获的控制实现方法。参照太阳-地球捕获方式,基于磁力矩器的全姿态捕获控制仍分为速率阻尼、太阳搜索、对日定向、姿态捕获四个阶段。

(1) 基于磁力矩器的速率阻尼,也称为磁阻尼。用于磁阻尼的角速度获取有两种途径,即陀螺角速度的直接测量值和磁强计的角速度间接测量值。敏捷航天器都配置有陀螺,可以直接获取卫星的惯性角速度信息,在陀螺故障或仅配置有磁强计的航天器上,可采用磁强计获取角速度信息,利用 B-dot 控制律[3]实现基于磁力矩器的阻尼控制。

(2) 速率阻尼完成后,转入太阳搜索阶段。要尽快搜索到太阳信息,并控制卫星姿态使帆板对日定向,从而确保整星能源安全。在搜索太阳的过程中,依靠陀螺进行姿态预估,控制星体按照合理的转动顺序和角度运动,使得太阳敏感器视场扫描覆盖全天球,确保搜索到太阳,例如对于安装在卫星 $-\boldsymbol{y}_B$ 面的双轴数字太阳敏感器,方锥形视场的半锥角为 60°,中心法向指向 $-\boldsymbol{y}_B$ 轴,控制卫星先绕 $\boldsymbol{x}_B$ 轴转动 360°,再绕 $z_B$ 轴转动 90°,最后再绕 $\boldsymbol{x}_B$ 轴转动 360°,即可使得太阳敏感器视场扫描覆盖全天球;采用星敏感器进行太阳搜索时,通过小角速度转动,使得星敏感器避开太阳光及地气光的影响,在星敏感器出现有效姿态数据时,即为搜索完成。

（3）太阳搜索完成后，转入对日定向阶段，此时利用太阳敏感器或星敏感器获得太阳矢量在本体的投影 $\hat{\boldsymbol{S}}_b$；记对日定向姿态的太阳目标矢量为 $\boldsymbol{S}_d$，则对日定向控制的任务就是消除 $\hat{\boldsymbol{S}}_b$ 与 $\boldsymbol{S}_d$ 之间的夹角 $\alpha$。例如当航天器帆板法线指向本体 $-\boldsymbol{y}_B$ 轴，则对日定向的任务就是控制姿态使得航天器 $-\boldsymbol{y}_B$ 轴指向太阳，此时 $-\boldsymbol{y}_B$ 轴正装的两个数字太阳敏感器测量角接近零。采用 PD 控制律，控制输入角度为数字太阳敏感器和陀螺的预估姿态，控制输入角速度为陀螺测量值。

（4）在对日定向阶段，利用星敏感器和轨道信息可确定航天器的当前姿态后，转入对地姿态捕获阶段。将当前姿态与目标姿态偏差作为控制量，仍采用 PD 控制律，采用磁力矩器或者角动量交换装置控制卫星姿态机动，由对日姿态转为对地定向。

为保证全姿态捕获控制的安全性，一般将航天器维持在对日定向的过渡阶段，待地面对转入安全模式的问题进行排查、分析、确认和处理后，再进入对地姿态捕获阶段，重新恢复对目标定向的常规运行模式。

## 6.3 系统欠配置下的姿态控制方法

航天器在轨异常现象可能最初由星上个别设备或部件故障触发。文献[8]对 1975～2007 年期间 272 次在轨卫星故障统计得出，57%失效会影响控制和电源分系统，37%故障源于控制分系统且其中一半又源于陀螺、动量轮与推力器。系统异常发生，可能因工作条件产生较大改变而使星上大部分部件无法正常使用，如星体角速度过大导致敏感器测量饱和或执行机构力矩输出受限等问题使姿态失去基准[7,9,10]，给航天器生存及系统功能恢复带来巨大挑战。

敏捷航天器应具有轨道与姿态的智能自主控制能力，特别需要具有应对一定范围的不确定性事件发生的智能控制能力[11]，实现在轨异常后的自主生存及自主恢复功能。控制系统欠配置设计根据部件缺失类型分为欠测量和欠驱动两种状态。欠测量是指在某工作模式下系统设计所采用的部分测量敏感器故障或失效，不能给出控制器需要的完备测量信息的情况；欠驱动是指执行机构产生独立控制力矩的维数小于运动自由度维数的情况。欠配置设计可以提高航天器控制系统的可靠性，保证航天器在极端情况下系统的安全性，因此欠配置航天器姿态控制对现实工程具有重要的意义。

敏捷航天器的主要敏感器和执行机构一般为陀螺、CMG 和推力器。根据敏捷航天器快速性特点，本节首先给出了卫星在某未知故障影响下出现高速旋转后，陀螺饱和、角速度测量失效的状态下旋转角速率确定方法；其次，根据系统能源保障需求，给出了无陀螺测量的极端条件对日定向控制设计方法并在系统难以按已有安全模式设计流程自主实现对日定向功能或者系统亟需实现对地定向任务时，由异常姿态转正常姿态的控制设计方法；最后，分别给出了 CMG 和推力器故障状态下的欠驱动三轴姿态控制方法。

### 6.3.1 无角速度测量的自旋状态确定

航天器控制系统在轨异常时往往会触发喷气控制导致星体高速翻滚[7],根据自旋刚体内能耗散下方向稳定性的最大轴原理[12],最终星体绕最大惯量轴旋转。在星体大旋转角速度运动下,绝大部分敏感器将无法工作,甚至角速度幅值超过陀螺测量量程而无法获取反映实际星体角速度的测量信息,导致地面难以了解星体实际运行状态。当卫星在轨姿态异常发生星体高速旋转时,根据太阳翼法线、自旋轴和太阳矢量关系可确定整星能源供给状态,并根据执行机构安装与自旋轴方位关系制定有效消旋及进动控制策略并选取合适执行机构,对消旋与进动控制实施效果及时评估等[10],均是保证卫星系统安全性的重要手段。因而如何在姿态敏感器测量信息严重匮乏情况下,准确获取自旋角速度成为在轨卫星姿态异常下的急需。

针对三轴稳定控制航天器在轨姿态异常高速自旋情况,提出了一种基于太阳敏感器测量的星体自旋角速度确定方法[12,13],该方法结合敏感器测量误差及测量原理对自旋角速率测量精度进行了分析,给出在不改变太阳敏感器遥测数据方式下保证不同自旋角速率的确定精度的策略,可为失控卫星在轨挽救所采取的消旋与进动控制实施策略制定提供依据及其效果评估途径。

1. 星体自旋角速度确定原理

太阳敏感器组件一般采用由两个互相垂直安装的狭缝敏感器测量太阳矢量在敏感器坐标系下的方位。记太阳敏感器组件的测量坐标系为 $o_S x_S y_S z_S$，其中敏感器的瞄准轴为 $z_S$，在与 $z_S$ 轴垂直的平面 $x_S o_S y_S$ 上,两条狭缝分别与 $x_S$ 轴和 $y_S$ 轴平行。

太阳敏感器的测量为太阳矢量在基准面平面或平面上的投影与瞄准轴之间夹角的正切值,分别记为 $m_x$ 与 $m_y$。根据太阳敏感器测量输出,可得太阳单位矢量在敏感器坐标系下的方位为

$$\boldsymbol{S}_{\mathrm{s}} = \frac{1}{\sqrt{m_x^2 + m_y^2 + 1}} \begin{bmatrix} m_x \\ m_y \\ 1 \end{bmatrix} \tag{6-1}$$

由敏感器安装矩阵 $\boldsymbol{C}_{\mathrm{sb}}$ 可得太阳矢量在星体坐标系下的描述为

$$\boldsymbol{S}_{\mathrm{b}} = \boldsymbol{C}_{\mathrm{sb}}^{\mathrm{T}} \boldsymbol{S}_{\mathrm{s}} \tag{6-2}$$

在短时间内可忽略太阳矢量在惯性空间变化,因此在不同时刻得到的 $\boldsymbol{S}_{\mathrm{b}}$ 变化均可认为由卫星本体的转动引起。若太阳敏感器在 $t_1$、$t_2$ 和 $t_3$ 连续不同时刻测量得到的太阳矢量在星体坐标系下的向量分别为 $\boldsymbol{S}_{\mathrm{b1}}$、$\boldsymbol{S}_{\mathrm{b2}}$ 与 $\boldsymbol{S}_{\mathrm{b3}}$，由此可得两个变化的向量为

$$\boldsymbol{S}_{21} = \boldsymbol{S}_{\mathrm{b2}} - \boldsymbol{S}_{\mathrm{b1}},\ \boldsymbol{S}_{32} = \boldsymbol{S}_{\mathrm{b3}} - \boldsymbol{S}_{\mathrm{b2}}$$

记卫星自旋轴在星体坐标系下的单位向量为 $\boldsymbol{e}$ 及星体绕自旋轴旋转角速率为 $\omega$，则星体自旋角速度可表示为 $\boldsymbol{\omega} = \omega \boldsymbol{e}$。在时刻 $t$ 姿态矩阵为 $\boldsymbol{A}(t)$，在时刻 $t + \Delta t$ 姿态矩阵为 $\boldsymbol{A}(t + \Delta t)$，则有

$$A(t+\Delta t)=\Delta A(\Delta t)A(t) \tag{6-3}$$

式中，

$$\Delta A(\Delta t)=\cos\phi I_{3\times3}+(1-\cos\phi)ee^{\mathrm{T}}-\sin\phi e^{\times}$$

式中，$\phi=\omega\Delta t$；$I_{3\times3}$ 为3维单位矩阵。

$$e^{\times}=\begin{bmatrix}0 & -e_z & e_y\\ e_z & 0 & -e_x\\ -e_y & e_x & 0\end{bmatrix}$$

假设在 $[t_1, t_3]$ 时间段内测量星体自旋轴 $e$ 及自旋角速率 $\omega$ 维持不变，则对于向量 $S_{b1}$、$S_{b2}$ 与 $S_{b3}$ 满足如下关系：

$$S_{b2}=\Delta A(t_2-t_1)S_{b1},\ S_{b3}=\Delta A(t_3-t_2)S_{b2} \tag{6-4}$$

式中，$\Delta A(t_2-t_1)$、$\Delta A(t_3-t_2)$ 与式(6-3)中 $\Delta A(\Delta t)$ 形式相同，且其中 $\theta_1=\omega(t_2-t_1)$ 与 $\theta_2=\omega(t_3-t_2)$。

由式(6-4)有

$$\begin{aligned}e^{\mathrm{T}}S_{21}&=e^{\mathrm{T}}[\Delta A(t_2-t_1)S_{b1}-S_{b1}]\\&=e^{\mathrm{T}}[(1-\cos\theta_1)(ee^{\mathrm{T}}-I_{3\times3})-\sin\theta_1 e^{\times}]S_{b1}=0\end{aligned}$$

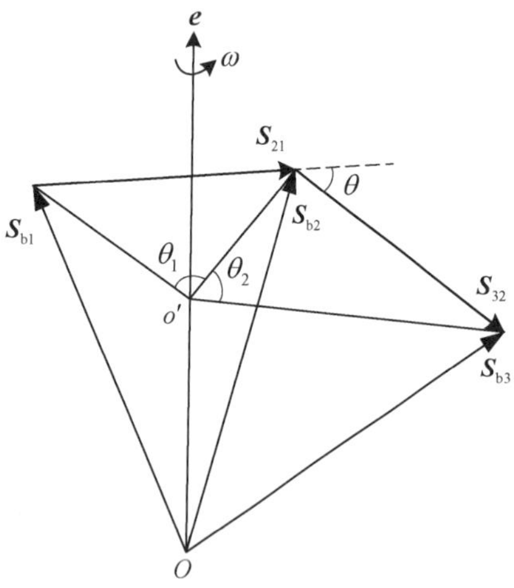


图6-2 自旋角速率几何确定原理图

同理有 $e^{\mathrm{T}}S_{32}=0$，故 $S_{21}$、$S_{32}$ 均与自旋轴 $e$ 垂直，其几何关系如图6-2所示，其中 $\theta$ 为两变化向量 $S_{21}$、$S_{32}$ 之间的夹角，$o'$ 为向量 $S_{21}$、$S_{32}$ 所在平面与自旋轴 $e$ 的交点。

当自旋轴 $e$ 与 $S_{b1}$ 不平行时可求得

$$e=\frac{S_{32}\times S_{21}}{\| S_{32}\times S_{21}\|} \tag{6-5}$$

根据自旋轴 $e$ 与星体坐标系下不同时刻太阳矢量 $S_{b1}$、$S_{b2}$ 和 $S_{b3}$ 的夹角均相等，由向量 $S_{21}$、$S_{32}$ 所在平面三角可求得

$$\theta=\frac{1}{2}(\theta_1+\theta_2)=\frac{1}{2}\omega(t_3-t_1)$$

即得自旋角速率 $\omega$ 为

$$\omega=\frac{2\theta}{t_3-t_1}=\frac{2}{t_3-t_1}\arccos\left(\frac{S_{21}^{\mathrm{T}}S_{32}}{\| S_{21}\|\cdot\| S_{32}\|}\right) \tag{6-6}$$

若能保证太阳敏感器连续测量间隔 $\Delta t$ 均恒定时 $\theta=\theta_1=\theta_2$，则自旋角速率为

$$\omega=\frac{\theta}{\Delta t}=\frac{1}{\Delta t}\arccos\left(\frac{\boldsymbol{S}_{21}^{\mathrm{T}}\boldsymbol{S}_{32}}{\|\boldsymbol{S}_{21}\|\cdot\|\boldsymbol{S}_{32}\|}\right) \tag{6-7}$$

当由敏感器测量获取太阳矢量在星体系下时间序列 $\{\boldsymbol{S}_{bk},\ k=1,\ 2,\cdots\}$，根据式(6-5)与式(6-6)即可求解出卫星的自旋角速率。

2. 自旋角速率确定误差与精度改进策略

考虑敏感器的测量误差时，不妨令 $m_x$ 与 $m_y$ 对应测量误差分别为 $\Delta m_x$ 与 $\Delta m_y$，其为互不相关的零均值高斯白噪声，对应的方差分别为

$$\sigma^2[\Delta m_x]=\sigma^2[\Delta m_y]=r^2(r>0)$$

考虑实际过程中 $r$ 为小量，式(6-1)所示太阳敏感器测量方程可写为

$$\hat{\boldsymbol{S}}_{\mathrm{s}}=\boldsymbol{S}_{\mathrm{s}}+\Delta\boldsymbol{S} \tag{6-8}$$

式中，$\Delta\boldsymbol{S}\approx[\Delta m_x\quad \Delta m_y\quad 0]^{\mathrm{T}}$，由敏感器测量误差特性可知具有如下均值及方差的统计特性：

$$E(\Delta\boldsymbol{S})\approx[0\quad 0\quad 0]^{\mathrm{T}},\ E(\Delta\boldsymbol{S}\Delta\boldsymbol{S}^{\mathrm{T}})=r^2\begin{bmatrix}1&0&0\\0&1&0\\0&0&0\end{bmatrix} \tag{6-9}$$

假设太阳敏感器连续测量间隔 $\Delta t$ 恒定，根据图6-2所示关系有 $\theta=\theta_1=\theta_2$，且

$$\|\boldsymbol{S}_{21}\|=\|\boldsymbol{S}_{32}\|=2|\sin\theta_{\mathrm{se}}|\sin\left(\frac{\theta}{2}\right) \tag{6-10}$$

式中，$\theta_{\mathrm{se}}$ 为太阳矢量与自旋轴 $\boldsymbol{e}$ 之间夹角。

记自旋角速率测量误差为 $\Delta\omega$，当敏感器测量及 $\Delta\omega\cdot\Delta t$ 为小量时，由式(6-7)及式(6-10)有

$$4\Delta t\sin^2\theta_{\mathrm{se}}\sin^2\left(\frac{\theta}{2}\right)\sin\theta\Delta\omega=-\boldsymbol{S}_{21}^{\mathrm{T}}\Delta\boldsymbol{S}_{32}-\boldsymbol{S}_{32}^{\mathrm{T}}\Delta\boldsymbol{S}_{21} \tag{6-11}$$

式中，$\Delta\boldsymbol{S}_{21}$ 与 $\Delta\boldsymbol{S}_{32}$ 分别为敏感器测量导致的向量 $\boldsymbol{S}_{21}$ 与 $\boldsymbol{S}_{32}$ 偏差，表示为

$$\Delta\boldsymbol{S}_{21}=\Delta\boldsymbol{S}_2-\Delta\boldsymbol{S}_1,\ \Delta\boldsymbol{S}_{32}=\Delta\boldsymbol{S}_3-\Delta\boldsymbol{S}_2$$

$\Delta\boldsymbol{S}_i$ 为 $t_i$ ($i=1,\ 2,\ 3$)时刻敏感器测量的太阳矢量偏差，对任意不同时刻 $\Delta\boldsymbol{S}_i$ 可认为是不相关的。

不失一般性，后续分析不妨均假设太阳敏感器坐标系与星体坐标系一致，即安装矩阵 $\boldsymbol{C}_{\mathrm{sb}}$ 为单位阵。若实际两坐标系不重合时，以太阳敏感器坐标系重新定义星体坐标系，在重定义星体坐标系下完成相关运算后再转换回原来星体坐标系即可。

由式(6-9)的敏感器测量计算太阳矢量特性，对于 $v=-\boldsymbol{S}_{21}^{\mathrm{T}}\Delta\boldsymbol{S}_{32}-\boldsymbol{S}_{32}^{\mathrm{T}}\Delta\boldsymbol{S}_{21}$ 有 $E(v)=0$，且

$$
\begin{aligned}
E(v^2) = &\boldsymbol{S}_{21}^{\mathrm{T}} E(\Delta \boldsymbol{S}_{32} \Delta \boldsymbol{S}_{32}^{\mathrm{T}}) \boldsymbol{S}_{21} - 2\boldsymbol{S}_{21}^{\mathrm{T}} E(\Delta \boldsymbol{S}_{32} \Delta \boldsymbol{S}_{21}^{\mathrm{T}}) \boldsymbol{S}_{32} \\
&+ \boldsymbol{S}_{32}^{\mathrm{T}} E(\Delta \boldsymbol{S}_{21} \Delta \boldsymbol{S}_{21}^{\mathrm{T}}) \boldsymbol{S}_{32}
\end{aligned}
\tag{6-12}
$$

由如下关系式：

$$
E(\Delta \boldsymbol{S}_{32} \Delta \boldsymbol{S}_{32}^{\mathrm{T}}) = E(\Delta \boldsymbol{S}_{21} \Delta \boldsymbol{S}_{21}^{\mathrm{T}}) = 2r^2 \begin{bmatrix} 1 & 0 & 0 \\ 0 & 1 & 0 \\ 0 & 0 & 0 \end{bmatrix}
$$

$$
E(\Delta \boldsymbol{S}_{32} \Delta \boldsymbol{S}_{21}^{\mathrm{T}}) = -E(\Delta \boldsymbol{S}_{2} \Delta \boldsymbol{S}_{2}^{\mathrm{T}}) = -r^2 \begin{bmatrix} 1 & 0 & 0 \\ 0 & 1 & 0 \\ 0 & 0 & 0 \end{bmatrix}
$$

可将式(6－12)右端三项分别表示为

$$
\boldsymbol{S}_{21}^{\mathrm{T}} E(\Delta \boldsymbol{S}_{32} \Delta \boldsymbol{S}_{32}^{\mathrm{T}}) \boldsymbol{S}_{21} = 2r^2(\|\boldsymbol{S}_{21}\|^2 - S_{21z}^2)
$$

$$
\boldsymbol{S}_{21}^{\mathrm{T}} E(\Delta \boldsymbol{S}_{32} \Delta \boldsymbol{S}_{21}^{\mathrm{T}}) \boldsymbol{S}_{32} = -r^2 S_{21z} S_{32z}
$$

$$
\boldsymbol{S}_{32}^{\mathrm{T}} E(\Delta \boldsymbol{S}_{21} \Delta \boldsymbol{S}_{21}^{\mathrm{T}}) \boldsymbol{S}_{32} = 2r^2(\|\boldsymbol{S}_{32}\|^2 - S_{32z}^2)
$$

式中，$S_{21z}$、$S_{32z}$ 分别表示 $\boldsymbol{S}_{21}$、$\boldsymbol{S}_{32}$ 的第 3 个分量，于是式(6－12)可写为

$$
E(v^2) = 2r^2\left(4\sin^2\theta_{se}\sin^2\frac{\theta}{2} - S_{21z}^2 - S_{32z}^2 + S_{21z}S_{32z}\right)
$$

当 $\theta$ 为小量时，有 $S_{21z} \approx S_{32z}$，则

$$
E(v^2) = 2r^2\left(4\sin^2\theta_{se}\sin^2\frac{\theta}{2} - S_{21z}^2\right)
$$

由图 6－2 可知，$\boldsymbol{S}_{21}$ 在自旋轴 $\boldsymbol{e}$ 垂直的平面内随星体转动绕 $\boldsymbol{e}$ 作周期运动，且有

$$
0 \leqslant S_{21z}^2 \leqslant 4\sin^2\theta_{se}\sin^2\frac{\theta}{2}\sin^2\theta_{ze} \tag{6-13}
$$

式中，$\theta_{ze}$ 为自旋轴 $\boldsymbol{e}$ 与太阳敏感器 $z_S$ 轴之间夹角，$\sin\theta_{ze} = e_z$。在上式中当 $\boldsymbol{S}_{21}$ 运动至与 $z_S$ 垂直时有 $S_{21z}^2 = 0$；当 $\boldsymbol{S}_{21}$ 运动至与自旋轴 $\boldsymbol{e}$ 及 $z_S$ 轴所在平面平行时有

$$
S_{21z}^2 = 4\sin^2\theta_{se}\sin^2\frac{\theta}{2}\sin^2\theta_{ze}
$$

利用不等式(6－13)，$E(\Delta\omega^2)$ 可表示为

$$
\frac{r^2\cos^2\theta_{ze}}{2\Delta t^2\sin^2\theta_{se}\sin^2\frac{\theta}{2}\sin^2\theta} \leqslant E(\Delta\omega^2) \leqslant \frac{r^2}{2\Delta t^2\sin^2\theta_{se}\sin^2\frac{\theta}{2}\sin^2\theta} \tag{6-14}
$$

当 $\theta = \omega\Delta t$ 为小量时，式(6－14)可近似表示为

$$\frac{2r^2\cos^2\theta_{ze}}{\omega^4\Delta t^6\sin^2\theta_{se}} \leqslant \mathrm{E}(\Delta\omega^2) \leqslant \frac{2r^2}{\omega^4\Delta t^6\sin^2\theta_{se}} \tag{6-15}$$

由式(6－15)显然得知,太阳敏感器测量的星体自旋角速率精度,除了与敏感器自身精度直接相关外,还具有如下性质:

(1) 当太阳矢量与自旋轴 $\boldsymbol{e}$ 之间夹角 $\theta_{se}$ 越小时,自旋角速率测量误差 $\Delta\omega$ 越大,特别是两矢量重合时则无法测量出星体自旋角速率;

(2) 角速率测量误差 $\Delta\omega$ 为零均值且方差呈现周期变化特性,当自旋轴 $\boldsymbol{e}$ 与敏感器瞄准轴 $z_S$ 重合时方差呈现为常值特性;

(3) 自旋角速率确定精度 $E(\Delta\omega^2)$ 与实际自旋角速率 $\omega$ 的平方呈反比关系,与太阳矢量测量的间隔时间 $\Delta t$ 的三次方呈反比关系。

根据上述特性(3)可知,在星体消旋措施实施过程中,随着星体自旋角速率越来越小,由连续两次间隔数据确定的自旋角速率误差将变得越来越大。对于特定的自旋角速率 $\omega$,由其确定精度与太阳矢量测量间隔时间三次方呈反比关系,在星上遥测数据不变情况下,加大确定自旋姿态数据间隔是提高确定精度的有效方式。

图 6－3 给出了利用多采样间隔的太阳测量矢量进行做差处理得到求解自旋角速率的太阳矢量变化量,其中 $\boldsymbol{S}_{bn}$, $\boldsymbol{S}_{b(n+1)}$, …, $\boldsymbol{S}_{bm}$, $\boldsymbol{S}_{b(m+1)}$, …, $\boldsymbol{S}_{b(n+k)}$, $\boldsymbol{S}_{b(n+k+1)}$, … 为等间隔太阳矢量测量在星体坐标系下的表示, $k \geqslant 1$, $m > n$。

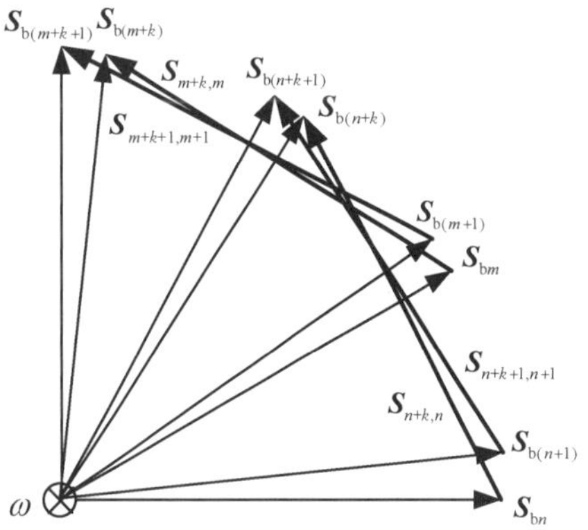

图 6－3　考虑测量精度影响的太阳矢量变化量选择示意图

依据自旋轴自旋角速率测量原理,可得不同测量间隔数据下的自旋轴单位矢量及角速率计算公式为

$$\boldsymbol{e} = -\frac{\boldsymbol{S}_{m+k,m} \times \boldsymbol{S}_{n+k,n}}{\|\boldsymbol{S}_{m+k,m} \times \boldsymbol{S}_{n+k,n}\|} \tag{6-16}$$

$$\omega = \frac{1}{(m-n)\Delta t}\arccos\left(\frac{\boldsymbol{S}^{\mathrm{T}}_{m+k,m}\boldsymbol{S}_{n+k,n}}{\|\boldsymbol{S}_{m+k,m}\| \cdot \|\boldsymbol{S}_{n+k,n}\|}\right) \tag{6-17}$$

式中, $\boldsymbol{S}_{m+k,m} = \boldsymbol{S}_{b(m+k)} - \boldsymbol{S}_{bm}$, $\boldsymbol{S}_{n+k,n} = \boldsymbol{S}_{b(n+k)} - \boldsymbol{S}_{bn}$。当取 $m-n=1$ 与 $k=1$ 时,式(6－16)、式(6－17)分别与式(6－5)、式(6－7)相同。

3. 仿真验证及应用情况

1) 仿真实例

设定太阳敏感器测量精度为 0.01°(3σ),其光轴指向沿星体 $-y_S$ 轴,以采样间隔 $\Delta t$ = 0.5 s 获取测量原始数据。卫星自旋轴在星体坐标系下的坐标为 $[0.183\ 0.913\ 0.365]^{\mathrm{T}}$,与太阳矢量夹角为 24.1°,如图 6－4 所示。

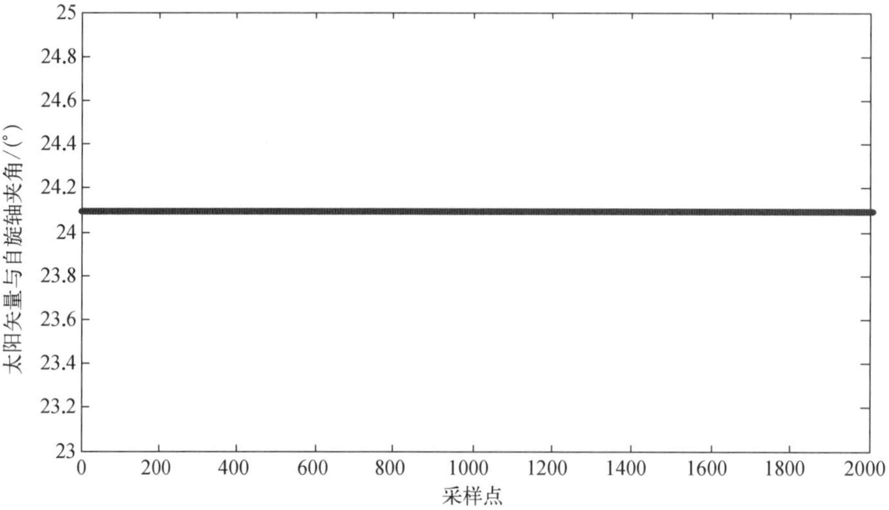


图 6-4　星体自旋轴与太阳矢量夹角

当星体角速度幅值为 36 (°)/s 时,选取式(6-16)与式(6-17)中的 $m = 2$、$n = 1$ 与 $k = 1$ 进行自旋角速度确定,将 $\Delta t = 0.5$ s、$\theta_{se} = 24.1°$、$r = 0.01°$ 及 $\theta = \Delta t \cdot \omega = 18°$ 代入式(6-14)中第二个不等式右端,计算得到理论确定误差为 0.717 (°)/s(3σ)。数学仿真验证确定的自旋轴方位及自旋角速率分别如图 6-5 和图 6-6 所示,并由图 6-6 可知自旋角速率确定精度约为 0.7 (°)/s(3σ),与理论结果相吻合。

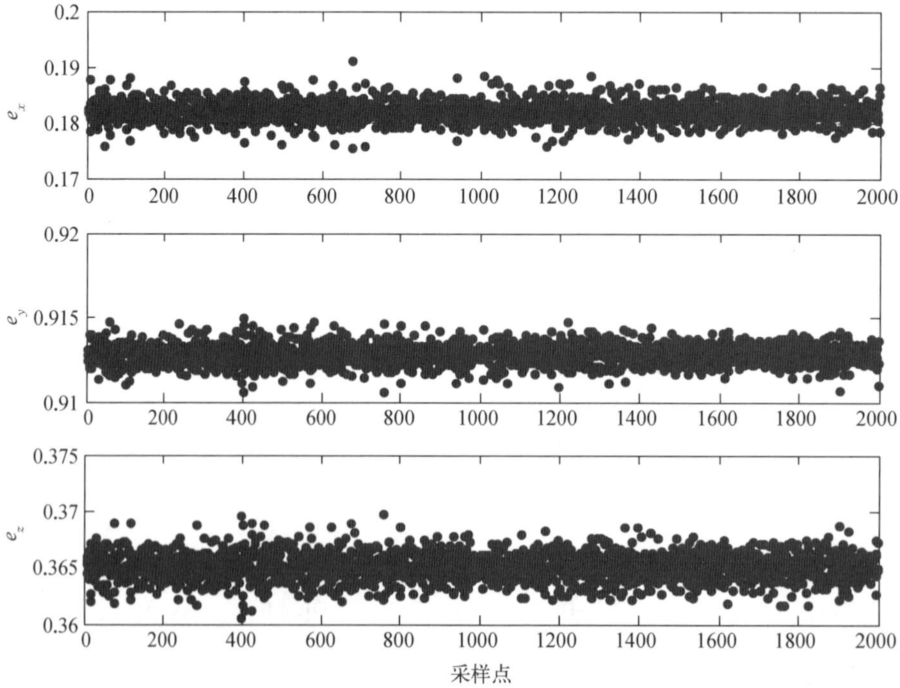


图 6-5　自旋轴在星体系的分量

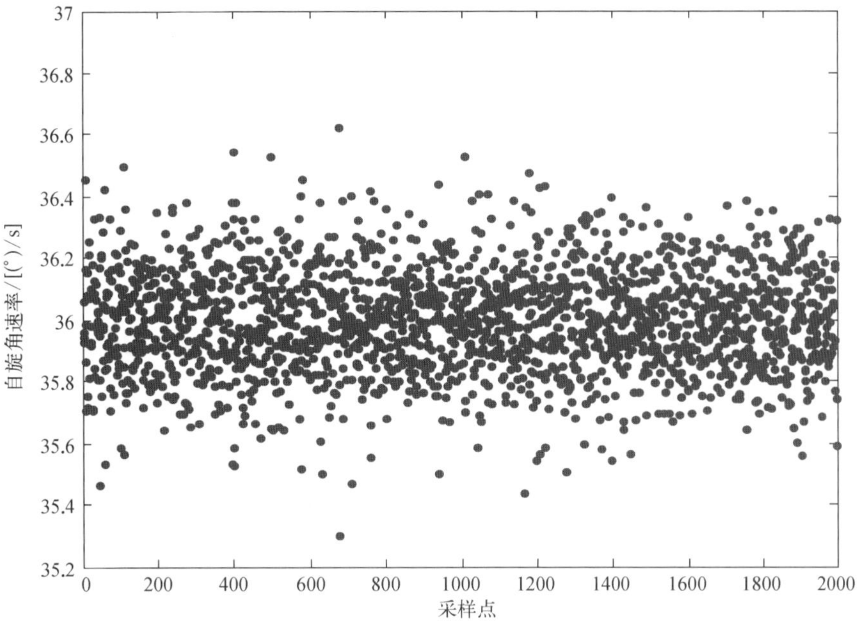


图 6 - 6　高转速时星体自旋角速率

当星体角速度幅值消旋降至 3 (°)/s 时，选取式(6 - 16)及式(6 - 17)的 $m = 2$、$n = 1$ 与 $k = 4$，对应自旋角速度确定所使用太阳敏感器测量数据时间间隔为原始采样间隔的 4 倍，同前由 $\Delta t = 2$ s、$\theta_{se} = 24.1°$、$r = 0.01°$ 及 $\theta = \omega\Delta t = 6°$ 可计算得理论确定误差为 1.583 (°)/s(3σ)。数学仿真验证确定的自旋角速率如图 6 - 7 所示，由此可知其确定误差为 1.58 (°)/s(3σ)，与理论分析结果相吻合。

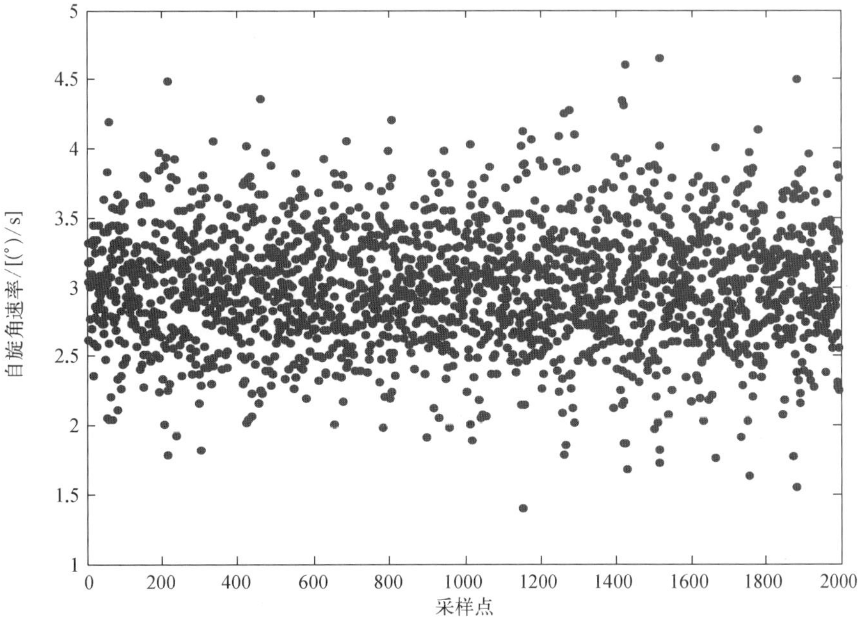


图 6 - 7　低转速时星体自旋角速率

2）在轨应用

利用某高速自旋卫星的太阳敏感器在轨遥测数据来确定卫星的自旋角速率，并评估喷气消旋控制效果。遥测数据间隔为 0.5 s，选取式（6－16）与式（6－17）中的 $m = 2$、$n = 1$ 与 $k = 1$，星体角速度确定结果约为 36（°）/s，如图 6－8 和图 6－9 所

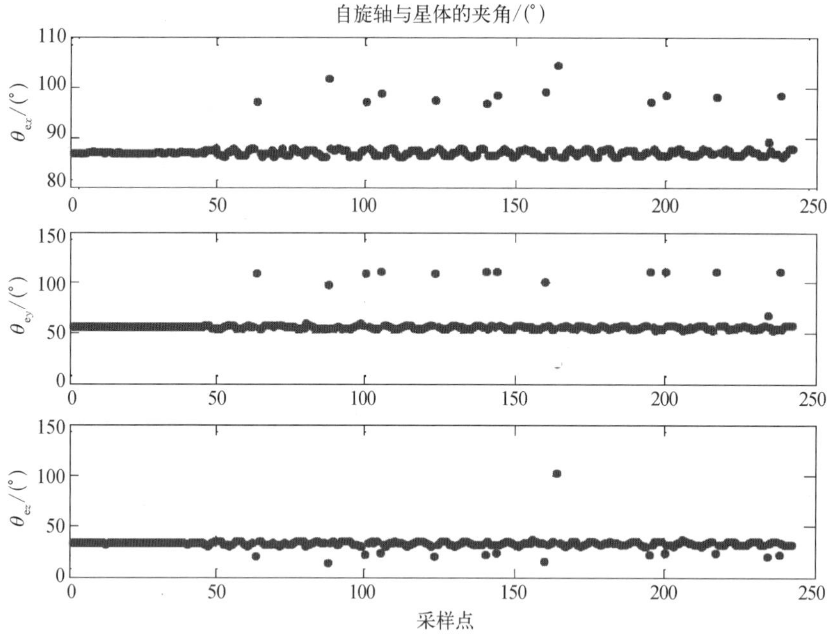


图 6－8　消旋前后自旋轴与星体系三轴夹角

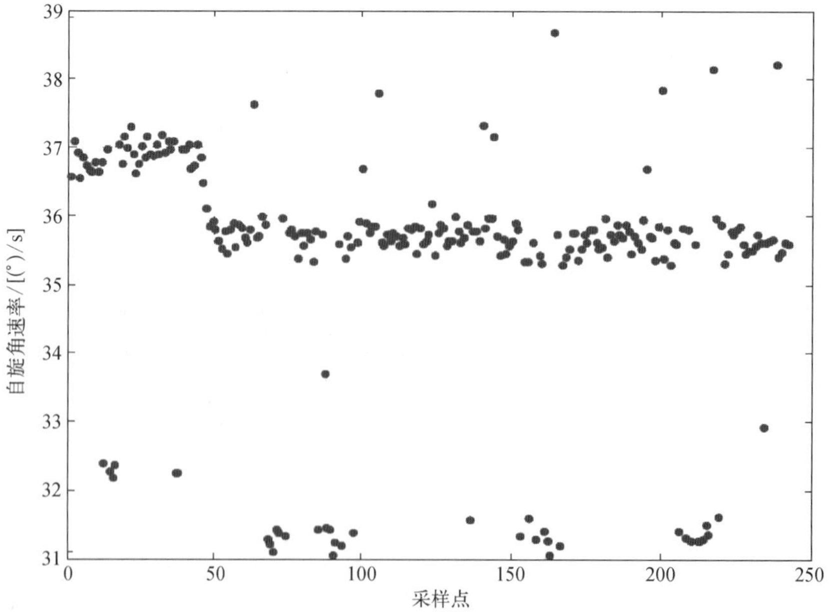


图 6－9　星体消旋前后自旋角速率

示。图6-8给出了由所确定结果计算得到的自旋轴与星体三轴之间夹角 $\theta_{ex}$、$\theta_{ey}$ 与 $\theta_{ez}$ 的变化情况，由其可知，消旋时未对自旋轴方向产生影响，并由消旋后夹角变化获取了消旋所产生的角速度小幅章动特性规律；由图6-9角速率确定结果可知，剔除明显野值后（野值数据为大角速度下由于一个自旋周期内敏感器连续有效输出数据过少而保留敏感器视场边缘误差较大测量数据所致）的自旋角速率确定精度约为0.5°（3σ），且确定结果的均值可明显反映出星体角速率理论消旋降低1（°）/s的变化量。

当星体角速率消旋降至约为3（°）/s时，仍直接采用0.5 s间隔太阳敏感器数据已无法实现自旋角速度高精度确定，因此，选取式（6-16）、式（6-17）的 $m=2$、$n=1$ 与 $k=4$，确定结果如图6-10和图6-11所示。由图6-10三轴角速度变化曲线了解到自旋时动量轮启动一定角动量偏置后的星体复杂自旋运动规律；根据图6-11确定的角速率可知实际测量误差约为0.8（°）/s（3σ），且确定结果的均值能明显反映出星体角速率消旋所降低的0.3（°）/s变化量。

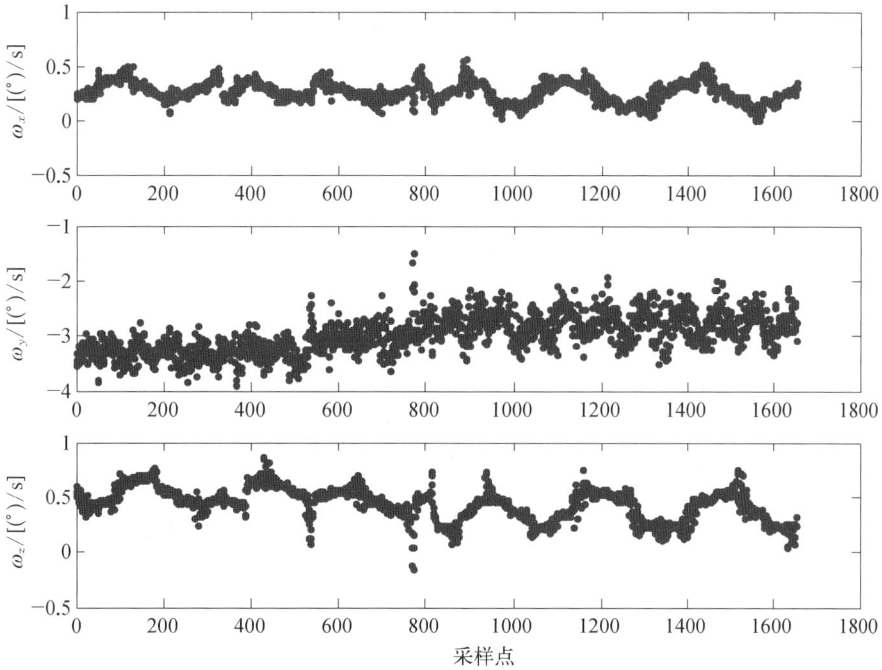


图6-10　消旋前后自旋角速度

基于星体坐标系下太阳矢量序列变化量计算星体自旋轴方位的自旋角速度确定方法及随自旋转速相应调整太阳矢量变化信息计算的策略，实现了不同自旋角速度下的高精度自旋角速度确定。该方法仅依赖太阳敏感器测量，算法实现简单，可解决大角速度姿态异常、测量信息匮乏时系统能源获取状态评估、消旋与进动控制策略制定的姿态信息输入及实施效果评估等问题。

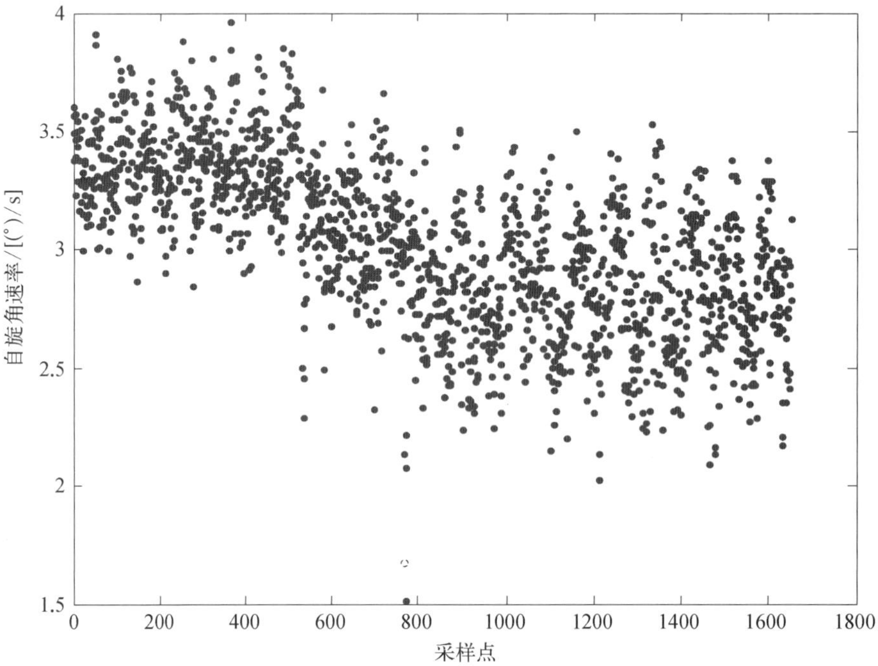


图 6－11　星体消旋前后自旋角速率

### 6.3.2　无角速度测量的太阳搜索及对日定向控制

当姿态异常伴随星体大角速度使得陀螺饱和，特别如文献[9]中姿态异常本身就由陀螺故障导致时，控制系统将缺乏有效角速度测量而难以按已有安全模式设计自主实现对日定向，若异常未能及时处置则可能进一步引发能源安全及推进剂冰冻等问题，给后续处置带来极大困难。因此，卫星控制系统需要进入全姿态捕获方式，确保整星在尽量短的时间内完成对日定向，保证能源。传统航天器由于角动量交换装置（如动量轮）输出力矩小，在太阳搜索和对日定向阶段往往采用喷气控制。目前，敏捷航天器均配置能力较大的角动量交换装置——控制力矩陀螺，使得卫星具有较强的姿态机动能力，同时卫星姿态异常后的太阳搜索和对日定向均可由 CMG 控制实现。

高精度控制系统依赖于陀螺对卫星角速度的测量，而陀螺故障往往会导致系统进入全姿态捕获模式。为避免在卫星安全对日过程中因故障陀螺数据引入系统而危害整星安全，如因姿态异常导致喷气过多，使得卫星角速度过大并失控，采用一种安全可靠的姿态测量手段以代替陀螺角速度测量非常必要。此外，在全姿态捕获过程中采用角动量交换装置替代喷气控制可保证整星角速度控制在一定的范围内，即使卫星无法自主完成对日定向情况下，也可为地面人工干预提供机会。

采用大力矩的角动量交换装置进行无陀螺的太阳搜索和对日定向控制，可以提高系统的可靠性，节省燃料，并能有效避免由于陀螺或推力器故障导致姿态异常，并引发灾难性后果。基于控制力矩陀螺配置的敏捷航天器，本节给出了一种无陀螺的太阳搜索和对日定向控制方法,并进行了相关数学仿真验证。

1. 基于 CMG 的太阳搜索策略与控制方法

卫星全姿态捕获模式的初期一般经过两个阶段,即太阳搜索和对日定向。其中太阳搜索主要是根据星上粗太阳敏感器(一般为“0-1”式太阳敏感器)测量,通过控制使得卫星以一定逻辑转动以实现太阳进入卫星特定视场内;对日定向控制是将星体的特定方向稳定地指向太阳,以使得星体通过太阳帆板获取最大能源。在对日定向控制中,由于对日定向的精度要求,一般采用精度较高的太阳敏感器,如数字太阳敏感器。

1）基于“0-1”式太阳敏感器的太阳搜索逻辑与控制

“0-1”式太阳敏感器一般由 5 眼太阳电池片组成,拼接形成 2π 视场空间,使得当太阳矢量进入该视场范围内均能给出见太阳信息。“0-1”式太阳敏感器敏感太阳光区域如图6-12 所示,将中心区域定义为第 5 眼(记为 $L_5$),另外 4 眼分别沿边缘等间隔安装,不妨记沿 $X$ 轴正向安装为第 1 眼(记为 $L_1$),其他 3 眼分别按逆时针方向记为 $L_2$、$L_3$与 $L_4$。

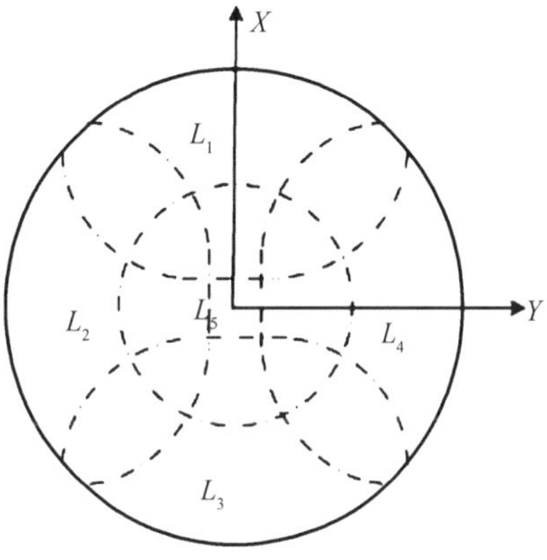

图 6-12　“0-1”式太阳敏感器的敏感太阳光区域

为区分视场重叠情况,“0-1”式太阳敏感器视场可划分为 17 个不同小区域。根据“0-1”式太阳敏感器在星体上安装方式不同,可分为敏感器中心眼对日和边缘眼对日两种情况。

(1)“0-1”式太阳中心眼对日情况。为实现“0-1”式太阳敏感器的第 5 眼($L_5$)中心对日,在太阳进入该敏感器视场后可通过如表 6-2 所示策略旋转星体来实现。

**表 6-2　第 5 眼($L_5$)中心对日时的“0-1”式太阳旋转规律**

| 太阳矢量所在区域 | 旋转轴(在部件系下表示) | 太阳矢量所在区域 | 旋转轴(在部件系下表示) |
|---|---|---|---|
| $\bar{L}_1\cdot L_2\cdot\bar{L}_3$ | $[-1\quad 0\quad 0]$ | $L_1\cdot L_4$ | $\left[\frac{\sqrt{2}}{2}\quad -\frac{\sqrt{2}}{2}\quad 0\right]$ |
| $\bar{L}_1\cdot\bar{L}_3\cdot L_4$ | $[1\quad 0\quad 0]$ | $L_1\cdot L_2$ | $\left[-\frac{\sqrt{2}}{2}\quad -\frac{\sqrt{2}}{2}\quad 0\right]$ |
| $\bar{L}_1\cdot L_3\cdot\bar{L}_4$ | $[0\quad 1\quad 0]$ | $L_3\cdot L_4$ | $\left[\frac{\sqrt{2}}{2}\quad \frac{\sqrt{2}}{2}\quad 0\right]$ |
| $L_1\cdot\bar{L}_2\cdot\bar{L}_4$ | $[0\quad -1\quad 0]$ | 其他 | $[0\quad 0\quad 0]$ |
| $L_2\cdot L_3$ | $\left[-\frac{\sqrt{2}}{2}\quad \frac{\sqrt{2}}{2}\quad 0\right]$ | | |

注:$\bar{L}_i$ 表示不在 $L_i$ 区域,“·”表示为“且”关系。

一般情况下,在卫星对日面的相对面(背日面)也安装“0-1”式太阳敏感器。当背日面太阳敏感器见太阳时，星体通过翻转使得待对日的敏感器见到太阳。

(2) “0－1”式太阳敏感器边缘眼对日情况。不失一般性，以第1眼($L_1$)对日为例，当太阳进入敏感器视场后可通过星体旋转，使得太阳矢量在“0－1”式太阳敏感器视场区间移动的路径如表6－3所示。

**表6－3　第1眼($L_1$)对日时的旋转规律**

| 太阳矢量所在区域 | 旋转轴(在部件系下表示) |
|---|---|
| $\bar{L}_1 \cdot L_2 \cdot \bar{L}_3 \cdot \bar{L}_5$ | [0　0　−1] |
| $(\bar{L}_2 \cdot L_3 \cdot \bar{L}_4 + L_3 \cdot L_4 + \bar{L}_1 \cdot \bar{L}_3 \cdot L_4) \cdot \bar{L}_5$ | [0　0　1] |
| $L_5$ | [0　1　0] |
| 其他 | [0　0　0] |

注：“+”表示为“或”关系。

2) 无陀螺太阳搜索控制

根据角动量守恒定理，星体角速度 $\boldsymbol{\omega}$ 与执行机构角动量 $\boldsymbol{H}_{\text{cmg}}$ 满足：

$$\boldsymbol{J}\boldsymbol{\omega} + \boldsymbol{H}_{\text{cmg}} = \boldsymbol{H}_0$$

式中，$\boldsymbol{H}_0$ 为恒定偏置角动量；$\boldsymbol{J}$ 为星体的转动惯量矩阵。

由上述关系式有

$$\boldsymbol{\omega} = -\boldsymbol{J}^{-1}\boldsymbol{H}_{\text{cmg}} + \boldsymbol{J}^{-1}\boldsymbol{H}_0$$

一般情况下，整星为零角动量控制方式，因此在正常情况下通过磁力矩卸载可使得卫星执行机构角动量控制在近零范围内。当卫星进入全姿态捕获模式前后没引入喷气控制则整星的角动量不会太大，即可以不考虑 $\boldsymbol{H}_0$ 影响，于是角速度估计值可近似为 $\hat{\boldsymbol{\omega}} = -\boldsymbol{J}^{-1}\boldsymbol{H}_{\text{cmg}}$。

根据太阳矢量在“0－1”式太阳敏感器视场区域可确定卫星旋转角速度指令为 $\boldsymbol{\omega}_{\text{c}}$，其方向由搜索逻辑决定。通过设计控制律，使得星体角速度 $\boldsymbol{\omega}$ 跟踪指令角速度 $\boldsymbol{\omega}_{\text{c}}$，控制器可采用如下PI控制形式：

$$\boldsymbol{T}_{\text{c}} = \boldsymbol{K}_{\text{p}} \cdot (\boldsymbol{\omega}_{\text{c}} - \hat{\boldsymbol{\omega}}) + \boldsymbol{K}_{\text{I}} \cdot \int (\boldsymbol{\omega}_{\text{c}} - \hat{\boldsymbol{\omega}}) \text{d}t$$

式中，控制参数为 $\boldsymbol{K}_{\text{p}}$、$\boldsymbol{K}_{\text{I}}$ 均大于零。对应的控制系统结构如图6－13所示。

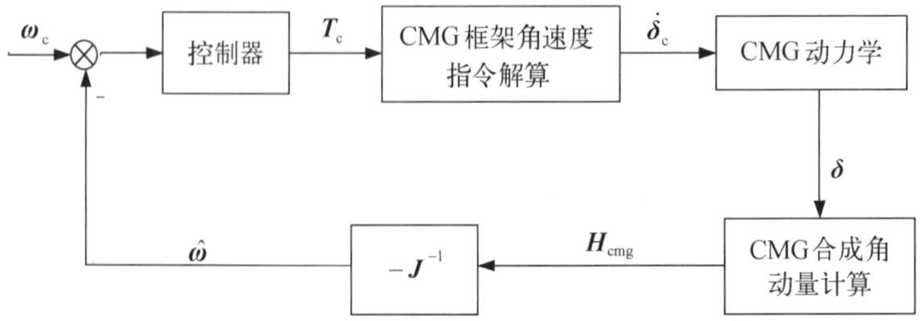


图6－13　无陀螺测量下的CMG控制结构图

2. 基于数字太阳信息的对日定向控制

对于太阳矢量为 $\boldsymbol{S}$ 和与星体固联的矢量 $\boldsymbol{l}$（一般为对日定向轴），通过改变 $\boldsymbol{H}_{\mathrm{cmg}}$ 产生星体运动从而使得两矢量重合，以完成对日定向。令太阳矢量 $\boldsymbol{S}$ 和矢量 $\boldsymbol{l}$ 的夹角为 $\theta$，对日定向问题可转化为通过控制使得 $\theta \to 0$，$\dot{\theta} \to 0$（图 6－14）。

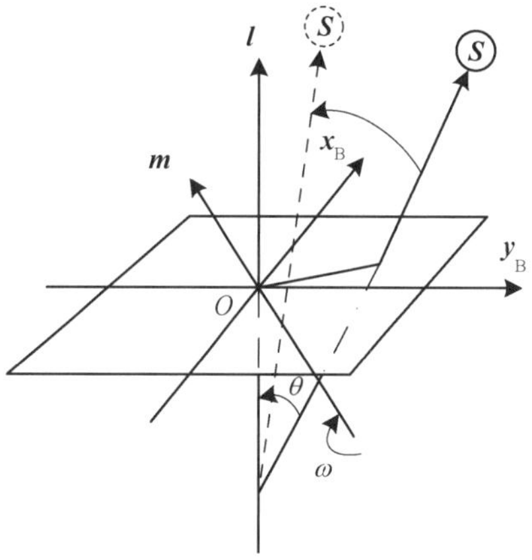

图 6－14　对日定向控制示意图

针对上述问题，采用如下形式控制律：

$$\boldsymbol{T}_{\mathrm{c}} = \boldsymbol{J} \cdot \boldsymbol{K}_{\theta} \cdot \theta \cdot \boldsymbol{m} + \boldsymbol{K}_{\mathrm{d}} \cdot \boldsymbol{H}_{\mathrm{cmg}}$$

式中，控制参数 $\boldsymbol{K}_{\theta}$、$\boldsymbol{K}_{\mathrm{d}} > 0$；$\boldsymbol{m} = \dfrac{\boldsymbol{l} \times \boldsymbol{S}}{\| \boldsymbol{l} \times \boldsymbol{S} \|}$。

3. 仿真实例

在卫星进入全姿态捕获模式时，假设执行机构合成角动量幅值不超过 10 N · m · s。利用“0－1”式太阳敏感器进行太阳搜索和数字太阳敏感器测量对日定向。数字太阳安装在星体 $-z_{\mathrm{B}}$ 面，通过控制使得卫星 $-z_{\mathrm{B}}$ 轴指向太阳。两个“0－1”式太阳敏感器分别安装在星体 $+x_{\mathrm{B}}$ 与 $-x_{\mathrm{B}}$ 面。根据卫星的安装方式，采用“0－1”式太阳敏感器边缘眼对日的搜索方式。

控制参数 $K_{\mathrm{P}} = 600$，$K_{\mathrm{I}} = 2$，$K_{\theta} = 1.0$，$K_{\mathrm{d}} = 10.0$，控制时 $\theta$ 限幅 10°。为验证所提方法的有效性，仿真中设置卫星位于阴影区时“0－1”式太阳敏感器不见太阳，CMG 进行标称位置保持不对星体实施控制，则根据角动量交换原理，星体角速度增大，使得星体大幅度偏离对日基准，当太阳可见后，星体能够快速实现对日定向，对应的仿真结果如图 6－15～图 6－19 所示。

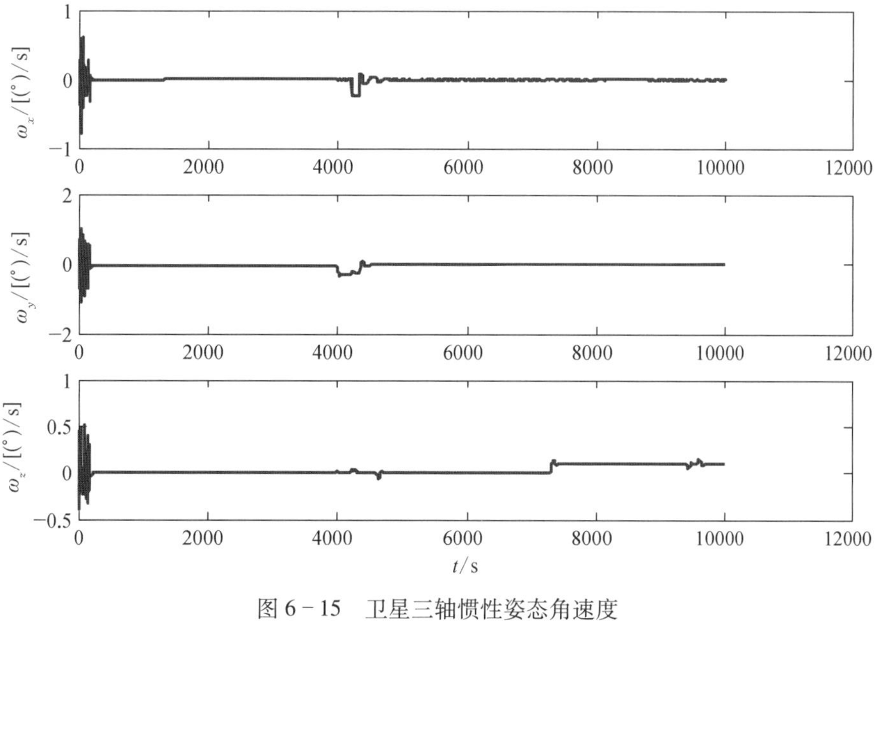

图 6－15　卫星三轴惯性姿态角速度

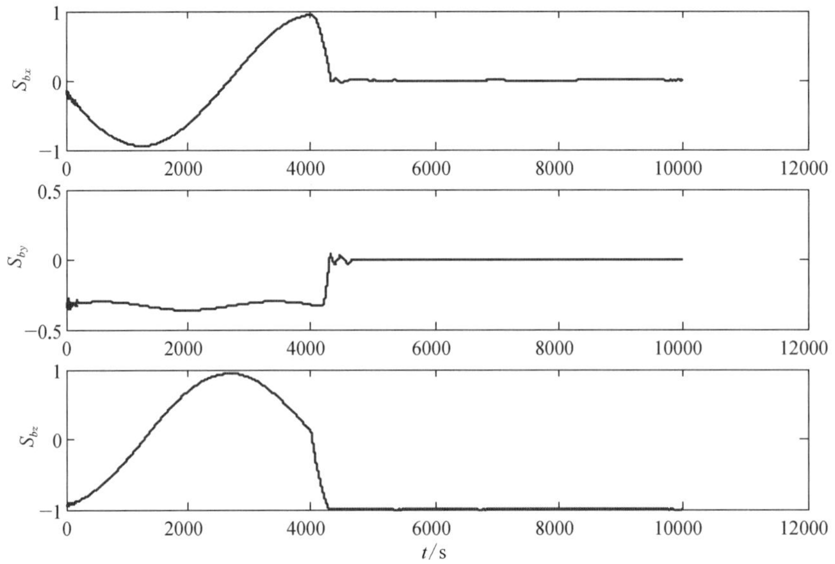


图 6－16　太阳矢量在卫星本体系的表示

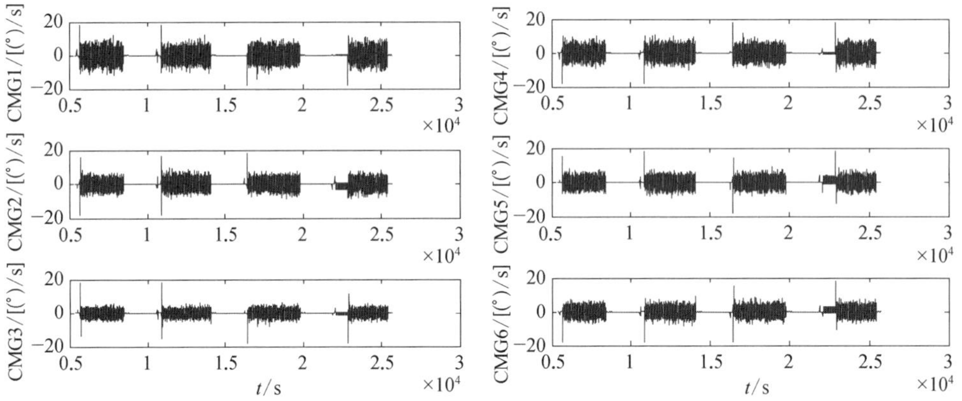


图 6－17　卫星 CMG 指令框架角速度

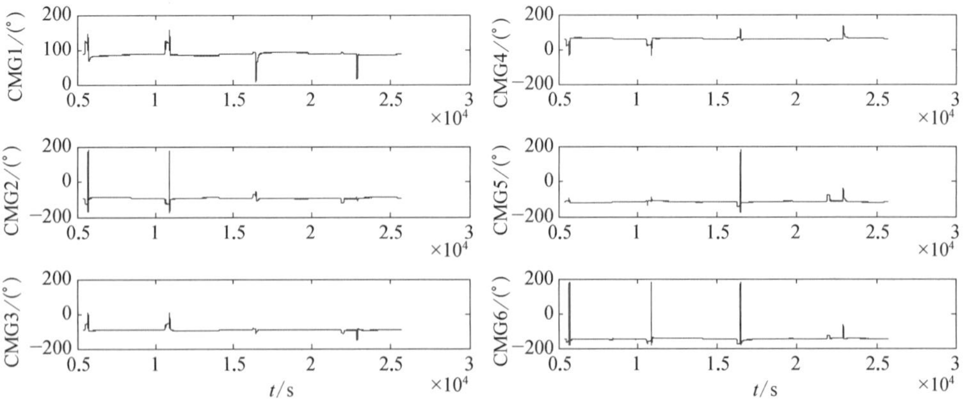


图 6－18　卫星 CMG 框架角

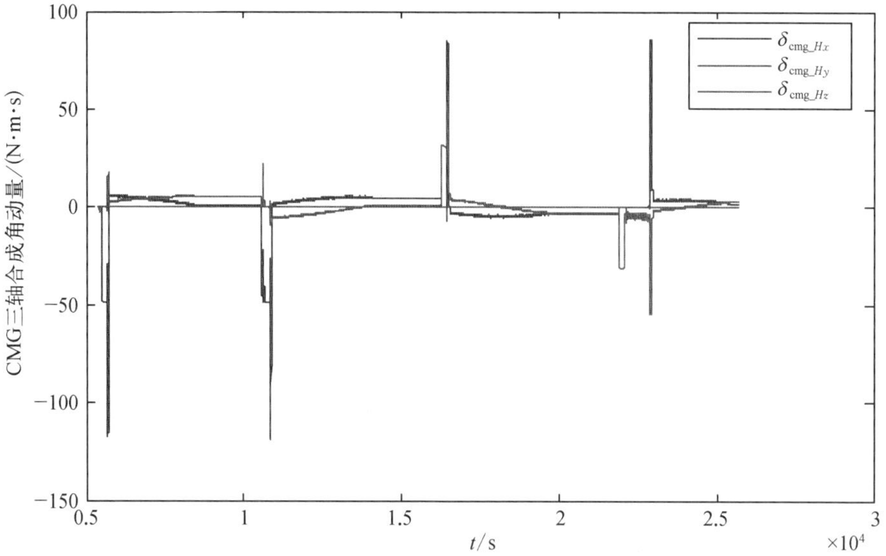


图 6－19　卫星 CMG 三轴合成角动量

### 6.3.3　无角速度测量的异常姿态转正常的控制方法

基于零动量控制的敏捷航天器除配置星敏感器与陀螺高精度姿态敏感器外，通常还配置用于地心矢量及太阳矢量测量的大视场一般精度敏感器，以提高系统可靠性，用于姿态异常后基于星体对日定向全姿态捕获设计，以确保高精度敏感器故障后的整星能源安全。

本节针对敏捷航天器出现星敏感器、陀螺异常的极端条件下，敏感器测量信息匮乏导致姿态难以快速自主恢复问题，给出了一种仅依赖地心矢量测量信息的天平角抑制与能耗速率阻尼相结合的星体异常姿态转正常对地姿态的控制器[14]，引入星体角动量偏置技术手段使得随旋转能量耗散的同时星体趋于三轴稳定对地姿态，解决了在无角速度测量时异常姿态快速自主恢复对地姿态的问题，通过数学仿真验证了方法的有效性。

1. 问题描述

记 $\boldsymbol{q} = [\boldsymbol{q}_v^{\mathrm{T}} \quad q_4]^{\mathrm{T}}$ 为星体相对轨道坐标系姿态四元数表示，其中 $\boldsymbol{q}_v$、$q_4$ 为其矢量部分与标量部分。对于三轴稳定对地卫星，在轨道坐标系下的运动学方程为

$$
\begin{aligned}
\dot{\boldsymbol{q}}_v &= -\frac{1}{2}\boldsymbol{\omega}_{bo}^{\times}\boldsymbol{q} + \frac{1}{2}q_4\boldsymbol{\omega}_{bo} \\
\dot{q}_4 &= -\frac{1}{2}\boldsymbol{\omega}_{bo}^{\mathrm{T}}\boldsymbol{q}_v
\end{aligned}
\tag{6-18}
$$

式中，$\boldsymbol{\omega}_{bo}$ 为星体相对轨道系的角速度。

采用非角动量交换装置执行机构的星体动力学方程为

$$J\dot{\boldsymbol{\omega}} + \boldsymbol{\omega}^{\times} J\boldsymbol{\omega} = \boldsymbol{T} \tag{6-19}$$

式中，$\boldsymbol{J}$ 为星体转动惯量阵，且 $\boldsymbol{J}^{T} = \boldsymbol{J} > 0$；$\boldsymbol{\omega}$ 为星体惯性角速度；$\boldsymbol{T}$ 为作用于星体的控制力矩。

记 $\boldsymbol{\omega}_0 = [0 \quad -\omega_0 \quad 0]^{\mathrm{T}}$ 为轨道角速度（$\omega_0 > 0$），有如下关系：

$$\boldsymbol{\omega} = \boldsymbol{\omega}_{\mathrm{bo}} + \boldsymbol{C}_{\mathrm{BO}}\boldsymbol{\omega}_0 \tag{6-20}$$

式中，$\boldsymbol{C}_{\mathrm{BO}}$ 为星体系相对轨道系的方向余弦阵，其与 $\boldsymbol{q}$ 的关系为

$$\boldsymbol{C}_{\mathrm{BO}} = (q_4^2 - \boldsymbol{q}_{\mathrm{v}}^{\mathrm{T}}\boldsymbol{q}_{\mathrm{v}})\boldsymbol{I}_{3\times 3} + 2\boldsymbol{q}_{\mathrm{v}}\boldsymbol{q}_{\mathrm{v}}^{\mathrm{T}} - 2q_4\boldsymbol{q}_{\mathrm{v}}^{\times}$$

当已知星体滚动角 $\phi$、俯仰角 $\theta$ 和偏航角 $\psi$ 时，可以选定的欧拉转序计算得到 $\boldsymbol{C}_{\mathrm{BO}}$，以 3－2－1 欧拉转序姿态描述的卫星本体系相对轨道坐标系的方向余弦阵为例：

$$\boldsymbol{C}_{\mathrm{BO}} = \begin{bmatrix} \cos\theta\cos\psi & \cos\theta\sin\psi & -\sin\theta \\ -\cos\phi\sin\psi + \sin\phi\sin\theta\cos\psi & \cos\phi\cos\psi + \sin\phi\sin\theta\sin\psi & \sin\phi\cos\theta \\ \sin\phi\sin\psi + \cos\phi\sin\theta\cos\psi & -\sin\phi\cos\psi + \cos\phi\sin\theta\sin\psi & \cos\phi\cos\theta \end{bmatrix}$$

在卫星稳定对地时，基于姿态与角速度测量反馈控制方式可实现三轴姿态控制，并使得

$$\boldsymbol{q} \to [0 \quad 0 \quad 0 \quad 1]^{\mathrm{T}} \text{ 或 } [\phi \quad \theta \quad \psi]^{\mathrm{T}} \to \boldsymbol{0}$$

及

$$\boldsymbol{\omega}_{\mathrm{bo}} \to [0 \quad 0 \quad 0]^{\mathrm{T}} \text{ 或 } \boldsymbol{\omega} \to \boldsymbol{\omega}_0$$

当在轨卫星系统异常且角速度过大，出现仅地球敏感器测量输出有效而其他敏感器测量失效，在无法获取如文献[6]所示常规三轴姿态控制所需完备姿态信息及角速度测量信息时，如何实现无角速度测量下仅利用地心矢量信息实现卫星从任意姿态失控状态快速自主恢复三轴对地稳定运行状态为本节待解决问题。

2. 基于天平角及能散的姿态控制

由卫星质心指向地心的单位矢量即为地心矢量，其在星体坐标系下表示为

$$\boldsymbol{E}_{\mathrm{B}} = \begin{bmatrix} E_{\mathrm{B}x} \\ E_{\mathrm{B}y} \\ E_{\mathrm{B}z} \end{bmatrix} = \boldsymbol{C}_{\mathrm{BO}}\begin{bmatrix} 0 \\ 0 \\ 1 \end{bmatrix} \tag{6-21}$$

可由地球敏感器测量得到，在三轴稳定对地零姿态下地心矢量 $\boldsymbol{E}_{\mathrm{B}}$ 与沿星体 $z_{\mathrm{B}}$ 轴的单位矢量 $\boldsymbol{z}_{\mathrm{B}} = [0 \quad 0 \quad 1]^{\mathrm{T}}$ 重合。

向量 $\boldsymbol{E}_{\mathrm{B}}$、$\boldsymbol{z}_{\mathrm{B}}$ 之间夹角可作为衡量星体姿态偏差参量之一，故定义其为天平角 $\vartheta$，即

$$\vartheta = \arccos(\boldsymbol{z}_{\mathrm{B}}^{\mathrm{T}}\boldsymbol{E}_{\mathrm{B}}) = \arccos(E_{\mathrm{B}z}) \tag{6-22}$$

定义天平角矢量在星体坐标系下的表示 $\boldsymbol{V}_{\vartheta}$ 为

$$\boldsymbol{V}_{\vartheta}=\boldsymbol{z}_{\mathrm{B}}\times\boldsymbol{E}_{\mathrm{B}}=\begin{bmatrix}-E_{\mathrm{B}y}\\E_{\mathrm{B}x}\\0\end{bmatrix}\tag{6-23}$$

当沿 $\boldsymbol{V}_{\vartheta}$ 方向在星体上施加控制力矩时,可对天平角 $\vartheta$ 进行控制。为提高系统动态特性,需在控制中引入星体角速度相关信息。如图 6-20 所示,星体相对轨道坐标系以角速度 $\boldsymbol{\omega}_{\mathrm{bo}}$ 转动,地心矢量沿轨道坐标系轴 $z_{\mathrm{o}}$ 方向且在轨道坐标系 $o-x_{\mathrm{o}}y_{\mathrm{o}}z_{\mathrm{o}}$ 下相对静止,向量 $\boldsymbol{E}_{\mathrm{B}}$ 相对星体系 $o-x_{\mathrm{B}}y_{\mathrm{B}}z_{\mathrm{B}}$ 具有相对运动,若星体偏离对地零姿态往返运动时则地心矢量如同空间天平摆在星体下做相应摆动。

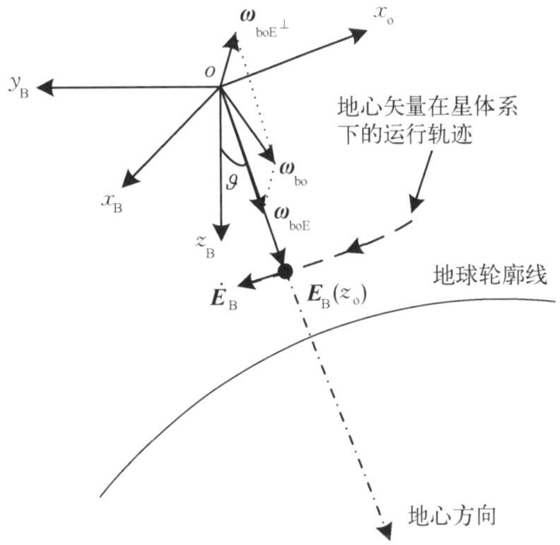

图 6-20　地心矢量在星体下运动示意图

星体相对轨道坐标系角速度 $\boldsymbol{\omega}_{\mathrm{bo}}$ 可分解为沿 $\boldsymbol{E}_{\mathrm{B}}$ 方向分量 $\boldsymbol{\omega}_{\mathrm{boE}}$ 与沿其垂直方向分量 $\boldsymbol{\omega}_{\mathrm{boE}\perp}$ 两部分,由于 $\boldsymbol{E}_{\mathrm{B}}$ 为单位向量,于是有

$$\boldsymbol{\omega}_{\mathrm{boE}\perp}=\dot{\boldsymbol{E}}_{\mathrm{B}}\times\boldsymbol{E}_{\mathrm{B}}$$

从而当沿 $\boldsymbol{\omega}_{\mathrm{boE}\perp}$ 反方向对星体施加阻尼力矩可耗散星体关于 $\boldsymbol{\omega}_{\mathrm{boE}\perp}$ 的相关动能。

结合天平角抑制与依据地心矢量测量变化趋势能量耗散速率阻尼的综合控制律为

$$\boldsymbol{T}=k_{\vartheta}\boldsymbol{V}_{\vartheta}+k_{\mathrm{d}}\boldsymbol{E}_{\mathrm{B}}^{\times}\dot{\boldsymbol{E}}_{\mathrm{B}}\tag{6-24}$$

式中,控制参数 $k_{\vartheta}$、$k_{\mathrm{d}}>0$。

对 $\boldsymbol{E}_{\mathrm{B}}$ 求时间导数,有

$$\dot{\boldsymbol{E}}_{\mathrm{B}}=-\boldsymbol{\omega}_{\mathrm{bo}}^{\times}\boldsymbol{E}_{\mathrm{B}}\tag{6-25}$$

将式(6-25)代入式(6-24),有

$$\boldsymbol{T}=k_{\vartheta}\boldsymbol{V}_{\vartheta}-k_{\mathrm{d}}\boldsymbol{E}_{\mathrm{B}}^{\times}\boldsymbol{\omega}_{\mathrm{bo}}^{\times}\boldsymbol{E}_{\mathrm{B}}=k_{\vartheta}\boldsymbol{V}_{\vartheta}-k_{\mathrm{d}}\boldsymbol{\omega}_{\mathrm{bo}}+k_{\mathrm{d}}\boldsymbol{E}_{\mathrm{B}}^{\mathrm{T}}\boldsymbol{\omega}_{\mathrm{bo}}\boldsymbol{E}_{\mathrm{B}}\tag{6-26}$$

上述第二等式的第二项反映了式(6-24)所具有的速率阻尼作用。

在天平角抑制控制及能耗控制下向量 $\boldsymbol{E}_{\mathrm{B}}$ 将与 $\boldsymbol{z}_{\mathrm{B}}$ 重合,此时星体 $z_{\mathrm{B}}$ 轴指向地心,但是由于与星体角速度沿 $\boldsymbol{E}_{\mathrm{B}}$ 的分量 $\boldsymbol{\omega}_{\mathrm{boE}}$ 相关动能无法通过施加阻尼力矩方式耗散掉,因此星体仍无法实现期望的三轴对地稳定姿态。为克服上述问题,可在星体 $-y_{\mathrm{B}}$ 方向引入角动量偏置策略,从而使得角速度 $\boldsymbol{\omega}_{\mathrm{bo}}$ 被阻尼至零之前由于轨道运动与星体偏置角动量耦合的陀螺力矩使得向量 $\boldsymbol{E}_{\mathrm{B}}$ 无法与 $\boldsymbol{z}_{\mathrm{B}}$ 维持重合状态。

在 $-y_{\mathrm{B}}$ 方向角动量偏置的卫星动力学为

$$\boldsymbol{J}\dot{\boldsymbol{\omega}} + \boldsymbol{\omega}^{\times}(\boldsymbol{J}\boldsymbol{\omega} + \boldsymbol{H}_0) = \boldsymbol{T} \tag{6-27}$$

式中，$\boldsymbol{H}_0 = [0 \quad -H_0 \quad 0]^{\mathrm{T}}$ 为偏置角动量，且 $H_0 > 0$。

不妨假设卫星运行于圆轨道或小偏心率轨道，于是 $\omega_0$ 可看作为常数，对式(6-20)两边求时间导数为

$$\dot{\boldsymbol{\omega}} = \dot{\boldsymbol{\omega}}_{\mathrm{bo}} - \boldsymbol{\omega}_{\mathrm{bo}}^{\times}\boldsymbol{C}_{\mathrm{BO}}\boldsymbol{\omega}_0 \tag{6-28}$$

利用式(6-26)与式(6-27)，式(6-25)可写为

$$\begin{aligned}\boldsymbol{J}\dot{\boldsymbol{\omega}}_{\mathrm{bo}} = & -\boldsymbol{\omega}_{\mathrm{bo}}^{\times}\boldsymbol{J}\boldsymbol{\omega}_{\mathrm{bo}} - \boldsymbol{J}(\boldsymbol{C}_{\mathrm{BO}}\boldsymbol{\omega}_0)^{\times}\boldsymbol{\omega}_{\mathrm{bo}} - \boldsymbol{\omega}_{\mathrm{bo}}^{\times}\boldsymbol{J}\boldsymbol{C}_{\mathrm{BO}}\boldsymbol{\omega}_0 - (\boldsymbol{C}_{\mathrm{BO}}\boldsymbol{\omega}_0)^{\times}\boldsymbol{J}\boldsymbol{\omega}_{\mathrm{bo}} \\ & -\boldsymbol{\omega}_{\mathrm{bo}}^{\times}\boldsymbol{H}_0 - (\boldsymbol{C}_{\mathrm{BO}}\boldsymbol{\omega}_0)^{\times}\boldsymbol{J}\boldsymbol{C}_{\mathrm{BO}}\boldsymbol{\omega}_0 - (\boldsymbol{C}_{\mathrm{BO}}\boldsymbol{\omega}_0)^{\times}\boldsymbol{H}_0 + \boldsymbol{T}\end{aligned} \tag{6-29}$$

星体转动惯量的惯量积一般为小量，忽略其影响有

$$(\boldsymbol{C}_{\mathrm{BO}}\boldsymbol{\omega}_0)^{\times}\boldsymbol{J}\boldsymbol{C}_{\mathrm{BO}}\boldsymbol{\omega}_0 = \boldsymbol{0}$$

于是，式(6-29)可写为

$$\begin{aligned}\boldsymbol{J}\dot{\boldsymbol{\omega}}_{\mathrm{bo}} = & -\boldsymbol{\omega}_{\mathrm{bo}}^{\times}\boldsymbol{J}\boldsymbol{\omega}_{\mathrm{bo}} - \boldsymbol{J}(\boldsymbol{C}_{\mathrm{BO}}\boldsymbol{\omega}_0)^{\times}\boldsymbol{\omega}_{\mathrm{bo}} - \boldsymbol{\omega}_{\mathrm{bo}}^{\times}\boldsymbol{J}\boldsymbol{C}_{\mathrm{BO}}\boldsymbol{\omega}_0 - (\boldsymbol{C}_{\mathrm{BO}}\boldsymbol{\omega}_0)^{\times}\boldsymbol{J}\boldsymbol{\omega}_{\mathrm{bo}} \\ & -\boldsymbol{\omega}_{\mathrm{bo}}^{\times}\boldsymbol{H}_0 - (\boldsymbol{C}_{\mathrm{BO}}\boldsymbol{\omega}_0)^{\times}\boldsymbol{H}_0 + \boldsymbol{T}\end{aligned} \tag{6-30}$$

3. 系统平衡点及其特性分析

式(6-18)与式(6-30)所示原对象系统在式(6-24)控制作用下组成的闭环系统具有强非线性特性，与线性系统区别是可能存在多平衡点问题[15]，故其所有平衡点获知及其特性分析对实际系统控制设计尤为重要，乃至需采取必要手段以规避系统状态轨迹稳定维持在非期望平衡状态。

令 $\dot{\boldsymbol{q}} = 0$，由式(6-18)可解得 $\boldsymbol{\omega}_{\mathrm{bo}} = \boldsymbol{0}$；进一步令 $\dot{\boldsymbol{\omega}}_{\mathrm{bo}} = \boldsymbol{0}$，由式(6-30)有

$$-(\boldsymbol{C}_{\mathrm{BO}}\boldsymbol{\omega}_0)^{\times}\boldsymbol{H}_0 + \boldsymbol{T} = \boldsymbol{0} \tag{6-31}$$

利用式(6-24)，则式(6-30)可写为

$$(\boldsymbol{C}_{\mathrm{BO}}\boldsymbol{\omega}_0)^{\times}\boldsymbol{H}_0 + k_{\vartheta}\boldsymbol{V}_{\vartheta} = \boldsymbol{0} \tag{6-32}$$

上式的几何意义为向量 $(\boldsymbol{C}_{\mathrm{BO}}\boldsymbol{\omega}_0)^{\times}\boldsymbol{H}_0$ 与 $\boldsymbol{V}_{\vartheta}$ 的线性组合为零。考虑向量 $(\boldsymbol{C}_{\mathrm{BO}}\boldsymbol{\omega}_0)^{\times}\boldsymbol{H}_0$ 垂直星体 $y_{\mathrm{B}}$ 轴及 $\boldsymbol{V}_{\vartheta}$ 垂直星体 $z_{\mathrm{B}}$ 轴，为使得式(6-32)成立的平衡点姿态参数有如下两种情况。

(1) $(\boldsymbol{C}_{\mathrm{BO}}\boldsymbol{\omega}_0)^{\times}\boldsymbol{H}_0$ 与 $\boldsymbol{V}_{\vartheta}$ 均为非零向量。由式(6-32)有 $(\boldsymbol{C}_{\mathrm{BO}}\boldsymbol{\omega}_0)^{\times}\boldsymbol{H}_0$ 与 $\boldsymbol{V}_{\vartheta}$ 平行，考虑 $(\boldsymbol{C}_{\mathrm{BO}}\boldsymbol{\omega}_0)^{\times}\boldsymbol{H}_0$ 垂直星体 $z_{\mathrm{B}}$ 轴且 $\boldsymbol{V}_{\vartheta}$ 垂直于星体 $z_{\mathrm{B}}$ 轴，故 $(\boldsymbol{C}_{\mathrm{BO}}\boldsymbol{\omega}_0)^{\times}\boldsymbol{H}_0$ 与 $\boldsymbol{V}_{\vartheta}$ 均必平行于星体 $x_{\mathrm{B}}$ 轴，从而 $\boldsymbol{C}_{\mathrm{BO}}\boldsymbol{\omega}_0$ 与 $\boldsymbol{E}_{\mathrm{B}}$ 势必在星体 $y_{\mathrm{B}}oz_{B}$ 平面内。

式(6-32)可表示为

$$H_0(\boldsymbol{C}_{\mathrm{BO}}\boldsymbol{\omega}_0)^{\times}\boldsymbol{y}_{\mathrm{B}} + k_{\vartheta}\boldsymbol{V}_{\vartheta} = \boldsymbol{0}$$

考虑地心矢量与轨道法线矢量垂直关系，即向量 $\boldsymbol{E}_{\mathrm{B}}$ 与 $\boldsymbol{C}_{\mathrm{BO}}\boldsymbol{\omega}_0$ 正交，上式等式成立的必要

条件为

$$k_{\vartheta} = H_0 \omega_0 \tag{6-33}$$

因此，当选取控制参数 $k_{\vartheta}$ 及偏置角动量幅值 $H_0$ 使得式(6－33)不成立时，则 $(\boldsymbol{C}_{\mathrm{BO}}\boldsymbol{\omega}_0)^{\times}\boldsymbol{H}_0$ 与 $\boldsymbol{V}_{\vartheta}$ 为非零向量时系统不存在平衡点。

(2) $(\boldsymbol{C}_{\mathrm{BO}}\boldsymbol{\omega}_0)^{\times}\boldsymbol{H}_0$ 与 $\boldsymbol{V}_{\vartheta}$ 均为零向量。在该条件下，$\boldsymbol{C}_{\mathrm{BO}}\boldsymbol{\omega}_0$ 平行于星体 $y_{\mathrm{B}}$ 轴且 $\boldsymbol{E}_{\mathrm{B}}$ 平行于星体 $z_{\mathrm{B}}$ 轴。由偏置角动量 $\boldsymbol{H}_0$ 表达式可知，$\boldsymbol{C}_{\mathrm{BO}}\boldsymbol{\omega}_0$ 平行于星体 $y_{\mathrm{B}}$ 轴且 $\boldsymbol{E}_{\mathrm{B}}$ 平行于星体 $z_{\mathrm{B}}$ 轴时，故 $(\boldsymbol{C}_{\mathrm{BO}}\boldsymbol{\omega}_0)^{\times}\boldsymbol{H}_0$ 与 $\boldsymbol{V}_{\vartheta}$ 均为零向量，对应姿态有如下几种可能性。

a）星体 $y_{\mathrm{B}}$ 轴、$z_{\mathrm{B}}$ 轴分别沿轨道系 $y_{\mathrm{O}}$ 轴与 $\boldsymbol{E}_{\mathrm{B}}$ 方向，此时星体坐标系与轨道坐标系重合，对应方向余弦阵 $\boldsymbol{C}_{\mathrm{BO}}$ 为单位阵且平衡点对应的星本体相对轨道系的姿态参数为 $\boldsymbol{q}_{\mathrm{e}} = [0 \quad 0 \quad 0 \quad 1]^{\mathrm{T}}$。

在此平衡点附近，利用式(6－21)、式(6－23)，且略去二阶小量后控制律式(6－26)可近似表示为

$$\boldsymbol{T} = -k_{\vartheta}\begin{bmatrix}\phi\\ \theta\\ 0\end{bmatrix} - k_{\mathrm{d}}\begin{bmatrix}\omega_{\mathrm{box}}\\ \omega_{\mathrm{boy}}\\ 0\end{bmatrix} \approx -k_{\vartheta}\begin{bmatrix}\phi\\ \theta\\ 0\end{bmatrix} - k_{\mathrm{d}}\begin{bmatrix}\dot{\phi}\\ \dot{\theta}\\ 0\end{bmatrix}$$

该表达式即为常规偏置角动量控制形式[16]，从而可知闭环系统在上述姿态参数下的平衡点是稳定的。

b）星体 $y_{\mathrm{B}}$ 与轨道系 $y_{\mathrm{O}}$ 轴重合且 $\boldsymbol{E}_{\mathrm{B}}$ 沿 $z_{\mathrm{B}}$ 轴反向，对应方向余弦阵为

$$\boldsymbol{C}_{\mathrm{BO}} = \begin{bmatrix}-1 & 0 & 0\\ 0 & 1 & 0\\ 0 & 0 & -1\end{bmatrix}$$

且平衡状态中姿态参数为 $\boldsymbol{q}_{\mathrm{e}} = [0 \quad 1 \quad 0 \quad 0]^{\mathrm{T}}$。

在该平衡点附近，由偏置角动量在轨道角速度下产生的陀螺力矩使得星体 $y_{\mathrm{B}}$ 趋向轨道系 $y_{\mathrm{O}}$ 轴，但在控制力矩中的 $k_{\vartheta}\boldsymbol{V}_{\vartheta}$ 项产生 $\boldsymbol{E}_{\mathrm{B}}$ 偏离星体 $-z_{\mathrm{B}}$ 轴的作用，故该平衡点是不稳定的。

c）星体 $y_{\mathrm{B}}$ 轴沿轨道系 $y_{\mathrm{O}}$ 轴负方向且 $\boldsymbol{E}_{\mathrm{B}}$ 沿 $z_{\mathrm{B}}$ 轴方向或 $-z_{\mathrm{B}}$ 方向，对应平衡状态的姿态方向余弦阵分别为

$$\boldsymbol{C}_{\mathrm{BO}} = \begin{bmatrix}-1 & 0 & 0\\ 0 & -1 & 0\\ 0 & 0 & 1\end{bmatrix} \text{与 } \boldsymbol{C}_{\mathrm{BO}} = \begin{bmatrix}1 & 0 & 0\\ 0 & -1 & 0\\ 0 & 0 & -1\end{bmatrix}$$

且平衡点的对应姿态参数分别为

$$\boldsymbol{q}_{\mathrm{e}} = [0 \quad 0 \quad 1 \quad 0]^{\mathrm{T}},\ \boldsymbol{q}_{\mathrm{e}} = [1 \quad 0 \quad 0 \quad 0]^{\mathrm{T}}$$

上述两种情况下，由于偏置角动量与轨道坐标系 $y_{\mathrm{O}}$ 轴同向，偏置角动量产生的陀螺力矩

使得系统偏离平衡状态呈现不稳定特定。

综上系统平衡点求解及其特性分析，在合理选取控制参数及偏置角动量幅值下由式(6-18)、式(6-30)与式(6-24)组成的非线性系统存在4个平衡点$[\boldsymbol{\omega}_{bo,e}^{T}, \boldsymbol{q}_{e}^{T}]^{T}$，其中仅有期望的三轴对地稳定姿态所对应的平衡点

$$\{(\boldsymbol{\omega}_{bo,e}, \boldsymbol{q}_{e}) \mid \boldsymbol{\omega}_{bo,e} = 0, \boldsymbol{q}_{e} = [0 \quad 0 \quad 0 \quad 1]^{T}\}$$

为闭环系统的稳定平衡点。

4. 仿真实例

以运行于轨道高度为500 km的对地稳定航天器为例，对应轨道周期约5 680 s，对应轨道角速度为$\boldsymbol{\omega}_0 = [0 \quad -0.063\,4 \quad 0]^{T}(°)/s$，星体转动惯量为

$$\boldsymbol{J} = \text{diag}\{640 \quad 560 \quad 480\}\ \text{kg} \cdot \text{m}^2$$

星体偏置角动量设置为

$$\boldsymbol{H}_0 = [0 \quad -35 \quad 0]^{T}\ \text{N} \cdot \text{m} \cdot \text{s}$$

假定地球敏感器在每个控制周期均有输出，根据输出得到姿态信息通常仅为地心矢量$\boldsymbol{E}_B$，故式(6-24)中$\dot{\boldsymbol{E}}_B$可由时间间隔$\Delta t$的两次测量差分替代，即

$$\dot{\boldsymbol{E}}_B = [\boldsymbol{E}_B(k) - \boldsymbol{E}_B(k-1)]/\Delta t$$

仿真中取$\Delta t = 0.5$ s。

星体初始角速度为$\boldsymbol{\omega} = [2 \quad -1 \quad -2]^{T}(°)/s$，对地三轴欧拉姿态为$\phi = 60°$、$\theta = 120°$与$\psi = -30°$，选取控制参数为$k_{\vartheta} = 0.01$、$k_d = 50$，对应的仿真结果如图6-21~图6-23所示。从图6-21与图6-22可知，实现星体角速率有效阻尼，星体对地三轴欧拉姿态角趋于零且星体惯性角速度趋近于$\boldsymbol{\omega}_0$，约2 000 s成功实现三轴对地稳定运行；从图6-23可知在此控制过程中星体动能持续衰减。

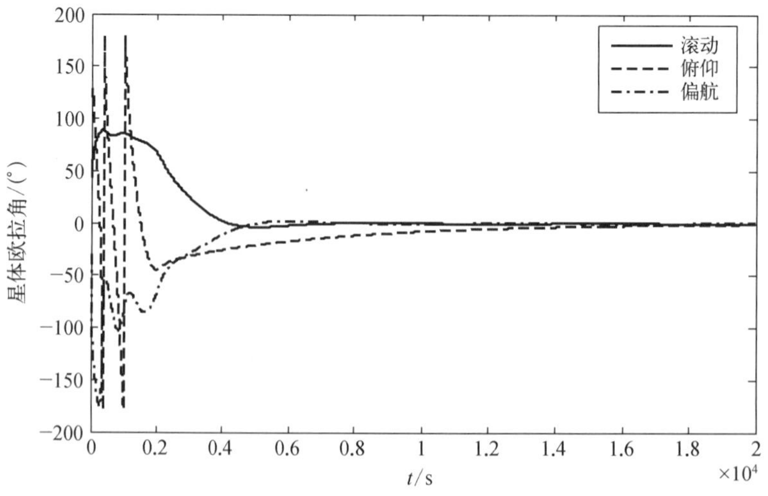


图6-21 欧拉姿态角

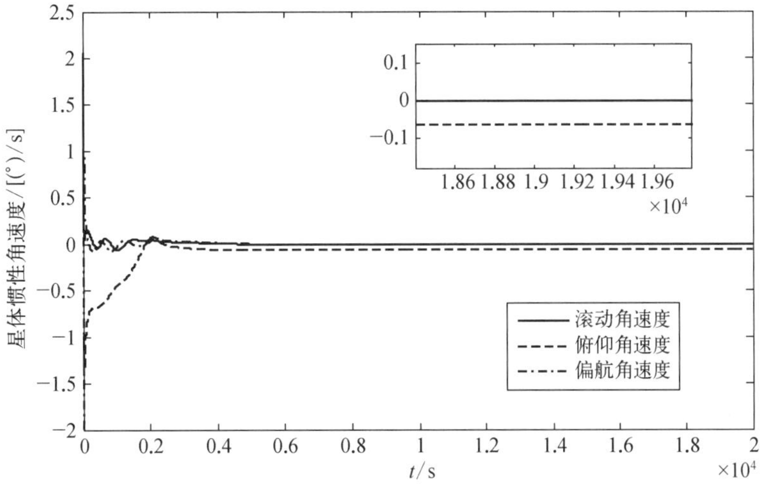


图6-22 姿态角速度

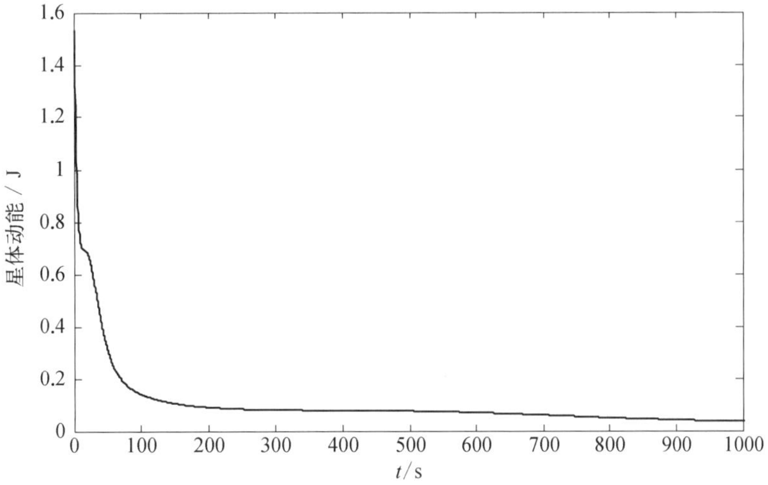


图6-23 星体旋转动能

针对系统不稳定平衡点：

$$\{(\boldsymbol{\omega}_{\mathrm{bo,e}},\ \boldsymbol{q}_{\mathrm{e}}) \mid \boldsymbol{\omega}_{\mathrm{bo,e}} = \mathbf{0},\ \boldsymbol{q}_{\mathrm{e}} = [1\quad 0\quad 0\quad 0]^{\mathrm{T}}\}$$

对应对地三轴欧拉姿态 $\phi = 180°$、$\theta = 0°$ 与 $\psi = 0°$，此时地心矢量沿星体 $-z_{\mathrm{B}}$ 轴且轨道角速度矢量沿星体 $y_{\mathrm{B}}$，系统初始状态为

$$\{(\boldsymbol{\omega},\ \boldsymbol{q}) \mid \boldsymbol{\omega} = [0\quad 0.06\quad 0]^{\mathrm{T}},\ \boldsymbol{q} = [1\quad 0\quad 0\quad 0]^{\mathrm{T}}\}$$

采用控制参数 $k_{\vartheta} = 0.01$、$k_{\mathrm{d}} = 50$，仿真结果图6-24与图6-25分别给出了地心矢量在星体下运动规律及星体角速度，由此可知在约22 000 s运动临近另外一个不稳定平衡点：

$$\{(\boldsymbol{\omega}_{\mathrm{bo,e}},\ \boldsymbol{q}_{\mathrm{e}}) \mid \boldsymbol{\omega}_{\mathrm{bo,e}} = \mathbf{0},\ \boldsymbol{q}_{\mathrm{e}} = [0\quad 1\quad 0\quad 0]^{\mathrm{T}}\}$$

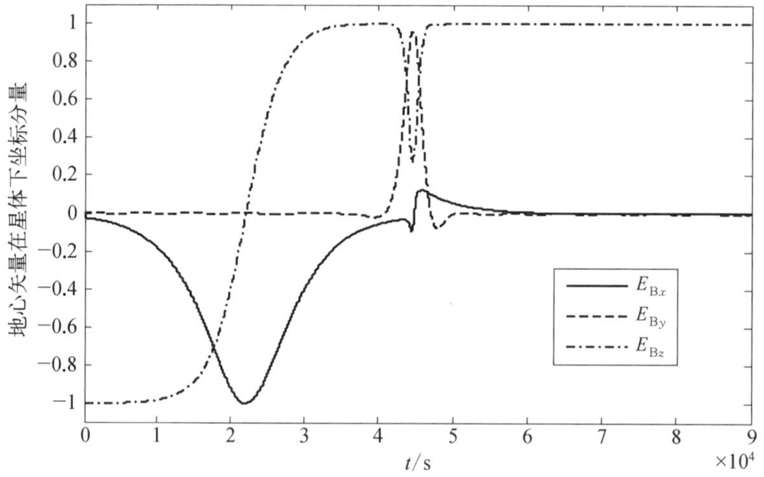


图 6-24　地心矢量在星本体下坐标

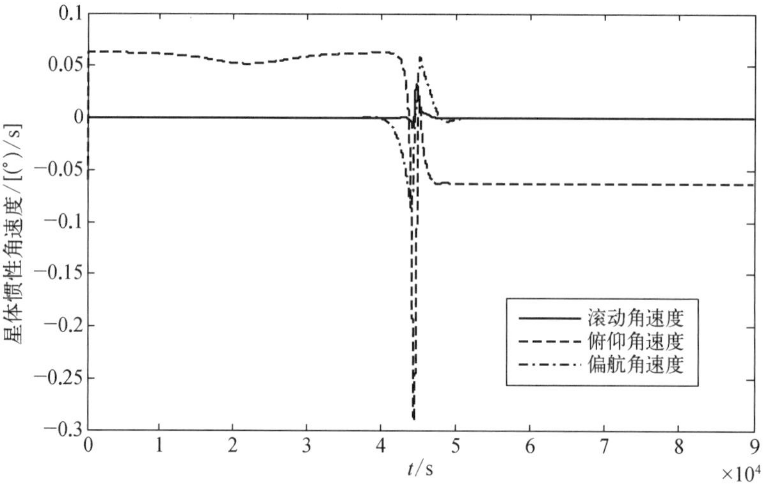


图 6-25　姿态角速度

此时地心矢量在星体 $x_B$ 轴分量 $E_{Bx}$ 接近于 1 且在其他两轴分量 $E_{By}$ 与 $E_{Bz}$ 均接近于零，轨道角速度矢量近似平行于星体 $y_B$ 轴，此后星体运动脱离该非稳定平衡点，约 45 000 s 在偏离上述不稳定平衡点后姿态迅速调整使得轨道角速度矢量及地心矢量分别趋近平行于星体 $-y_B$ 与 $z_B$ 轴，实现期望的对地稳定运行。

针对上述地心矢量沿星体 $-z_B$ 轴的不稳定平衡状态，由式(6-23)所示 $\boldsymbol{V}_\vartheta$ 形式可知式(6-24)中天平角控制量过小时系统脱离不稳定平衡状态时间略长。当控制参数选取为 $k_\vartheta=0.5$、$k_d=50$ 时，维持上述仿真其他条件下得到的仿真结果如图 6-26 与图 6-27 所示。由图 6-26 可知，在不到 1 000 s 时间内星体 $+z_B$ 轴转动 180°由背离地心方向转动到指向地心方向，结合图 6-27 可知该状态为星体 $+y_B$ 轴沿轨道法线方向的不稳定平衡状态的对地姿态，并在 10 000 s 时间内脱离该平衡平稳点快速地转入正常对地稳定运行状态。

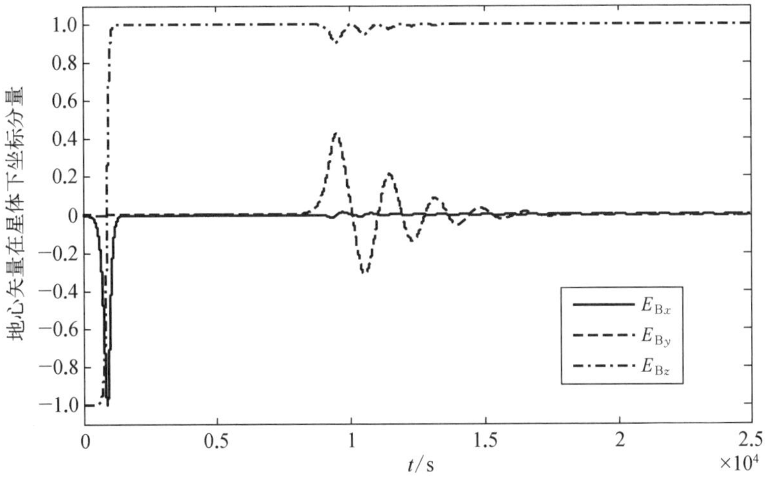


图 6－26　地心矢量在星本体下坐标

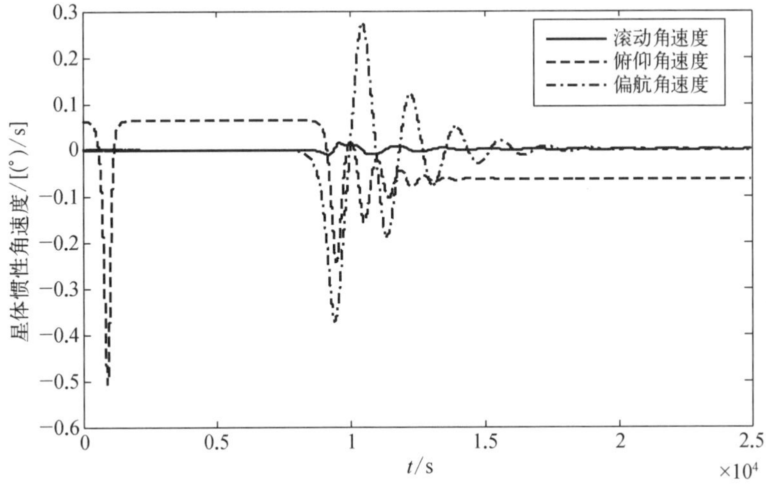


图 6－27　姿态角速度

针对姿态测量匮乏下的星体姿态由异常恢复正常对地姿态控制问题，提出的一种天平角幅值抑制与能量耗散的姿态控制方法，经过相关理论分析及仿真验证，得到如下结论：

（1）所提出方法依据地心矢量在星体下的变化趋势与星体角速度关系构造了星体能耗策略，在无角速度测量下有效地实现了星体速率阻尼；

（2）所提出方法将天平角幅值抑制与能量耗散策略相结合，实现了星体速率阻尼同时保证了星体偏航轴指向地心；

（3）在提出方法中引入星体角动量偏置技术手段，使得多平衡点非线性系统仅期望稳定对地姿态为唯一稳定平衡点，解决了多平衡点非线性系统的三轴姿态控制问题；

（4）采用提出方法，理论上可由任意姿态自主恢复到稳定对地状态且实施时间可控制到一个至几个轨道周期内，与在轨异常后已有地面恢复方式相比极大缩短了恢复时间，可有效避免系统能源安全等问题。

由此可知，基于仅单矢量测量的天平角幅值抑制与能量耗散的姿态控制方法可为姿态测量信息不完备下的异常姿态快速自主恢复提供一种有力技术途径。

### 6.3.4 控制力矩陀螺欠配置的三轴姿态稳定控制

CMG 系统可实现连续大力矩输出及角动量需求，是大型空间站、敏捷航天器理想的执行机构选择，在航天器中得到广泛应用[17-19]。鉴于敏捷航天器三轴姿态控制与奇异规避双重需求，大多数相关研究及系统设计一般采用不少于 4 台单框架控制力矩陀螺(SGCMG)配置方式。姿态机动时 CMG 提供相应机动力矩，其高速转子轴系径向相应频繁偏载可能使得机械轴承润滑不良问题，从而容易导致部件失效故障[20]。当故障导致仅 2 台 SGCMG 可工作时，由于航天器系统难免受到空间环境力矩作用影响，采用 CMG 角动量交换控制方式的系统很难实现系统合成角动量为零的状态，因而现有欠驱动控制方法在实际应用中一般难以保证系统的稳健性。

磁力矩器是中、低轨道卫星的基本配置执行机构，除了用于小卫星姿态磁控外，其主要作为空间环境扰动力矩产生的累积角动量的重要卸载手段。虽然磁力矩器产生的力矩量级较小，但是在欠配置系统的姿态控制中将其引入参与姿态控制，不失为一种提升系统控制能力及稳健性的技术途径。针对上述 2 - SGCMGs 执行机构非完整配置系统长期对地稳定运行的控制问题，本节给出了基于 2 - SGCMGs 与磁力矩器组合的卫星控制方法[21]，以解决当控制力矩陀螺发生故障仅余两个可用时的系统控制问题。首先，根据非平行的 SGCMG 的低速框架轴单位向量，求解 2 - SGCMGs 合成角动量为零所对应的标称框架角；其次，根据标称框架角构型，构造新的控制标架，将三维控制力矩指令空间分解为分别由 SGCMG 与磁力矩器来实现的两正交子空间；再根据不同子空间的控制指令，给出了 SGCMG 框架角速度指令与考虑磁卸载的磁力矩器控制磁矩求解表达式；最后，针对给出的方法，结合航天器对象进行了相应的数学仿真验证。

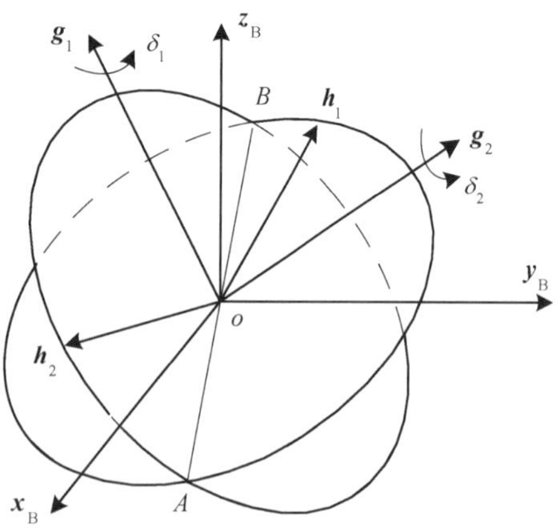


图 6-28　2 - SGCMGs 系统的角动量随框架运动变化示意图

1. 2 - SGCMGs 标称框架位置的选择

由 2 台单框架控制力矩陀螺所组成系统，当 CMG 低速框架轴单位向量 $\boldsymbol{g}_1$、$\boldsymbol{g}_2$ 不平行时，随框架转动时角动量 $\boldsymbol{h}_1$ 与 $\boldsymbol{h}_2$ 分别在与各框架轴垂直的平面内运动，如图 6-28 所示。

假定各 CMG 角动量幅值均相同且为 $h$，当框架角为 $\delta_i(i=1,\ 2)$ 时 CMG 在星体系下的角动量 $\boldsymbol{h}_i$ 可表示为

$$\boldsymbol{h}_i(\delta_i) = h \cdot (\boldsymbol{A}_i \sin\delta_i + \boldsymbol{B}_i \cos\delta_i) \tag{6-34}$$

式中，$\boldsymbol{A}_i=[m_{i1}\quad m_{i2}\quad m_{i3}]^{\mathrm{T}}$ 与 $\boldsymbol{B}_i=[n_{i1}\quad n_{i2}\quad n_{i3}]^{\mathrm{T}}$ 为与 CMG 安装相关常系数单位向量，且 $\boldsymbol{A}_i$、$\boldsymbol{B}_i$ 与 $\boldsymbol{g}_i$ 互相之间满足正交关系。

记框架角组合 $\boldsymbol{\delta}=[\delta_1,\ \delta_2]^{\mathrm{T}}$，由式(6－34)可得 CMG 系统在星体系下合成角动量 $\boldsymbol{h}_{\mathrm{cmg}}$ 为

$$\boldsymbol{h}_{\mathrm{cmg}}(\boldsymbol{\delta})=\sum_{i=1}^{2}h_i(\delta_i)=h\sum_{i=1}^{2}\begin{bmatrix}m_{i1}\sin\delta_i+n_{i1}\cos\delta_i\\ m_{i2}\sin\delta_i+n_{i2}\cos\delta_i\\ m_{i3}\sin\delta_i+n_{i3}\cos\delta_i\end{bmatrix}\tag{6-35}$$

对于角动量管理装置作为执行机构的对地稳定卫星，主要有零角动量和偏置角动量两种控制方式，其中后者在星体 $-y_{\mathrm{B}}$ 轴有一定角动量偏置以提供系统稳定性。对于 2－SGCMGs 系统指定的角动量，由式(6－35)可解得对应的框架角，由于该式具有三角函数方程比较复杂，故本节仅考虑 2－SGCMGs 的零动量控制方式，并给出对应的几何求解方法。

当系统合成角动量为零时，由图 6－28 所示几何关系可知每个 CMG 角动量均与两角动量运动平面交线 AB 平行，即 $\boldsymbol{h}_1\parallel\boldsymbol{h}_2\parallel(\boldsymbol{g}_1\times\boldsymbol{g}_2)$ 且 $\boldsymbol{h}_1=-\boldsymbol{h}_2$，不妨记在零角动量下两 CMG 的角动量单位向量为 $\boldsymbol{h}_{01}$ 与 $\boldsymbol{h}_{02}$，选取

$$\begin{gathered}\boldsymbol{h}_{01}=-\boldsymbol{h}_{02}=(\boldsymbol{g}_1\times\boldsymbol{g}_2)/\|\boldsymbol{g}_1\times\boldsymbol{g}_2\|\\ \text{或 }\boldsymbol{h}_{01}=-\boldsymbol{h}_{02}=-(\boldsymbol{g}_1\times\boldsymbol{g}_2)/\|\boldsymbol{g}_1\times\boldsymbol{g}_2\|\end{gathered}\tag{6-36}$$

利用 $\boldsymbol{A}_i$、$\boldsymbol{B}_i$ 与 $\boldsymbol{g}_i$ 互相正交关系，对于给定 $\boldsymbol{h}_{01}$ 与 $\boldsymbol{h}_{02}$，由式(6－34)可得关系式：$\sin\delta_{0i}=\boldsymbol{A}_i^{\mathrm{T}}\boldsymbol{h}_{0i}$ 及 $\cos\delta_{0i}=\boldsymbol{B}_i^{\mathrm{T}}\boldsymbol{h}_{0i}$，由此可解得系统零动量下 CMG 对应的框架角 $\boldsymbol{\delta}_0=[\delta_{01},\ \delta_{02}]^{\mathrm{T}}$。

2. SGCMG 与磁力矩器的混合控制

1）对地姿态稳定控制设计

卫星本体坐标系相对轨道坐标系的姿态四元数 $\boldsymbol{q}$ 和角速度 $\boldsymbol{\omega}_{\mathrm{bo}}$ 来描述的卫星姿态运动方程为

$$\begin{aligned}\dot{\boldsymbol{q}}_{\mathrm{v}}&=-\frac{1}{2}\boldsymbol{\omega}_{\mathrm{bo}}^{\times}\boldsymbol{q}+\frac{1}{2}q_4\boldsymbol{\omega}_{\mathrm{bo}}\\ \dot{q}_4&=-\frac{1}{2}\boldsymbol{\omega}_{\mathrm{bo}}^{\mathrm{T}}\boldsymbol{q}_{\mathrm{v}}\end{aligned}$$

式中，$\boldsymbol{q}_{\mathrm{v}}$ 与 $q_4$ 分别为 $\boldsymbol{q}$ 的矢量部分与标量部分。

考虑控制力矩陀螺的刚体卫星姿态动力学方程为

$$\boldsymbol{J}\dot{\boldsymbol{\omega}}+\boldsymbol{\omega}^{\times}(\boldsymbol{J}\boldsymbol{\omega}+\boldsymbol{h}_{\mathrm{cmg}})=\boldsymbol{T}\tag{6-37}$$

式中，$\boldsymbol{J}$ 为星体转动惯量；$\boldsymbol{h}_{\mathrm{cmg}}$ 为 CMG 系统合成角动量；$\boldsymbol{T}$ 为施加星体力矩向量；$\boldsymbol{\omega}$ 为星体相对惯性系的角速度。

考虑关系式：

$$\boldsymbol{\omega} = \boldsymbol{\omega}_{\mathrm{bo}} + \boldsymbol{C}_{\mathrm{BO}}\,[0 \quad -\omega_0 \quad 0]^{\mathrm{T}}$$

式中，$\boldsymbol{C}_{\mathrm{BO}}$ 为星体坐标系相对轨道坐标系的方向余弦阵；$\omega_0$ 为轨道角速率，对于近圆轨道可近似看作为常数。

对式(6－18)与式(6－37)组成系统，采用如下形式 PD 控制；

$$\boldsymbol{T} = -\boldsymbol{k}_{\mathrm{p}}\boldsymbol{q}_{\mathrm{v}} - \boldsymbol{k}_{\mathrm{d}}\boldsymbol{\omega}_{\mathrm{bo}} + \boldsymbol{\omega}^{\times}(\boldsymbol{J}\boldsymbol{\omega} + \boldsymbol{h}_{\mathrm{cmg}}) + \boldsymbol{J}\boldsymbol{\omega}_{\mathrm{bo}}^{\times}\boldsymbol{C}_{\mathrm{BO}}\,[0 \quad -\omega_0 \quad 0]^{\mathrm{T}} \qquad (6-38)$$

式中，$\boldsymbol{k}_{\mathrm{p}}$、$\boldsymbol{k}_{\mathrm{d}}$ 均为正定矩阵。

$$V = \frac{1}{2}\boldsymbol{\omega}_{\mathrm{bo}}^{\mathrm{T}}\boldsymbol{J}\boldsymbol{\omega}_{\mathrm{bo}} + \frac{1}{2}\boldsymbol{k}_{\mathrm{p}}[\boldsymbol{q}_{\mathrm{v}}^{\mathrm{T}}\boldsymbol{q}_{\mathrm{v}} + (q_4 - 1)^2]$$

由对 $V$ 求时间导数并整理有

$$\dot{V} = -\boldsymbol{\omega}_{\mathrm{bo}}^{\mathrm{T}}\boldsymbol{k}_{\mathrm{d}}\boldsymbol{\omega}_{\mathrm{bo}} \leqslant 0$$

并由拉萨尔不变集原理可知，在式(6－38)控制作用下可使得闭环系统具有渐近稳定特性，其中 $\boldsymbol{q}_{\mathrm{v}} \to \boldsymbol{0}$，$\boldsymbol{\omega}_{\mathrm{bo}} \to \boldsymbol{0}$。

根据框架运动学可知，每个控制力矩陀螺输出力矩为

$$\boldsymbol{T}_{\mathrm{cmg}i} = -\dot{\delta}_i\,\boldsymbol{g}_i \times \boldsymbol{h}_i,\ (i = 1,\ 2)$$

式中，$\dot{\delta}_i$ 为框架转速。

对于 2 台单框架控制力矩陀螺与磁力矩器混合控制，定义控制框架为

$$\begin{aligned} \boldsymbol{\tau}_i^0 &= -\boldsymbol{g}_i \times \boldsymbol{h}_{0i},\ (i = 1,\ 2) \\ \boldsymbol{\tau}_3^0 &= \frac{\boldsymbol{\tau}_1^0 \times \boldsymbol{\tau}_2^0}{\|\boldsymbol{\tau}_1^0 \times \boldsymbol{\tau}_2^0\|} \end{aligned} \qquad (6-39)$$

由上述所构造框架可将三自由度空间分解为两个正交空间 $\{\boldsymbol{\tau}_i^0,\ i = 1,\ 2\}$ 与 $\{\boldsymbol{\tau}_3^0\}$，其中前者的控制由控制力矩陀螺来实现，后者由磁力矩器来实现。

由式(6－39)可知，与传统定义方式不同的是该控制框架一般是非正交的。将标称控制框架 $\{\boldsymbol{\tau}_i^0,\ i = 1,\ 2,\ 3\}$ 正交化得到一组正交标称控制框架 $\{\bar{\boldsymbol{\tau}}_i^0,\ i = 1,\ 2,\ 3\}$，即

$$\bar{\boldsymbol{\tau}}_1^0 = \boldsymbol{\tau}_1^0,\ \bar{\boldsymbol{\tau}}_2^0 = \boldsymbol{\tau}_3^0 \times \boldsymbol{\tau}_1^0,\ \bar{\boldsymbol{\tau}}_3^0 = \boldsymbol{\tau}_3^0$$

以正交标称控制框架 $\{\bar{\boldsymbol{\tau}}_i^0,\ i = 1,\ 2,\ 3\}$ 为体轴得到新的星体坐标系 $\bar{b}$，其与初始星体坐标系 $b$ 的方向余弦阵为

$$\boldsymbol{C}_{\mathrm{b}\bar{\mathrm{b}}} = [\bar{\boldsymbol{\tau}}_1^0 \quad \bar{\boldsymbol{\tau}}_2^0 \quad \bar{\boldsymbol{\tau}}_3^0]$$

由于 CMG 输出力矩幅值远远大于磁力矩器产生的力矩，因此系数阵 $\boldsymbol{k}_{\mathrm{p}}$ 与 $\boldsymbol{k}_{\mathrm{d}}$ 选择除了满足正定性条件外，还需要兼顾两种不同类型执行机构的有效力矩输出量级。对于式

(6－39)中的控制参数矩阵 $\boldsymbol{k}_{\mathrm{p}}$、$\boldsymbol{k}_{\mathrm{d}}$，将其表示为如下形式：

$$\boldsymbol{k}_{\mathrm{p}} = \boldsymbol{C}_{\mathrm{b}\bar{\mathrm{b}}} \bar{\boldsymbol{k}}_{\mathrm{p}} \boldsymbol{C}_{\mathrm{b}\bar{\mathrm{b}}}^{\mathrm{T}},\ \boldsymbol{k}_{\mathrm{d}} = \boldsymbol{C}_{\mathrm{b}\bar{\mathrm{b}}} \bar{\boldsymbol{k}}_{\mathrm{d}} \boldsymbol{C}_{\mathrm{b}\bar{\mathrm{b}}}^{\mathrm{T}}$$

则式(6－39)中的 PD 控制部分可表示为

$$\boldsymbol{u}_{\mathrm{PD}} = -\boldsymbol{C}_{\mathrm{b}\bar{\mathrm{b}}} \bar{\boldsymbol{k}}_{\mathrm{p}} \boldsymbol{C}_{\mathrm{b}\bar{\mathrm{b}}}^{\mathrm{T}} \boldsymbol{q}_{\mathrm{v}} - \boldsymbol{C}_{\mathrm{b}\bar{\mathrm{b}}} \bar{\boldsymbol{k}}_{\mathrm{d}} \boldsymbol{C}_{\mathrm{b}\bar{\mathrm{b}}}^{\mathrm{T}} \boldsymbol{\omega}_{\mathrm{bo}}$$

即有

$$\bar{\boldsymbol{u}}_{\mathrm{PD}} = \boldsymbol{C}_{\mathrm{b}\bar{\mathrm{b}}}^{\mathrm{T}} \boldsymbol{u}_{\mathrm{PD}} = -\bar{\boldsymbol{k}}_{\mathrm{p}} \boldsymbol{C}_{\mathrm{b}\bar{\mathrm{b}}}^{\mathrm{T}} \boldsymbol{q}_{\mathrm{v}} - \bar{\boldsymbol{k}}_{\mathrm{d}} \boldsymbol{C}_{\mathrm{b}\bar{\mathrm{b}}}^{\mathrm{T}} \boldsymbol{\omega}_{\mathrm{bo}} \tag{6－40}$$

由式(6－40)可知，$\bar{\boldsymbol{u}}_{\mathrm{PD}}$ 为 $\boldsymbol{u}_{\mathrm{PD}}$ 在标称控制框架 $\{\bar{\boldsymbol{\tau}}_i^0,\ i=1,\ 2,\ 3\}$ 下的表示。由于控制力矩陀螺可输出力矩幅值一般远远大于磁力矩器最大输出力矩幅值，因此通常选取 $\bar{\boldsymbol{k}}_{\mathrm{p}}$ 与 $\bar{\boldsymbol{k}}_{\mathrm{d}}$ 为对角阵形式且各矩阵的第 3 行、第 3 列元素小于其他元素，从而可使得不同方向在相同量级姿态误差下保证沿控制框架方向 $\boldsymbol{\tau}_3^0$ 的所需控制力矩幅值低于其他方向，以避免因控制量过大而出现磁力矩器磁矩饱和。

2）混合执行机构控制力矩实现

对于式(6－38)的控制量 $\boldsymbol{T}$，将其分解为分别属于 $\{\bar{\boldsymbol{\tau}}_i^0,\ i=1,\ 2\}$ 与 $\{\bar{\boldsymbol{\tau}}_3^0\}$ 不同空间的两部分，即

$$\boldsymbol{T}_{\mathrm{cmg}} = (\bar{\boldsymbol{\tau}}_1^0 (\bar{\boldsymbol{\tau}}_1^0)^{\mathrm{T}} + \bar{\boldsymbol{\tau}}_2^0 (\bar{\boldsymbol{\tau}}_2^0)^{\mathrm{T}}) \boldsymbol{T}$$

与

$$\boldsymbol{T}_{\mathrm{MT}} = \bar{\boldsymbol{\tau}}_3^0 (\bar{\boldsymbol{\tau}}_3^0)^{\mathrm{T}} \boldsymbol{T}$$

由空间 $\{\bar{\boldsymbol{\tau}}_i^0,\ i=1,\ 2\}$ 与 $\{\bar{\boldsymbol{\tau}}_3^0\}$ 的正交性可知，有 $\boldsymbol{T} = \boldsymbol{T}_{\mathrm{cmg}} + \boldsymbol{T}_{\mathrm{MT}}$。

记框架角组合 $\boldsymbol{\delta} = [\delta_1,\ \delta_2]^{\mathrm{T}}$，式(6－35)可表示为

$$\boldsymbol{h}_{\mathrm{cmg}}(\boldsymbol{\delta}) = h(\boldsymbol{A}\sin\boldsymbol{\delta} + \boldsymbol{B}\cos\boldsymbol{\delta})\boldsymbol{I}_{2\times1} \tag{6－41}$$

式中，向量 $\boldsymbol{I}_{2\times1} = [1\quad 1]^{\mathrm{T}}$；$\boldsymbol{A}$、$\boldsymbol{B}$ 为仅与系数 $m_{ik}$、$n_{ik}(i=1,\ 2;\ k=1,\ 2,\ 3)$ 相关的常矩阵，框架角正、余弦矩阵 $\sin\boldsymbol{\delta}$ 和 $\cos\boldsymbol{\delta}$ 表达式分别为

$$\sin\boldsymbol{\delta} = \mathrm{diag}\{\sin\delta_1,\ \sin\delta_2\},\ \cos\boldsymbol{\delta} = \mathrm{diag}\{\cos\delta_1,\ \cos\delta_2\}$$

式中，符号 diag{·} 表示相应元素形成的对角阵。

对 $\boldsymbol{h}_{\mathrm{cmg}}(\boldsymbol{\delta})$ 求时间导数可得

$$\dot{\boldsymbol{h}}_{\mathrm{cmg}}(\boldsymbol{\delta}) = h \cdot \boldsymbol{A}_{\mathrm{cmg}} \cdot \dot{\boldsymbol{\delta}} \tag{6－42}$$

式中，$\boldsymbol{A}_{\mathrm{cmg}} = \boldsymbol{A}\cos\boldsymbol{\delta} - \boldsymbol{B}\sin\boldsymbol{\delta}$ 为框架角运动方程的雅克比矩阵；$\dot{\boldsymbol{\delta}}$ 为 CMG 系统框架角速度向量。

由式(6－42)关系可得其与 CMG 框架转速指令 $\dot{\boldsymbol{\delta}}_{\mathrm{cmd}}$ 满足关系式：

$$-h \cdot \boldsymbol{A}_{\mathrm{cmg}} \cdot \dot{\boldsymbol{\delta}}_{\mathrm{cmd}} = \boldsymbol{T}_{\mathrm{cmg}}$$

即可得

$$\dot{\boldsymbol{\delta}}_{\mathrm{cmd}} = -\frac{1}{h}\boldsymbol{A}_{\mathrm{cmg}}^{\#}\boldsymbol{T}_{\mathrm{cmg}} \tag{6-43}$$

式中，$\boldsymbol{A}_{\mathrm{cmg}}^{\#} = (\boldsymbol{A}_{\mathrm{cmg}}^{\mathrm{T}}\boldsymbol{A}_{\mathrm{cmg}})^{-1}\boldsymbol{A}_{\mathrm{cmg}}^{\mathrm{T}}$ 为 $\boldsymbol{A}_{\mathrm{cmg}}$ 的 M－P 伪逆。

在空间环境力矩作用下，角动量积累将导致 CMG 框架角偏离其标称位置。由于两 CMG 角动量仅能在各自的固定平面内运动，因此该系统无法完全容纳三维空间中的角动量积累，随卫星绕地球进行对地指向运动中势必产生较大的姿态偏差，且该偏差方向随时间而改变，因此磁力矩器除产生单自由度方向控制力矩外还得对角动量进行有效卸载。

对式（6－35）两边在 $\boldsymbol{\delta} = \boldsymbol{\delta}_0$ 处求微分得

$$\Delta\boldsymbol{h}_{\mathrm{cmg}}(\boldsymbol{\delta})\mid_{\boldsymbol{\delta}=\boldsymbol{\delta}_0} = h\sum_{i=1}^{2}\Delta\delta_i(\boldsymbol{A}_i\cos\delta_{0i} - \boldsymbol{B}_i\sin\delta_{0i})$$

式中，$\Delta\delta_i = \delta_i - \Delta\delta_{0i}$。

设计角动量卸载律为

$$\begin{aligned}\boldsymbol{T}_{\mathrm{unload}} &= -k_{\mathrm{p}}\Delta\boldsymbol{h}_{\mathrm{cmg}}(\boldsymbol{\delta})\mid_{\boldsymbol{\delta}=\boldsymbol{\delta}_0} - k_{\mathrm{I}}\int\Delta\boldsymbol{h}_{\mathrm{cmg}}(\boldsymbol{\delta})\mid_{\boldsymbol{\delta}=\boldsymbol{\delta}_0}\mathrm{d}t \\ &= -h\sum_{i=1}^{2}\left(k_{\mathrm{p}}\Delta\delta_i + k_{\mathrm{I}}\int\Delta\delta_i\mathrm{d}t\right)(\boldsymbol{A}_i\cos\delta_{0i} - \boldsymbol{B}_i\sin\delta_{0i})\end{aligned} \tag{6-44}$$

式中，参数 $k_{\mathrm{p}}$、$k_{\mathrm{I}} \geqslant 0$。

综合姿态控制及磁卸载需求，磁力矩器产生的期望控制力矩为

$$\boldsymbol{T}_{\Sigma\mathrm{MT}} = \boldsymbol{T}_{\mathrm{MT}} + \boldsymbol{T}_{\mathrm{unload}}$$

由磁力矩器与空间磁场作用产生力矩的原理，可得磁矩指令为

$$\boldsymbol{M}_{\mathrm{MT}} = -\frac{\boldsymbol{T}_{\Sigma\mathrm{MT}} \times \boldsymbol{B}}{\|\boldsymbol{B}\|^2}$$

式中，$\boldsymbol{B}$ 为地磁场强度矢量在星体坐标系下的表示。由该磁矩指令可得实际控制力矩为

$$\overline{\boldsymbol{T}}_{\mathrm{MT}} = \boldsymbol{T}_{\Sigma\mathrm{MT}} - \frac{(\boldsymbol{T}_{\Sigma\mathrm{MT}} \cdot \boldsymbol{B})\boldsymbol{B}}{\|\boldsymbol{B}\|^2}$$

由此可知，若 $\boldsymbol{T}_{\Sigma\mathrm{MT}}$ 与 $\boldsymbol{B}$ 非正交时则产生额外的非期望力矩，对星体姿态会造成一定程度扰动。

3. *仿真实例*

本小节针对给出的 2－SGCMGs 与磁力矩姿态混合控制算法进行仿真验证。仿真对象为运行于轨道高度 490 km 的太阳同步轨道的刚体卫星，对应轨道角速率为 $\omega_0 = 0.001\ 01$ rad/s，星体转动惯量为

$$\boldsymbol{J} = \begin{bmatrix} 6\ 000 & 10 & -20 \\ 10 & 4\ 400 & 15 \\ -20 & 15 & 4\ 800 \end{bmatrix} \mathrm{kg \cdot m^2}$$

系统配置两 CMG 的角动量幅值均 25 N·m·s,其框架轴单位向量分别为

$$\boldsymbol{g}_1 = [-\cos 52° \quad 0 \quad \sin 52°]^{\mathrm{T}},$$

$$\boldsymbol{g}_2 = [-\cos 72°\cos 52° \quad -\sin 72°\cos 52° \quad \sin 52°]^{\mathrm{T}}$$

对应安装参数向量为

$$\boldsymbol{A}_1 = [-1 \quad 0 \quad 0]^{\mathrm{T}},\ \boldsymbol{A}_2 = [-\cos 72° \quad -\sin 72° \quad 0]^{\mathrm{T}},$$

$$\boldsymbol{B}_1 = [0 \quad \cos 38° \quad \sin 38°]^{\mathrm{T}},\ \boldsymbol{B}_2 = [-\cos 38°\sin 72° \quad \cos 38°\cos 72° \quad \sin 38°]^{\mathrm{T}}$$

由上参数可得

$$\boldsymbol{h}_{01} = -\boldsymbol{h}_{02} = [-0.496\,854\,97 \quad 0.683\,862\,20 \quad 0.534\,291\,71]^{\mathrm{T}}$$

进而计算得到 2 - SGCMGs 系统组成零角动量的标称框架角分别为 29.79°与 150.21°。

控制参数选取:

$$\bar{\boldsymbol{k}}_{\mathrm{p}} = \mathrm{diag}\{2,\ 2,\ 1.5\},\ \bar{\boldsymbol{k}}_{\mathrm{d}} = \mathrm{diag}\{48,\ 48,\ 36\}$$

在滚动与俯仰方向的常值空间环境力矩分别为 $2\times10^{-4}$ N·m 与 $5\times10^{-4}$ N·m。磁力矩器输出最大磁矩幅值为 100 A·m$^2$,磁卸载系数选取为

$$k_{\mathrm{p}} = 4\times10^{-4},\ k_{\mathrm{I}} = 2\times10^{-5}$$

仿真时间为 10 000 s,结果如图 6 - 29 ~ 图 6 - 33 所示。图 6 - 29 和图 6 - 30 给出了星体系相对轨道系的三轴欧拉姿态角及欧拉角速度,从结果可以看出三轴姿态及姿态角速度波动很小,其中角速度波动量小于 0.000 1 (°)/s。图 6 - 31 与图 6 - 32 为两 CMG 低速框架角及框架角度,图 6 - 33 为磁力矩产生的磁矩。

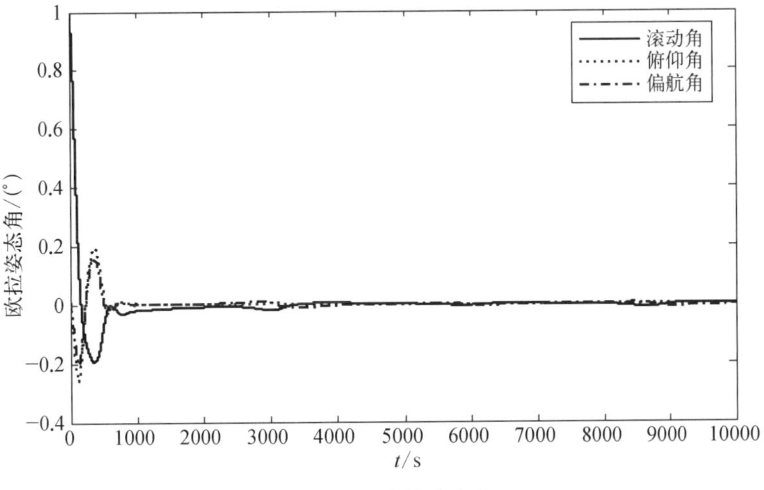


图 6 - 29　欧拉姿态角

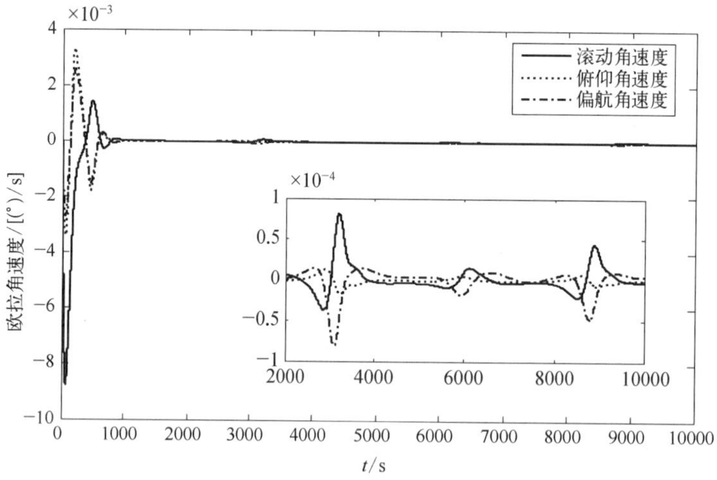


图 6-30　欧拉角速度

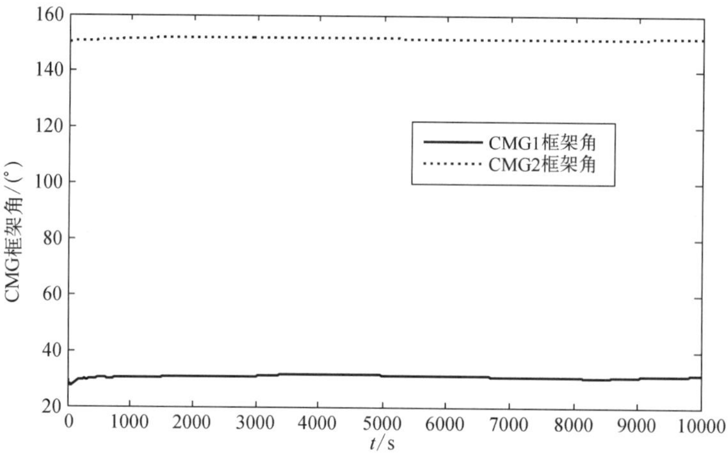


图 6-31　CMG 框架角

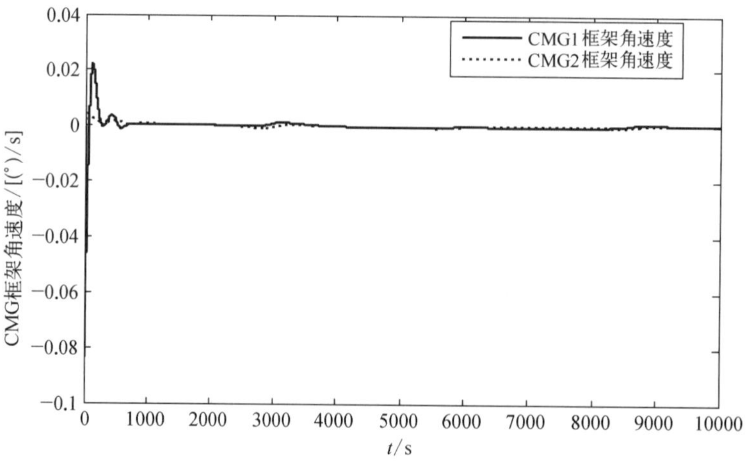


图 6-32　CMG 框架角速度

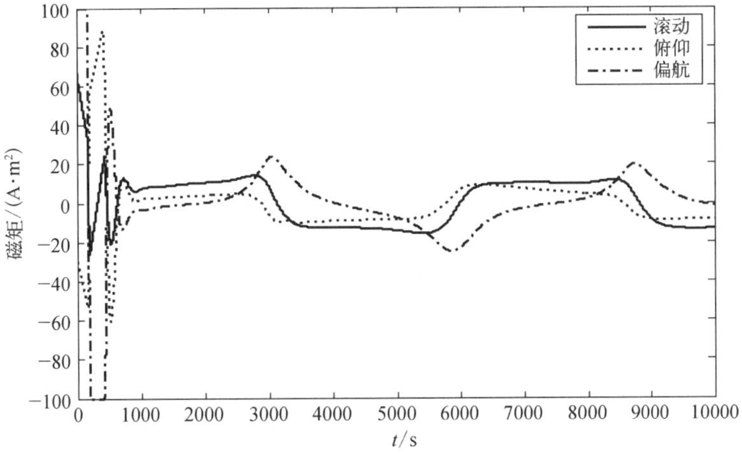


图 6－33　磁力矩器产生的磁矩

针对空间环境干扰下对地长期稳定运行的航天器系统,所设计的一种控制力矩陀螺与磁力矩器组合的混合控制方法,解决当控制力矩陀螺发生故障仅余两个可用时的系统控制问题,达到充分延长卫星使用寿命的目的,通过分析与仿真验证可得到如下结论:

(1) 根据标称框架角构型,构造新的控制标架,从而实现将三维控制力矩指令空间分解为分别由 SGCMG 与磁力矩器来实现的两正交子空间,为 2－SGCMGs 与磁力矩器组合的混合控制系统设计提供了有利的条件;

(2) 根据不同子空间的控制指令,给出了 SGCMG 框架角速度指令及包含磁卸载在内的磁力矩器控制磁矩求解实现;

(3) 通过具有空间环境扰动下的数学仿真验证,表明所提出方法对外界干扰具有较强的鲁棒性。

所提方法充分挖掘了现有航天器执行机构配置潜能,实现了 2－SGCMGs 和磁力矩器进行姿态混合控制,提升了卫星故障容错能力,有效提高了 2－SGCMGs 欠配置下卫星控制鲁棒性。

### 6.3.5　推力器欠配置的三轴角速度控制

一旦航天器因故障高速翻滚,必然要先阻尼星体角速度,以便于角动量管理装置尽快接入控制。针对仅具有两维推力器控制输入且欠驱动轴不是对称轴的欠驱动航天器,设计了一种滑模变结构控制器[22],实现了欠驱动航天器的角速度阻尼;并结合执行机构开关特性、陀螺饱和特性和外界干扰情况进行了控制仿真分析,验证了算法的有效性和工程实用性。

1. 数学模型

1) 姿态运动模型

考虑一个刚体航天器,只有推力器一类执行机构。若有一轴推力器失效,不失一般性假设第 3 轴推力器失效 $\tau_3=0$, 则在航天器本体坐标系下动力学方程可简写为

$$\begin{cases} I_1\dot{\omega}_1 = (I_2 - I_3)\omega_2\omega_3 + \tau_1 + \tau_{\text{dis1}} \\ I_2\dot{\omega}_2 = (I_3 - I_1)\omega_1\omega_3 + \tau_2 + \tau_{\text{dis2}} \\ I_3\dot{\omega}_3 = (I_1 - I_2)\omega_1\omega_2 \quad\quad + \tau_{\text{dis3}} \end{cases} \tag{6-45}$$

式中，$\boldsymbol{J} = \text{diag}(I_1, I_2, I_3)$ 为航天器对角惯量阵；$\boldsymbol{\omega} = [\omega_1 \quad \omega_2 \quad \omega_3]^{\text{T}}$ 为航天器角速度矢量在本体系的表示；$\boldsymbol{T} = [\tau_1 \quad \tau_2 \quad 0]^{\text{T}}$ 为推力器控制力矩在本体系的表示；$\boldsymbol{T}_{\text{dis}} = [\tau_{\text{dis1}} \quad \tau_{\text{dis2}} \quad \tau_{\text{dis3}}]^{\text{T}}$ 为干扰力矩在本体系的表示。

若忽略干扰力矩 $\boldsymbol{T}_{\text{dis}}$，并设

$$\begin{aligned} u_1 &= \frac{(I_2 - I_3)\omega_2\omega_3 + \tau_1}{I_1} \\ u_2 &= \frac{(I_3 - I_1)\omega_1\omega_3 + \tau_2}{I_2} \\ \alpha &= \frac{I_1 - I_2}{I_3}, \ \alpha \neq 0 \end{aligned} \tag{6-46}$$

则上式可简化为

$$\begin{cases} \dot{\omega}_1 = u_1 \\ \dot{\omega}_2 = u_2 \\ \dot{\omega}_3 = \alpha\omega_1\omega_2 \end{cases} \tag{6-47}$$

式中，$\alpha$ 为航天器惯量的非对称系数，其绝对值大小决定了欠驱动轴控制难度。

2）推力器模型

考虑喷气执行机构实际工作时的开关特性，要通过脉宽调制（PWM）将连续的控制力矩转换为实际需要的脉宽信号。PWM 调制器如图 6－34 所示，$A$ 代表输入到 PWM 调制器的控制力矩，$A_{\min}$ 代表最小输入力矩，$A_{\max}$ 代表最大输入力矩，$\Delta t$ 代表控制周期，$\tau$ 代表推力器最小工作脉宽。在每个控制系统的采样周期内，PWM调制器根据输入的大小确定控制姿控推力器的脉宽长度，而脉宽的符号确定姿控推力器产生控制力矩的方向。

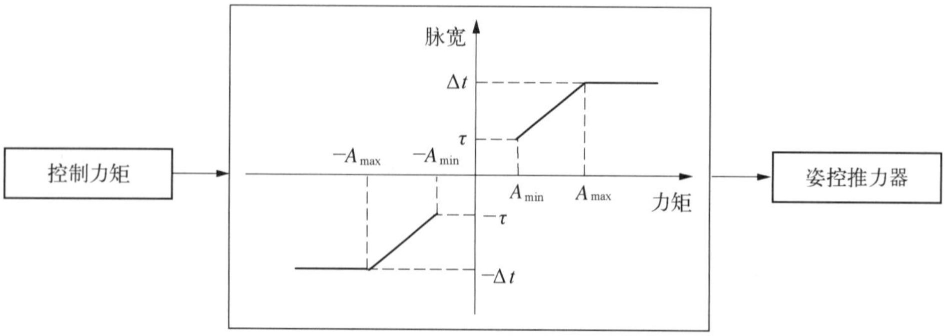


图 6－34　PWM 调制器

2. 滑模控制律设计

以简化模型式(6－47)为对象,设计滑模控制律。取滑动模函数为

$$s = \dot{\omega}_3 + k_1\omega_3 = \alpha\omega_1\omega_2 + k_1\omega_3 \quad (k_1 > 0) \tag{6-48}$$

可见,一旦到达滑模面 ($s$), $z$ 轴(欠驱动轴)角速度将按指数规律收敛。

下面通过设计控制输入 $u_1$ 和 $u_2$, 驱动系统到达滑模面 $s = 0$, 并保持在滑模面上。取李雅普诺夫函数为 $V(s) = s^2/2$, 显然当 $s \neq 0$ 时 $V(s) > 0$。

$$\begin{aligned}\dot{V}(s) &= s \cdot \dot{s} = s(\alpha\omega_1\omega_2 + k_1\omega_3)' \\ &= s(\alpha\dot{\omega}_1\omega_2 + \alpha\omega_1\dot{\omega}_2 + k_1\dot{\omega}_3) \\ &= s(\alpha\omega_2 u_1 + \alpha\omega_1 u_2 + k_1\alpha\omega_1\omega_2)\end{aligned} \tag{6-49}$$

由于 $u_1$ 和 $u_2$ 是同等的,控制律 $u_1$ 和 $u_2$ 在形式上选取对称形式。通过构造控制律使得李雅普诺夫滑模到达条件 $\dot{V}(s) < 0$ 成立:

$$\begin{cases} u_1 = -k_2\omega_1 - k_4\mathrm{sgn}(s\alpha\omega_2) \\ u_2 = (k_2 - k_1)\omega_2 - k_3\mathrm{sgn}(s\alpha\omega_1) \end{cases} \tag{6-50}$$

此时有

$$\dot{V}(s) = -k_3 s\alpha\omega_1\mathrm{sgn}(s\alpha\omega_1) - k_4 s\alpha\omega_2\mathrm{sgn}(s\alpha\omega_2)$$

当选择参数 $k_3 > 0$, $k_4 > 0$, 且 $s\alpha\omega_1$ 和 $s\alpha\omega_2$ 不同时为零时, $\dot{V}(s) < 0$。满足滑模到达条件,系统可以在有限的时间内到达滑模面。一旦到达滑模面 ($s = 0$), 等效控制力矩变为

$$\begin{cases} u_{1\mathrm{eq}} = -k_2\omega_1 \\ u_{2\mathrm{eq}} = (k_2 - k_1)\omega_2 \end{cases} \tag{6-51}$$

则到达滑模面后三轴角速度将按以下指数规律运动为

$$\begin{cases} \dot{\omega}_1 = -k_2\omega_1 \\ \dot{\omega}_2 = (k_2 - k_1)\omega_2 \\ \dot{\omega}_3 = -k_1\omega_3 \end{cases} \tag{6-52}$$

显然为了保证系统收敛,参数必须满足 $k_1 > k_2 > 0$。

综上可知,在选取控制参数满足条件为

$$k_1 > k_2 > 0,\ k_3 > 0, k_4 > 0 \tag{6-53}$$

系统是渐近稳定的。

滑模控制器有一个突出问题就是颤振问题,这里通过将符号函数替换为饱和函数来克服抖振,此时控制律变为

$$\begin{cases} u_1 = -k_2\omega_1 - k_4\mathrm{sat}(s\alpha\omega_2, \varepsilon) \\ u_2 = (k_2 - k_1)\omega_2 - k_3\mathrm{sat}(s\alpha\omega_1, \varepsilon) \end{cases} \tag{6-54}$$

其中,饱和函数定义为如下形式:

$$\mathrm{sat}(x,\varepsilon)=\begin{cases}\mathrm{sgn}(x), & |x|>\varepsilon\\ x/\varepsilon, & |x|\leqslant\varepsilon\end{cases} \tag{6-55}$$

其中,选取 $\varepsilon$ 越大则克服颤振能力越强,但是会降低控制精度,故对参数 $\varepsilon$ 的选取要权衡这两方面因素。

由式(6-47)和式(6-50)可知,系统在到达滑模面之前驱动轴角速度按如下规律运动:

$$\begin{cases}\dot{\omega}_1=u_1=-k_2\omega_1\ \pm k_4\\ \dot{\omega}_2=u_2=(k_2-k_1)\omega_2\ \pm k_3\end{cases} \tag{6-56}$$

显然,$\omega_1$ 和 $\omega_2$ 可能会出现一个恒值段。

由式(6-56)有

$$\begin{cases}\dot{\omega}_1=u_1=-k_2\omega_1\ \pm k_4=0\\ \dot{\omega}_2=u_2=(k_2-k_1)\omega_2\ \pm k_3=0\end{cases} \tag{6-57}$$

得到两轴出现恒值段的角速度为

$$\begin{cases}\omega_{1c}=\pm\dfrac{k_4}{k_2}\\ \omega_{2c}=\pm\dfrac{k_3}{k_1-k_2}\end{cases} \tag{6-58}$$

在这一段时间内,有

$$\dot{V}(s)=-k_3\,|s\alpha\omega_{1c}|-k_4\,|s\alpha\omega_{2c}| \tag{6-59}$$

由此可看出,$|\omega_{1c}|$ 和 $|\omega_{2c}|$ 的大小直接影响了滑动模 $s$ 的收敛特性,也直接影响了欠驱动轴的收敛快慢。一般 $|\omega_{1c}|$ 和 $|\omega_{2c}|$ 选的越大,欠驱动轴的角速度收敛越快,但是由于实际中控制力矩受限和陀螺测量饱和的限制,选择得过大会导致系统振荡甚至发散不稳定,且 $|\omega_{1c}|$ 和 $|\omega_{2c}|$ 选择越大导致消耗燃料越多,因此要综合权衡上述因素将 $|\omega_{1c}|$ 和 $|\omega_{2c}|$ 配置到恰当的位置。

3. 仿真实例

1) 转动惯量矩阵为对角阵情况

航天器的转动惯量矩阵选为 $\boldsymbol{J}=\mathrm{diag}(1\,117,\ 2\,804,\ 2\,918)\,\mathrm{kg\cdot m^2}$,执行机构采用喷气 PWM 控制方式,最小喷气脉宽 0.025 s,喷气力矩 2 N · m。选取控制周期 0.5 s,考虑工程中陀螺饱和现象,取陀螺饱和值为 0.035 rad/s。

仿真角速度初始条件设置为

$$[\omega_1(0)\quad \omega_2(0)\quad \omega_3(0)]^{\mathrm{T}}=[0.06\quad -0.06\quad 0.06]^{\mathrm{T}}\ \mathrm{rad/s},$$

控制器参数选为: $k_1=0.5,\ k_2=0.1,\ k_3=0.013,\ k_4=0.002\,7,\ \varepsilon=0.000\,05$。

相应的仿真曲线如图 6-35~图 6-38 所示,分别为三轴角速度、滑动模变化、$x$ 轴控制力矩、$y$ 轴控制力矩。

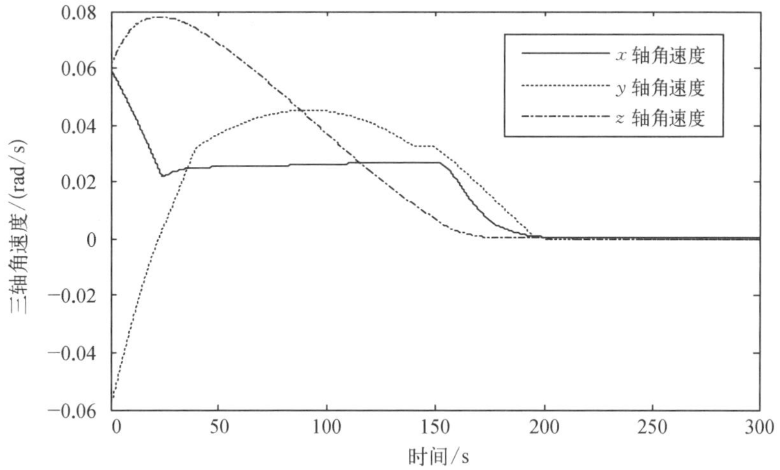


图 6-35　三轴角速度响应曲线

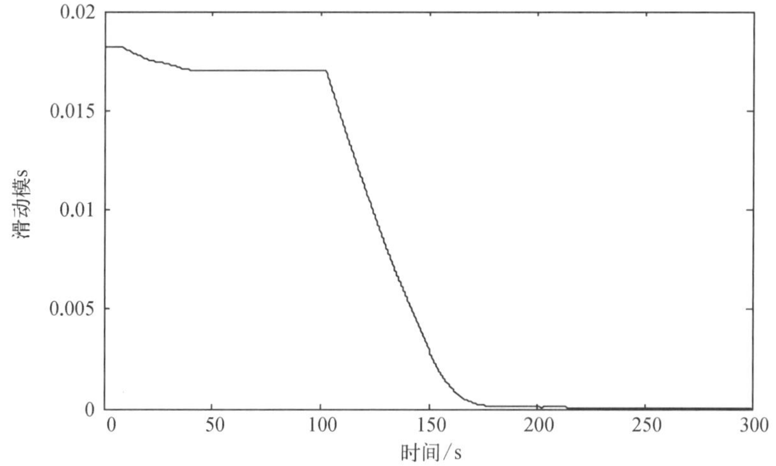


图 6-36　滑动模 s 变化曲线

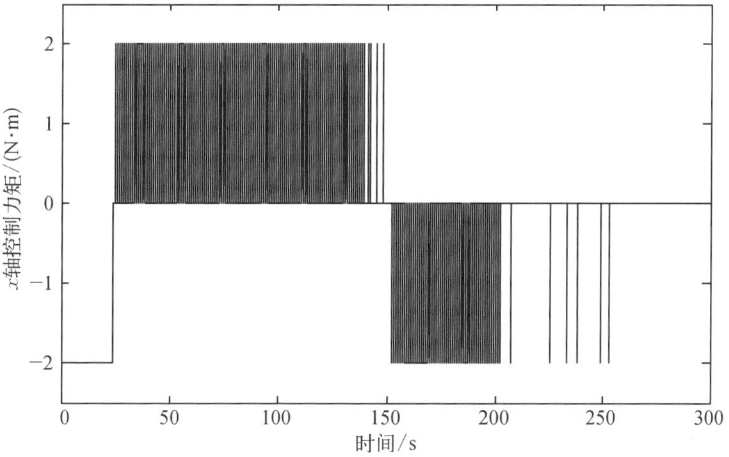


图 6-37　$x$ 轴喷气控制力矩

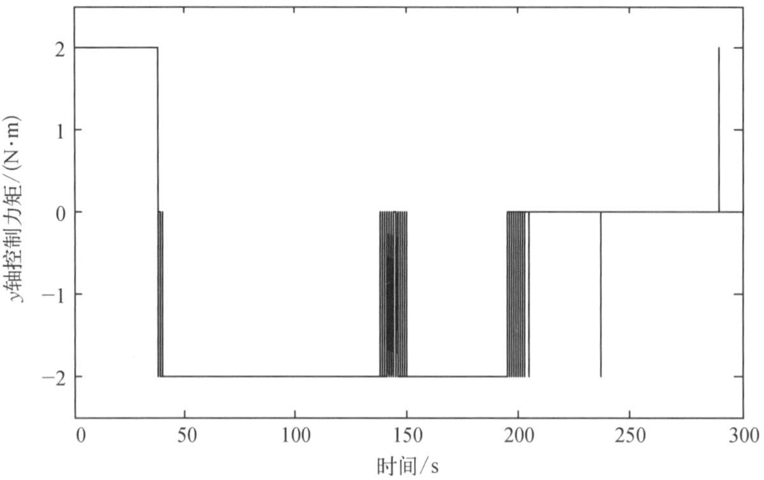


图 6－38　$y$ 轴喷气控制力矩

2）转动惯量矩阵为非对角阵情况

实际航天器的质量特性往往不是严格的对角阵，为验证该控制律对于非对角被控对象的控制效果，将航天器的转动惯量矩阵取为如下形式：

$$\boldsymbol{J}=\begin{bmatrix} 1\,117 & -202 & -225 \\ -202 & 2\,804 & -108 \\ -225 & -108 & 2\,918 \end{bmatrix}\ \mathrm{kg \cdot m^2}$$

其他条件及控制参数同前，相应的仿真曲线如图 6－39～图 6－43 所示，分别为惯量积的等效干扰力矩、三轴角速度、滑动模变化、$x$ 轴控制力矩、$y$ 轴控制力矩。

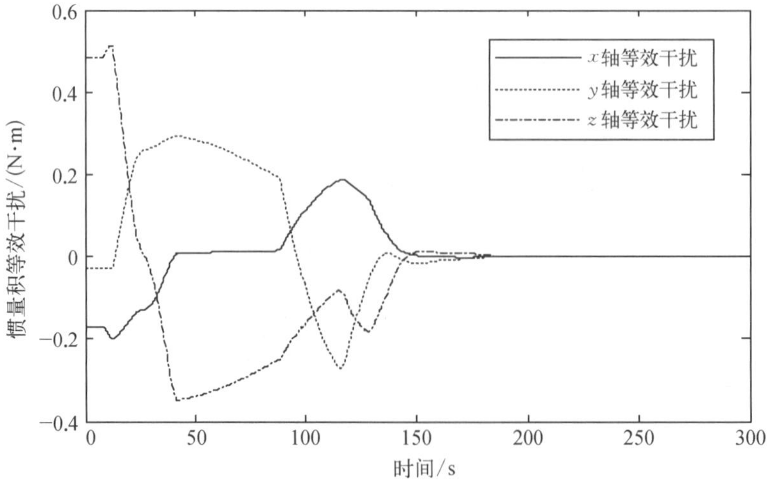


图 6－39　惯量积等效干扰力矩

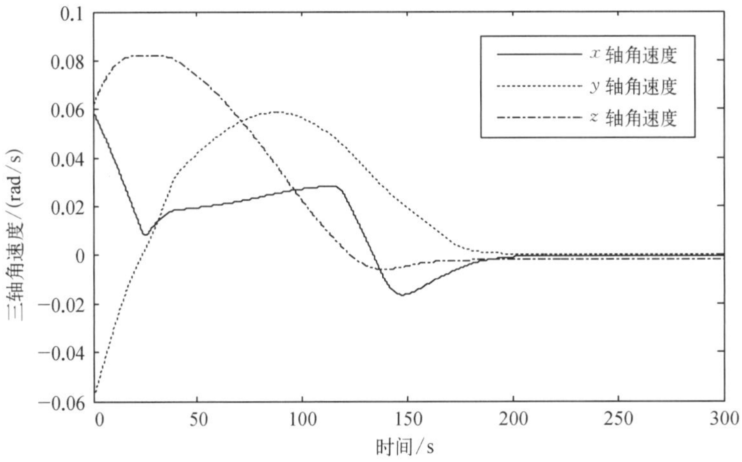


图 6-40　三轴角速度响应曲线

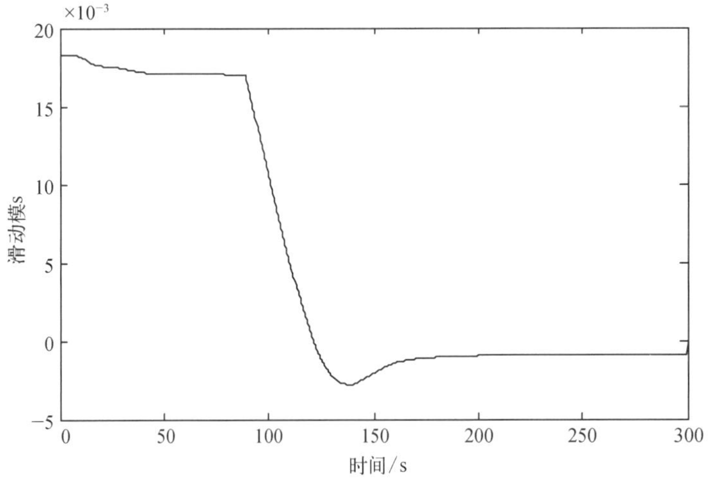


图 6-41　滑动模 s 的变化曲线

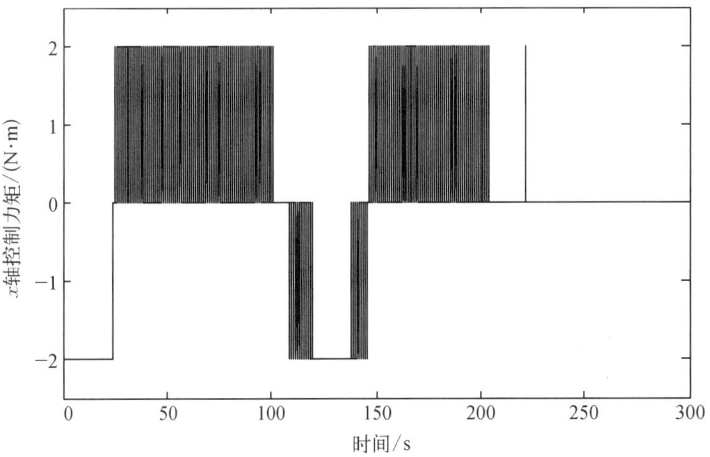


图 6-42　*x* 轴喷气控制力矩

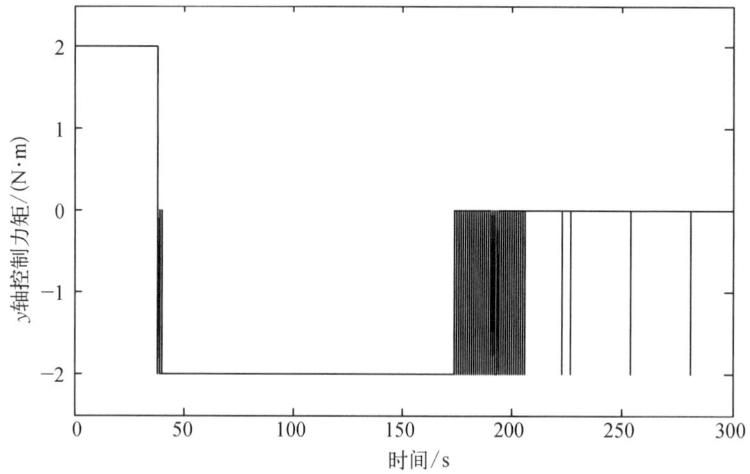


图 6－43　$y$ 轴喷气控制力矩

根据图 6－35 和图 6－40 表明，本节所提的欠驱动控制方法可使航天器三轴角速度在短时间内快速阻尼下来，有效避免了航天器因故障高速翻滚带来的“安全性”风险问题。

## 参考文献


[1] NASA. NASA general safety program requirements[S]. NASA NPR 8715.3 REV B－2007, 2007.

[2] 屠善澄.卫星姿态动力学与控制[M].北京：中国宇航出版社，2001.

[3] 王光辉，江思荣，翟光，等.纯磁控微小卫星姿态控制方法研究[J].计算机仿真，2018，35(2)：33－38.

[4] 刘海颖，王惠南，程月华.主动磁控微卫星姿态控制[J].应用科学学报.2007，25(4)：377－381.

[5] 周剑敏，魏懿，曹永梅，等.高分三号卫星控制分系统设计与在轨验证[J].航天器工程，2017，26(6)：93－98.

[6] 王新民，张俊玲，袁军，等.基于动量轮的航天器全姿态捕获技术[J].空间控制技术与应用，2014，40(5)：14－18.

[7] 徐福祥.用地球磁场和重力场成功挽救风云一号(B)卫星的控制技术[J].宇航学报，2001，22(2)：1－11.

[8] 张森，石军，王九龙.卫星在轨失效统计分析[J].航天器工程，2017，19(4)：41－46.

[9] 彭仁军，马雪阳，郑科宇，等.一颗低轨道卫星在轨故障抢修与恢复[J]，航天器工程，2008，17(1)：24－29.

[10] 王新民，张俊玲，袁军，等.欠驱动三轴稳定卫星的消旋和进动控制技术[J].空间控制技术与应用，2014，40(3)：14－18.

[11] 吴宏鑫，胡军，解永春.航天器智能自主控制研究的回顾与展望[J].空间控制技术与应用，2016，42(1)：1－6.

[12] 解永春，雷拥军，郭建新，等.航天器动力学与控制[M].北京：北京理工大学出版社，2018.

[13] 雷拥军，李明群.姿态异常下的星体自旋角速度确定方法[J].空间控制技术与应用，2018，44(1)：15－20.

[14] 雷拥军,魏春岭,何英姿,等.仅地心矢量测量得卫星转对地定向姿态控制方法[J].空间控制技术与应用,2018,44(6):5-11.

[15] KHALIL H K. Nonlinear systems[M]. 3rd edition. Upper Saddle River: Prentice Hall, 2002.

[16] SIDI M J. Spacecraft dynamics and control: a practical engineering approach [M]. Cambridge: Cambridge University Press, 1997.

[17] MKRTYCHYAN A R, BASHKEEV N I, YAKIMOVSKII D O, et al. Control moment gyroscopes for spacecraft attitude control systems: current status and prospects[J]. Gyroscopy and Navigation, 2015, 6(3): 236-240.

[18] 张志方,董文强,张锦江,等.控制力矩陀螺在天宫一号目标飞行器姿态控制上的应用[J].空间控制技术与应用,2011,37(6):52-59.

[19] 袁利,雷拥军,姚宁,等.具有 SGCMG 系统的挠性卫星姿态机动控制及验证[J].宇航学报,2018,39(1):43-51.

[20] BURT R R, LOFFI R W. Failure analysis of international space station control moment gyro[C]. San Sebastian: 10th European Space Mechanisms and Tribology Symposium, 2003.

[21] 雷拥军,袁利,刘其睿,等.2-SGCMGs 与磁力矩器的对地姿态混合控制方法[J].中国空间科学技术,2021,41(1):75-83.

[22] 郭朝礼,张笃周,王淑一.欠驱动航天器滑模速率阻尼控制[J].空间控制技术与应用,2012,39(4):12-17.